刘向阳 主编

自制养生豆浆大全

中医古籍出版社

图书在版编目(CIP)数据

自制养生豆浆大全/刘向阳. –北京：中医古籍出版社，2015.7

ISBN 978 – 7 – 5152 – 0888 – 6

Ⅰ．①自… Ⅱ．①刘… Ⅲ．①豆制食品 – 饮料 – 制作

②豆制食品 – 饮料 – 食物养生 Ⅳ．①TS214.2②R247.1

中国版本图书馆 CIP 数据核字(2015)第 113587 号

自制养生豆浆大全

主　　编　刘向阳

责任编辑　刘　婷

出版发行　中医古籍出版社

社　　址　北京东直门内南小街 16 号(100700)

印　　刷　北京彩虹伟业印刷有限公司

开　　本　720mm×1020mm　1/16

印　　张　28

字　　数　408 千字

版　　次　2015 年 7 月第 1 版　2015 年 7 月第 1 次印刷

印　　数　0001～5000 册

标准书号　ISBN 978 – 7 – 5152 – 0888 – 6

定　　价　68.00 元

  豆浆在中国历史上源远流长，相传为西汉淮南王刘安始创。据说刘安是个大孝子，因母亲身患重病，一直请医延药，但是一直不见起色，连食物都难以吞咽。为了让母亲吃到喜欢的黄豆，刘安便用泡好的黄豆每天磨成豆浆给母亲喝，没想到，刘母喝了豆浆之后，感觉味美无比，十分喜欢，病也逐渐痊愈了。后来，豆浆就在民间流行开来。

  如今，豆浆已经成为很多多家庭早餐中的必备饮品。它营养丰富、制作方便且价位不高，深受老百姓的青睐和推崇。随着健康理念的深入，自己动手制作豆浆的人越来越多。只要拥有一台豆浆机，就可以轻轻松松在家制作豆浆，既健康又卫生，还能随时喝得美味、新鲜。

  俗话讲"药补一堆不如豆浆一杯"，作为日常饮品，豆浆中含有大豆皂苷、异黄酮、大豆低聚糖等具有显著保健功能的特殊因子，对高血压、高血脂、糖尿病、冠心病等患者具有一定的食疗保健作用，并有平补肝肾、防老抗癌、美容润肤、增强免疫等功效，因此豆浆还被科学家称为"心脑血管保健液"和"21世纪餐桌上的明星"。《本草纲目》上记载："豆浆，利水下气，制诸风热，解诸毒"。《延年秘录》上记载豆浆"长肌肤，益颜色，填骨髓，加气力，补虚能食"。《黄帝内经》上记载"豆浆性质平和，具有补虚润燥、清肺化痰的功效"。

  豆浆一年四季都可以饮用。春季万物萌生，饮用豆浆可以助阳升散；夏季阳盛，饮用豆浆，可清热、祛暑、生津；秋季饮豆浆，可以滋阴润燥；冬季寒冷，常饮豆浆可以滋养进补。除了采用传统的黄豆做豆浆外，红枣、枸杞、绿豆、百合等都可以成为豆浆的配料，做出很多营养不同、口味各异的豆浆饮品，满足不同人群的需要。

但是，由不同配料做成的豆浆也有着不同的食用禁忌和食疗功效，食用不得当不仅起不到应有的保健功效，还可能对健康造成不利影响。为帮助读者选用适合自己的豆浆，我们编写了这本《自制养生豆浆大全》，介绍了600多种不同口味和功效的豆浆饮品，包括原味豆浆、五谷干果豆浆等简单易做的家常经典豆浆，具有健脾和胃、护心去火等不同功效的保健豆浆，养颜、护发、抗衰豆浆，以及适合孕妇、幼儿、老年人等不同人群的豆浆，不同季节适宜饮用的豆浆和各种豆浆治病食疗方等，也包括一些豆浆料理、豆渣料理、美味豆奶、豆类菜、豆制菜等，同时对各类豆浆的营养成分、养生功效、食用方法、食用禁忌等进行了详细的介绍。

书中每一款豆浆都有详细的步骤讲解，并配有精美的图片，可指导你轻松制作出美味营养的豆浆，是全家人的健康保健必备书。

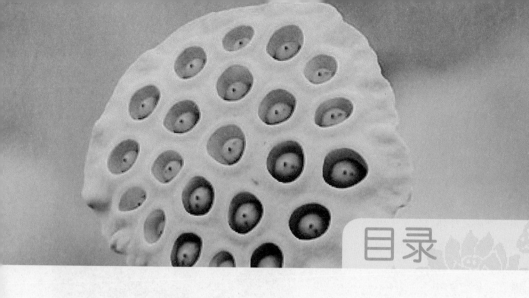

目录

第一篇 >>>

在家做豆浆，轻松又健康

第1章　走进豆浆的世界 ………… 2
流传千年的养生豆浆 …………………… 2
营养均衡，不可缺豆 …………………… 3
豆浆怎样喝更科学 ……………………… 4
豆浆并非人人都适宜 …………………… 6
优质豆浆的关键指数及鉴别 …………… 7

第2章　豆浆的制作 ………… 8
挑选适合自己的豆浆机 ………………… 8
豆浆的制作方法 ………………………… 9
没有豆浆机照样做豆浆 ……………… 10
制作豆浆应注意的细节 ……………… 11
喝不完的豆浆如何保存 ……………… 13

第3章　豆浆的养生功效 ………… 14
解读豆浆中的八大营养素 …………… 14
豆浆能抑制过氧化脂质的生成 ……… 16
豆浆能健脑壮体，防止贫血 ………… 17
豆浆是最优质的减肥饮品 …………… 18
女人喝豆浆的好处 …………………… 19
男人喝豆浆的好处 …………………… 19
老人喝豆浆的好处 …………………… 20

第二篇 >>>

经典当家豆浆——又简单又营养

第1章　经典原味豆浆 ………… 22
黄豆浆，"豆中之王"保健康 ………… 22
黑豆浆，营养补肾佳品 ……………… 23
绿豆浆，清热去火 …………………… 23
青豆浆，护肝，防癌症 ……………… 24
红豆浆，利尿消水肿 ………………… 24
豌豆浆，润肠、清宿便 ……………… 25

第2章　五谷干果豆浆 ………… 26
花生豆浆，降血脂、延年益寿 ……… 26
核桃豆浆，补脑益智 ………………… 27
芝麻豆浆，改善体虚体质 …………… 27
杏仁豆浆，滋润能补肺 ……………… 28
米香豆浆，补脾和胃 ………………… 28
糙米豆浆，适合糖尿病及肥胖者饮用 … 29
燕麦豆浆，润肠通便好帮手 ………… 29
荞麦豆浆，常喝不易肥胖 …………… 30
糯米豆浆，健脾暖胃 ………………… 30
红枣豆浆，补益气血，宁心安神 …… 31
枸杞豆浆，滋补肝肾 ………………… 31
莲子豆浆，养心安神 ………………… 32
板栗豆浆，健脾胃，增食欲 ………… 32

榛仁豆浆，降低血脂 ……………… 33

腰果豆浆，提高抗病能力 ………… 33

玉米豆浆，多喝能抗癌 …………… 34

黑米豆浆，养颜抗衰老 …………… 34

黑枣豆浆，补血、抗衰老 ………… 35

黄米豆浆，补脾健肺 ……………… 36

紫米豆浆，补血益气 ……………… 36

西米豆浆，健脾、补肺、化痰 …… 37

高粱豆浆，健脾、助消化 ………… 38

黄金米豆浆，美味降血脂 ………… 38

五谷豆浆，老少皆宜 ……………… 39

五豆豆浆，营养均衡 ……………… 40

小米豆浆，养脾胃 ………………… 41

薏米豆浆，健脾、抗癌 …………… 41

八宝豆浆，提升内脏活力 ………… 42

南瓜子豆浆，治疗前列腺炎 ……… 42

葵花子豆浆，降血脂、抗衰老 …… 43

第3章　健康蔬菜豆浆 …………… 44

黄瓜豆浆，清热泻火又排毒 ……… 44

莲藕豆浆，清甜爽口排毒素 ……… 45

胡萝卜豆浆，补充丰富的维生素 … 45

西芹豆浆，天然的降压药 ………… 46

芦笋豆浆，防止癌细胞扩散 ……… 46

莴笋豆浆，适宜新妈妈和儿童 …… 47

生菜豆浆，清热提神 ……………… 48

南瓜豆浆，预防糖尿病、癌症 …… 49

白萝卜豆浆，下气消食 …………… 49

山药豆浆，控制血糖升高 ………… 50

芋头豆浆，解毒消肿 ……………… 50

红薯豆浆，减肥人士的必备佳品 … 51

土豆豆浆，营养健康不长胖 ……… 52

紫薯豆浆，清除自由基 …………… 53

紫菜豆浆，为孕妇补充蛋白质和碘 … 53

银耳豆浆，阴虚火旺者的滋补佳品 … 54

蚕豆豆浆，抗癌、增强记忆力 …… 55

茯苓豆浆，益脾又安神 …………… 56

芸豆豆浆，提高免疫力 …………… 56

第4章　芳香花草豆浆 …………… 57

玫瑰花豆浆，改善暗黄、干燥肌肤 … 57

月季花豆浆，疏肝调经 …………… 58

茉莉花豆浆，理气开郁 …………… 59

金银花豆浆，清热解毒 …………… 60

桂花豆浆，温胃散寒 ……………… 60

菊花豆浆，清心疏散风热 ………… 61

百合红豆浆，缓解肺热 …………… 62

杂花豆浆，美容养颜 ……………… 63

绿茶豆浆，帮助延缓衰老 ………… 63

薄荷绿豆豆浆，清凉之下来防癌 … 64

桑叶豆浆，清肺热、肝热 ………… 65

荷叶豆浆，绿色减肥佳品 ………… 65

第5章　营养水果豆浆 …………… 66

葡萄豆浆，润肺、调理气血 ……… 66

雪梨豆浆，生津润燥 ……………… 67

苹果豆浆，全科医生来保健 ……… 67

菠萝豆浆，促进肉食消化、解除油腻 … 68

草莓豆浆，酸甜美味能美容 ……… 69

香桃豆浆，贫血人士的补血浆 …… 69

香蕉豆浆，让人心情愉快 ………… 70

金橘豆浆，抵抗坏血病 …………… 71

西瓜豆浆，生津消暑 ……………… 71

椰汁豆浆，清暑解渴 ……………… 72

杧果豆浆，补足维生素 …………… 73

柠檬豆浆，天然的美容品·············74
香瓜豆浆，止渴清燥、消除口臭·····74
桂圆豆浆，安神健脑·················75
木瓜豆浆，丰胸第一品···············76
山楂豆浆，治疗痛经·················77
猕猴桃豆浆，烧烤时的必备饮品·······78
蜜柚豆浆，缓解脑血管疾病···········79
杂果豆浆，集合营养促减肥···········79
火龙果豆浆，有效抗衰老·············80
无花果豆浆，助消化、排毒物·········80
哈密瓜豆浆，夏日防晒佳品···········81

第6章 另类口感豆浆·············82

咖啡豆浆，提神醒脑的饮品···········82
香草豆浆，独特香味缓解疼痛·········83
饴糖豆浆，温补脾胃·················83
苹果水蜜桃豆浆，补血、保护肠胃·····84
板栗燕麦豆浆，缓解食欲不振·········85
核桃杏仁豆浆，补脑益智·············85
松花黑米豆浆，口味独特·············86
白萝卜冬瓜豆浆，香浓、口感较佳·····87
酸奶水果豆浆，别有一番滋味·········88
绿豆花生豆浆，夏秋两季的解暑佳品···89
桂圆花生红豆浆，补血安神···········89
西瓜皮绿豆浆，清热解毒祛火·········90
玉米苹果豆浆，香甜美味·············91
花生牛奶豆浆，补血、保护肠胃·······92
牛奶豆浆，动、植物蛋白互补·········93
巧克力豆浆，让人心情愉悦···········93
金橘红豆浆，酸甜可口···············94

黄米红枣豆浆，和胃、补血···········97
小米红枣豆浆，健脾养胃、安心养神···98
高粱红豆豆浆，健脾胃、助消化·······99
桂圆红枣豆浆，健脾、补血···········99
红枣高粱豆浆，补脾和胃············100
红薯山药豆浆，滋养脾胃············100
开胃五谷酸奶豆浆，消食健胃、促进吸收
···································101
薄荷大米二豆浆，提神醒脑、清补脾胃
···································102
红薯青豆豆浆，健脾、减肥··········103
桂圆山药豆浆，补益心脾············103
薏米红豆浆，利水消肿、健脾益胃···104
薏米山药豆浆，健脾祛湿············104
高粱红枣豆浆，健脾益胃············105
杏仁芡实薏米豆浆，各有侧重养脾胃···106
糯米红枣豆浆，暖胃又补血··········106
红绿二豆浆，健脾养胃、安心养神···107

第2章 护心去火·············108

百合红绿豆浆，夏日养心佳酿········108
荷叶莲子豆浆，清火又养心··········109
红枣枸杞豆浆，养心补血又养颜······109

第二篇 >>>
豆浆保健方——喝出身体好状态

第1章 健脾和胃·············96

西米山药豆浆，健脾补气············96
糯米黄米豆浆，提高食欲············97

小米红枣豆浆，防治夏季突发心脏疾病…110

百合莲子豆浆，清心安神…………………110

橘柚豆浆，具有很好的败火作用…………111

薏米黄瓜豆浆，清热泻火…………………111

小米蒲公英绿豆浆，清热去火……………112

百合菊花绿豆浆，清除多种上火…………113

百合荸荠大米豆浆，润燥泻火……………113

金银花绿豆浆，疏散风热、消肿…………114

西芹薏米绿豆浆，清火、利水……………115

黄瓜绿豆浆，泻火、解毒…………………115

香草黑豆米浆，利湿去火…………………116

第3章　补肝强肝……………………117

枸杞青豆豆浆，预防脂肪肝………………117

黑米枸杞豆浆，春季温补肝脏……………118

葡萄玉米豆浆，护肝、调肝病……………118

五豆红枣豆浆，善补肝阴润五脏…………119

生菜青豆豆浆，清肝养胃…………………119

青豆黑米豆浆，滋养肝脏…………………120

茉莉绿茶豆浆，疏肝解郁…………………120

红枣枸杞绿豆豆浆，让肝脏的解毒能力更强

…………………………………………121

芝麻黑豆浆，开胃益中、保肝益肾………122

山药枸杞豆浆，养肝明目…………………123

第4章　固肾益精……………………124

芝麻黑豆浆，补肾益气……………………124

黑枣花生豆浆，补肾养血…………………125

黑米芝麻豆浆，"养肾好手"强肾气……125

桂圆山药核桃黑豆浆，益肾补虚…………126

红豆枸杞豆浆，补肾缓解疲劳……………127

木耳黑米豆浆，滋肾养胃…………………127

枸杞黑豆浆，补肾益精、乌发……………128

黑米核桃黑豆浆，改善肾虚症状…………128

紫米核桃黑豆浆，温暖怕冷畏寒的肾虚人群

…………………………………………129

第5章　润肺补气……………………130

莲子百合绿豆浆，清肺热、除肺燥………130

木瓜西米豆浆，润肺、化痰………………131

百合糯米豆浆，缓解肺热、消除烦躁……131

荸荠百合雪梨豆浆，养阴润肺……………132

糯米莲藕百合豆浆，对付秋燥咳嗽………132

黄芪大米豆浆，改善肺气虚、气血不足…133

糯米杏仁豆浆，调养肺燥、咽干…………134

白果豆浆，补肺益肾、止咳平喘…………134

大米雪梨黑豆浆，缓解老年人咳嗽………135

紫米人参红豆浆，善补元气………………136

小米绿豆浆，补气养胃、促进消化………137

黄豆红枣糯米豆浆，补气补血、健脾养胃

…………………………………………138

第四篇 >>>

豆浆养颜方——好身材，好容颜

第1章　养颜润肤豆浆……………140

玫瑰花红豆浆，改善暗黄肌肤……………140

茉莉玫瑰花豆浆，滋润肌肤、补充水分…141

香橙豆浆，美白滋润肌肤…………………141

牡丹豆浆，塑造"国色天香"的美丽佳人

…………………………………………142

红枣莲子豆浆，养血安神、抗衰老………142

核桃黑米豆浆，滋阴补肾、护发乌发……155
糯米芝麻黑豆浆，补虚、补血、改善须发
早白 ……………………………………156

第4章 抗衰防老豆浆……………157

茯苓米香豆浆，抗击衰老……………157
杏仁芝麻糯米豆浆，延缓衰老………158
三黑豆浆，抗氧化、抗衰老…………158
黑豆胡萝卜豆浆，抗氧化、防衰老…159
胡萝卜黑豆核桃豆浆，对抗自由基…159
核桃小麦红枣豆浆，提高免疫力……160
松仁开心果豆浆，适于老年心血管病患者
……………………………………………160
紫薯红豆浆，清除自由基、抗老化……161

第5章 排毒清肠豆浆……………162

生菜绿豆浆，排毒、去火……………162
莴笋绿豆浆，改善排泄系统…………163
芦笋绿豆浆，排毒抗癌………………163
栗子燕麦豆浆，保肝护肾、祛寒健体…164
红薯绿豆浆，解毒、促进排便………165
糙米燕麦豆浆，食物纤维促排毒……165
糯米莲藕豆浆，通便又排毒…………166
海带豆浆，排出重金属元素…………166
香蕉草莓豆浆，排出肠胃毒素………167

第6章 补气养血豆浆……………168

红枣紫米豆浆，养血安神……………168
黄芪糯米豆浆，改善气虚，气血不足…169
花生红枣豆浆，养血、补血可助孕…169
黑芝麻枸杞豆浆，防治缺铁性贫血…170
山药莲子枸杞豆浆，通利气血………170
红枣枸杞紫米豆浆，补气养血、补肾…171
二花大米豆浆，缓解痛经……………171
桂圆红豆浆，改善心血不足…………172
黑豆玫瑰花油菜豆浆，活血化瘀、疏肝解郁
……………………………………………172
大米山楂豆浆，消食活血……………173
人参红豆糯米豆浆，补气、补血……174

红豆黄豆豆浆，排毒美肤……………143
薏米玫瑰豆浆，改善面色暗沉………143
百合莲藕绿豆浆，防止皮肤粗糙……144
西芹薏米豆浆，美白淡斑……………144
大米红枣豆浆，天然的养颜方………145
桂花茯苓豆浆，改善肤色……………145
糯米黑豆浆，滋补又养颜……………146

第2章 美体减脂豆浆……………147

薏米红枣豆浆，适宜水肿型肥胖……147
西芹绿豆浆，膳食纤维助瘦身………148
糙米红枣豆浆，有助减肥……………148
西芹荞麦豆浆，不易发胖……………149
荷叶绿豆浆，安全减肥………………150
桑叶绿豆浆，利水消肿………………150
银耳红豆豆浆，减肥养颜两不误……151

第3章 护发乌发豆浆……………152

核桃蜂蜜豆浆，让头发黑亮起来……152
核桃黑豆浆，补肾、乌发、防脱发…153
芝麻核桃豆浆，防治头发早白、脱落……153
芝麻黑米黑豆豆浆，改善孩子的头发稀疏
问题……………………………………154
芝麻蜂蜜豆浆，适于中老年人的头发问题154
芝麻花生黑豆浆，改善脱发、须发早白…155

第五篇 >>>

不同人群豆浆——一杯豆浆养全家

第1章 上班族 176

芦笋香瓜豆浆，活化大脑功能…………176
绿茶绿豆豆浆，消除辐射对脏器功能的影响
………………………177
玫瑰花红豆浆，改善暗黄肌肤…………177
南瓜牛奶豆浆，补充体能、提高工作效率
………………………178
海带绿豆豆浆，不让免疫功能受损………178
玉米红豆豆浆，补血健脑、舒缓神经………179
绿豆海带无花果豆浆，消除辐射………180
薏米木瓜花粉绿豆浆，对抗辐射的不利影响
………………………181
核桃大米豆浆，缓解疲劳、增强抗压能力
………………………181
无花果绿豆豆浆，有很强的抗辐射功效…182
薄荷豆浆，疏风散热、提神醒脑…………182
香草黑米黑豆浆，健脾利湿、提神醒脑…183
小麦玉米豆浆，促排泄，助减肥…………184

第2章 准妈妈 ……………185

红腰豆南瓜豆浆，补血、增强免疫力……185
银耳百合黑豆浆，缓解妊娠反应…………186
豌豆小米豆浆，对胎儿和准妈妈都有益…186
红薯香蕉杏仁豆浆，确保孕妈妈的营养均衡
………………………187
芦笋生姜豆浆，补充叶酸……………187
西芹黑米豆浆，补钙、补血…………188

第3章 新妈妈 ……………189

莲藕红豆豆浆，去除产妇体内瘀血………189
南瓜芝麻豆浆，让新妈妈恢复体力………190
山药牛奶豆浆，改善产后少乳现象………191
红豆腰果豆浆，促进母乳分泌…………191
山药红薯米豆浆，帮助新妈妈恢复体形…192

第4章 宝宝 ……………193

芝麻燕麦豆浆，适合小宝宝的快速成长…193
燕麦核桃豆浆，促进孩子的大脑发育……194
红豆胡萝卜豆浆，增强孩子的免疫力……194
牛奶绿豆浆，适合1岁半幼儿…………195

第5章 学生 ……………196

红枣香橙豆浆，给大脑增添活力…………196
核桃杏仁绿豆豆浆，提高学习效率………197
蜂蜜薄荷绿豆豆浆，提神醒脑…………198
黑豆红豆绿豆浆，赶走学生的体虚之力…199
荞麦红枣豆浆，有助于孩子的成长………199
榛子杏仁豆浆，恢复学生的体能…………200
腰果小米豆浆，增强免疫力……………200
蜂蜜黄豆绿豆浆，给学生补充营养………201
黑红绿豆浆，提神健脑、增强免疫力……202

第6章 更年期 ……………203

桂圆糯米豆浆，改善潮热等更年期症状…203
燕麦红枣豆浆，养血安神……………204
红枣黑豆豆浆，适合更年期女性饮用……204
莲藕雪梨豆浆，安抚焦躁情绪…………205
三红豆浆，补血补气、养心安神…………206
紫米核桃红豆浆，补肾、补血…………206
慈姑桃子小米绿豆浆，活血消积…………207
大米莲藕豆浆，活血补益……………208

黄米黑豆豆浆，温补效果明显…………221
麦米豆浆，益气宽中…………………222
芦笋山药豆浆，养肝护肝调理虚损………222
葡萄干柠檬豆浆，活血、预防心血管疾病
……………………………………223
西芹红枣豆浆，润燥行水、通便解毒……223
青葱燕麦豆浆，通便、降低胆固醇………224
糙米花生豆浆，富含蛋白质和膳食纤维…224
薏米百合豆浆，清补功效明显…………225
燕麦紫薯豆浆，富含多种营养和花青素…225
黑豆银耳豆浆，清心安神、改善睡眠……226
花生百合豆浆，润肠疏气…………226

第2章 夏季饮豆浆：清热防暑 227

黄瓜玫瑰豆浆，静心安神，预防苦夏……227
绿桑百合豆浆，祛除夏日暑气…………228
绿茶米豆浆，清热生津…………………228
清凉冰豆浆，降温降湿清凉一夏………229
荷叶绿茶豆浆，清热解暑佳品…………230
西瓜红豆豆浆，消暑解渴………………231
哈密瓜绿豆豆浆，解暑除烦热…………231
菊花绿豆浆，清热解毒…………………232
消暑二豆饮，消暑止渴、清热败火………232
椰汁绿豆浆，清凉消暑…………………233
西瓜草莓冰豆浆，清凉甘甜……………234
薏米红豆绿豆浆，祛除夏日湿气………234
三豆消暑豆浆，消暑、补虚、祛燥………235
红枣绿豆浆，消暑、补益…………………235
麦仁豆浆，除热止渴……………………236
薏米荞麦豆浆，适合阴雨天去湿时饮用…236
绿茶绿豆百合豆浆，滋阴润燥、清暑解热
……………………………………237
菊花雪梨豆浆，解暑降温………………238
南瓜绿豆浆，消暑生津…………………239
薄荷绿豆浆，清凉消暑…………………240

第7章 老年人……………209

四豆花生豆浆，保护老人的心血管系统…209
五色滋补豆浆，补充多种营养…………210
牛奶开心果豆浆，延缓衰老……………211
果仁豆浆，强身抗癌……………………212
豌豆绿豆大米豆浆，防止动脉硬化………213
燕麦枸杞山药豆浆，强身健体、延缓衰老
……………………………………213
菊花枸杞红豆浆，降低胆固醇、预防动脉
硬化……………………………214
清甜玉米豆浆，降低胆固醇、预防高血压和
冠心病……………………………214
高钙豆浆，增强身体免疫力……………215
黑豆大米豆浆，缓解耳聋、目眩、腰膝酸软
……………………………………216
红枣枸杞黑豆浆，改善心肌营养………217
燕麦山药豆浆，抑制老年斑……………217
绿豆黑豆浆，延年益寿…………………218

第六篇 >>>
四季养生豆浆——因时调养，喝出四季安康

第1章 春季饮豆浆：清淡养阳 220

糯米山药，缓解春季的消化不良…………220
竹叶米豆浆，清心去春燥…………221

第3章 秋季饮豆浆：生津防燥 241

木瓜银耳豆浆，滋阴润肺………………241
枸杞小米豆浆，益气养血滋补身体………242

苹果柠檬豆浆，生津止渴·············242
绿桑百合柠檬豆浆，清润安神，滋阴润燥
·······························243
南瓜二豆浆，降血压、降血脂·········243
糙米山楂豆浆，消食、益胃···········244
花生百合莲子豆浆，清火滋阴·········245
红枣红豆浆，益气养血、宁心安神·····245
龙井豆浆，清新口感来提神···········246
百合银耳绿豆浆，清热、润燥·········246
二豆蜜浆，清热利水、健脾润肺·······247

第4章 冬季饮豆浆：温补祛寒 248

莲子红枣糯米豆浆，温补脾胃，祛除寒冷
·······························248
糯米枸杞豆浆，暖身体、增强免疫能力···249
红糖薏米豆浆，活血散瘀、温经散寒······249
杏仁松子豆浆，和血润肠、温补功效明显
·······························250
黑芝麻蜂蜜豆浆，冬日益肝养肾的佳品···250
荸荠雪梨黑豆浆，生津润燥，暖胃解腻···251
燕麦薏米红豆浆，适合全家的冬日暖饮···252
姜汁黑豆浆，适合冬季暖胃···········253
香榧十谷米豆浆，消除痞积、润肺滑肠···253
糙米核桃花生豆浆，健脑、抗衰老·····254

第七篇 >>> 豆浆食疗方——既能祛病又饱口福

第1章 调理中老年常见病 256

·高血压·

薏米青豆黑豆浆，预防高血压········256
西芹黑豆浆，降血压效果好··········257
芸豆蚕豆浆，防治心血管疾病········257
小米荷叶黑豆浆，适合中等程度的降压···258
桑叶黑米豆浆，改善高血压症状······258

·高血糖·

荞麦薏米红豆浆，降血糖、缓解并发症···259
银耳南瓜豆浆，降低血糖，预防多种并发症
·······························260
紫菜山药豆浆，帮助降血糖··········260
燕麦玉米须黑豆浆，有效控制血糖·····261
枸杞荞麦豆浆，降血糖··············261

·血脂异常·

紫薯南瓜豆浆，降低血胆固醇浓度·····262
红薯芝麻豆浆，抑制胆固醇沉积·······262
山楂荞麦豆浆，改善血脂量··········263
葡萄红豆豆浆，预防高血脂··········263
葵花子黑豆浆，降血脂··············264
大米百合红豆浆，抑制脂肪的堆积·····264
薏米柠檬红豆浆，降低血液中的胆固醇···265
红薯山药燕麦豆浆，降血脂、促消化···265

·糖尿病·

高粱小米豆浆，适合胃燥津伤型糖尿病···266
燕麦小米豆浆，既降血糖又增营养·····266
紫菜南瓜豆浆，防治糖尿病··········267
黑米南瓜豆浆，适合糖尿病患者的膳食调养267

第2章 改善呼吸系统症状 268

·咳嗽·

大米小米豆浆，改善咳嗽痰多的症状···268
银耳百合豆浆，缓解肺燥咳嗽········269
银耳雪梨豆浆，适合干咳症状········269
荷桂茶豆浆，止咳化痰··············270
杏仁大米豆浆，润肺止咳············270

·哮喘·

豌豆小米青豆浆，适合哮喘患者······271

红枣二豆浆，调理支气管哮喘…………272
百合莲子银耳绿豆浆，清肺润燥、止咳消炎
……………………………………272
菊花枸杞豆浆，辅助治疗哮喘的佳品……273
百合雪梨红豆浆，润肺止咳…………273

·鼻炎·

红枣山药糯米豆浆，增强抵抗力，丢掉鼻炎
……………………………………274
洋甘菊豆浆，缓解过敏性鼻炎……275
白萝卜糯米豆浆，抑制鼻炎复发……275
红枣大麦豆浆，抑制鼻炎症状……276
桂圆薏米豆浆，缓解过敏性鼻炎……276

第3章 缓解消化系统症状…………277

·厌食·

芦笋山药青豆豆浆，增加食欲、助消化…277
山楂绿豆浆，炎夏的开胃佳饮……278
莴笋山药豆浆，刺激消化液分泌……278
白萝卜青豆豆浆，助消化……279
木瓜青豆豆浆，健脾益胃、下气消食……279

·便秘·

苹果香蕉豆浆，改善便秘症状……280
玉米小米豆浆，适宜肠胃虚弱的便秘患者
……………………………………281
黑芝麻花生豆浆，润肠通便……281
薏米燕麦豆浆，缓解老年人便秘…………282

薏米豌豆豆浆，增强肠胃的蠕动性………282
玉米燕麦豆浆，刺激胃肠蠕动……283
火龙果豌豆豆浆，预防小儿便秘…………283

·胃病·

大米南瓜豆浆，养护脾胃……284
红薯大米豆浆，养胃去积……284
莲藕枸杞豆浆，温补脾胃……285
桂花大米豆浆，暖胃生津……285

·肝炎、脂肪肝·

银耳山楂豆浆，促进胆固醇转化……286
荷叶青豆豆浆，预防脂肪在肝脏堆积……287
芝麻小米豆浆，促进体内磷脂合成……288
苹果燕麦豆浆，辅助治疗脂肪肝……288

第4章 赶走皮肤困扰…………289

·痘痘·

黑芝麻黑枣豆浆，调理粉刺皮肤…………289
绿豆黑芝麻豆浆，防治脸上粉刺……290
薏米绿豆浆，适用于油性皮肤……290
海带绿豆浆，青春期的防痘饮品……291
白果绿豆浆，防止毛孔堵塞……291
胡萝卜枸杞豆浆，祛痘、消痘印……292
银耳杏仁豆浆，促进皮肤微循环…………292

·雀斑、黄褐斑·

木耳红枣豆浆，调和气血、治疗黄褐斑…293
黄瓜胡萝卜豆浆，淡化黑色素……293
玫瑰茉莉豆浆，适合颜色发青的黄褐斑…294
山药莲子豆浆，适合颜色发黄的黄褐斑…294
黑豆核桃豆浆，适合颜色发黑的黄褐斑…295

·湿疹·

薏米黄瓜绿豆浆，排出体内湿气……296
苦瓜绿豆浆，祛湿止痒除湿疹……297
莴笋黄瓜绿豆浆，缓解湿疹症状…………297

第5章 防治骨关节疾病…………298

·关节炎·

核桃黑芝麻豆浆，预防关节炎等疾病……298
薏米西芹山药豆浆，缓解关节肿胀………299
苦瓜薏米豆浆，改善类风湿性关节炎……299

百合枸杞豆浆，镇静催眠·················· 314

·身体困乏·

杏仁花生豆浆，补充体能、缓解疲劳····· 315

腰果花生豆浆，消除身体疲劳············· 315

榛仁葡萄干豆浆，补充体力··············· 316

三加一健康豆浆，补营养，增体力········ 316

木耳粳米黑豆浆，强身壮骨·············· 300

·骨质疏松·

薏米花生豆浆，缓解关节疼痛、预防骨质
疏松 ·································· 301

黑芝麻牛奶豆浆，预防骨质疏松··········· 302

核桃黑枣豆浆，补钙、预防骨质疏松······· 302

海带黑豆浆，补益肾气防骨病············· 303

木耳紫米豆浆，预防骨质疏松············· 303

·缺钙·

麦枣豆浆，补钙强身····················· 304

西芹黑豆浆，强健骨骼··················· 305

紫菜虾皮豆浆，促进钙吸收··············· 306

紫菜黑豆浆，促进骨骼生长··············· 306

芝麻黑枣黑豆浆，富含钙质··············· 307

西芹紫米豆浆，补钙、补血益气··········· 307

第6章 轻松改善亚健康状况······308

·头痛·

香芋枸杞红豆浆，口感好的"止痛药"··· 308

西芹香蕉豆浆，心情愉悦头不痛··········· 309

茉莉花燕麦豆浆，改善焦虑、缓解头痛····· 309

生菜小米豆浆，镇痛止痛、清热提神······ 310

·失眠·

核桃花生豆浆，安神助眠················· 311

百合葡萄小米豆浆，提高睡眠质量········· 312

核桃桂圆豆浆，改善睡眠质量············· 313

南瓜百合豆浆，抗抑郁、安神助眠········· 313

绿豆小米高粱豆浆，调治脾胃失和引起的
失眠 ·································· 314

第八篇 >>>
豆香美食——豆浆与豆渣的美味转身

第1章 豆浆料理·······················318

豆浆米糊，健脾益气····················· 318

咸豆浆，降低胰岛素效应················· 319

豆浆汤圆，美味滋补双重功效············· 319

香甜豆浆粥，补中益气··················· 320

豆浆鸡蛋羹，给家人补充营养············· 320

红糖姜汁豆浆羹，帮助孕妇产后恢复身体
····································· 320

豆浆咸粥，降低血脂····················· 321

豆浆滑鸡粥，强壮身体··················· 321

红枣枸杞豆浆米粥，适合身体虚弱的人士
食用 ·································· 322

南瓜豆浆粥，适合糖尿病患者············· 322

豆浆芙蓉蛋，充分补充蛋白质············· 323

红黄绿豆浆汤，促进儿童生长发育········· 323

山药豆奶煲，具有减肥功效··············· 323

薏米红豆豆浆粥，祛湿效果强············· 324

豆浆什锦饭，补血强体··················· 324

豆浆茶泡饭，解酒、消食、养胃··········· 325

花生百合豆酱，润肺通气················· 325

豆浆什蔬汤，有助于降血糖··············· 325

虾酱炒豆浆窝头，预防结肠癌············· 326

豆浆卷饼，营养早餐····················· 326

豆浆糯米糕，暖胃，补充体力············· 327

豆浆拉面，养胃、利于吸收··············· 327

豆浆黄油甜玉米，营养价值更高··········· 328

豆浆西蓝花熘虾仁，提高抗病能力········· 328

豆浆蛋清炒芥蓝，清热排毒 ……… 328

豆浆手擀面，营养丰富抗衰老 ……… 329

豆浆炖羊肉，健脾、补肺、助消化 … 329

双蛋豆浆炒苦瓜，养肝护肝 ……… 330

碧绿豆浆鱼丸，开胃助食欲 ……… 330

豆浆蒸米饭，夏季的主食 ……… 331

豆浆山药鸡腿煲，养颜美容又健康 … 331

豆浆煮鱼片，开胃滋补 ……… 332

豆浆鲤鱼汤，补虚通乳 ……… 332

西式豆浆蔬菜汤，缓解准妈妈的妊娠纹 … 332

豆浆玉米南瓜饼，益气补血、降脂降糖 … 333

草莓味豆浆冰激凌，具有防癌作用 … 333

豆浆火锅，温馨宜人，倍添呵护 … 334

豆浆菜花汤，常喝能防癌 ……… 334

豆浆杞果肉蛋汤，缓解更年期症状 … 334

洋葱香菇汤，降血压效果明显 … 335

豆浆南瓜浓汤，强健脾胃 ……… 335

芝麻豆浆羹，燃脂减肥 ……… 336

豆浆鸡块酒煲，温中益气、补虚填精 … 336

土豆西蓝花豆浆汤，强身健体、防癌抗癌

………… 336

豆浆莴笋汤，促消化 ……… 337

黑木耳豆浆粥，缓解高血压、高血脂 … 337

南瓜百合豆浆汤，助消化、安神助眠 … 338

豆浆香菇汤，抗佝偻 ……… 338

豆浆排骨汤，滋补肝肾、强壮筋骨 … 339

豆苗鸡片豆浆汤，增体力，提高抵抗力 … 339

豆浆玉米布丁，护肤延缓衰老 … 340

豆浆味噌汤，调肠胃，抑制脂肪 … 340

豆浆三鲜汤，滋补作用强 ……… 341

红豆豆浆果冻，冰爽夏日 ……… 341

第2章　美味豆奶 ……… 342

黑米桑叶豆奶，补益肝肾乌发壮骨 …… 342

玉米山药红豆豆奶，益肾补脾，降压防癌

………… 343

甘薯南瓜豆奶，防癌抗癌，宽中健脾……343

草莓枸杞豆奶，润肺生津，健脾和胃……344

杏仁红枣豆奶，解郁散风，降气润燥……344

枸杞百合豆奶，营养滋补，养心安神……345

梨子银耳豆奶，润肺止咳，降低血压……346

栗子燕麦甜豆奶，益气健脾，延缓衰老…347

小米百合葡萄干豆奶，滋阴养面，调理体质347

樱桃银耳红豆奶，健脾开胃，调中养颜348

橘子桂圆豆奶，健脾，顺气，止咳……348

枸杞蚕豆豆奶，滋补肝肾……349

山楂青豆豆奶，开胃消食，增强免疫力…350

糙米花生豆奶，补血养胃，美容减肥……351

山楂枸杞红豆豆奶，养心安神……351

百合杏仁绿豆豆奶，清心润肺，美容排毒

………352

清凉薄荷绿豆豆奶，疏散风热……353

芙蓉米豆渣，开胃生津……356

乡村小豆渣，提神健脑……356

豆渣芋头油菜煲，健脾益胃……357

五仁豆渣粥，滋养肝肾、润燥滑肠……357

海米芹菜豆渣羹，巧妙补钙……358

豆渣馒头，促进消化……358

五豆豆渣窝头，保护中老年人健康……359

豆渣丸子，促进排便，预防便秘……359

豆渣鸡蛋饼，补充营养、促进消化……360

鸡蛋豆渣松饼，给小孩子通通便……360

豆渣玉米芹菜饼，刺激胃肠蠕动……361

豆渣汉堡包，中西结合的健康主食……361

白菜炒豆渣，去脂减肥……362

雪菜炒豆渣，增加食欲……362

香菇西蓝花炒豆渣，保护血管弹性……363

什蔬炒豆渣，降血糖……363

豆渣鸭翅，清热去火……364

咖喱豆渣，保护心脑血管……364

第3章 豆渣料理……354

豆渣玉米粥，降低胆固醇……354

豆渣芝麻糊，给减肥人士补足营养……355

椰香豆渣粥，排毒养颜气色好……355

第4章 豆腐、豆花料理……365

甜豆花，清凉夏日……365

金针菇养生豆腐，清热化痰·············366

豆花草鱼，暖胃的营养佳品·············366

黄金烩豆花，补充多种营养素·············367

豆花面，改善贫血症状·············367

豆花素三鲜，益智安神·············368

大虾烧豆腐，健脾利湿·············368

萝卜缨炒豆腐，保护眼睛·············369

银杏烩豆腐，帮助老年人抗衰老·············369

酸辣豆腐汤，开胃消食·············370

过桥豆腐，清热解毒·············370

百花蛋香靓豆腐，增强免疫力·············371

西红柿豆腐汤，增强免疫力·············372

皮蛋豆腐，开胃消食·············372

特色千叶豆腐，补脑强心·············373

冷拌豆腐，健脾胃·············373

百花酿豆腐，增强体质·············374

小葱拌豆腐，防癌抗癌·············374

酱椒蒸豆腐，防癌抗癌·············375

湘菜豆腐，排毒瘦身·············375

山水豆腐，开胃，消食·············376

富贵豆腐，降低血脂·············377

特色葱油豆腐，预防感冒·············377

块豆腐，排毒瘦身·············378

附录1 >>>
养生豆浆——常用食材功效速查

·豆类·

黄豆·············380

黑豆·············380

青豆·············381

红豆·············381

豌豆·············381

绿豆·············382

芸豆·············382

·谷薯类·

小麦仁·············382

薏米·············383

粳米·············383

小米·············383

糯米·············384

黑米·············384

燕麦·············384

荞麦·············385

玉米·············385

高粱·············385

红薯·············386

芋头·············386

山药·············386

·坚果、干果类·

核桃·············387

甜杏仁·············387

腰果·············387

榛子·············388

栗子·············388

松子·············388

开心果·············389

花生·············389

黑芝麻·············389

榛子·············390

·菌藻类·

银耳·············390

黑木耳·············390

海带·············391

紫菜·············391

·蔬菜类·

芦笋·············391

莴笋 ·································· 392

芹菜 ·································· 392

生菜 ·································· 392

土豆 ·································· 393

黄瓜 ·································· 393

莲藕 ·································· 393

南瓜 ·································· 394

胡萝卜 ······························ 394

冬瓜 ·································· 394

油菜 ·································· 395

番茄 ·································· 395

白萝卜 ······························ 395

生姜 ·································· 396

·水果类·

苹果 ·································· 396

梨 ···································· 396

桃子 ·································· 397

山楂 ·································· 397

香蕉 ·································· 397

草莓 ·································· 398

菠萝 ·································· 398

荸荠 ·································· 398

柠檬 ·································· 399

无花果 ······························ 399

桂圆 ·································· 399

猕猴桃 ······························ 400

木瓜 ·································· 400

西瓜 ·································· 400

柚子 ·································· 401

杧果 ·································· 401

葡萄 ·································· 401

哈密瓜 ······························ 402

橙子 ·································· 402

·中药材·

百合 ·································· 402

枸杞子 ······························ 403

白果 ·································· 403

黄芪 ·································· 403

蒲公英 ······························ 404

玫瑰花 ······························ 404

菊花 ·································· 404

人参 ·································· 405

红枣 ·································· 405

玉米须 ······························ 405

薄荷 ·································· 406

茉莉花 ······························ 406

·其他·

蜂蜜 ·································· 406

白糖 ·································· 407

冰糖 ·································· 407

绿茶 ·································· 407

虾皮 ·································· 408

牛奶 ·································· 408

附录2 >>>
养生豆浆——对症保健速查表

第一篇

在家做豆浆
——轻松又健康

第1章
走进豆浆的世界

流传千年的养生豆浆

豆浆是深受大家喜爱的一种饮品，也是一种老少皆宜的营养食品，它在欧美享有"植物奶"的美誉。随着豆浆营养价值的广为流传，关于豆浆所承载的历史文化，也引发了人们的关注。那么，我们祖祖辈辈都在食用的豆浆，它的来历究竟是怎样的呢？

传说，豆浆是由西汉时期的刘安创造的。淮南王刘安很孝顺，有一次他的母亲患了重病，他请了很多医生用了很多药，母亲的病总是不见起色。慢慢地，他的母亲胃口变得越来越差，而且还出现了吞咽食物困难的现象。刘安看在眼里，急在心头。因为他的母亲很喜欢吃黄豆，但由于黄豆相对比较硬，吃完之后不好消化，所以刘安每天把黄豆磨成粉状，再用水冲泡，以方便母亲食用，这就是豆浆的雏形。或许是因为豆浆的养生功效，又或者是因为刘安的孝心感动了上天，其母亲在喝了豆浆之后，身体逐渐好转起来。后来，这道因为孝心而成的神奇饮品，就在民间流传开来。

考古发现，关于豆浆的最早记录是在一块中国出土的石板上，石板上刻有古代厨房中制作豆浆的情形。经考古论证，石板的年份为公元5-220年。公元82年撰写的《论行》的一个章节中，也提到过豆浆的制作。

不管是考古论证还是民间传说，都说明豆浆在中国已经走过了千年的历史，而且至今仍旧焕发着强大的生命力。实际上，豆浆不仅是在中国受欢迎，还越来越多地赢得了全世界人们的喜爱。

营养均衡，不可缺豆

　　传统饮食讲究"五谷宜为养，失豆则不良"，"五谷"是指小米、大米、高粱、小麦、豆类等种子，这句话的意思是说五谷是有营养的，但如果没有豆子的相助就会失去平衡。大家不要以为只有鸡鸭鱼肉才营养丰富，实际上富含蛋白质的豆类也是非常具有营养价值的。

　　不光中医对豆类食物很推崇，现代营养学也证明，一个人如果能坚持每天食用豆类食物，两周后，身体的脂肪含量就会降低，并且增加机体免疫力，降低患病的可能性。因此，有的营养学家建议用豆类食物代替一定量的肉类食物，这样不但能解决现代人营养过剩的问题，也能调理营养不良。

　　为何大豆对人体有这么大的益处呢？下面的两个表格中，表一是大豆中所含的成分与人体需要量的对比。表二是大豆中各种维生素的含量。

表一										
项目	蛋白质	异黄酮	低聚糖	皂苷	膳食纤维	各种维生素	微量元素	磷脂	大豆油	核酸
大豆成分（%）	40	0.05~0.07	7~10	0.08~0.10	20		4~4.5	1.5~3	18~20	0.1~0.2
人体需要量／天	91mg	40mg	10~20g	30~50mg	25~35mg	149.4mg			350mg	400mg

表二										
名称	胡萝卜素	硫胺素（维生素B_1）	核黄素（维生素B_2）	烟酸	泛酸	维生素B_6	生物素	叶酸	肌醇	胆碱	维生素C
含量mg/g	0.2~2.4	0.79	0.25	2.0~2.5	12	6.4	0.6	2.3	1.9~2.6	3.4	0.2

人的生命活动之所以能进行，全要靠碳水化合物、脂肪、蛋白质、维生素、矿物元素及水等一些生理活性物质的帮助。从上述两个表中可以看出，人体需要的必要物质，都能在大豆的成分中发现踪影。所以，人们如果想要健康长寿，没有必要绞尽脑汁去寻求其他昂贵的保健品，大豆虽然价格低廉，但是营养全面。上到老年人，下到婴幼儿都可以服用大豆制成的豆浆，能够提高人体的代谢能力，达到健康长寿的目的。从营养均衡的角度来看，豆类食物不可缺少。

豆浆怎样喝更科学

豆浆营养非常丰富，且易于消化吸收，是很多人喜欢的一种饮品。不过，豆浆在饮用的时候也有一些需要注意的事项，如果选择了错误的方式，不但对身体无益，还有可能损害人体健康。

1. 忌喝未煮熟的豆浆

有的人喜欢买生豆浆，自己回家加热，加热时看到豆浆开始沸腾就误以为豆浆已经煮熟。这是豆浆的有机物质受热膨胀形成气泡造成的上冒现象，实际上，豆浆并没有煮熟。

大豆虽然含有丰富的蛋白质，但是也含有胰蛋白酶抑制素，这种抑制素能够抑制胰蛋白酶对于蛋白质的作用，使大豆中的蛋白质不能顺利被分解成可供人体吸收的氨基酸。只有通过充分加热之后，消除了胰蛋白酶抑制素的抑制作用，我们才能真正利用大豆中的蛋白质。生豆浆中含有皂苷，如果未熟透就进入人体，容易刺激胃肠黏膜，使人出现恶心、呕吐、腹泻等症状。那么怎样的豆浆才算是煮熟的呢？实际上，生豆浆在加热到80～90℃时就会沸腾，这样的温度还不能破坏生豆浆中的皂苷，所以最好在豆浆沸腾之后再煮3～5分钟。

2. 忌冲红糖

豆浆中加上一些红糖，喝起来味道更加香甜，不过因为红糖中含有机酸，而有机酸在与豆浆中的蛋白质结合后，会产生"变性沉淀物"，不利于人体吸收，降低了营养价值。所以，豆浆中忌冲红糖，可以用白糖或冰糖代替。

3. 忌在豆浆里打鸡蛋

有的人喜欢用豆浆冲生鸡蛋，认为这样一下子就补充了两种营养成分，更为健康。其实，尽管二者都含有丰富的蛋白质，但是这种饮用的方式并不科学。原因在于，生鸡蛋清中含有一种黏液性蛋白，在冲鸡蛋的过程中，豆浆中所含的胰蛋白酶抑制素会使胰蛋白酶和黏液性蛋白相结合，生成复合蛋白。这种复合蛋白不易被人体分解、吸收。同时，鸡蛋中蛋白部分含有的抗生物素蛋白与蛋黄部分中的生物素结合，会生成一种无法被人体吸收利用的新物质。用豆浆冲鸡蛋的吃法不仅不能提高营养价值，反而在一定程度上降低了豆浆和鸡蛋中原有的营养成分。因此，豆浆和鸡蛋还是分开吃为宜。不过，煮熟后的鸡蛋可以搭配热豆浆，两者同食不会中毒。

4. 忌装保温瓶

豆浆的蛋白质含量丰富，在煮沸后如果放在保温瓶里保存，当瓶内温度下降到适宜细菌生长时，瓶内的上部空气里的许多细菌就会将豆浆当成培养基地，而大量繁殖起来。一般而言，3～4个小时后，保温瓶内的豆浆就会变质。如果喝了这样的豆浆，人就会出现腹泻、消化不良或食物中毒。另外，豆浆里的皂苷能够溶解暖瓶里的水垢，喝了对身体健康不利。所以，豆浆在煮沸后应该立即食用或者在低温下保存。

5. 忌喝超量

　　一次喝豆浆过多容易引起蛋白质消化不良，出现腹胀、腹泻等不适症状，而且如果因为豆浆好喝，就"一杯接一杯"，那么很可能使体重增加。

6. 忌空腹饮豆浆

　　豆浆中的蛋白质大多会在人体内转化为热量而被消耗掉，所以豆浆不宜空腹饮用，否则豆浆不能充分起到补益作用。在喝豆浆前，最好能够先吃些面包、糕点、馒头等淀粉类食品，这样就可以使豆浆和蛋白质等在淀粉的作用下与胃液充分地发生酶解，令营养物质被充分吸收。

7. 忌与牛奶同煮

　　牛奶和豆浆的营养价值都很高，所以有人认为，将牛奶和豆浆一起煮后饮用，能够更好地吸收营养，事实上这样的做法是错误的。原因在于，豆浆中含有的胰蛋白酶抑制素，对胃肠有刺激作用，还能抑制胰蛋白酶的活性。它们只有在100℃的环境中，经过数分钟的熬煮后才能被破坏，否则，人若食用了未经充分煮沸的豆浆，容易出现中毒；但是，牛奶如果在这样的温度下持续煮沸，其含有的蛋白质和维生素就会遭到破坏，影响到营养价值，实际上是一种浪费。所以，豆浆和牛奶不宜同煮。

　　但是这并不是说牛奶不能和豆浆搭配，实际上从营养学的角度来看，二者具有较强的互补性。比如，牛奶中富含维生素 A，而豆浆中不含有这种营养素；牛奶中维生素 E 和维生素 K 比较少，但这两种维生素在豆浆中比较多；牛奶中不含有膳食纤维，而豆浆中含有大量可溶性纤维；牛奶中含有少量饱和脂肪和胆固醇，而豆浆含有少量不饱和脂肪，以及降低胆固醇吸收的豆固醇。因此，只要注意不将二者一起煮食，牛奶和豆浆还是不错的营养搭配。

8. 忌与药物同饮

　　豆浆不能同药物，尤其是不能同抗生素类的药物同饮，比如红霉素等。因为有些抗生素类药物会破坏豆浆里的营养成分，同时豆浆中所含的铁、钙质会使药物药效降低或者失效。

豆浆并非人人都适宜

豆浆受到大家的喜爱，是因为豆浆对身体的好处多多，它含有丰富的维生素、矿物质和蛋白质，对我们的健康很有益处。不过，豆浆并不是谁都适合喝，有的人饮用后对身体健康还会造成损害。

那么究竟什么样的人不宜喝豆浆呢？

1. 胃寒的人不宜喝豆浆

中医认为，豆浆是属寒性的，所以那些有胃寒的人，比如吃饭后消化不了，容易打嗝、嗳气的人不宜饮用。脾虚之人，有腹泻、胀肚的人也不宜饮用。

2. 肾结石患者不宜喝豆浆

豆类中的草酸盐可与肾中的钙结合，易形成结石，会加重肾结石的症状，所以肾结石患者不宜食用。

3. 痛风患者不宜喝豆浆

现代医学认为，痛风是由嘌呤代谢障碍所导致的疾病。黄豆中富含嘌呤，且嘌呤是亲水物质，因此，黄豆磨成豆浆后，嘌呤含量比其他豆制品要多出几倍。正因如此，豆浆不适宜痛风病人饮用。

4. 乳腺癌高危人群不要大量喝豆浆

豆浆中的异黄酮对女性身体有保健作用，但是如果摄入高剂量的异黄酮素不但不能预防乳腺癌，还有可能刺激到癌细胞的生长。所以，有乳腺癌危险因素的女性最好不要长期大量喝豆浆。

5. 贫血的人不宜长期喝豆浆

黄豆与其他保健食材搭配，虽然有利于贫血患者的健康，但是因为黄豆本身的蛋白质能阻碍人体对铁元素的吸收，如果过量地食用黄豆制品，黄豆蛋白质可抑制正常铁吸收量的90%，人会出现不同程度的疲倦、嗜睡等缺铁性贫血症状。所以，贫血的人不要长期过量喝豆浆。

实际上，豆浆的养生作用是有目共睹的，但是我们不能因此而夸大豆浆功效，也不能因为豆浆的一些副作用而谈其色变。毕竟长期过量摄入豆浆，才会出现不良作用，一般人的正常饮用不会出现问题。成年人每次饮用250～350毫升豆浆，儿童每次饮用200～230毫升，属于正常的饮用量。

优质豆浆的关键指数及鉴别

优质豆浆的标准是什么？如何鉴别优质豆浆和劣质豆浆？以下将为大家介绍优质豆浆的四大关键指数：卫生指数、新鲜指数、浓度指数及煮熟度指数，以及如何鉴别优质豆浆和劣质豆浆。

优劣豆浆关键指数

 卫生指数

A. 操作人员的身体是否健康。
B. 豆子、水和器具是否干净。
C. 场所环境卫生如何？有无蚊、蝇、鼠等传染源。
D. 制浆流程能否保障卫生。

 新鲜指数

A. 最好在做出2小时内喝完，尤其是夏季，否则容易变质。
B. 最好是现做现喝，对于新鲜度没把握的豆浆最好不要随便喝。

 浓度指数

A. 好豆浆应有股浓浓的豆香味，浓度高，略凉时表面有一层油皮，口感爽滑。
B. 劣质豆浆稀淡，有的使用添加剂和面粉来增强浓度，营养含量低，均质效果差，口感不好。

 煮熟指数

A. 生豆浆中含有皂毒素和抗胰蛋白酶等成分，不能被肠胃消化吸收，饮用后易发生恶心、呕吐、腹泻等症状，豆浆充分煮熟后这些物质会被分解。
B. 豆浆用大火煮沸腾后要改以文火熬煮5分钟左右，彻底煮熟煮透。

优劣豆浆鉴别法

 看

即看外观。优质豆浆应为乳白略带黄色，做好后倒入碗中有黏稠感，略凉时表面有一层油皮，这样的豆浆浓度高、彻底熟透。反之，则为劣质豆浆。

 闻

即闻气味。豆浆做好后，优质豆浆有一股浓浓的豆香味，而劣质豆浆则为一股令人不舒服的豆腥味，喝了易导致腹泻、呕吐。

 察

即察现象。用豆浆机做豆浆时，第一次碎豆后白浆很快溶入水中，直达杯体底部，说明豆子粉碎效果好，出浆率高，做出的豆浆浓度高。反之，则做出的豆浆效果不佳。

 品

即品口味。若喝起来豆香浓郁、浓度高、口感爽滑，并略带一股淡淡的甜味，即为优质鲜豆浆。反之，若喝起来有煳味，口感不佳，有粗涩感，且其味淡若水，则为劣质豆浆。

第2章

豆浆的制作

挑选适合自己的豆浆机

  一杯好喝的营养豆浆，离不开家用豆浆机的帮忙。面对着市场上形形色色的豆浆机，如何选择自己理想的那一款呢？下面介绍几个挑选豆浆机时的注意事项，希望可以帮助大家选到心仪的豆浆机。

1. 豆浆机的容量

  根据家庭的人口数量选择豆浆机容量，一般而言，家里是 1 ~ 2 口人的，可以选择 800 ~ 1000 毫升，家里是 2 ~ 3 人的，可以选择 1000 ~ 1300 毫升，家中人口在 4 人以上的，豆浆机的容量可以选择 1200 ~ 1500 毫升。

2. 看品牌选择豆浆机

  名牌豆浆机一般都经过多年的市场检验，所以在性能上比较完善。有的时候，消费者贪图便宜买的产品质量不好，又得不到良好的售后服务，徒增烦恼。另外，还要看厂家是否为专业的豆浆机品牌，有些产品并非自产而是从其他处购得产品后直接贴上自己的牌子，这样的产品质量保障可能会成为问题。所以，为了放心一些，豆浆机购买时宜选专业的品牌豆浆机。

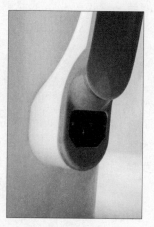

3. 检查豆浆机的安全性能

  大家之所以在家自己用豆浆机做豆浆，恐怕多是因为这样的豆浆喝起来更安全。既然如此，对于机器的安全性更是不能忽视。在挑选豆浆机时，一定要检查电源插头、电线等，还要注意豆浆机是否有国家级质量安全体系认证的产品，如 3C 认证、欧盟 CE 认证等。

4. 注意机器的构造和设计

  （1）看豆浆机的刀片和电机是否合

理决定着豆子的粉碎程度，也决定了出浆率的高低，影响着豆浆的营养和口味。好的刀片应该具有一定的螺旋倾斜角度，当刀片旋转起来的时候，能够形成一个碎豆的立体空间，因为巨大的离心力甩浆，还能将豆中的营养充分释放出来。平面刀片只是在一个平面上旋转碎豆，碎豆的效果不是很好。

（2）看豆浆机的加热装置，宜选择加热管下半部是小半圆形的豆浆机，这样更易于洗刷和装卸网罩。对于厂家而言，这样的加热管技术难度大、成本高。有的豆浆机加热管下半部是大半圆形，不建议选择。

（3）有网罩的豆浆机，还需要看网罩的工艺技术。好的网罩网孔按人字形交叉排列，密而均匀，孔壁光滑平整，劣质的网罩做不到这一点。选购时可以举起网罩从外往里看，如果网罩的透明度高、网孔的排列有序则属于优质网罩。

（4）看豆浆机是否采用了"黄金比例"设计，豆量与水量的比例、水的温度、磨浆时间、煮浆时间等因素的组合是否达到最佳效果，豆浆需要在第一次煮沸后再延煮 4 ~ 5 分钟最为理想，如果延煮时间太短则豆浆煮不熟，太长则易破坏豆浆中的营养物质。

（5）看豆浆机的特殊功能有无必要，有的豆浆机宣称能够保温存储，有的豆浆机则直接在机内用泡豆水打浆，有的建议打干豆……实际上，豆浆在存储的时候，都需冷藏保存，否则极易变质。那些利用定时功能直接用泡豆水磨浆的，既不卫生又很难喝；而直接用干豆做出的豆浆，则会影响大豆营养的吸收。所以说大家在选择豆浆机的时候，不要被那些五花八门的功能所迷惑，以免买到不合适的产品。

豆浆的制作方法

厨房小家电的便利，使我们在家能够轻轻松松制作豆浆。如果你有一台家用豆浆机，那么就可以参照我们下面的方法来制作豆浆了。

第一步，精选豆子。豆子等谷物是我们在做豆浆时的基本材料。在做豆浆前，我们首先要挑出坏豆、虫蛀过的豆子以及豆子中的杂质和沙石，保证豆浆的品质。

第二步，浸泡豆子。先清洗豆子和米等谷物，然后进行充分的浸泡。一般而言，豆子的浸泡时

间在 6 ~ 12 小时即可，夏季的时候，时间可缩短，冬季则适当延长。时间要掌握好，如果太长，黄豆会变馊，以黄豆明显变大为准。米类谷物的浸泡时间为 2 ~ 6 小时比较合适。

第三步，磨豆浆。磨豆浆非常容易，直接按照豆浆机中附带的说明就可以了。先将泡发后的豆子放入豆浆机中，然后加入适量的水，再启动豆浆机。十几分钟或 20 分钟后，香浓美味的豆浆就做好了。

没有豆浆机照样做豆浆

豆浆好处众多，如今很多人都在家用豆浆机制作豆浆，不但干净卫生，味道还很浓郁。有的人可能说，我的家中没有豆浆机，那怎么做豆浆啊？其实，在没有豆浆机的情况下，我们可以利用搅拌机这个好帮手。其实在 20 世纪 90 年代，很多人都不知道豆浆机为何物的时候，人们主要通过搅拌机来做豆浆。

具体来说怎么做呢？首先将豆子泡发，之后放入搅拌机中，再加入适量的水，启动搅拌机，这样就可以将豆子磨成豆浆了。需要注意的是，搅拌机磨出来的是生豆浆，需要煮熟后才能饮用。因为豆浆中含有一种皂苷，它是一种糖蛋白，摄入过多可能使人产生恶心、胸闷、皮疹、腹痛等症状，重者休克，甚至危及生命。另外，豆浆还含有一种抗胰蛋白酶，会降低胃液消化蛋白质的能力，引起消化不良。这两种物质如果不去掉，豆浆根本不能喝，在充分加热的环境下就能破坏掉这两种物质。通常在煮豆浆的时候，需要在豆浆沸腾后再煮几分钟，而且锅盖需要敞开，让豆浆中的有害物质随着水蒸气蒸发掉。

如果你家中没有豆浆机，又很想喝自制的豆浆，不妨试试这种用搅拌机磨豆浆的方法。另外，过滤后的豆渣也不要扔掉，它也能华丽变身为可口美味。

制作豆浆应注意的细节

用豆浆机制作豆浆，已经成为不少家庭每天必不可少的一个环节。不过若要轻松制出口感浓郁且营养丰富的豆浆并不容易，虽然豆浆在制作的时候比较方便，但是如果忽视了一些细节，豆浆的口感和营养价值就会大打折扣。现在我们就来看看制作豆浆的时候，都需要注意哪些细节吧。

1. 做豆浆前一定要泡豆

有的人认为泡豆耽误时间，所以喜欢直接用豆浆机中的干豆功能，干豆做成的豆浆偶尔为之尚可，经常喝不利于身体健康。为什么这样说呢? 大豆外层的膳食纤维不能被人体消化吸收，它妨碍了大豆蛋白被人体吸收利用。如果充分地泡大豆，能够软化它的外层，在大豆经过粉碎、过滤、充分加热的步骤后，人体对大豆营养的消化吸收率提高了不少。另外，豆皮上附有一层脏物，不经过充分的浸泡很难彻底清洗干净。而且，利用干豆做出的豆浆无论在浓度、营养吸收率、口感和香味上，都不如用泡豆做出的豆浆好。所以，泡豆可以说是做豆浆时必不可少的一步，这样既能提高大豆粉碎效果和出浆率，又卫生健康。

2. 泡豆的时间不可一成不变

泡豆的时间如果室温在 20 ~ 25℃，12 个小时足以让大豆充分吸水，如果延长时间也不会获得好的效果。不过，在夏天温度普遍高的时候，豆子浸泡 12 小时很可能会发霉，带来细菌过度繁殖的问题。所以，最好能放在冰箱中，在 4℃ 的冰箱里泡豆 12 小时，相当于在室温下浸泡 8 小时的效果。如果是冬天，室内温度较低，可以适当延长大豆的浸泡时间。

3. 泡豆的水不能直接做豆浆

有的人直接用豆浆机浸泡豆子，在进行充分浸泡后为了图省事，直接用泡豆水做豆浆。这种方法倒是方便了，但对健康是很不利的。浸泡过大豆的人都知道，大豆在水中泡过一段时间后，会令水的颜色变黄，而且水面上还浮现出很多水泡。这是因为大豆的碱性大，在经过浸泡后发酵就会引起这种现象。尤其是夏天泡过大豆的水，更容易滋生细菌，发出异味。用泡豆水做出的豆浆，不但有碱味，而且也不卫生，人喝了之后有损健康。所以，做豆浆不宜直接用泡豆水，不但如此，大豆在浸泡后还要用清水清洗几遍，去掉黄色的碱水。

4. 美味豆浆需要细磨慢研

很多人喜欢喝豆浆，不仅是因为它有丰富的营养，还因为它有润滑浓郁的口感。不过，有的人发现自己用豆浆机打出的豆浆没有那么香浓，实际上研磨时间的长短是影响豆浆营养和口感的一个重要细节。传统制作豆浆的方法是用小石磨一圈一圈地推着磨豆子，磨的时间越长，豆子研磨得越细，大豆蛋白的溶出率就越高，豆浆的口感也比较爽滑。现在一般家用的豆浆机，多是用刀片"磨"豆，一次难以打到很细，这样大豆蛋白质溶解不出来，口味就会变得寡淡。所以，在打豆浆的时候如果发现口味不浓，可以选择多打几次来实现石磨研磨的效果。

5. 过滤豆渣，除掉豆腥味

大豆特有的豆腥味在用豆浆机自制豆浆的过程中难以去除，这无疑影响了豆浆的口感。对这个难题，专家也有妙方，选择一个干净的医用纱布，煮好的豆浆通过纱布过滤到杯子中，这样不仅可以过滤残留豆渣，还可以减轻豆浆中的豆腥味。豆渣中含有丰富的食物纤维，有预防肠癌和减肥的功效，如果扔掉太可惜，我们可以将滤出的豆渣添加作料适当加工一下，就能变废为宝，做成各种可口的美食。

喝不完的豆浆如何保存

因为食品安全问题的频繁发生，豆浆机成了老百姓生活中炙手可热的家用电器。不过，很多人发现自家买的豆浆机一次制作的量，往往都喝不完，以至于造成了不必要的浪费。那么，有没有什么好办法能使豆浆保存的时间更长一些呢？

第一，需要准备一个或两个密闭的洁净容器，比如太空瓶或者罐头瓶。

第二，每次需要用沸水将器皿烫一下杀菌，然后将煮沸后的豆浆分别倒入器皿中。留出五分之一的空隙，盖子松松地盖上，不要拧紧。

第三，稍微放几秒钟的热气，就可以将盖子拧到最紧。然后在屋内让其自然冷却。

第四，等豆浆冷却后，再将它放入冰箱的冷藏层中。这样就可以储藏两三天了。

这种保存方式的原理是，先用高温将豆浆中的细菌杀死，然后趁热放入杀过菌的瓶内，盖上盖子等待冷却。瓶子里的空气在冷却后收缩形成负压，使瓶子密封得很严实，这样瓶内的细菌杀掉了，外面的细菌又进不去，豆浆就可以更卫生一些。

等到需要喝的时候，再把豆浆从冰箱中取出来，重新加热一下就可以了。

第3章
豆浆的养生功效

解读豆浆中的八大营养素

豆浆的营养价值很高，是其他食物无法比拟的，更为可喜的是豆浆中的胆固醇含量几乎等于零。豆浆中主要有八大营养素，它们分别是大豆蛋白、大豆皂素、大豆异黄酮、大豆卵磷脂、脂肪、寡糖、B族维生素、维生素E、矿物质类等。现在就分别介绍一下这八大营养素对我们身体的健康作用。

1. 大豆蛋白质

大豆蛋白是大豆的最主要成分，含量为38%以上，是谷类食物的4～5倍。大豆蛋白质属于植物性蛋白质。它的氨基酸组成与牛奶蛋白质相近，除了蛋氨酸含量略低外，其余必需的氨基酸含量都很丰富，在营养价值上，可与动物蛋白相媲美。另外，大豆蛋白在基因结构上也最接近人体氨基酸。就平衡地摄取氨基酸而言，豆浆可算是最理想的食品。

2. 皂素

有的豆浆喝起来总是带着少许的涩味，其实这种涩味就是皂素造成的。

皂素有一个最明显的效果，就是能够抗氧化，即抑制活性氧的作用。同时，皂素还能补助体内的抗氧化物质，所以能够产生强力的抗氧化作用。对于女性来说，皂素可以说是女人追求美丽的好帮手，因为皂素能够预防因为晒太阳造成的黑斑、雀斑等皮肤的老化症状。

另外，大豆皂素还具有乳化作用，引起油水混合，并且促进食物纤维吸附胆汁酸，降低体液中的胆固醇值。它还能减少三酰甘油、防止肥胖，对预防动脉硬化也有效果。

3. 大豆异黄酮

豆浆中的大豆异黄酮与雌激素的分子结构非常相似，能够与女性体内的雌激素受体相结合，对雌激素起到双向调节的作用，所以又被称为"植物雌激素"。

研究发现，亚洲人（尤其是日本人）乳腺癌、心血管疾病、更年期潮热的发病率明显低于欧美等国，一个很重要的原因就是东西方不同的膳食结构使得亚洲人有机会摄取到更多的豆制品。也就是说大豆异黄酮摄入的差异，是导致东西方疾病发病率不同的主要原因。

另外，大豆异黄酮还可与骨细胞上的雌激素受体结合，减少骨质流失，同时促进机体对钙的吸收，以增加骨密度，从而预防和改善骨质疏松症。另外，多饮用富含大豆异黄酮的豆浆有益于预防和辅助治疗老年性痴呆。

4. 大豆卵磷脂

"大豆卵磷脂"是大豆所含有的一种脂肪，为磷质脂肪的一种。卵磷脂主要存在于蛋黄、大豆、动物内脏器官。作为一种保健品，卵磷脂曾经在20世纪70年代风行于美国和日本，它的化学名为磷脂酰胆碱。因为卵磷脂健脑强身以及防止衰老的特殊功效，长期以来，在保健食品排行榜上位居首位。

大豆卵磷脂，顾名思义，从大豆中提取，可谓"精华之中的精华"。因为大豆卵磷脂取之于食品，不会产生任何不良作用。据世界卫生组织（WHO）专门委员会报告：食用卵磷脂比食用维生素更安全。一般而言，如果一个人每天食用5~8克的大豆卵磷脂，坚持2~4月，就可降低胆固醇，并且没有任何副作用。假如与维生素E配合使用，不仅维生素E可以防止大豆卵磷脂中不饱和脂肪酸的氧化，而且卵磷脂也有助于维生素E的吸收，效果更佳。

5. 脂肪

大豆约含有20%的脂肪。一提起脂肪，很多人都会想到肥胖，而不敢去碰它。其实大豆所含的脂肪称为不饱和脂肪，乃是身体所必需的物质。这些不饱和脂肪中，有很多种是人体所无法生成的，所以必须时常摄取。

大豆中的不饱和脂肪酸，主要有亚油酸、亚麻酸、油酸等。

亚油酸与亚麻酸是必需脂肪酸，是对人体很重要的物质。亚油酸对于儿童大脑和神经发育，以及维持成年人的血脂平衡、降低胆固醇，都发挥着更重要的作用。如果亚油酸缺乏，将使生长停滞、体重减轻、皮肤成鳞状并使肾脏受损，婴儿可能患湿疹；亚麻酸则能起到降低血液黏稠度，促进胆固醇代谢，提高智力等作用。

虽然亚油酸和亚麻酸对人体很重要，但是它们很容易氧化。所幸豆浆含有丰富的维生素E，能够防止细胞的氧化。另外，亚油酸也能够减少有害人体的胆固醇。由此就不难明白为何大豆中的脂肪是对人体有益处的。

6. 寡糖

豆浆即使不加糖，也有一股淡淡的香味，这其实就是寡糖的作用。大豆的寡糖只存在于成熟的豆子里面，所以豆芽菜与毛豆并不含有寡糖。

寡糖对肠道非常有益处，而豆浆也含有丰富的寡糖。寡糖可作为体内比菲德氏菌等有益菌生长繁殖的养料，而压抑有害菌种的生存空间，促成肠道菌群生态健全。如此可增加营养的吸收效率，减少肠道有害毒素的产生，延缓老化、维持免疫机能、减少肠道生长及恶性肿瘤的危险。和乳酸菌、膳食纤维等物质一样，它也是整肠、体内环保、促进正常排便的好帮手。

7. B 族维生素、维生素 E

大豆所含有的 B 族维生素和维生素 E 十分丰富。B 族维生素由维生素 B_1、维生素 B_2、烟酸、维生素 B_6、叶酸、维生素 B_{12}、泛酸、生物素等水溶性维生素组成。维生素 B_1 是葡萄糖代谢成热量过程中重要的辅酶素，如果缺乏维生素 B_1，葡萄糖的新陈代谢就会受阻，热量的供应就会出问题。

维生素 B_2 在保持健康的皮肤与黏膜方面担任着很重要的任务，如果缺乏，会造成口角、舌头与眼睛的病变。有些研究还认为学童近视与缺乏维生素 B_2 有关。

维生素 E 也号称为保持年轻的维生素，它最重要的生理功能就是抗氧化的能力。人体需要氧气燃烧养料产生热量，但如果氧化的过程控制不当，就会产生自由基，伤害细胞。维生素 E 能有效地消除自由基，防止体内的氧化，所以对预防生活习惯病，阻止皮肤的老化很有功效。

8. 矿物质类

海藻、海带、裙带菜等含有丰富的矿物质，这是众所周知的。实际上，豆浆中也含有丰富的矿物质。其中，钾能够促进钠的排泄，调整血压。镁能够促进血管、心脏、神经等的活动，植物性的铁难以被身体所吸收，但是豆浆中的铁例外，它很容易被吸收，同时又能够帮助氧气的供给。

从上面对豆浆营养成分的分析中，我们能够看出豆浆中所含的各种成分对人体健康都有良好的效果。如果单独摄取这些成分，可能要耗费很多的时间，但是，一杯简简单单的豆浆就可以帮助我们一次性地摄取多种成分。需要注意的是，想要均衡营养，只喝一两次豆浆是不够的，它需要长期持续地喝下去才能见效。

豆浆能抑制过氧化脂质的生成

现在市场上销售的加工食品很多都有油炸程序，即使我们减少了吃油炸食物的次数，也会在不经意间吃到过氧化脂质。含有较多过氧化脂质的食物有江米条、方便面、各种半加工食品等，在食用这类食品或油炸食品后，其中百分之三的过氧化脂质会被人体吸收。这一数据是通过动物实验所得出的，虽然听起来百分之三的过氧化脂质并不多，但是对于人体来说，数目却非同小可。

我们的身体本身也会生成一些过氧化脂质，但是不会一次生成很多，抗氧化组织负责将这些少量的过氧化脂质转化为无害物质，一旦遇到那么多过氧化脂质时就会陷入紧急状态。如

果身体的抗氧化物质不足，很多细胞都会受损，而就算抗氧化物质够用也会因为消耗太多，而令组织变弱。所以那些几乎每天都吃油炸食品的人，如果不及时补充抗氧化物质，身体的防御系统就会陷入危机，随着受损细胞的持续增加，就会引发出多种疾病，甚至是癌症。

喝豆浆就可以帮助我们的身体抑制过氧化脂质的生成。有研究者做过这样的实验：在用160℃的热源加热植物油时，吹入空气，40分钟后油中的过氧化脂质会急剧增加6倍之多。但是，如果在植物油中加入大豆苷元后再加热，过氧化脂质几乎不会增加。也就是说，大豆苷元可以抑制过氧化脂质的产生。

苷存在于动植物中，它是具有发泡性质的物质的总称。大部分的苷都具有溶血作用，因此被认为是有害成分，少量的苷没有溶血作用，例如被当成重要中草药使用的高丽参所含的苷。20世纪70年代，人们发现大豆和小豆中的苷也没有溶血作用。大豆苷元具有抑制过氧化脂质产生的功效，而且大豆皂角苷还可以分解体内的过氧化脂质，使其变为无害物质。

这一消息，对于担心过氧化脂质影响身体健康的人而言，无疑是一个巨大发现。研究发现，针对食用油炸食物后造成的过氧化脂质和人体本身生成的过氧化脂质，每日食用50毫克的豆苷元，就能够抑制过氧化脂质的合成，促进其分解排出体外。当然，这个量只是针对那些偶尔吃油炸食物的人而言，每个人的饮食习惯不同，过氧化脂质摄入量也不同，所以摄入大豆苷元的量也不同。

豆浆中含有的大豆苷元是豆制品中最多的，每100克豆浆中含有略微超过50毫克的大豆苷元。所以大家在吃油炸食品时，最好能喝上一杯豆浆，不过必须是100%的豆浆才含有足够的大豆苷元。那些添加了植物油和钙等物质的豆浆，以及豆浆饮料中的大豆苷元是不能与纯豆浆相比的。

豆浆能健脑壮体，防止贫血

常喝豆浆还能健脑，因为脑为髓之海，而豆浆中富含的卵磷脂是构成脑神经和脑脊髓的主要成分，所以豆浆有很强的健脑作用。

另外，卵磷脂还是血细胞和细胞膜的必需原料，具有促进细胞新生和发育的作用。人体没有合成卵磷脂的能力，只能从食物中获取。因此，若想健脑可以多喝豆浆，同时进食其他富含卵磷脂的

食物，比如豆类的其他制品、蛋黄、鱼类、葵花子等。这些食物都具有改善老年人血管和大脑的功能，还能够防治老年性痴呆症。

另外，多喝豆浆还能防止贫血。原因在于豆浆及其他豆制品富含铁元素，而铁是血红蛋白的必需成分。如果人体缺铁，血红蛋白的浓度下降，容易引发缺铁性贫血，造成儿童智力低下和成人大脑反应迟钝等症。豆浆所含的其他营养素，比如蛋白质、镁、锌、铜、B族维生素等，也能够通过各自的途径影响到血细胞的形成，对于营养不良性的贫血有逆转作用。此外，大脑的正常生理活动不但需要血液的供氧，还需要很多含铁蛋白即生物氧化酶类进行催化，这些酶类（含铁蛋白）的更新速度比血红蛋白要快很多倍，一旦缺铁，这些酶类的敏感性很强，这就是铁对智商影响明显的原因所在。

所以，经常饮用豆浆及其他富含铁的食物，不但对防治贫血大有好处，而且还能提高我们的智力，起到健脑、壮体的作用。

豆浆是最优质的减肥饮品

减肥的方法多种多样，有依靠运动减肥的，也有依靠药物减肥的，还有通过节食减肥的，等等。这些减肥方法要么就是对身体有一定的伤害，要么就是让人很难坚持下来。其实，利用豆浆就可以达到轻松减肥的目的，而且这种方法既安全又健康，能够让你一边"享受"一边瘦身。

为什么豆浆能够瘦身呢？

第一，豆浆属于低热量食物，一杯 300 毫升的豆浆大概只有 176 千焦（42 千卡）的热量，而一杯同样的牛奶热量大约是 628 千焦（150 千卡），可乐则为 544 千焦（130 千卡），一块肥瘦相间的猪肉就更多了，足足有 1674 千焦（400 千卡）的热量。因此，如果能用豆浆代替饮食中的一些食物，就可以大大减少多余热量的摄入，起到减肥的目的。

第二，豆浆中含有一种重要的营养素——膳食纤维，很多食物中都没有膳食纤维，比如，牛奶、可乐、各种肉类等。现在一些奶制品里也特意加上膳食纤维。那么，膳食纤维对我们到底有什么好处呢？一来这种膳食纤维遇水后会膨胀，膨胀后胃里的空间就被占用了，我们也就吃不下多少东西了，这意味着我们无法摄入更多的能量。其实，很多人减肥之所以失败，最大的问题就在于"管不住自己的嘴"，如果吃了膳食纤维，即使再想吃其他的食物，也会因为胃中已满而吃不下。二来膳食纤维还有排毒作用，它能够清洁大肠，帮助带出体内多余的脂肪，既养颜又减肥。

第三，豆浆中还含有有益脂肪，导致我们身体肥胖的主要是饱和脂肪，而豆浆中所含有的是不饱和脂肪酸，恰恰是减肥者的福音。不饱和脂肪酸，一方面能够满足身体对脂类营养素的需求，另外，它还能消耗身体里多余的饱和脂肪，从而起到预防高血脂、心血管疾病。

另外，豆浆的脂肪中还含有植物固醇，这种东西是胆固醇的"亲戚"，它能够将身体里多余的胆固醇带走。除了这些减肥成分，豆浆还富含人体所需的 7 大营养素，可谓在减肥的同时不忘健康。

喝豆浆减肥也是有一定原则的，从时间上来看，在吃了一点儿食物后就要将一杯豆浆喝下去，这样有膳食纤维把关，你就能管住自己的嘴了。减肥效果最好的方法是连豆渣一起喝。

女人喝豆浆的好处

医学研究表明，女性延缓衰老的关键时期是 36 岁以后。因为从这个年龄开始，体内雌激素含量下降，而雌激素是女性风采的生命线。

如何为女人补充雌激素呢？激素替代疗法一直是全球普遍采用的延缓女性衰老，缓解更年期综合征的方法。不过，在2002年因其所产生的副作用，美国国立卫生研究院宣布终止一项激素替代疗法。实际上，喝豆浆就可以起到呵护女性魅力和健康的作用。

豆浆中含有的大豆异黄酮是一种植物雌激素，它的结构与人体的雌激素极为相似，而雌激素在女人的一生中扮演着不可替代的角色。人们经过研究发现，大豆异黄酮是目前最安全的外源性雌激素。因此，女性在卵巢功能开始萎缩的时候，可以在医生的指导下适时补充大豆异黄酮，这样就能通过生殖器官细胞上的信息分子来提高生殖器官活性，以此延缓卵巢萎缩、减少子宫肌瘤等疾病。如果在女性体内补充了雌激素，就会使体内的内分泌系统、神经系统、免疫系统维持正常的相互作用，令女性精力充沛、坚强自信、充满愉快的感觉。

正因如此，有人将豆浆誉为女人最完美的食物。豆浆具有超强的抗氧化作用，可清除体内自由基，提高抗氧化酶的活力，为肌肤注入再生动力，帮助女人扫除皮肤粗糙、暗沉的困扰，使肌肤更细腻光滑，散发迷人魅力！

男人喝豆浆的好处

豆浆中因为含有"大豆异黄酮"这种雌激素，有的男人担心喝了之后会出现乳房发育、不长胡子、变娘娘腔等女性化特征，而且还会影响到自己的男性功能，所以拒绝饮用。其实，豆浆对男性不利的说法并没有科学依据，适当吃大豆对男性有益无害。

女性体内有一种雌激素受体，当豆浆中的大豆异黄酮与这种受体结合后，才能发挥出类似于雌激素的作用。但男性体内并没有这种受体，所以豆浆内的大豆异黄酮对男性起不了雌激素的作用。就男性性功能而言，英国曾经对几百个接受了豆浆的男性做实验，结果发现，摄入豆浆后对男性性功能并无影响。相反，豆类中的植物雌激素还可以大大降低男性前列腺癌的发生率。

豆浆营养丰富，营养价值可以与牛奶媲美，男人喝非常有好处，尤其是对于中老年人，更有预防中风、维持心血管健康、改善肠道功能、保持青春活力的保健功效。对于年轻男性而言，植物雌激素摄入量高的时候，对于雄激素有轻微的抑制作用，这时喝入豆浆能在一定程度上减轻青春痘等激素不平衡引起的问题。

我国营养学会在最新版膳食指南中，也明确了大豆的合理摄入量为每天 30 ~ 50 克。按照这样的量，每日喝 2 杯豆浆或 1 杯豆浆即可，在这个数量下，豆浆不会让男人雌性化，也不会降低他们的生育能力。不过，每天不要饮用太多豆浆，有医生就发现不少肾结石患者都有大量饮用豆浆的历史。

老人喝豆浆的好处

豆浆也适合老人饮用，中老年人患上心脑血管疾病的可能性更高，如高血压、高血脂、高血糖、冠心病等疾病。喝豆浆能够降低胆固醇含量，对这些疾病有一定的食疗作用。而且豆浆还具有平补肝肾、防老抗癌、增强免疫力等作用，非常适合中老年人饮用。

具体而言，豆浆对老年人的作用可以从下面八点分析：

1. 强健体魄

每 100 克的豆浆含有蛋白质 3.6 克、脂肪 2.0 克、磷 49 毫克、铁 12 毫克、碳水化合物 2.9 克、钙 15 毫克，坚持喝豆浆对老年人增强体质大有好处。

2. 防止糖尿病

豆浆含有大量纤维素，能有效地阻止糖的过量吸收，减少糖分，所以对于防止糖尿病有不错的食疗作用，是糖尿病患者日常的保健佳品。

3. 防治高血压

钠可以说是高血压发生和复发的主要根源之一，如果体内有能适当控制钠的物质，既能防治高血压，又能治疗高血压。豆浆中所含的豆固醇和钾、镁，它们都是有力的抗盐钠物质。所以常喝豆浆，能够在一定程度上防治高血压。

4. 防治冠心病

豆浆中所含的豆固醇和钾、镁、钙等元素能加强心肌血管的兴奋，改善心肌营养，并起到降低胆固醇，促进血流的作用。如果能坚持每天喝一杯豆浆，就会降低冠心病的复发率。

5. 防止脑中风

豆浆中所含的镁、钙等元素，还能明显地降低脑血脂，改善脑血流，从而有效地防止脑梗死、脑出血的发生。另外，豆浆中含有的卵磷脂，还能减少脑细胞的死亡，提高脑功能。

6. 防治癌症

豆浆及其他豆类食品中都含有防癌抗癌的核酸，尤其是豆浆中的大豆异黄酮对女性的乳腺癌、男性的前列腺癌症很有帮助。

7. 防止支气管炎

豆浆所含的麦氨酸具有防止支气管炎平滑肌痉挛的作用，从而减少和减轻支气管炎的发作。

8. 防止衰老

豆浆中所含的硒、维生素 E、维生素 C 有很强的抗氧化功能，能减缓衰老，特别对脑细胞作用最大，能防止老年痴呆。

第二篇

经典当家豆浆

——又简单又营养

第1章

经典原味豆浆

黄豆浆，"豆中之王"保健康

材料

黄豆80克，白糖、清水适量。

做法

① 将黄豆清洗干净后，在清水中浸泡6～12小时，泡至发软。

② 将泡好的黄豆放入豆浆机的杯体中，并加水至上下水位线之间，启动机器，煮至豆浆机提示豆浆做好并过滤。

③ 根据个人的口味，趁热往豆浆中加入适量白糖调味，做成甜豆浆。老年人大多有糖尿病、高血压、高血脂等疾病，不宜吃糖，可用蜂蜜代替。

【养生功效】

黄豆豆浆是最传统经典的豆浆，经常饮用对身体非常有益。中医认为，黄豆味甘性平，归脾、胃、大肠经，具有补虚、清热化痰、利大便、降血压、增乳汁等作用。现代营养学认为，黄豆中富含皂角苷、异黄酮、钼、硒等抗癌成分，几乎对所有的癌症都有抑制作用；黄豆中的大豆蛋白质和豆固醇能显著地改善并降低体内脂肪和胆固醇含量，从而降低患心血管疾病的概率；大豆脂肪富含不饱和脂肪酸和大豆磷脂，有保持血管弹性、健脑和防止脂肪肝形成的作用。黄豆中的植物雌激素与人体产生的雌激素在结构上十分相似。另外，黄豆对皮肤干燥、粗糙、头发干枯也大有好处，可以提高肌肤的新陈代谢率，促使机体排毒，令肌肤常保青春。正因为黄豆的营养价值极高，所以有"豆中之王"的称号。

■ 贴心提示

生大豆含消化酶抑制剂及过敏因子等，食用后最易引起恶心、呕吐、腹泻等症，必须彻底将豆浆煮熟以后才能食用。另外，喝豆浆的时候还要注意干稀搭配，因为豆浆中的蛋白质在淀粉类食品的作用下，能够更加充分地被人体吸收。与此同时，若能食用蔬菜和水果，更有利于营养平衡。

黑豆浆，营养补肾佳品

材料

黑豆80克，白糖、清水适量。

做法

①将黑豆清洗干净后，在清水中浸泡6～12小时，泡至发软。

②将泡好的黑豆放入豆浆机的杯体中，并加水至上下水位线之间，启动机器，煮至豆浆机提示豆浆做好并过滤。

③根据个人的口味，趁热往豆浆中加入适量白糖调味。患有糖尿病、高血压、高血脂等疾病者不宜吃糖，可用蜂蜜代替。

■ 贴心提示

黑豆有解药毒的作用，亦可降低中药功效，所以正在服中药者忌食黑豆；消化不良、食积腹胀者不宜食用黑豆，否则会加重腹胀。

【养生功效】

黑豆所含的核黄素、黑色素，对防老抗衰、增强活力、美容养颜均有帮助。肾虚的人可以通过食用黑豆，来增强肾脏功能。用黑豆制作的豆浆，能滋肾阴、润肺燥、解毒利尿、乌发黑发，是营养补肾的佳品。

绿豆浆，清热去火

材料

绿豆80克，白糖、清水适量。

做法

①将绿豆清洗干净后，在清水中浸泡6～12小时，泡至发软。

②将泡好的绿豆放入豆浆机的杯体中，并加水至上下水位线之间，启动机器，煮至豆浆机提示豆浆做好并过滤。

③根据个人的口味，趁热往豆浆中加入适量白糖调味即可。

【养生功效】

中医认为，绿豆性味甘寒，入心、胃经，具有清热解毒、消暑利尿之功效。据历代中医文献记载与民间实际应用，总结出绿豆的功用为：清热解暑、止渴利尿、消肿止痒、收敛生肌、明目退翳、解一切食物中毒。

■ 贴心提示

绿豆不宜煮得过烂，以免使有机酸和维生素遭到破坏，降低清热解毒功效。因绿豆性凉，所以脾胃虚弱、体弱消瘦或夜多小便者不宜食用，另外进行温补的人也不宜饮用，以免降低温补功效。

青豆浆，护肝、防癌症

材料

青豆100克，白糖、清水适量。

做法

❶ 将青豆清洗干净后，在清水中浸泡6~12小时，泡至发软。

❷ 将浸泡好的青豆放入豆浆机的杯体中，并加水至上下水位线之间，启动机器，煮至豆浆机提示豆浆做好。

❸ 将打出的豆浆过滤后，按个人口味趁热往豆浆中添加适量白糖或冰糖调味。糖尿病、高血压、高血脂等不宜吃糖的患者，可用蜂蜜代替。不喜甜者也可不加糖。

■ 贴心提示

青豆不宜久煮，否则会变色。老人、久病体虚人群不宜多食；患有脑炎、中风、呼吸系统疾病、消化系统疾病、泌尿系统疾病、传染性疾病以及神经性疾病者不宜食用；腹泻者勿食。

【养生功效】

青豆是黄豆的嫩果实。它多作为蔬菜食用，清香鲜甜，耐看好吃。研究表明，青豆富含不饱和脂肪酸和大豆磷脂，能起到保持血管弹性、健脑和防止脂肪肝形成的作用。另外，青豆还富含皂角苷、异黄酮、蛋白酶抑制剂、硒、钼等抗癌成分。用青豆制作的豆浆能健脾、润燥、利水，对前列腺癌、肠癌、食道癌、皮肤癌等癌症也都有抑制作用。

红豆浆，利尿消水肿

材料

红豆100克，白糖、清水适量。

做法

❶ 将红豆清洗干净后，在清水中浸泡6~12小时，泡至发软。

❷ 将浸泡好的红豆放入豆浆机的杯体中，并加水至上下水位线之间，启动机器，煮至豆浆机提示豆浆做好。

❸ 将打出的豆浆过滤后，按个人口味趁热往豆浆中添加适量白糖或冰糖调味即可。

■ 贴心提示

尿多的人忌食红豆浆，体质属虚性者以及肠胃较弱的人不宜多食。饮用红豆豆浆不宜同时吃咸味较重的食物，不然会削减其利尿的功效。另外，也不宜久服或过量食用红豆，否则会令人生热。

【养生功效】

《本草纲目》中记载："红豆通小肠、利小便、行水散血、消肿排脓、清热解毒，治泻痢脚气、止渴解酒、通乳下胎。"红豆豆浆还能解酒、解毒，对心脏病和肾病、水肿有益。

豌豆浆，润肠、清宿便

材料

豌豆100克，白糖、清水适量。

做法

①将豌豆清洗干净后，在清水中浸泡6～12小时。

②将泡好的豌豆放入豆浆机的杯体中，并加水至上下水位线之间，启动机器，煮至豆浆机提示豆浆做好并过滤。

③根据个人的口味，趁热往豌豆豆浆中加入适量白糖调味。糖尿病、高血压、高血脂患者不宜吃糖，可用蜂蜜代替。不喜甜者也可不加糖。

【养生功效】

豌豆俗称荷兰豆，它的颜色似翡翠，形状像珍珠，含有丰富的维生素。豌豆含有丰富的粗纤维，能够促进大肠蠕动，保持大便通畅，起到清洁大肠的作用。不但如此，豌豆还含有人体必需的多种营养物质，尤其是优质蛋白质，可以提高机体的抗病能力和康复能力。喝上一杯豌豆豆浆，不但能帮助自己清除宿便，还有利于人体对营养物质的吸收。

■ 贴心提示

豌豆不宜长期冷藏，买回来之后最好在1个月内吃完。搭配鸡蛋、肉干等富含氨基酸的食物，能大大提高豌豆豆浆的营养价值。豌豆中含有一种物质，会抑制精子生成，降低精子活力，渴望要孩子的男性不要过多食用。

第2章
五谷干果豆浆

花生豆浆，降血脂、延年益寿

材料

黄豆60克，花生20克，白糖、清水适量。

做法

① 将黄豆清洗干净后，在清水中浸泡6～8小时，泡至发软备用；花生去皮。

② 将浸泡好的黄豆和去皮后的花生一起放入豆浆机的杯体中，并加水至上下水位线之间，启动机器，煮至豆浆机提示豆浆做好。

③ 将打出的豆浆过滤后，按个人口味趁热往豆浆中添加适量白糖或冰糖调味。患有糖尿病、高血压、高血脂等不宜吃糖的患者，可用蜂蜜代替。不喜甜者也可不加糖。

【养生功效】

花生善于滋养补益，有助于延年益寿，所以民间又称其为"长生果"。中医认为花生有扶正补虚、健脾和胃、润肺化痰、滋养调气、利水消肿、止血生乳的作用；现代医学证明花生能增强记忆力、抗衰老、延缓脑功能衰退、滋润皮肤；花生中的不饱和脂肪酸有降低胆固醇的作用，可防治动脉硬化、高血压和冠心病；花生还含有一种生物活性很强的天然多酚类物质——白藜芦醇，这种物质是肿瘤类疾病的化学预防剂，也是降低血小板聚集，预防和治疗动脉粥样硬化、心脑血管疾病的化学预防剂。总之，花生豆浆的营养丰富，有降血脂及延年益寿的作用。

■ 贴心提示

一般人都可以食用花生豆浆，病后体虚、手术病人恢复期以及妇女孕期、产后进食花生都有补养效果。值得注意的是，胆管病、胆囊切除者不宜食用花生，另外，因为花生的热量比较高，所以不宜多食。

核桃豆浆，补脑益智

材料

核桃仁 1 ~ 2 个，黄豆 80 克，白糖或冰糖、清水适量。

做法

① 将黄豆清洗干净后，在清水中浸泡 6 ~ 8 小时，泡至发软。

② 将浸泡好的黄豆和核桃仁一起放入豆浆机的杯体中，并加水至上下水位线之间，启动机器，煮至豆浆机提示豆浆做好。

③ 将打出的豆浆过滤后，按个人口味趁热往豆浆中添加适量白糖或冰糖调味。患有糖尿病、高血压、高血脂等不宜吃糖的患者，可用蜂蜜代替。不喜甜者也可不加糖。

【养生功效】

核桃性温，味甘，具有补肾固精、补脑益智的功效。现代医学研究认为，核桃中的磷脂对脑神经有良好的保健作用。它所含丰富的维生素 E 及 B 族维生素等，能帮助清除氧自由基，且可补脑益智、增强记忆力、抗衰老。对于用脑过度、耗伤心血者，常吃核桃能够起到补脑、改善脑循环、增强脑力的效果。不管男女老少，都可以饮用核桃豆浆，在补脑的同时还能增加人的抗压能力、缓解疲劳。

■ 贴心提示

核桃含有较多的脂肪，因此一次不宜吃太多，以 20 克为宜，否则会影响消化。有的人喜欢将核桃仁表面的褐色薄皮剥掉，这样会损失一部分营养，所以吃的时候不要剥掉这层皮。

芝麻豆浆，改善体虚体质

材料

黑芝麻或白芝麻 5 克，黄豆 100 克，清水、白糖或冰糖各适量。

做法

① 将黄豆清洗干净后，在清水中浸泡 6 ~ 8 小时，泡至发软备用；芝麻淘去沙粒。

② 将食材放入豆浆机中，加水至上下水位线之间，启动机器，煮至豆浆机提示豆浆做好。

③ 将打出的芝麻豆浆过滤后，按个人口味趁热往豆浆中添加适量白糖或冰糖调味即可饮用。

■ 贴心提示

芝麻虽好，食用时也有一定的禁忌。《本草从新》中说："胡麻服之令人肠滑，精气不固者亦勿宜食。"也就是说患有慢性肠炎、便溏腹泻者忌食；根据传统经验，男子阳痿、遗精者也不宜食用芝麻豆浆。

【养生功效】

根据中医记载，芝麻具有补肝肾、润五肠、益气力、填脑髓的功效，能调治肝肾不足、病后虚弱、须发早白、腰膝酸痛等病症。久病或平素体虚的人，平时不妨坚持喝芝麻豆浆，能够增气力、调五脏、提高人的免疫力。

杏仁豆浆，滋润能补肺

材料

杏仁5～6粒，黄豆80克，清水、白糖或冰糖各适量。

做法

① 将黄豆清洗干净后，在清水中浸泡6～8小时，泡至发软备用；干杏仁洗净后也要和黄豆一样泡软，不过若是新鲜的杏仁，只需略泡一会儿即可。

② 将浸泡好的黄豆和杏仁一起放入豆浆机的杯体中，添加清水至上下水位线之间，启动机器，煮至豆浆机提示杏仁豆浆做好。

③ 将打出的杏仁豆浆过滤后，按个人口味趁热添加适量白糖或冰糖调味。不宜吃糖的患者，可用蜂蜜代替。不喜甜者也可不加。

【养生功效】

现代研究认为，杏仁含苦杏仁苷，具有较强的镇咳化痰作用。服用杏仁后会产生微量氢氰酸，能抑制呼吸中枢，达到镇咳平喘的目的。

■ **贴心提示**

杏仁豆浆一般人都可食用，尤其适合有呼吸系统疾病的人。不过，产妇、幼儿、病人，特别是糖尿病患者不宜食用。苦杏仁有毒，不可生食，入药多为煎剂。

米香豆浆，补脾和胃

材料

大米50克，黄豆30克，清水、白糖或冰糖适量。

做法

① 将黄豆清洗干净后，在清水中浸泡6～8小时，泡至发软备用；大米淘洗干净，用清水浸泡2小时。

② 将浸泡好的黄豆同大米一起放入豆浆机的杯体中，添加清水至上下水位线之间，启动机器，煮至豆浆机提示米香豆浆做好。

③ 将打出的米香豆浆过滤后，按个人口味趁热添加适量白糖或冰糖调味。患有糖尿病、高血压、高血脂等不宜吃糖的患者，可用蜂蜜代替。不喜甜者也可不加糖。

■ **贴心提示**

在淘米时，时间不可过长，因为淘米时搓洗次数越多，浸泡时间越长，营养素丢失的就越多。

【养生功效】

中医认为粳米性味甘平，具有良好的健脾养胃之效。现代医学认为，粳米含有丰富的维生素 B_1，能健脾胃，适宜脾胃不和、容易腹泻者食用。黄豆与大米的搭配，具有补脾和胃、补中益气的作用。饮用米香豆浆能够增加人的精力、增强人体免疫力。而且米香豆浆的口味醇厚，对于需要滋补身体的人而言，可谓一举两得。

糙米豆浆，适合糖尿病及肥胖者饮用

【材料】

糙米 50 克，黄豆 50 克，清水、白糖或蜂蜜适量。

【做法】

① 将黄豆清洗干净后，在清水中浸泡 6～8 小时，泡至发软备用；糙米淘洗干净，用清水浸泡 2 小时。

② 将食材放入豆浆机中，加水至上下水位线之间，启动机器，煮至豆浆做好。

③ 过滤后，按个人口味趁热添加适量白糖，或等豆浆稍凉后加入蜂蜜即可饮用。

【养生功效】

吃糙米对于糖尿病患者特别有益，因为其中的淀粉物质被粗纤维组织包裹，被人体消化吸收速度较慢，因而能很好地控制血糖；同时，糙米中的锌、铬、锰、钒等微量元素有利于提高胰岛素的敏感性，对糖耐量受损的人很有帮助。糙米豆浆容易让人产生饱腹感，所以也适合减肥人士饮用。

■ 贴心提示

糙米等谷类外皮所含有的"非定"不利于钙和铁的吸收。因此，在喝糙米豆浆的时候，一定要注意钙和铁的摄取。尤其是女性每个月都会来月经，失铁量比男人多，不宜摄入太多糙米豆浆。

燕麦豆浆，润肠通便好帮手

【材料】

燕麦 50 克，黄豆 50 克，清水、白糖或蜂蜜适量。

【做法】

① 将黄豆清洗干净后，在清水中浸泡 6～8 小时，泡至发软备用；燕麦米淘洗干净，用清水浸泡 2 小时。

② 将食材放入豆浆机中，加水至上下水位线之间，启动机器，煮至豆浆做好。

③ 将打出的燕麦豆浆过滤后，按个人口味趁热添加适量白糖，或等豆浆稍凉后加入蜂蜜即可饮用。

■ 贴心提示

燕麦有催产作用，孕妇食用后易导致流产，故不宜食用；燕麦还有润肠作用，所以便溏腹泻者不宜食用，否则会加重症状。燕麦不可一次吃得太多，否则会造成胃痉挛或胃部胀气。

【养生功效】

中医认为，燕麦味甘性凉，有补益脾胃、润肠通便的功效。现代医学也认为燕麦有通便的作用，这不仅因为它含有植物纤维，还因为在调理消化道功能方面，燕麦所含的维生素 B_1、维生素 B_{12} 功效卓著。燕麦和黄豆搭配而成的燕麦豆浆，适宜那些有便秘困扰的人饮用。

荞麦豆浆，常喝不易肥胖

材 料

荞麦 50 克，黄豆 50 克，清水、白糖或冰糖适量。

做 法

❶ 将黄豆清洗干净后，在清水中浸泡 6～8 小时，泡至发软备用；荞麦淘洗干净，用清水浸泡 2 小时。

❷ 将浸泡好的黄豆和荞麦一起放入豆浆机的杯体中，加水至上下水位线之间，启动机器，煮至豆浆机提示荞麦豆浆做好。

❸ 将打出的荞麦豆浆过滤后，按个人口味趁热往豆浆中添加适量白糖或冰糖调味。不宜吃糖者，可用蜂蜜代替。不喜甜者也可不加糖。

■ 贴心提示

荞麦一般人群都可食用，尤其适合肥胖症、高血压、糖尿病患者及中老年人。但一次不可食用太多，否则易造成消化不良。少数人食用过后可能会有皮肤瘙痒、头晕等过敏反应。脾胃虚寒、消化功能不佳及经常腹泻的人不宜食用。

【养生功效】

荞麦含有营养价值高、平衡性良好的植物蛋白质，这种蛋白质在体内不易转化成脂肪，所以经常食用荞麦豆浆不易导致肥胖。荞麦还含有极其丰富的食物纤维，多食荞麦食品具有良好的预防便秘作用，还可帮助排毒，有一定的减肥功效。有的人为了减肥，特意买来荞麦茶喝，其实用荞麦做成的豆浆也有相同的功效。

糯米豆浆，健脾暖胃

【养生功效】

糯米富含 B 族维生素，具有暖温脾胃、补益中气等功能。对胃寒疼痛、食欲不佳、脾虚泄泻、腹胀、体弱乏力等症状有一定缓解作用。用糯米制作的豆浆具有很好的健脾暖胃功效。

材 料

糯米 30 克，黄豆 70 克，清水、白糖或蜂蜜适量。

做 法

❶ 将黄豆清洗干净后，在清水中浸泡 6～8 小时，泡至发软备用；糯米淘洗干净，用清水浸泡 2 小时。

❷ 将浸泡好的黄豆同糯米一起放入豆浆机的杯体中，添加清水至上下水位线之间，启动机器，煮至豆浆机提示糯米豆浆做好。

❸ 将打出的糯米豆浆过滤后，按个人口味趁热添加适量白糖或冰糖即可饮用。

■ 贴心提示

中医认为糯米多食生热，易壅塞经络的气血，使筋骨酸痛的症状加重。所以有湿热痰火征象的人或者热性体质者，比如：发热、咳嗽、痰黄稠，或黄疸、泌尿系统感染、筋骨关节发炎疼痛及小孩和老人，不宜饮用糯米豆浆。

红枣豆浆，补益气血，宁心安神

【材料】

黄豆100克，红枣3个，清水、白糖或冰糖适量。

【做法】

① 将黄豆清洗干净后，在清水中浸泡6~8

■ 贴心提示

因为红枣的含糖量较高，所以糖尿病患者应当少食或者不食。凡是痰湿偏盛、湿热内盛、腹部胀满者也忌食红枣豆浆。

【养生功效】

按照中医五行学说，红色为火，为阳，故红色食物进入人体后可入心、入血，大多可以益气补血和促进血液循环、振奋心情。红枣就是红色食物中补心的佼佼者。中医认为，红枣性平，味甘，具有补中益气、养血安神之功效，是滋补阴虚的良药。用红枣制成的豆浆具有增加肌力、调和气血、健体美容和抗衰老的功效。这款豆浆特别适合脾胃虚弱、经常腹泻、常感到疲惫的人饮用。

小时，泡至发软备用；红枣清洗干净后，去核，用温水泡开。

② 将浸泡好的黄豆和红枣一起放入豆浆机的杯体中，加水至上下水位线之间，启动机器，煮至豆浆机提示红枣豆浆做好。

③ 将打出的红枣豆浆过滤后，按个人口味趁热往豆浆中添加适量白糖或冰糖调味。不宜吃糖的患者，可用蜂蜜代替。

枸杞豆浆，滋补肝肾

【材料】

黄豆100克，枸杞5~7粒，清水、白糖或冰糖各适量。

【做法】

① 将黄豆清洗干净后，在清水中浸泡6~8小时，泡至发软备用；枸杞洗干净后，用温水泡开。

② 将浸泡好的黄豆和枸杞一起放入豆浆机的杯体中，添加清水至上下水位线之间，启动机器，煮至豆浆机提示枸杞豆浆做好。

③ 将打出的枸杞豆浆过滤后，按个人口味趁热往豆浆中添加适量白糖或冰糖调味。不宜吃糖的患者，可用蜂蜜代替。

【养生功效】

自古以来，枸杞子就是滋补强身的佳品，有延缓衰老的功效，所以又名"却老子"。枸杞子是肝肾同补的良药，它味甘，性平，归肝、肾二经，有滋补肝肾、强壮筋骨、养血明目、润肺止咳等功效，尤其是对于男人而言，枸杞子更是不可多得的滋补良药。用枸杞泡酒喝也是一种养生之法，还有的人喜欢用枸杞泡水当茶饮，或者在水中放入其他药物混合使用。除此之外，枸杞还可以搭配制作豆浆。枸杞豆浆能够同补肝肾，肾虚的人可以适当饮用。

■ 贴心提示

枸杞虽然具有很好的滋补作用，但也不是所有的人都适合服用的。由于枸杞温热身体的效果相当强，正在感冒发热、身体有炎症、腹泻的人最好别吃；同时，性欲亢进者不宜服用；糖尿病患者要慎用。

莲子豆浆，养心安神

材料

莲子40克，黄豆60克，清水、白糖或冰糖适量。

做法

1 将黄豆清洗干净后，在清水中浸泡6～8小时，泡至发软备用；莲子清洗干净后略泡一会儿。

2 将浸泡好的黄豆、莲子一起放入豆浆机的杯体中，添加清水至上下水位线之间，启动机器，煮至豆浆机提示莲子豆浆做好。

3 将打出的莲子豆浆过滤后，按个人口味趁热添加适量白糖或冰糖调味。不宜吃糖的患者，可用蜂蜜代替。不喜甜者也可不加糖。

【养生功效】

莲子自古以来就被视为补益的佳品，古人认为经常服食，百病可祛。《神农本草经》上认为莲子能够"养神"，《本草纲目》记载莲子可以"交心肾"。莲子具有养心安神的功效，是心悸不安、失眠多梦等患者的康复保健食品，也是中老年人强身健体、抗衰延寿的滋补品。平时被失眠困扰的人群，可以用莲子做成豆浆饮用。

■ 贴心提示

莲子有清心火、祛除雀斑的作用，但不可久煎。中满痞胀及大便燥结者，忌服莲子豆浆。莲子豆浆不能与牛奶同服，否则易加重便秘。

板栗豆浆，健脾胃，增食欲

材料

板栗10个，黄豆80克，清水、冰糖适量。

做法

1 将黄豆清洗干净后，在清水中浸泡6～8小时，泡至发软备用；板栗去壳，在温水中略泡一会儿，去除内皮，切碎。

2 将食材放入豆浆机中，加水至上下水位线之间，启动机器，煮至豆浆做好。

3 将打出的板栗豆浆过滤后，按个人口味趁热添加适量冰糖调味即可。

■ 贴心提示

板栗生吃难消化，熟食又容易滞气，一次吃得太多会伤脾胃，每天最多吃10个就可以了。

【养生功效】

板栗素有"干果之王"的美誉，又被称为"铁杆庄稼"。《名医别录》说栗子"主益气，厚肠胃，补肾气，入脾肾经"。板栗和黄豆一起制作出来的豆浆，味道醇香，还能起到养护脾胃的作用。

榛仁豆浆，降低血脂

材料

榛仁40克，黄豆60克，清水、白糖或冰糖适量。

做法

1 将黄豆清洗干净后，在清水中浸泡6~8小时，泡至发软备用；榛仁清洗干净后，在温水中略泡一会儿，碾碎。

2 将食材放入豆浆机中，添加清水至上下水位线之间，启动机器，煮至豆浆机提示榛仁豆浆做好。

3 将打出的榛仁豆浆过滤后，按个人口味趁热添加适量白糖或冰糖调味。不宜吃糖的患者，可用蜂蜜代替。不喜甜者也可不加糖。

■ 贴心提示

癌症、糖尿病人也可食用。

【养生功效】

榛仁所含的丰富脂肪主要是人体不能自身合成的不饱和脂肪酸，能够促进胆固醇代谢、软化血管、维护毛细血管的健康，从而预防和治疗高血压、动脉硬化等心脑血管疾病。榛仁的这种功效使榛仁豆浆也具有降低血脂的作用，而且本身黄豆中也含有不饱和脂肪酸，所以制成豆浆后降血脂的作用更强。

腰果豆浆，提高抗病能力

材料

腰果40克，黄豆60克，清水、白糖或冰糖适量。

做法

1 将黄豆清洗干净后，在清水中浸泡6~8小时，泡至发软备用；腰果清洗干净后，在温水中略泡一会儿，碾碎。

2 将浸泡好的黄豆、腰果一起放入豆浆机的杯体中，添加清水至上下水位线之间，启动机器，煮至豆浆机提示腰果豆浆做好。

3 将打出的腰果豆浆过滤后，按个人口味趁热添加适量白糖或冰糖调味。不宜吃糖的患者，可用蜂蜜代替。不喜甜者也可不加糖。

【养生功效】

腰果又名鸡腰果、介寿果，因为它的外形呈肾形而得名。腰果味道甘甜，清脆可口，而且营养丰富。腰果中含有丰富的维生素B_1，含量仅次于芝麻和花生，有补充体力、消除疲劳的效果，对于提高自身免疫力效果良好。容易疲倦的人可以常饮腰果豆浆，以帮助自己改善症状。

■ 贴心提示

选购腰果时，如果有黏手或受潮现象，表示鲜度不够。

玉米豆浆，多喝能抗癌

材料

黄豆60克，甜玉米40克，银耳、枸杞、清水、白糖或冰糖适量。

做法

① 将黄豆清洗干净后，在清水中浸泡6～8小时，泡至发软备用；用刀切下鲜玉米粒，清洗干净；银耳、枸杞加水泡发，清洗干净。

② 将浸泡好的黄豆和玉米粒、银耳、枸杞一起放入豆浆机的杯体中，添加清水至上下水位线之间，启动机器，煮至豆浆机提示玉米豆浆做好。

③ 将打出的玉米豆浆过滤后，按个人口味趁热往豆浆中添加适量白糖或冰糖调味，也可用蜂蜜代替。

【养生功效】

玉米中的谷胱甘肽，在硒的参与下生成谷胱甘肽氧化酶，能使致癌物质失去活性；玉米中镁的含量也很可观，镁是一种保护人体免受癌症侵袭的重要物质。银耳中含有一种能增强体液免疫能力的酸性异多糖，能对治疗肿瘤起到"扶正固本"的作用。枸杞子含有类胡萝卜素、甜菜碱和枸杞多糖，这三种成分都具有明确的辅助抑制癌细胞增殖的功效。

■ 贴心提示

因为玉米本身就含有较多的纤维素，所以不宜与富含纤维的食物同时食用。玉米中含有的烟酸不能被人体吸收利用，所以不可偏食，否则会造成这些营养成分的缺乏，导致营养不良。

黑米豆浆，养颜抗衰老

材料

黑米50克，黄豆50克，清水、白糖或蜂蜜适量。

做法

① 将黄豆清洗干净后，在清水中浸泡6～8小时，泡至发软备用；黑米淘洗干净，用清水浸泡2小时。

② 将浸泡好的黄豆同黑米一起放入豆浆机的杯体中，添加清水至上下水位线之间，启动机器，煮至豆浆机提示黑米豆浆做好。

③ 将打出的黑米豆浆过滤后，按个人口味趁热添加适量白糖，或等豆浆稍凉后加入蜂蜜即可饮用。

■ 贴心提示

市面上有些黑米是假冒品，在购买的时候可以将米粒外面皮层全部刮掉，观察米粒是否呈白色，如果是呈白色，就极有可能是人为染色的黑米。

【养生功效】

黑米的颜色之所以与其他米的颜色不同，主要是因为它外部的皮层中含有花青素类天然色素。这种色素自身就具有很强的抗衰老作用。经国内外研究表明，米的颜色越深，表皮色素的抗衰老效果越强。黑米色素的作用在各种颜色的米中是最强的。

黑枣豆浆，补血、抗衰老

材料

黄豆 100 克，黑枣 3 个，清水、白糖或冰糖适量。

做法

1. 将黄豆清洗干净后，在清水中浸泡 6～8 小时，泡至发软备用；黑枣洗干净后，去核，用温水泡开。

2. 将浸泡好的黄豆和黑枣一起放入豆浆机的杯体中，加水至上下水位线之间，启动机器，煮至豆浆机提示黑枣豆浆做好。

3. 将打出的黑枣豆浆过滤后，按个人口味趁热往豆浆中添加适量白糖或冰糖调味，不宜吃糖者，可用蜂蜜代替，也可不加糖。

【养生功效】

黑枣有很高的药用价值，多用于补血以及调理药物，对贫血、血小板减少、肝炎、乏力、失眠有很好的疗效。现代研究还发现，食用黑枣能够提高人体免疫力、促进白细胞的新陈代谢，有降低血清胆固醇和增加血清总蛋白及蛋白的作用，因此具有抗衰老与延年益寿之效。黑枣能够补血养气，而黄豆能够养血益气。黑枣豆浆有着神奇的补血功效，对于女性效果尤其突出。

■ 贴心提示

黑枣含有大量果胶和鞣酸，这些成分与胃酸结合，会在胃里结成硬块，所以不宜空腹食用。黑枣和红枣一起食用，可大大增强保护肝脏的功效。黑枣不宜多吃，过多食用会引起胃酸过多和腹胀。另外，黑枣性寒，脾胃不好者更不可多吃。黑枣忌与柿子同食。

黄米豆浆，补脾健肺

材料

黄米 50 克，黄豆 50 克，清水、白糖或蜂蜜适量。

做法

1 将黄豆清洗干净后，在清水中浸泡 6 ~ 8

小时，泡至发软备用；黄米淘洗干净，用清水浸泡 2 小时。

2 将浸泡好的黄豆同黄米一起放入豆浆机的杯体中，添加清水至上下水位线之间，启动机器，煮至豆浆机提示黄米豆浆做好。

3 将打出的黄米豆浆过滤后，按个人口味趁热添加适量白糖，或等豆浆稍凉后加入蜂蜜即可饮用。

■ 贴心提示

身体燥热者禁食黄米豆浆。

【养生功效】

黄米是去了壳的黍子的果实，比小米稍大，颜色淡黄，煮熟后很黏，以食用为主。在北方有些地方，黄米是重要的主食，不管是办喜事、小孩过满月或是家里来稀客、贵客时都会用上黄米。作为人们常用的一种食物，黄米具有补气健脾、润肺止咳之功效。凡是脾胃虚弱、食少乏力、体虚咳嗽的人食用后，都有保健功效。单用黄米做成的豆浆，如果不煮熟外用，对小儿的鹅口疮、不能饮乳有很好的疗效。熬煮后的黄米豆浆则有明显的温补效果，能够补脾健肺，咳嗽、腹泻者都可以饮用。

紫米豆浆，补血益气

材料

紫米 50 克，黄豆 50 克，清水、白糖或蜂蜜适量。

做法

1 将黄豆清洗干净后，在清水中浸泡 6 ~ 8 小时，泡至发软备用；紫米淘洗干净，用清水浸泡 2 小时。

2 将浸泡好的黄豆同紫米一起放入豆浆机的杯体中，添加清水至上下水位线之间，启动机器，煮至豆浆机提示紫米豆浆做好。

3 将打出的紫米豆浆过滤后，按个人口味趁热添加适量白糖，或等豆浆稍凉后加入蜂蜜即可饮用。

■ 贴心提示

紫米质地较硬，最好和其他谷物混合食用。肠胃不好的人不宜多食。

【养生功效】

紫米属糯米类，质地细腻，俗称"紫珍珠"。《红楼梦》中称之为"御田胭脂米"。中医认为，紫米具有补血益气、健肾润肝、收宫滋阴之功效，特别是作为孕产妇和康复病人保健食用，具有非常好的效果。用紫米做成的豆浆，质地晶莹、透亮，是一款滋补佳品，食用这款豆浆能起到补血益气的作用。

西米豆浆，健脾、补肺、化痰

材料

西米 50 克，黄豆 50 克，清水、白糖或蜂蜜适量。

【养生功效】

西米非米，因为西米并不是像糯米、粳米、小米等传统意义上的农作物米类，而是一种用淀粉加工成的米。西米原是印度尼西亚的特产，是用一种生长在热带的西谷椰树所储的碳水化合物，加水调成糊状，去掉木质纤维，洗涤数次后所得的食用淀粉，而后再经搓磨过筛制成颗粒，即为西米。西米有健脾、补肺、化痰的功效，脾胃虚弱和消化不良的人适宜食用。而且，西米还有使皮肤恢复光滑润泽的功效，用西米和黄豆制成的豆浆很受女士的喜爱。

做法

1. 将黄豆清洗干净后，在清水中浸泡 6～8 小时，泡至发软备用；西米淘洗干净，用清水浸泡 2 小时。

2. 将浸泡好的黄豆同西米一起放入豆浆机的杯体中，添加清水至上下水位线之间，启动机器，煮至豆浆机提示西米豆浆做好。

3. 将打出的西米豆浆过滤后，按个人口味趁热添加适量白糖，或等豆浆稍凉后加入蜂蜜即可饮用。

■ 贴心提示

糖尿病患者忌食。

高粱豆浆，健脾、助消化

材料

高粱米 50 克，黄豆 50 克，清水、白糖或冰糖适量。

做法

1 将黄豆清洗干

■ 贴心提示

大便干燥者不宜多吃高粱，糖尿病患者应禁食高粱。

净后，在清水中浸泡 6 ~ 8 小时，泡至发软备用；高粱米淘洗干净，用清水浸泡 2 小时。

2 将浸泡好的黄豆和高粱米一起放入豆浆机的杯体中，添加清水至上下水位线之间，启动机器，煮至豆浆机提示高粱豆浆做好。

3 将打出的高粱豆浆过滤后，按个人口味趁热添加适量白糖或冰糖调味。不宜吃糖的患者，可用蜂蜜代替。不喜甜者也可不加糖。

【养生功效】

高粱根据糠皮颜色的不同，可分为白高粱与红高粱。人们喜欢用高粱酿酒喝，其实用它磨出的豆浆养生功效也很不错。李时珍《本草纲目》指出，高粱的性质温和带涩性，具有利小便、止泻、止吐、生津、健脾、改善消化不良的功效。现代医学发现高粱含有单宁，有收敛固脱的作用，对腹泻有明显疗效。高粱与黄豆一起做成的高粱豆浆，可发挥调和、润滑的作用，避免胃肠黏膜过度磨损，并使营养互补加强。这款高粱豆浆适宜于脾胃气虚、大便细软的人以及小儿消化不良时食用。

黄金米豆浆，美味降血脂

材料

黄金米 50 克，黄豆 50 克，清水、白糖或蜂蜜适量。

做法

1 将黄豆清洗干净后，在清水中浸泡 6 ~ 8 小时，泡至发软备用；黄金米淘洗干净，用清水浸泡 2 小时。

2 将浸泡好的黄豆同黄金米一起放入豆浆机的杯体中，添加清水至上下水位线之间，启动机器，煮至豆浆机提示黄金米豆浆做好。

3 将打出的黄金米豆浆过滤后，按个人口味趁热添加适量白糖，或等豆浆稍凉后加入蜂蜜即可饮用。

【养生功效】

黄金米是由优质嫩玉米与原生态大米，按黄金营养比例配比加工而成。它色泽金黄，营养丰富，所以有"黄金米"的称呼。黄金米根据人体营养所需比例配置，保留着浓郁的米香，以及淡淡的玉米香，既能满足现代人对美食的追求，也能满足人体健康的需要。用黄金米和黄豆打成的豆浆，具有降血脂、血糖、血压和软化血管的功效。

■ 贴心提示

血脂高的人在饮用黄金米豆浆的时候，还要注意控制胆固醇摄入，忌食高胆固醇的食物，如动物内脏、蛋黄、鱼子、鱿鱼等。

五谷豆浆，老少皆宜

材料

黄豆40克，大米、小米、小麦仁、玉米渣各20克，清水、白糖或冰糖适量。

做法

1. 将黄豆清洗干净后，在清水中浸泡6~8小时，泡至发软备用；大米、小米、小麦仁、玉米渣淘洗干净。

2. 将浸泡好的黄豆和大米、小米、小麦仁、玉米渣一起放入豆浆机的杯体中，添加清水至上下水位线之间，启动机器，煮至豆浆机提示五谷豆浆做好。

3. 将打出的五谷豆浆过滤后，按个人口味趁热添加适量白糖或冰糖调味。不宜吃糖的患者，可用蜂蜜代替。不喜甜者也可不加糖。

■ 贴心提示

除了用传统的黄豆，以及大米、小米、小麦仁、玉米外，五谷豆浆还可以做出很多花样。黑米、荞麦、燕麦、红豆、高粱、绿豆等都可以成为五谷豆浆的配料。

【养生功效】

五谷豆浆营养丰富，老少皆宜，在欧美被誉为"植物奶"。五谷豆浆含有丰富的蛋白质、氨基酸、微量元素和食物纤维，营养均衡全面，更有利于人体吸收，对降脂、健脾养胃、养心安神、预防糖尿病等有很好的食疗补益作用，适用于普通人群及高血脂、高血压、动脉硬化、体虚、心烦、糖尿病等病人保健饮用。五谷豆浆还含有丰富的维生素 B_1、维生素 B_2 和烟酸，以及铁、钙等矿物质。新鲜的五谷豆浆四季都可饮用，春秋饮用，滋阴润燥、调和阴阳；夏饮用，消热防暑、生津解渴；冬饮用，祛寒暖胃、滋养进补。

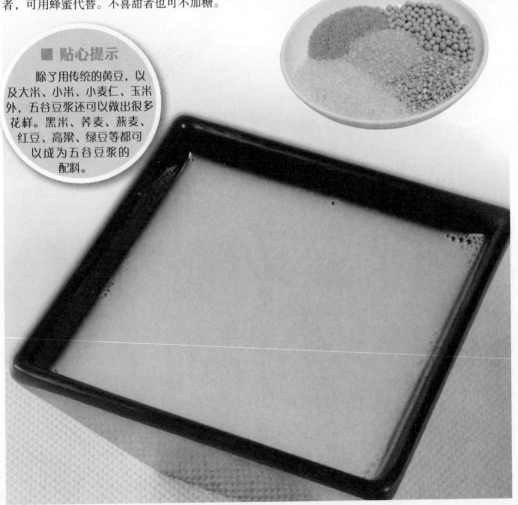

五豆豆浆，营养均衡

材料

黄豆、黑豆、扁豆、红豆、绿豆各20克，清水、白糖或冰糖适量。

做法

1 将黄豆、黑豆、扁豆、红豆、绿豆清洗干净后，在清水中浸泡6～8小时，泡至发软。

2 将浸泡好的黄豆、黑豆、扁豆、红豆、绿豆一起放入豆浆机的杯体中，添加清水至上下水位线之间，启动机器，煮至豆浆机提示五豆豆浆做好。

3 将打出的五豆豆浆过滤后，按个人口味趁热添加适量白糖或冰糖调味。不宜吃糖的患者，可用蜂蜜代替。不喜甜者也可不加糖。

【养生功效】

五豆，即黄豆、黑豆、扁豆、红豆、绿豆之总和。其中，黄豆具有健脾宽中、润燥消水、消炎解毒、除湿利尿功效，不但是心血管病患者的佳食，还对糖尿病有一定疗效；黑豆具有活血解毒、祛风利水、补肾滋阴、解表清热、养肝明目等功效；扁豆能够健胃和中、消暑化湿、益脾下气，古《延年秘胃》曰："扁豆粥和中补五脏"；红豆具有利水除湿、和血排脓、清热解毒、调经通乳功效，对贫血虚肿、胃肾虚弱者尤宜；绿豆具有清热解毒、消暑利尿、祛脂保肝功效。将这五种豆子搭配在一起制成的五豆豆浆，能聚植物蛋白之精华。经过食物的互补，其生物营养价值也会大大提高。

■ 贴心提示

肾炎、肾衰竭以及糖尿病并发肾病的病人应采用低蛋白饮食，为了保证身体的基本需要，应选用必需氨基酸含量低的食品。与动物性蛋白相比，豆类含非必需氨基酸较高，所以这类人群不宜饮用这款豆浆。

小米豆浆，养脾胃

材料

小米 50 克，黄豆 50 克，清水、白糖或蜂蜜适量。

做法

① 将黄豆清洗干净后，在清水中浸泡 6～8 小时，泡至发软备用；小米淘洗干净，用清水浸泡 2 小时。

② 将浸泡好的黄豆同小米一起放入豆浆机的杯体中，添加清水至上下水位线之间，启动机器，煮至豆浆机提示小米豆浆做好。

③ 将打出的小米豆浆过滤后，按个人口味趁热添加适量白糖，或等豆浆稍凉后加入蜂蜜即可饮用。

■ 贴心提示

小米食用前淘洗次数不要太多，也不要用力搓洗，以免外层的营养物质流失。

【养生功效】

小米是中国老百姓的传统食品，在北方有些地方小米粥更是每天饭桌上必不可少的粮食。但是可别小看了这随处可见的小米。中医认为小米味甘咸，有清热解渴、健胃除湿、和胃安眠等功效，内热者及脾胃虚弱者更适合食用它。有的人胃口不好，吃了小米后能开胃、养胃。民间还流行给产妇吃红糖小米粥，给婴儿喂小米粥汤的习惯。小米和黄豆熬成的豆浆沁香柔滑、回味悠长，能够养脾胃、滋阴养血。

薏米豆浆，健脾、抗癌

材料

薏米 20 克，黄豆 80 克，清水、白糖或蜂蜜适量。

■ 贴心提示

孕妇、便秘者、尿频者不宜多食薏米豆浆。

做法

① 将黄豆清洗干净后，在清水中浸泡 6～8 小时，泡至发软备用；薏米淘洗干净，用清水浸泡 2 小时。

② 将食材放入豆浆机中，加水至上下水位线之间，启动机器，煮至豆浆做好。

③ 将打出的薏米豆浆过滤后，按个人口味趁热添加适量白糖，或等豆浆稍凉后加入蜂蜜即可饮用。

【养生功效】

中医认为，薏米性味甘淡微寒，能健脾益胃、补肺清热，是常用的利水渗湿药材。薏米含有多种维生素和矿物质，有促进新陈代谢和减少胃肠负担的作用，可作为病中或病后体弱患者的补益食品。经常食用薏米对慢性肠炎、消化不良等症也有益处。现代医学研究证明，薏米还是一种抗癌药物，它所含的硒元素，能有效抑制癌细胞的增殖，可用于胃癌、子宫颈癌的辅助治疗。

八宝豆浆，提升内脏活力

材料

黄豆 50 克，红豆 40 克，芝麻 5 克，核桃仁 1 个，莲子 3 粒，花生、薏仁、百合、清水、白糖或冰糖适量。

做法

1️⃣ 将黄豆、红豆、莲子、薏仁、百合清洗干净后，分别在清水中浸泡 6～8 小时，泡至发软备用。

2️⃣ 将浸泡好的黄豆、红豆、莲子、薏仁、百合连同核桃仁、芝麻、花生一起放入豆浆机的杯体中，加水至上下水位线之间，启动机器，煮至豆浆机提示八宝豆浆做好。

3️⃣ 将打出的八宝豆浆过滤后，按个人口味趁热往豆浆中添加适量白糖或冰糖调味。不宜吃糖者，可用蜂蜜代替。不喜甜者也可不加糖。

【养生功效】

腊八节的时候，人们都喜欢煮上一锅营养丰富的八宝粥。其实，这八种食物还可以一起打成豆浆，养生功效与之相较毫不逊色。八宝豆浆具有健脾养胃，消滞减肥，益气安神，提升内脏活力的作用，既可以当作日常的饮食保健方，也可以作为肥胖以及神经衰弱者的食疗方。八种食材的搭配，能够互补蛋白质中氨基酸数量和含量的不足，搭配出最佳的营养组合。

■ 贴心提示

八宝豆浆的材料不局限于以上列出的几种，可以自由搭配。还可选用绿豆、燕麦、玉米、红枣等，调制出不同口味的八宝豆浆。

南瓜子豆浆，治疗前列腺炎

材料

南瓜子 30 克，黄豆 70 克，清水、白糖或蜂蜜适量。

■ 贴心提示

胃热病人不宜多食南瓜子豆浆，否则会引起腹胀。

做法

1️⃣ 将黄豆清洗干净后，在清水中浸泡 6～8 小时，泡至发软备用。

2️⃣ 将浸泡好的黄豆同南瓜子一起放入豆浆机的杯体中，添加清水至上下水位线之间，启动机器，煮至豆浆机提示南瓜子豆浆做好。

3️⃣ 将打出的南瓜子豆浆过滤后，按个人口味趁热添加适量白糖，或等豆浆稍凉后加入蜂蜜即可饮用。

【养生功效】

南瓜子可以用来治疗前列腺炎，所以这款豆浆特别适合男士饮用。南瓜子富含脂肪酸，可使前列腺保持良好功能，因为前列腺分泌激素功能主要靠脂肪酸。每天坚持吃一把南瓜子可辅助治疗前列腺肥大，同时还有预防前列腺癌的作用。

葵花子豆浆，降血脂、抗衰老

材 料

葵花子仁 20 克，黄豆 80 克，清水、白糖或蜂蜜适量。

做 法

1 将黄豆清洗干净后，在清水中浸泡 6 ~ 8 小时，泡至发软备用。

2 将浸泡好的黄豆同葵花子仁一起放入豆浆机的杯体中，添加清水至上下水位线之间，启动机器，煮至豆浆机提示葵花子豆浆做好。

3 将打出的葵花子豆浆过滤后，按个人口味趁热添加适量白糖，或等豆浆稍凉后加入蜂蜜即可饮用。

【养生功效】

中医认为，葵花子有补虚损、补脾润肠、止痢消痈、化痰定喘、平肝祛风、驱虫等功效。葵花子油中的植物胆固醇和磷脂，能够抑制人体内胆固醇的合成，有利于抑制动脉粥样硬化，适宜高血压、高血脂、动脉硬化病人食用；葵花子油中的主要成分是油酸、亚油酸等不饱和脂肪酸，可以提高人体免疫力、抑制血栓的形成，可预防胆固醇、高血脂，是抗衰老的理想食品。放入了葵花子的豆浆，适合患有心血管疾病的中老年人饮用。

■ 贴心提示

食用葵花子时，尽量用手剥壳，或者使用剥壳器，以免经常用牙齿嗑瓜子而损伤牙釉质。经常用嘴剥果壳，容易使舌头和口角磨烂，还会在吐壳时将大量的津液带走，使味觉迟钝。

第3章
健康蔬菜豆浆

黄瓜豆浆，清热泻火又排毒

材料

黄瓜 20 克，黄豆 70 克，清水适量。

做法

① 将黄豆清洗干净后，在清水中浸泡 6 ~ 8 小时，泡至发软备用；黄瓜削皮，洗净后切成碎丁。

② 将浸泡好的黄豆和切好的黄瓜丁一起放入豆浆机的杯体中，添加清水至上下水位线之间，启动机器，煮至豆浆机提示黄瓜豆浆做好。

③ 将打出的黄瓜豆浆过滤后即可饮用。

【养生功效】

中医认为，黄瓜性凉，味甘，具有清热止渴、利水消肿、泻火解毒之功效。现代研究也发现，鲜黄瓜中有非常娇嫩的纤维素，能加速肠道腐坏物质的排泄。常饮黄瓜豆浆有益于身体排毒；黄瓜还能抑制碳水化合物在人体内转化为脂肪。因而黄瓜豆浆还具有减肥的功效。此外，黄瓜豆浆还可以消暑，适合夏日饮用。

■ 贴心提示

在黄瓜贮存的问题上需要注意，黄瓜适宜温度为 10 ~ 12℃，所以它不宜久放冰箱内储存，否则会出现冻"伤"，变黑、变软、变味，甚至还会长毛发黏。

莲藕豆浆, 清甜爽口排毒素

材料

莲藕 50 克, 黄豆 50 克, 清水适量。

■ 贴心提示

莲藕性偏凉, 所以产妇不宜过早食用, 产后 1 ~ 2 周后再吃莲藕豆浆比较合适; 脾胃消化功能低下、胃溃疡及十二指肠溃疡患者忌食莲藕豆浆。

做法

① 将黄豆清洗干净后, 在清水中浸泡 6 ~ 8 小时, 泡至发软备用; 莲藕去皮后切成小丁, 下入开水中略焯一下, 捞出后沥干。

② 将食材放入豆浆机的杯体中, 加水至上下水位线之间, 启动机器, 煮至做好即可。

③ 将打出的莲藕豆浆过滤后即可饮用。

【养生功效】

莲藕微甜而脆, 十分爽口, 是老幼妇孺、体弱多病人群的上好食品和滋补佳珍。莲藕的含糖量不高却含有丰富的维生素, 尤其是维生素 K、维生素 C 含量较高。莲藕还富含食物纤维, 既能帮助消化、防止便秘, 又能利尿通便、排泄体内的废物和毒素。莲藕能够健脾益胃, 产妇多吃莲藕, 能清除腹内积存的瘀血, 促使乳汁分泌。莲藕和黄豆一起制成的豆浆, 能够清热解毒、帮助排出身体内的废物、滋养皮肤、增强人的抗病能力。

胡萝卜豆浆, 补充丰富的维生素

材料

胡萝卜 1/3 根, 黄豆 50 克, 清水适量。

做法

① 将黄豆清洗干净后, 在清水中浸泡 6 ~ 8 小时, 泡至发软备用; 胡萝卜去皮后切成小丁, 下入开水中略焯一下, 捞出后沥干。

② 将浸泡好的黄豆同胡萝卜丁一起放入豆浆机的杯体中, 添加清水至上下水位线之间, 启动机器, 煮至豆浆机提示胡萝卜豆浆做好。

③ 将打出的胡萝卜豆浆过滤后即可饮用。

■ 贴心提示

研究发现, 过量的胡萝卜素会影响卵巢的黄体素合成, 使之分泌减少, 甚至会造成月经紊乱、不排卵等异常症状。所以想要怀孕的女性不宜多饮胡萝卜豆浆。另外, 糖尿病者也要少饮。

【养生功效】

现代研究发现, 胡萝卜含有丰富的胡萝卜素、维生素 B_1、维生素 B_2、维生素 C、维生素 D、维生素 E、维生素 K、叶酸、钙质及食物纤维等, 几乎可以与复合维生素药丸媲美。胡萝卜能够促进机体正常生长与发育、防止呼吸道感染、使视力保持正常, 并有治疗夜盲症、干眼症和抗癌的功效。

西芹豆浆，天然的降压药

材料

西芹 20 克，黄豆 80 克，清水适量。

做法

① 将黄豆清洗干净后，在清水中浸泡 6～8 小时，泡至发软备用；西芹择洗干净后，切成碎丁。

② 将浸泡好的黄豆同西芹丁一起放入豆浆机的杯体中，添加清水至上下水位线之间，启动机器，煮至豆浆机提示西芹豆浆做好。

③ 将打出的西芹豆浆过滤后即可饮用。

■ 贴心提示

西芹会抑制睾酮的生成，具有杀精作用，会减少精子数量，所以年轻的男性朋友应少饮西芹豆浆。

【养生功效】

中医认为，食用芹菜可以起到平肝降压的作用，民间也有"多吃芹菜不用问，降低血压喊得应"的谚语。不仅中医认为芹菜能降血压，现代药理分析也证明了这一点。芹菜中富含丁基苯酞类物质，这种物质具有镇静安神的作用，因此也叫芹菜镇静素。高血压病的发病原因虽然很多，但血管平滑肌紧张造成肾上腺素分泌过旺，几乎是高血压患者的共性。而芹菜镇静素具有抑制血管平滑肌紧张的功效，它能减少肾上腺素的分泌，所以具有降低和平稳血压的效果。长期饮用芹菜和黄豆制作出的豆浆，有助于降低血压。

芦笋豆浆，防止癌细胞扩散

材料

芦笋 30 克，黄豆 70 克，清水适量。

做法

① 将黄豆清洗干净后，在清水中浸泡 6～8 小时，泡至发软备用；芦笋洗净后切成小段，下入开水中焯烫，捞出沥干。

② 将浸泡好的黄豆和芦笋一起放入豆浆机的杯体中，添加清水至上下水位线之间，启动机器，煮至豆浆机提示芦笋豆浆做好。

③ 将打出的芦笋豆浆过滤后即可食用。

■ 贴心提示

患有痛风者和糖尿病患者不宜多食芦笋豆浆。芦笋在保存的时候，应在低温避光的环境中，可用塑料袋密封后放入冰箱保鲜，不宜存放 1 周以上。

【养生功效】

芦笋可以使细胞生长正常化，抑制异常细胞的生长，所以具有防止癌细胞扩散的功能，它对肺癌、膀胱癌、皮肤癌和肾结石等均有特殊疗效，所以芦笋被认为是"使细胞生长正常的卫士"；另外，芦笋性味甘寒，有清热利小便的作用。夏季饮用芦笋豆浆，既能清凉降火、消暑止渴，还能防治癌症。

莴笋豆浆，适宜新妈妈和儿童

材料

莴笋 30 克，黄豆 70 克，清水适量。

做法

① 将黄豆清洗干净后，在清水中浸泡 6 ~ 8 小时，泡至发软备用；莴笋洗净后切成小段，下入开水中焯烫，捞出沥干。

② 将浸泡好的黄豆和莴笋一起放入豆浆机的杯体中，添加清水至上下水位线之间，启动机器，煮至豆浆机提示莴笋豆浆做好。

③ 将打出的莴笋豆浆过滤后即可食用。

【养生功效】

莴笋中的钾含量大大高于钠含量，有利于体内的水电解质平衡，促进排尿和乳汁的分泌，对于新妈妈很有帮助。莴笋中还含有丰富的氟元素，有利于儿童牙齿和骨骼的生长。莴笋中含有少量的碘元素，对人的基础代谢、心智和体格发育甚至情绪调节都有重大影响。因此，这款莴笋豆浆，新妈妈饮用后能促进乳汁的分泌，儿童饮用后对心智和体格发育都非常有益。

■ 贴心提示

莴笋中的某种物质对视神经有刺激作用，故视力弱者不宜多食莴笋豆浆，有眼疾特别是夜盲症的人也应少食。

生菜豆浆，清热提神

材料

生菜 30 克、黄豆 70 克，清水适量。

做法

① 将黄豆清洗干净后，在清水中浸泡 6 ~ 8 小时，泡至发软备用；生菜洗净后切碎。

② 将浸泡好的黄豆和切好的生菜一起放入豆浆机的杯体中，添加清水至上下水位线之间，启动机器，煮至豆浆机提示生菜豆浆做好。

③ 将打出的生菜豆浆过滤后即可饮用。

【养生功效】

生菜性甘凉，味道甘甜中又带有微微的苦味，因为生菜的茎叶含有莴笋素，所以它具有镇痛止痛、清热提神的功效，能够降低胆固醇、辅助治疗神经衰弱等症。常吃生菜，除了可清热提神，还能帮助消化，缓解便秘者的痛苦，达到清血利尿的效果；利用生菜和黄豆搭配制作的豆浆具有清热提神、排毒的功效。

■ 贴心提示

生菜性凉，患有尿频和胃寒的人不宜多饮生菜豆浆。生菜对乙烯极为敏感，因此在存放时要远离苹果、香蕉、梨等食物。

南瓜豆浆，预防糖尿病、癌症

材料

南瓜50克，黄豆50克，清水适量。

■ 贴心提示

经常胃热或便秘的人不宜喝南瓜豆浆，否则会产生胃满腹胀等不适感；南瓜会加重支气管哮喘病，有此类疾病的人忌吃南瓜豆浆；患有脚气病、黄疸症、痢疾、豆疹者也不适宜喝南瓜豆浆。

做法

1. 将黄豆清洗干净后，在清水中浸泡6～8小时，泡至发软备用；南瓜去皮，洗净后切成小碎丁。
2. 将浸泡好的黄豆同南瓜丁一起放入豆浆机的杯体中，添加清水至上下水位线之间，启动机器，煮至豆浆机提示南瓜豆浆做好。
3. 将打出的南瓜豆浆过滤后即可饮用。

【养生功效】

现代医学认为，南瓜中含有丰富的果胶和微量元素钴。果胶可延缓肠道对糖和脂质的吸收，钴是胰岛细胞合成胰岛素所必需的微量元素，所以常吃南瓜有助于防治糖尿病。南瓜中含有丰富的维生素，其中β–胡萝卜素和维生素C对除去能导致癌症、动脉硬化和心肌梗死等多种疾病的自由基有一定作用。另外，南瓜在预防癌症、生活习惯病和防止老化方面也有一定效果。因此，南瓜豆浆尤其适合糖尿病患者和癌症患者饮用。

白萝卜豆浆，下气消食

材料

白萝卜50克，黄豆50克，清水适量。

做法

1. 将黄豆清洗干净后，在清水中浸泡6～8小时，泡至发软备用；白萝卜去皮后切成小丁，下入开水中略焯，捞出后沥干。
2. 将浸泡好的黄豆同白萝卜丁一起放入豆浆机中，加水煮至豆浆做好。
3. 将打出的白萝卜豆浆过滤后即可饮用。

■ 贴心提示

白萝卜性偏寒凉而利肠，脾虚泄泻者慎食或少食。胃溃疡、十二指肠溃疡、慢性胃炎、单纯甲状腺肿、先兆流产、子宫脱垂等患者不要食用。

【养生功效】

萝卜中所含的淀粉酶、氧化酶等酶类物质有助消化的功能，当肚子发胀时吃块萝卜，便能顺气、化食，起到消胀的作用。萝卜中所含的芥子油和粗纤维能促进肠胃蠕动，帮助消化吸收，这款豆浆能够帮助人体下气消食、排毒通便。

山药豆浆，控制血糖升高

材料

山药50克，黄豆50克，水、糖或者冰糖适量。

做法

① 将黄豆清洗干净后，在清水中浸泡6～8小时，泡至发软备用；山药去皮后切成小丁，下入开水中焯烫，捞出沥干。

② 将浸泡好的黄豆同煮熟的山药丁一起放入豆浆机的杯体中，添加清水至上下水位线之间，启动机器，煮至豆浆机提示山药豆浆做好。

③ 将打出的山药豆浆过滤后，按个人口味趁热添加适量白糖或冰糖调味。患有糖尿病、高血压、高血脂等不宜吃糖的患者，可用蜂蜜代替，不喜甜者也可不加糖。

■ 贴心提示

山药有收涩的作用，所以大便燥结者不宜食用；有实邪者忌食山药豆浆；山药豆浆也不可与碱性药物同服。

【养生功效】

据现代药理研究表明，山药含脂肪较少，几乎为零，而且所含的黏蛋白能预防心血管系统的脂肪沉积；山药对实验性动物糖尿病还有预防作用，并有降血糖作用；因为山药中含有可溶性植物纤维，能够推迟胃中食物的排空，对饭后血糖升高有很好的控制作用，帮助消化并降低血糖。

芋头豆浆，解毒消肿

材料

芋头50克，黄豆50克，清水、白糖或冰糖适量。

■ 贴心提示

腹中胀满及糖尿病患者应当少食或忌食芋头豆浆。另外，芋头汁所含草酸钙沾到手上会引起手痒，所以在削皮前可以先在手中倒些醋，均匀地搓到手上再去削皮。

做法

① 将黄豆清洗干净后，在清水中浸泡6～8小时，泡至发软备用；芋头去皮后切成小丁，下入开水中略焯，捞出后沥干。

② 将浸泡好的黄豆同煮熟的芋头丁一起放入豆浆机的杯体中，添加清水至上下水位线之间，启动机器，煮至豆浆机提示芋头豆浆做好。

③ 将打出的芋头豆浆过滤后，按个人口味趁热添加适量白糖或冰糖调味，当然也可用蜂蜜代替。

【养生功效】

芋头又称芋艿和香芋等，煮、炒皆宜，亦可作主食充饥，并且是一味良药。芋头中含有一种叫黏液蛋白的物质，当人体吸收后能促使产生免疫球蛋白，可提高机体的抵抗力。所以中医认为芋头能解毒，它对人体的痈肿毒痛包括癌毒均有抑制消解的作用，也可用来防治肿瘤及淋巴结核等病症。

红薯豆浆，减肥人士的必备佳品

材料

红薯 50 克，黄豆 50 克，清水适量。

做法

① 将黄豆清洗干净后，在清水中浸泡 6 ~ 8 小时，泡至发软备用；红薯去皮、洗净，之后切成小碎丁。

② 将浸泡好的黄豆和切好的红薯丁一起放入豆浆机的杯体中，添加清水至上下水位线之间，启动机器，煮至豆浆机提示红薯豆浆做好。

③ 将打出的红薯豆浆过滤后即可饮用。

【养生功效】

红薯，又名白薯、地瓜等。它味道甜美，营养丰富，又易于消化，可供给大量的热量，有的地区还将它作为主食。同时，红薯也是一种理想的减肥食品。因为红薯含有大量膳食纤维，在肠道内无法被消化吸收，能刺激肠道，促进肠道蠕动，通便排毒，尤其对老年性便秘有较好的疗效。经常饮用红薯豆浆能够让人在减肥的同时补充营养，尤其适合那些需要减肥的上班族饮用。

■ 贴心提示

红薯含糖量较高，并含有"气化酶"，所以不能多吃，否则会产生大量胃酸，使人感到"胃灼热"；在做肝、胆道系统检查或胰腺、上腹部肿块检查的前一天，不宜吃红薯、土豆等胀气食物。

土豆豆浆，营养健康不长胖

材料

土豆 50 克，黄豆 50 克，清水适量。

做法

①将黄豆清洗干净后，在清水中浸泡 6～8 小时，泡至发软备用；土豆去皮洗净后切成小丁，下入开水中焯烫，捞出沥干。

②将浸泡好的黄豆和土豆丁一起放入豆浆机的杯体中，添加清水至上下水位线之间，启动机器，煮至豆浆机提示土豆豆浆做好。

③将打出的土豆豆浆过滤后即可食用。

【养生功效】

土豆的热量低，并含有多种维生素和微量元素，所以是一种营养健康又有助于减肥的理想食品。土豆富含的粗纤维能够促进胃肠蠕动，加速胆固醇在肠道内的代谢，增加粪便的排出量，所以在防止肥胖症方面有着积极的作用。用土豆和黄豆制成的豆浆，因为土豆中富含淀粉，所以人在饮用土豆豆浆后会有饱腹感，既营养健康还有利于减肥。

■ 贴心提示

肝病患者不宜喝土豆豆浆，因为土豆中含有少量的"天然苯二氮样化合物"，这种物质对肝病患者极为不利。

紫薯豆浆，清除自由基

材料

紫薯 50 克，黄豆 50 克，清水适量。

做法

1️⃣ 将黄豆清洗干净后，在清水中浸泡 6～8 小时，泡至发软备用；紫薯去皮、洗净，之后切成小碎丁。

2️⃣ 将浸泡好的黄豆和切好的紫薯丁一起放入豆浆机的杯体中，添加清水至上下水位线之间，启动机器，煮至豆浆机提示紫薯豆浆做好。

3️⃣ 将打出的紫薯豆浆过滤后即可饮用。

■ 贴心提示

胃酸过多者不宜多饮紫薯豆浆。

【养生功效】

紫薯又叫黑薯，薯肉呈紫色至深紫色。它除了具有普通红薯的营养成分外，还富含硒元素和花青素。花青素是目前科学界发现的防治疾病、维护人类健康最直接、最有效、最安全的自由基清除剂，其清除自由基的能力是维生素 C 的 20 倍、维生素 E 的 50 倍。自由基是导致细胞变异的代谢产物，所以饮用紫薯豆浆能够借用紫薯的功能，帮助人体清除体内的自由基，维持身体细胞的正常生长变化。

紫菜豆浆，为孕妇补充蛋白质和碘

材料

黄豆 50 克，紫菜、大米、盐、清水适量。

做法

1️⃣ 将黄豆清洗干净后，在清水中浸泡 6～8 小时，泡至发软备用；紫菜、大米洗干净。

2️⃣ 将浸泡好的黄豆同紫菜、大米一起放入豆浆机的杯体中，添加清水至上下水位线之间，启动机器，煮至豆浆机提示紫菜豆浆做好。

3️⃣ 将打出的紫菜豆浆过滤后，加入盐调味即可饮用。

■ 贴心提示

《本草拾遗》说紫菜"多食令人腹痛，发气，吐白沫，饮热醋少许即消"，所以紫菜豆浆不宜多食。消化功能不好、素体脾虚者可引起腹泻，宜少食。腹痛便溏者禁食。乳腺小叶增生以及各类肿瘤患者慎用。脾胃虚寒者切勿食用。

【养生功效】

孕妇由于脾胃吸收功能退化减弱，不宜过多食用肉类，而紫菜的蛋白质含量是一般植物的好几倍，且富含易于被人体吸收的碘，有利于胎儿大脑发育，又易于消化，因而孕产妇吃紫菜大有益处。另外，紫菜中还含有大量可以降低有害胆固醇的牛磺酸，有利于孕妇保护肝脏。所以，紫菜豆浆适合孕妇饮用，能够治疗孕妇的缺铁性贫血，还有利于腹中胎儿的大脑发育。

银耳豆浆，阴虚火旺者的滋补佳品

材料

银耳 30 克，黄豆 70 克，清水适量。

【养生功效】

银耳又叫白木耳，它是一味滋补良药，特点是滋润而不腻滞，对阴虚火旺不受参茸等温热滋补的病人是一种良好的补品。阴虚火旺的人脾气较急，还会"五心烦热"：手心、脚心、胸中发热，但是体温正常。属于这种体质的人，平时就不妨用银耳和黄豆做成豆浆，经常饮用能滋阴止咳、润肺去燥、润肠开胃。

做 法

1. 将黄豆清洗干净后，在清水中浸泡 6 ~ 8 小时，泡至发软备用；银耳用清水泡发，洗净，切碎。

2. 将浸泡好的黄豆同银耳一起放入豆浆机的杯体中，添加清水至上下水位线之间，启动机器，煮至豆浆机提示银耳豆浆做好。

3. 将打出的银耳豆浆过滤后即可饮用。

■ 贴心提示

银耳宜用开水泡发，泡发后应去掉未发开的部分，特别是那些呈淡黄色的东西。冰糖银耳含糖量高，睡前不宜食用，以免血黏度增高。银耳能清肺热，故外感风寒者忌用。食用变质银耳会发生中毒反应，严重者会有生命危险。

蚕豆豆浆，抗癌、增强记忆力

材料

蚕豆 50 克，黄豆 50 克，白糖或冰糖、清水适量。

做法

① 将黄豆和蚕豆清洗干净后，在清水中浸泡 6 ~ 8 小时，泡至发软。

② 将浸泡好的黄豆和蚕豆一起放入豆浆机的杯体中，并加水至上下水位线之间，启动机器，煮至豆浆机提示蚕豆豆浆做好。

③ 将打出的蚕豆豆浆过滤后，按个人口味趁热往豆浆中添加适量白糖或冰糖调味，患有糖尿病、高血压、高血脂等不宜吃糖的患者，可用蜂蜜代替。不喜甜者也可不加糖。

【养生功效】

蚕豆中含有调节大脑和神经组织的重要成分钙、锌、锰、磷脂等，并含有丰富的胆石碱，有增强记忆力的健脑作用。如果你正在应付考试或是脑力工作者，适当进食蚕豆会有一定补脑功效。现代科学还认为蚕豆也是抗癌食品之一，对预防肠癌有一定作用。

■ 贴心提示

中焦虚寒者不宜食用，发生过蚕豆过敏者一定不要再食用。有遗传性血红细胞缺陷症者，患有痔疮出血、消化不良、慢性结肠炎、尿毒症的病人要注意，不宜食用蚕豆豆浆。

茯苓豆浆，益脾又安神

茯苓粉在中药店可以买到。熬煮的时候要不时搅拌一下，以免粘锅。

材料
茯苓粉 20 克，黄豆 80 克，清水、白糖或冰糖适量。

做法
1 将黄豆清洗干净后，在清水中浸泡 6 ~ 8 小时，泡至发软备用。
2 将浸泡好的黄豆放入豆浆机，加入茯苓粉和适量清水，启动机器，煮至豆浆做好。
3 将打出的茯苓豆浆过滤后，按个人口味趁热添加适量白糖或冰糖调味即可。

【养生功效】
中医认为，茯苓淡而能渗，甘而能补，能泻能补，称得上是两全其美。茯苓利水湿，可以治小便不利，又可以化痰止咳，同时又健脾胃，有宁心安神之功。
这款豆浆能够缓解小便不利、泄泻，还能镇静安神。

芸豆豆浆，提高免疫力

材料
芸豆 50 克，黄豆 50 克，白糖或冰糖、清水适量。

做法
1 将黄豆和芸豆清洗干净后，在清水中浸泡 6 ~ 8 小时，泡至发软。
2 将浸泡好的黄豆和芸豆一起放入豆浆机的杯体中，并加水至上下水位线之间，启动机器，煮至豆浆机提示芸豆豆浆做好。

3 将打出的芸豆豆浆过滤后，按个人口味趁热往豆浆中添加适量白糖或冰糖调味，患有糖尿病、高血压、高血脂等不宜吃糖的患者，可用蜂蜜代替。不喜甜者也可不加糖。

芸豆是营养丰富的食品，不过其籽粒中含有一种毒蛋白，必须在高温下才能被破坏，所以食用芸豆必须煮熟煮透，消除其毒性，更好地发挥其营养功效，否则会引起中毒。

【养生功效】
现代医学分析认为，芸豆含有皂苷、尿毒酶和多种球蛋白等独特成分，具有提高人体自身的免疫能力，增强抗病能力，激活淋巴 T 细胞，促进脱氧核糖核酸的合成等功能，对肿瘤细胞的发展有抑制作用，因而受到医学界的重视。芸豆还是一种难得的高钾、高镁、低钠食品，这个特点在营养治疗上大有用武之地。这款芸豆豆浆尤其适合心脏病、动脉硬化、高血脂、低血钾症和忌盐患者食用，能够提高人体免疫力。

第4章

芳香花草豆浆

玫瑰花豆浆，改善暗黄、干燥肌肤

材料

玫瑰花5～8朵，黄豆100克，清水、白糖或冰糖适量。

做法

1 将黄豆清洗干净后，在清水中浸泡6～8小时，泡至发软备用；玫瑰花瓣仔细清洗干净后备用。

2 将浸泡好的黄豆和玫瑰花一起放入豆浆机的杯体中，添加清水至上下水位线之间，启动机器，煮至豆浆机提示玫瑰花豆浆做好。

3 将打出的玫瑰花豆浆过滤后，按个人口味趁热添加适量白糖或冰糖调味，以减少玫瑰花的涩味。不宜吃糖的患者，可用蜂蜜代替。

■ 贴心提示

玫瑰花只用花瓣，不要花蒂。如果有玫瑰酱，比用干玫瑰更可口，不会有干玫瑰的涩味。制作时使用开水，可减少玫瑰香味的散失，又可减少制浆时间。玫瑰花豆浆有清淡的玫瑰花香，适合女士夏季饮用。

【养生功效】

玫瑰花性温，味甘，微苦，香气浓厚清而不浊，有理气解郁、活血收敛的作用。玫瑰花有收敛性，可用于女性的月经过多，赤白带下等。《食物本草》谓其"食之芳香甘美，令人神爽"。长期服用玫瑰，能有效地清除自由基，消除色素沉着，令人焕发出青春活力，美容效果甚佳。玫瑰花和黄豆搭配而制的豆浆，能够帮助人们改善肌肤暗黄、干燥的状态，令肌肤变得有光泽，尤其是理气活血的作用，适合长斑人士饮用。

月季花豆浆，疏肝调经

材料

月季花 15 克，黄豆 70 克，清水、白糖或冰糖适量。

做法

1️⃣ 将黄豆清洗干净后，在清水中浸泡 6～8 小时，泡至发软备用；月季花清洗干净后泡开。

2️⃣ 将浸泡好的黄豆和月季花一起放入豆浆机的杯体中，添加清水至上下水位线之间，启动机器，煮至豆浆机提示月季花豆浆做好。

3️⃣ 将打出的月季花豆浆过滤后，按个人口味趁热添加适量白糖或冰糖调味，不宜吃糖的患者，可用蜂蜜代替。

【养生功效】

中医认为，月季花味甘、性温，入肝经，有活血调经、消肿解毒之功效。由于月季花的祛瘀、行气、止痛作用明显，所以经常被用于治疗月经不调、痛经等病症。有人将月季花称为"月月红"，它可以说是女性朋友调理月经的良药。女人常饮月季花豆浆，可以改善经脉阻滞的症状，没有瘀滞的女性才会拥有好气色。

■ 贴心提示

月季花的花形和玫瑰花相似，不过个头要比玫瑰大一些，月季花可以在中药店购买。

茉莉花豆浆，理气开郁

材 料

茉莉花 10 克，黄豆 90 克，清水、白糖或冰糖适量。

做 法

① 将黄豆清洗干净后，在清水中浸泡 6 ~ 8 小时，泡至发软备用；茉莉花瓣清洗干净后备用。

② 将浸泡好的黄豆和茉莉花一起放入豆浆机的杯体中，添加清水至上下水位线之间，启动机器，煮至豆浆机提示茉莉花豆浆做好。

③ 将打出的茉莉花豆浆过滤后，按个人口味趁热添加适量白糖或冰糖调味，不宜吃糖的患者，可用蜂蜜代替。

【养生功效】

中医认为，茉莉花性温，味辛甘，具有理气止痛、温中和胃、开郁辟秽、消肿解毒功效。《本草纲目》中记载，茉莉花"能清虚火，去寒积，抗菌消炎"。所以皮肤易过敏的人很适合这款豆浆。现代药理研究表明，茉莉花还有强心、降压、抗菌、防辐射损伤、增强机体免疫力、调整体内激素分泌、醒脑提神等功效。常喝茉莉花豆浆，既能够美容，还能缓解女性的痛经，所以经期也可以饮用茉莉花豆浆。

■ 贴心提示

茉莉花辛香偏温，所以火热内盛，燥结便秘者不宜饮用茉莉花豆浆。

金银花豆浆，清热解毒

材料

金银花50克，黄豆70克，清水、白糖或冰糖适量。

做法

① 将黄豆清洗干净后，在清水中浸泡6～8小时，泡至发软备用；金银花清洗干净后泡开。

② 将浸泡好的黄豆和金银花一起放入豆浆机的杯体中，添加清水至上下水位线之间，启动机器，煮至豆浆机提示金银花豆浆做好。

③ 将打出的金银花豆浆过滤后，按个人口味趁热添加适量白糖或冰糖调味，不宜吃糖的患者，可用蜂蜜代替。也可不加糖。

■ 贴心提示

脾胃虚寒、气虚疮疡脓清者不宜食用金银花豆浆。

【养生功效】

在我国医药史上，金银花作为一种清热解毒的良药，很早就被列入医药典籍中。《神农本草经》就将其视为上品，明代李时珍在《本草纲目》中认为金银花"消肿、清热解毒、治疮之要药。"中医认为金银花味甘，性寒，具有清热解毒、疏散风热的作用。金银花和黄豆一起制成的豆浆对于暑热证、泻痢、流感、疮疖肿毒、急慢性扁桃体炎、牙周炎等病都有一定的疗效。夏日饮用金银花，还能防止中暑以及上火等症。

桂花豆浆，温胃散寒

材料

桂花10克，黄豆90克，清水、白糖或冰糖适量。

做法

① 将黄豆清洗干净后，在清水中浸泡6～8小时，泡至发软备用；桂花清洗干净后备用。

② 将浸泡好的黄豆和桂花一起放入豆浆机的杯体中，添加清水至上下水位线之间，启动机器，煮至豆浆机提示桂花豆浆做好。

③ 将打出的桂花豆浆过滤后，按个人口味趁热添加适量白糖或冰糖调味，不宜吃糖的患者，可用蜂蜜代替。

■ 贴心提示

桂花的香味强烈，所以在制作豆浆时忌过量饮用。另外，体质偏热、火热内盛者也要谨慎饮用。

【养生功效】

桂花又称为"九里香"，味辛，性温，因其含有芳香物质，具有芳香和胃，生津辟浊，化痰理气之功。中医认为，桂花煎汤、泡茶或浸酒内服，可以化痰散瘀，对食欲不振、痰饮咳喘、经闭腹痛有一定疗效。用桂花泡茶可以解除口干舌燥，润肠通便，减轻胀气，缓解肠胃不适。还能够美白皮肤，清除体内毒素。桂花清新的香味还能令人精神舒畅，安心宁神，特别是能驱除体内湿气，养阴润肺，可净化身心，平衡神经系统。桂花和黄豆做成的豆浆，味道醇香，具有暖胃生津、化痰止咳的功效。

菊花豆浆，清心疏散风热

材料

菊花5~8朵，黄豆90克，清水、白糖或冰糖适量。

做法

1. 将黄豆清洗干净后，在清水中浸泡6~8小时，泡至发软备用；菊花清洗干净后备用。

2. 将浸泡好的黄豆和菊花一起放入豆浆机的杯体中，添加清水至上下水位线之间，启动机器，煮至豆浆机提示菊花豆浆做好。

3. 将打出的菊花豆浆过滤后，按个人口味趁热添加适量白糖或冰糖调味，不宜吃糖的患者，可用蜂蜜代替。

【养生功效】

祖国医学认为，菊花性凉味甘苦，归肺、肝二经，具有疏风、清热、明目、解毒的功效，可治疗头痛、眩晕、目赤、心胸烦热、疔疮、肿毒等症。现代医学研究证实，菊花具有降血压、消除癌细胞、扩张冠状动脉和抑菌的作用，长期饮用能调节心肌功能、降低胆固醇，适合中老年人和预防流行性结膜炎时饮用。对肝火旺、用眼过度导致的双眼干涩也有较好的疗效。同时，菊花的香气浓郁，提神醒脑，也具有一定的松弛神经、舒缓头痛的功效。这款豆浆适合性情急躁、肝气郁结的人和心血管病人饮用，尤其是在炎热的夏季更为适合。

■ 贴心提示

菊花性微寒，适合于阴虚阳亢体质的人服用，而那些虚寒体质尤其是胃寒之人则不宜长期饮用菊花豆浆。

百合红豆浆，缓解肺热

材料

干百合 50 克，红豆 100 克，清水、白糖或冰糖适量。

做法

① 将红豆清洗干净后，在清水中浸泡 6 ~ 8 小时，泡至发软备用；干百合清洗干净后略泡。

② 将浸泡好的红豆和百合一起放入豆浆机的杯体中，添加清水至上下水位线之间，启动机器，煮至豆浆机提示百合红豆浆做好。

③ 将打出的百合红豆浆过滤后，按个人口味趁热添加适量白糖或冰糖调味，不宜吃糖的患者，可用蜂蜜代替。不喜甜者也可不加糖。

【养生功效】

百合红豆浆是一种非常理想的润肺佳品。百合性平味甘，微苦，有润肺止咳、清心安神之功，对肺热干咳、痰中带血、肺弱气虚、肺结核咯血等症，都有良好的疗效，特别适合养肺、养胃的人食用。红豆性平、味甘酸，也可以清热除湿、消肿解毒。百合加红豆制成的豆浆，能够滋润肺脏，清肺热，对于那些咳嗽有痰的人有着不错的食疗作用。秋季正是养肺的时候，不妨多喝一点儿百合红豆浆。

■ 贴心提示

百合虽能补气，亦伤肺气，不宜多服。由于百合偏凉性，胃寒的患者宜少食用百合红豆浆。

杂花豆浆，美容养颜

材料

黄豆80克，玫瑰、菊花、桂花共20克，清水、白糖或冰糖适量。

做法

① 将黄豆清洗干净后，在清水中浸泡6～8小时，泡至发软备用；玫瑰、菊花、桂花一起淘洗干净。

② 将浸泡好的黄豆和杂花一起放入豆浆机的杯体中，添加清水至上下水位线之间，启动机器，煮至豆浆机提示杂花豆浆做好。

③ 将打出的杂花豆浆过滤后，按个人口味趁热添加适量白糖或冰糖调味，不宜吃糖的患者，可用蜂蜜代替。不喜甜者也可不加糖。

■ 贴心提示

杂花豆浆的材料不局限于以上三种，可根据自己的喜好自由选择不同的花，尝试调制不同口味的杂花豆浆。

【养生功效】

玫瑰花有理气解郁、活血收敛的作用，并能促进血液循环，改善肤色，有美容功效；菊花中富含香精油和菊色素，可以有效地抑制皮肤黑色素的产生，而且还能柔化表皮细胞，所以能去除皮肤的皱纹，令面部皮肤白嫩；桂花也具有美白肌肤、排解体内毒素的功效。将玫瑰、菊花、桂花搭配，制作出的豆浆具有美容养颜、益气提神的功效，非常适合女性食用。

绿茶豆浆，帮助延缓衰老

材料

绿茶50克，黄豆70克，清水、白糖或冰糖适量。

做法

① 将黄豆清洗干净后，在清水中浸泡6～8小时，泡至发软备用；绿茶清洗干净后泡开。

② 将浸泡好的黄豆和绿茶一起放入豆浆机的杯体中，添加清水至上下水位线之间，启动机器，煮至豆浆机提示绿茶豆浆做好。

③ 将打出的绿茶豆浆过滤后，按个人口味趁热添加适量白糖或冰糖调味，不宜吃糖的患者，可用蜂蜜代替。

【养生功效】

绿茶中的茶多酚具有很强的抗氧化性和生理活性，它是人体自由基的清除剂，所以绿茶有助于延缓衰老。另外，绿茶中还含有维生素A，它能使皮肤与黏膜细胞保持健康状态，保持富有活力的皮肤。人的衰老在皮肤上的表现最为明显，而绿茶中的多种物质都具有抗氧化作用，对延缓衰老很有帮助。总之，绿茶的功能很多，这款绿茶豆浆最大的作用，就是能够促进人体的新陈代谢，达到美容护肤、延缓衰老的目的。

■ 贴心提示

女性在月经期间不宜喝绿茶豆浆。因为女性在月经期，除了正常的铁流失外，还要额外损失18～21毫克铁。而绿茶中较多的鞣酸成分会与食物中的铁分子结合，形成大量沉淀物，妨碍肠道黏膜对铁的吸收。

薄荷绿豆豆浆，清凉之下来防癌

材料

薄荷叶2克，黄豆、绿豆各50克，清水、白糖或冰糖适量。

做法

1 将黄豆和绿豆清洗干净后，在清水中浸泡6～8小时，泡至发软备用；薄荷叶清洗干净后备用。

2 将浸泡好的黄豆、绿豆和薄荷叶一起放入豆浆机的杯体中，添加清水至上下水位线之间，启动机器，煮至豆浆机提示薄荷绿豆豆浆做好。

3 将打出的薄荷绿豆豆浆过滤后，按个人口味趁热添加适量白糖或冰糖调味，不宜吃糖的患者，可用蜂蜜代替。

【养生功效】

薄荷中含有挥发油，油中主要成分为薄荷脑等，具有解热，发汗，抑菌，消炎，解毒，健胃，利胆等作用。据现代研究发现，薄荷还能有效阻止癌症病变处的血管生长，能够抑制癌症细胞的进一步发展。中老年人饮用薄荷绿豆豆浆，可以清心怡神，疏风散热，增进食欲，帮助消化，还有助于防癌抗癌；夏日，在家用薄荷给自己做份"凉汤"豆浆，既能解渴，又能解暑。

■ 贴心提示
体虚多汗者不宜饮用。

桑叶豆浆，清肺热、肝热

材料

桑叶 30 克，黄豆 70 克，清水、白糖或冰糖适量。

做法

① 将黄豆清洗干净后，在清水中浸泡 6～8 小时，泡至发软备用；桑叶清洗干净后撕成碎块。

② 将浸泡好的黄豆、桑叶一起放入豆浆机的杯体中，添加清水至上下水位线之间，启动机器，煮至豆浆机提示桑叶豆浆做好。

③ 将打出的桑叶豆浆过滤后，按个人口味趁热添加适量白糖或冰糖调味，不宜吃糖的患者，可用蜂蜜代替。不喜甜者也可不加糖。

■ 贴心提示

风寒感冒有口淡、鼻塞、流清涕、咳嗽症状的人不宜食用这款豆浆。

【养生功效】

桑叶味甘、微苦，性寒，入肺、肝经，能疏散风热、清肺止咳、平肝明目。在治疗感冒咳嗽时，经常会用到桑叶。比如因为风热侵袭，身体发热伴有咳嗽的，就可以用鲜桑叶水煎代茶服，能够清热疏风，缓解症状。在豆浆中加入桑叶，对于肺热咳嗽以及肝热的患者都有不错的食疗功效，而且这样的豆浆性质平和，就算是体质稍差的人饮用也无妨。

荷叶豆浆，绿色减肥佳品

材料

荷叶 30 克，黄豆 70 克，清水、白糖或冰糖适量。

做法

① 将黄豆清洗干净后，在清水中浸泡 6～8 小时，泡至发软备用；荷叶清洗干净后撕成碎块。

② 将浸泡好的黄豆、荷叶一起放入豆浆机的杯体中，添加清水至上下水位线之间，启动机器，煮至豆浆机提示荷叶豆浆做好。

③ 将打出的荷叶豆浆过滤后，按个人口味趁热添加适量白糖或冰糖调味，不宜吃糖的患者，可用蜂蜜代替。不喜甜者也可不加糖。

■ 贴心提示

胃酸过多、消化性溃疡和龋齿者，及服用滋补药品期间忌服用。尽量少吃生的荷叶，尤其是胃肠功能弱的人更应慎服。空腹服用荷叶豆浆，会使胃酸猛增，对胃黏膜造成不良刺激，使胃发胀满、泛酸。

【养生功效】

有资料报道，荷叶中的生物碱有降血脂作用，且临床上常用于肥胖症的治疗。所以，荷叶豆浆是一款安全、绿色的减肥佳品。

第5章
营养水果豆浆

葡萄豆浆，润肺、调理气血

材料

葡萄 6 ~ 10 粒，黄豆 80 克，清水、白糖或冰糖适量。

做法

① 将黄豆清洗干净后，在清水中浸泡6 ~ 8小时，泡至发软备用；葡萄去皮、去子。

② 将浸泡好的黄豆和葡萄一起放入豆浆机的杯体中，添加清水至上下水位线之间，启动机器，煮至豆浆机提示葡萄豆浆做好。

③ 将打出的葡萄豆浆过滤后，按个人口味趁热添加适量白糖或冰糖调味，不宜吃糖的患者，可用蜂蜜代替。

■ 贴心提示

葡萄不宜与水产品同时食用，间隔至少两小时以后再食为宜，以免葡萄中的鞣酸与水产品中的钙质形成难以吸收的物质，影响健康。

【养生功效】

葡萄是较为常见的水果，它的性味甘、酸，鲜食酸甜适口，生津止渴，开胃消食。秋天的时候天气干燥，中医认为饮食上应该"少辛增酸"，这时候喝点儿葡萄豆浆就能够在干燥的季节润肺、滋养身体。另外，葡萄中的糖主要是葡萄糖，能够很快地被人体吸收，尤其是当人出现低血糖的时候，及时饮用葡萄汁，可以很快地缓解症状。这款葡萄豆浆对气血虚弱、肺虚咳嗽的症状具有良好的调理作用。

雪梨豆浆，生津润燥

材料

雪梨一个，黄豆50克，清水、冰糖适量。

做法

1 将黄豆清洗干净后，在清水中浸泡6～8小时；雪梨清洗后，去皮去核，并切成小碎丁。

2 将上述食材放入豆浆机中，加适量清水煮至豆浆做好。

3 过滤后，按个人口味趁热添加适量冰糖调味，不宜吃糖的患者，可用蜂蜜代替。

■ 贴心提示

梨子性凉，凡脾胃虚寒及便溏、腹泻者忌饮雪梨豆浆；糖尿病患者当少饮或不饮雪梨豆浆。

【养生功效】

雪梨的含水量多，且含糖分高，吃到嘴里满口清凉，既有营养，又解热证，可止咳生津、清心润喉、降火解暑，是夏秋的清凉果品；《本草纲目》中记载，梨"甘、寒、无毒"，可以治咳嗽，清心润肺，清热生津。平时人们在秋冬咳嗽感冒多发的季节，也时常用雪梨和冰糖一起熬水喝。这款雪梨豆浆具有生津润燥，清热化痰的功效。

苹果豆浆，全科医生来保健

■ 贴心提示

苹果不宜与海味同食，因为苹果含有鞣酸，与海味同食不但会降低海味蛋白质的营养价值，还容易发生腹痛、恶心、呕吐等病症。

材料

苹果一个，黄豆50克，清水、白糖或冰糖适量。

做法

1 将黄豆清洗干净后，在清水中浸泡6～8小时；苹果清洗后，去皮去核，并切成小碎丁。

2 将上述食材放入豆浆机，加适量清水，煮至豆浆机提示苹果豆浆做好。

3 过滤后，按个人口味趁热添加适量白糖或冰糖调味即可。

【养生功效】

苹果可以说是一个全科医生了，它含有的果胶可以降低胆固醇；苹果含有类黄酮，可以减少冠心病的发生；苹果还含有非常丰富的抗氧化物，可降低并且能有效地阻止癌症发生的机会。此外，苹果中的维生素C是心血管的保护神，胶质和微量元素铬则能保持血糖的稳定。经常饮用苹果豆浆，能够帮助身体抵抗多种疾病，还能消除压抑感。

菠萝豆浆，促进肉食消化、解除油腻

材料

菠萝半个，黄豆50克，清水、白糖或冰糖适量。

做法

1 将黄豆清洗干净后，在清水中浸泡6～8小时，泡至发软备用；菠萝去皮去核后清洗干净，并切成小碎丁。

2 将浸泡好的黄豆和菠萝一起放入豆浆机的杯体中，添加清水至上下水位线之间，启动机器，煮至豆浆机提示菠萝豆浆做好。

3 将打出的菠萝豆浆过滤后，按个人口味趁热添加适量白糖或冰糖调味，不宜吃糖的患者，可用蜂蜜代替，也可不加糖。

【养生功效】

菠萝的营养丰富，几乎含有人体所需的所有维生素和十多种天然矿物质。菠萝中所含的蛋白质分解酵素可以分解蛋白质及助消化。而且，菠萝的果汁中还含有一种跟胃液相类似的酵素，可以分解蛋白，帮助消化。所以，菠萝具有减肥功效，对于长期食用过多肉类及油腻食物的现代人来说，是一种很合适的水果。饮一杯菠萝豆浆，可帮助自己预防脂肪沉积，解除油腻。

■ 贴心提示

未经处理的生菠萝不要食用，因为生菠萝含有一种菠萝蛋白酶，对这种蛋白酶过敏的人，会出现皮肤发痒等症状。要避免过敏，可将菠萝去皮后切成片或块状，放置淡盐水中浸泡半小时，然后用凉开水冲洗去咸味，即可放心大胆地享受菠萝的新鲜美味。

草莓豆浆，酸甜美味能美容

材料

草莓 4 ~ 6 个，黄豆 80 克，清水、白糖或冰糖适量。

做法

① 将黄豆清洗干净后，在清水中浸泡 6 ~ 8 小时，泡至发软备用；草莓去蒂洗净后，切成小碎丁。

② 将浸泡好的黄豆和草莓一起放入豆浆机的杯体中，添加清水至上下水位线之间，启动机器，煮至豆浆机提示草莓豆浆做好。

③ 将打出的草莓豆浆过滤后，按个人口味趁热添加适量白糖或冰糖调味，不宜吃糖的患者，可用蜂蜜代替。

■ 贴心提示

草莓表面粗糙，不易洗净，可以用淡盐水或高锰酸钾水浸泡 10 分钟，既能杀菌又较易清洗。

【养生功效】

草莓含有一种叫天冬氨酸的物质，女性常吃草莓，对皮肤、头发都有很好的保健作用，还可以帮助消脂排毒，可以自然而平缓地除去体内的"矿渣"，达到减肥的目的。草莓的维生素 C 含量也很丰富，它能够消除细胞间的松弛和紧张状态，使皮肤变得细腻有弹性。用草莓和黄豆搭配而成的豆浆味道酸甜可口，香味浓郁，还有美容功效，适宜女性饮用。

香桃豆浆，贫血人士的补血浆

材料

鲜桃一个，黄豆 50 克，清水、白糖或冰糖适量。

■ 贴心提示

鲜桃很好吃，但是桃上的绒毛难去，可以在清水中放入少许的食用碱，将鲜桃浸泡 3 分钟左右，搅动一下，桃毛就会自动上浮，稍微清洗就可去除。

做法

① 将黄豆清洗干净后，在清水中浸泡 6 ~ 8 小时，泡至发软备用；鲜桃清洗后，去皮去核，并切成小碎丁。

② 将浸泡好的黄豆和鲜桃一起放入豆浆机的杯体中，添加清水至上下水位线之间，启动机器，煮至豆浆机提示香桃豆浆做好。

③ 将打出的香桃豆浆过滤后，按个人口味趁热添加适量白糖或冰糖调味，不宜吃糖的患者，可用蜂蜜代替。

【养生功效】

在果品资源中，桃以其果形美观、肉质甜美被称为"天下第一果"。中医认为，桃味有甜有酸，属温性食物，具有补气养血、养阴生津、止咳等功效，可用于大病之后气血亏虚、面黄肌瘦、心悸气短者。现代医学发现，桃中含铁量较高，在水果中几乎占居首位，是缺铁性贫血病人的理想辅助食物。这款豆浆既有桃子的香甜之味又有豆浆的醇香，味道比较鲜美，有助于润肠生津，促进血液循环，还有美肤的作用。

香蕉豆浆，让人心情愉快

材料

香蕉一根，黄豆50克，清水、白糖或冰糖适量。

做法

①将黄豆清洗干净后，在清水中浸泡6～8小时，泡至发软备用；香蕉去皮后，切成碎丁。

②将浸泡好的黄豆和香蕉一起放入豆浆机的杯体中，添加清水至上下水位线之间，启动机器，煮至豆浆机提示香蕉豆浆做好。

③将打出的香蕉豆浆过滤后，按个人口味趁热添加适量白糖或冰糖调味，不宜吃糖的患者，可用蜂蜜代替。

【养生功效】

香蕉是人们喜爱的水果之一，起源于马来西亚，欧洲人因它能解除忧郁而称其为"快乐水果"。因为香蕉中含有一种能帮助人脑产生5–羟色胺的物质，而患有忧郁症的人脑中缺少5–羟色胺，所以适当吃些香蕉，可以驱散悲观、烦躁的情绪，增加平静、愉快感。大豆特有的臭味碰上香蕉就消失无踪了，所以即使是讨厌豆浆的人也能接受香蕉豆浆。在享受香蕉豆浆带来的美味的同时，还能借助香蕉中的氨基酸帮助人体制造"开心激素"，令人快乐开心。睡前喝一杯香蕉豆浆，还有镇静作用。

■ 贴心提示

香蕉可以冷藏，3～5天后尽管果皮的颜色已经变深，但是品质还是好的。

金橘豆浆，抵抗坏血病

材料

金橘五个，黄豆 50 克，清水、白糖或冰糖适量。

做法

① 将黄豆清洗干净后，在清水中浸泡 6 ~ 8 小时，泡至发软备用；金橘洗净后备用。

② 将浸泡好的黄豆和金橘一起放入豆浆机的杯体中，添加清水至上下水位线之间，启动机器，煮至豆浆机提示金橘豆浆做好。

③ 将打出的金橘豆浆过滤后，按个人口味趁热添加适量白糖或冰糖调味，不宜吃糖的患者，可用蜂蜜代替。不喜甜者也可不加糖。

■ 贴心提示

金橘皮中的维生素 C 含量丰富，在制作金橘豆浆时，不宜将皮去掉。

【养生功效】

金橘营养丰富，尤其富含维生素 B₁、维生素 C、维生素 P。橘皮中含有的维生素 C 远高于果肉，维生素 C 为抗坏血酸，在体内起着抗氧化的作用，能降低胆固醇，预防血管破裂或渗血；维生素 C 与维生素 P 配合，可以增强对坏血病的治疗效果；丰富的维生素 C 与金橘苷等成分，对维护心血管功能，防止血管硬化、高血压等疾病有一定的疗效。金橘搭配黄豆制成的豆浆，能够保护心血管，如果是坏血病患者饮用，还有一定的食疗作用。

西瓜豆浆，生津消暑

材料

西瓜 50 克，黄豆 50 克，清水、白糖或冰糖适量。

做法

① 将黄豆清洗干净后，在清水中浸泡 6 ~ 8 小时；西瓜去皮、去子后将瓜瓤切成碎丁。

② 将上述食材放入豆浆机中，加水煮至豆浆机提示西瓜豆浆做好。

③ 过滤后，按个人口味趁热添加适量白糖或冰糖调味即可。

■ 贴心提示

平时大家最好不要吃刚从冰箱里拿出来的西瓜。因西瓜本身是寒凉食物，再加上刚从冰箱里拿出来温度很低，容易引起胃痉挛，从而影响胃的消化。

【养生功效】

西瓜又叫水瓜、寒瓜、夏瓜，因是在汉代时从西域引入的，故称"西瓜"。西瓜的味道甘甜、多汁、清爽解渴，是夏季必不可少的一种水果。中医认为，西瓜能够清热解暑，除烦止渴。西瓜中含有大量的水分，在急性热病发热、口渴汗多、烦躁时，吃上一块又甜又沙、水分充足的西瓜，症状会马上改善。西瓜豆浆可以说是夏天解暑的清凉饮品，既能除热又能解渴。

椰汁豆浆，清暑解渴

材料

黄豆100克，椰汁、清水适量。

做法

① 将黄豆清洗干净后，在清水中浸泡6～8小时，泡至发软备用。

② 将浸泡好的黄豆放入豆浆机的杯体中，添加清水至上下水位线之间，启动机器，煮至豆浆机提示豆浆做好。

③ 将打出的豆浆过滤后，兑入椰汁即可。

【养生功效】

椰子的外形很像西瓜，在果实内有一个很大空间专门来储存椰浆，椰子成熟的时候，椰汁看起来清如水，喝起来甜如蜜，是夏季极好的清热解渴之品。夏季街头卖冷饮的地方通常也会有插着吸管的椰子。用椰汁制成的豆浆是老少皆宜的美味佳品，尤其是在夏天饮用时，能够清热利尿，解渴，对于水肿、排毒也有疗效。椰子还是含碱性非常高的食物，因为身体过酸而导致的疾病，也可以通过饮用椰汁来改善。

■ 贴心提示

体内热盛的人不宜食用椰汁豆浆；易怒、口干舌燥者，也不宜多食椰汁豆浆。

杧果豆浆，补足维生素

材 料

杧果 1 个，黄豆 80 克，清水、白糖或冰糖适量。

做 法

1 将黄豆清洗干净后，在清水中浸泡 6～8 小时，泡至发软备用；杧果去掉果皮和果核后，取果肉待用。

2 将浸泡好的黄豆和杧果果肉一起放入豆浆机的杯体中，添加清水至上下水位线之间，启动机器，煮至豆浆机提示杧果豆浆做好。

3 将打出的杧果豆浆过滤后，按个人口味趁热添加适量白糖或冰糖调味，不宜吃糖的患者，可用蜂蜜代替。

【养生功效】

有"热带果王"之称的杧果，含有大量的维生素 A，我们知道维生素对眼睛有益，所以多吃杧果有益于视力的改善；杧果中含有的大量维生素，还可以起到滋润肌肤的作用。杧果含有营养素及维生素 C、矿物质等，其中维生素 C 的含量超过了橘子、草莓等水果，所以多吃一些杧果还可以增强人体的抵抗力。杧果豆浆能够给人补充维生素 A 和维生素 C 及多种矿物质和氨基酸，饮用后对身体很有帮助。

■ 贴心提示

购买杧果时要遵从一个原则，就是选皮质细腻且颜色深的，这样的杧果新鲜熟透。不要挑有点儿发绿的，那样的杧果没有熟透。果皮有少许皱褶的杧果，虽然看起来不新鲜，事实上这样的杧果才更甜。

柠檬豆浆，天然的美容品

材料

黄豆100克，柠檬一片，清水适量。

做法

1️⃣ 将黄豆清洗干净后，在清水中浸泡6～8小时，泡至发软备用。

2️⃣ 将浸泡好的黄豆放入豆浆机的杯体中，添加清水至上下水位线之间，启动机器，煮至豆浆机提示豆浆做好。

3️⃣ 将打出的豆浆过滤后，挤入柠檬汁即可。

■ 贴心提示

在挑选柠檬的时候，深黄色的柠檬一般较为成熟，而且通常皮薄、汁多。

【养生功效】

柠檬可以促进胃中蛋白质分解酶的分泌，增加胃肠蠕动，从而有助消化吸收。国外的美容专家称它为美容水果，认为柠檬汁有着很好的洁肤美容的功效，防止及消除皮肤色素的沉积，能令肌肤光亮细腻。柠檬因为含有烟酸和丰富的有机酸，酸味极浓，所以在放入豆浆中时，一定要少放一点儿，以免太酸而不能饮用。

香瓜豆浆，止渴清燥、消除口臭

材料

香瓜一个，黄豆50克，清水、白糖或冰糖适量。

做法

1️⃣ 将黄豆清洗干净后，在清水中浸泡6～8小时，泡至发软备用；香瓜去皮去瓤后洗干净，并切成小碎丁。

2️⃣ 将浸泡好的黄豆和香瓜一起放入豆浆机的杯体中，添加清水至上下水位线之间，启动机器，煮至豆浆机提示香瓜豆浆做好。

3️⃣ 将打出的香瓜豆浆过滤后，按个人口味趁热添加适量白糖或冰糖调味，不宜吃糖的患者，可用蜂蜜代替。也可不加糖。

■ 贴心提示

香瓜瓜蒂有毒，生食过量，即会中毒。因此，制作香瓜豆浆时一定要去除瓜蒂。

【养生功效】

香瓜又称甜瓜，顾名思义，它吃起来非常甘甜。古埃及人将甜瓜视为天堂圣果，顶礼膜拜。香瓜同西瓜一样都是夏季消暑的瓜果，用它制成的香瓜豆浆适合在炎热的夏季饮用。从营养价值上来看，香瓜可与西瓜相媲美。据测量，甜瓜除了水分和蛋白质的含量低于西瓜外，其他营养成分均不少于西瓜，而芳香物质、矿物质、糖分和维生素C的含量则明显高于西瓜。祖国医学也认为甜瓜具有"消暑热，解烦渴，利小便"的作用。这款香瓜豆浆可止渴清燥，并可消除口臭，夏季烦热口渴者、口鼻生疮者、中暑者尤其适合食用。

桂圆豆浆，安神健脑

材料

黄豆 100 克，桂圆、清水、白糖或冰糖适量。

做法

1 将黄豆清洗干净后，在清水中浸泡 6 ~ 8 小时，泡至发软备用；桂圆去皮去核。

2 将浸泡好的黄豆同桂圆一起放入豆浆机的杯体中，添加清水至上下水位线之间，启动机器，煮至豆浆机提示桂圆豆浆做好。

3 将打出的桂圆豆浆过滤后，按个人口味趁热添加适量白糖或冰糖调味，不宜吃糖的患者，可用蜂蜜代替。不喜甜者也可不加糖。

■ 贴心提示

购买桂圆时，要注意剥开时果肉应透明无薄膜，无汁液溢出，蒂部不应蘸水，否则易变坏。理论上桂圆有安胎的功效，但妇女怀孕后，大都阴血偏虚，阴虚则生内热。中医主张胎前宜凉，而桂圆性热，因此，为了避免流产，孕妇应慎食桂圆豆浆。痰火郁结，咳嗽痰黏者不宜食用。

【养生功效】

桂圆也叫龙眼肉，它的性味甘、温，入心、脾经，《本草纲目》言其"开胃益脾，补虚长智"，有补益心脾、养血安神之功，主要用于心脾虚损、气血不足所致的失眠、健忘、惊悸、怔忡、眩晕等。桂圆虽为滋补之物，但在滋补之中既不滋腻，又不壅气，可以说是滋补良药。中医认为心主身之血脉，藏神，贫血或心血虚者常有心悸失眠、自汗盗汗等症，这时候饮用桂圆豆浆有良好的补益作用。

木瓜豆浆，丰胸第一品

材料

青木瓜一个，黄豆 50 克，清水、白糖或冰糖适量。

做法

1️⃣ 将黄豆清洗干净后，在清水中浸泡 6 ~ 8 小时，泡至发软备用；木瓜去皮后洗干净，并切成小碎丁。

2️⃣ 将浸泡好的黄豆和木瓜一起放入豆浆机的杯体中，添加清水至上下水位线之间，启动机器，煮至豆浆机提示木瓜豆浆做好。

3️⃣ 将打出的木瓜豆浆过滤后，按个人口味趁热添加适量白糖或冰糖调味，不宜吃糖的患者，可用蜂蜜代替。也可不加糖。

【养生功效】

提到木瓜，很多人都会想到它的丰胸作用。不过，如果是用作丰胸，青木瓜的效果是最好的。青木瓜自古就是第一丰胸佳果，木瓜中丰富的木瓜酶对乳腺发育很有助益。而木瓜酵素中含丰富的丰胸激素及维生素 A，能刺激女性激素分泌，并刺激卵巢分泌雌激素，使乳腺畅通，达到丰胸的目的。黄豆中含有丰富的蛋白质和脂质，因此能够促进第二性征的发育。所以木瓜和黄豆制成的豆浆，丰胸功效很不错，适宜那些需要塑造身材的女性饮用。

■ 贴心提示

孕妇、过敏体质人士不宜食用木瓜豆浆。

山楂豆浆，治疗痛经

材料

山楂 50 克，黄豆 50 克，清水、白糖或冰糖适量。

【养生功效】

山楂又叫山里红，品味酸酸甜甜的，常吃山楂制品能够开胃消食。山楂的这一作用很多都熟知，实际上山楂还是女人的好帮手，它对于女性的血瘀型痛经有不错的食疗作用。通常血瘀痛经者，在月经期的第 1～2 天或者在经前的 1～2 天出现小腹疼痛，等到经血排出流畅时，疼痛也随着减轻或者是消失。中医认为，山楂有活血化瘀的功效，饮用山楂豆浆能够缓解女性因为血行不畅造成的痛经，对月经不调也有一定作用。

做法

1 将黄豆清洗干净后，在清水中浸泡 6～8 小时，泡至发软备用；山楂清洗后去核，并切成小碎丁。

2 将浸泡好的黄豆和山楂一起放入豆浆机的杯体中，添加清水至上下水位线之间，启动机器，煮至豆浆机提示山楂豆浆做好。

3 将打出的山楂豆浆过滤后，按个人口味趁热添加适量白糖或冰糖调味，不宜吃糖的患者，可用蜂蜜代替。

■ 贴心提示

山楂的颜色深红，所以出现腐烂时常常引不起人们的注意，当山楂出现发软、棕色斑点、露肉、发霉的迹象时，表明山楂已坏，不宜食用。

猕猴桃豆浆，烧烤时的必备饮品

材料

猕猴桃1个，黄豆50克，清水、白糖或冰糖适量。

【养生功效】

有的人很喜欢吃烧烤，在吃烧烤后，不妨喝一杯猕猴桃豆浆，有很好的保健作用。因为烧烤食物进入人体后，会在体内进行硝化反应，产生出致癌物质。而猕猴桃中富含的维生素C作为一种抗氧化剂，能够有效地抑制这种硝化反应，防止癌症的发生。所以，如果大家禁不住美食的诱惑，吃了烧烤后，可以饮用一杯猕猴桃豆浆，帮助增强人体免疫力。这款豆浆还能防止因为吃烧烤引起的消化不良症状。

做法

1 将黄豆清洗干净后，在清水中浸泡6~8小时，泡至发软备用；猕猴桃去皮后，切成碎丁。

2 将浸泡好的黄豆和猕猴桃一起放入豆浆机的杯体中，添加清水至上下水位线之间，启动机器，煮至豆浆机提示猕猴桃豆浆做好。

3 将打出的猕猴桃豆浆过滤后，按个人口味趁热添加适量白糖或冰糖调味，不宜吃糖的患者，可用蜂蜜代替。

■ 贴心提示

猕猴桃富含维生素C，而维生素C易与奶制品中的蛋白质凝结成块影响消化吸收，所以饮用猕猴桃豆浆后，不要马上喝牛奶或吃其他乳制品。

蜜柚豆浆，缓解脑血管疾病

材料

柚子小半个，黄豆50克，清水、白糖或冰糖适量。

做法

① 将黄豆清洗干净后，在清水中浸泡6～8小时；柚子去皮、去子后将果肉撕碎。

② 将食材放入豆浆机中，加适量清水煮至豆浆做好。

③ 过滤后，按个人口味趁热添加适量白糖或冰糖调味，不宜吃糖的患者，可用蜂蜜代替。

【养生功效】

柚子有"天然水果罐头"之称。用蜜柚制成的豆浆，对缓解心脑血管疾病有食疗作用。因为柚子含有生理活性物质皮苷、橙皮苷等，可降低血液循环的黏滞度，减少血栓的形成。患有脑血管疾病的朋友，常吃柚子还有助于预防脑中风的发生。这款加入了蜜柚的豆浆，有柚子的酸甜之味和豆浆的醇香，喝起来爽口美味，对心脑血管病也有预防作用。

■ 贴心提示

在制作蜜柚豆浆时不宜选择太苦的柚子。另外，因柚子中含有一种破坏维生素A的醛类物质，故长期食用柚子的人不妨食用一些鱼肝油，以防体内维生素A缺失。

杂果豆浆，集合营养促减肥

材料

黄豆50克，苹果、橙子、木瓜共50克，清水、白糖或冰糖适量。

做法

① 将黄豆清洗干净后，在清水中浸泡6～8小时，泡至发软备用；苹果、橙子、木瓜清洗后，去皮去子，并切成小碎丁。

② 将浸泡好的黄豆和苹果、橙子、木瓜一起放入豆浆机的杯体中，添加清水至上下水位线之间，启动机器，煮至豆浆机提示杂果豆浆做好。

③ 将打出的杂果豆浆过滤后，按个人口味趁热添加适量白糖或冰糖调味，不宜吃糖的患者，可用蜂蜜代替。

■ 贴心提示

杂果豆浆的原料不局限于此处列出的三种，可根据自己的喜好自由选择。

【养生功效】

苹果含热量少，不含脂肪也不含钠，会增加饱腹感，饭前吃能减少进食量，是一种减肥食物；橙子所含的纤维素和果胶物质，可促进肠道蠕动，有利于清肠通便；木瓜中的大量纤维素，具有通便的作用。这款豆浆能够缓解便秘症状，有减肥的功效。

火龙果豆浆，有效抗衰老

材料

火龙果一个，黄豆50克，清水、白糖或冰糖适量。

做法

① 将黄豆清洗干净后，在清水中浸泡6～8小时，泡至发软备用；火龙果去皮后洗干净，并切成小碎丁。

② 将浸泡好的黄豆和火龙果一起放入豆浆机的杯体中，添加清水至上下水位线之间，启动机器，煮至豆浆机提示火龙果豆浆做好。

③ 将打出的火龙果豆浆过滤后，按个人口味趁热添加适量白糖或冰糖调味，不宜吃糖的患者，可用蜂蜜代替。

■ 贴心提示

糖尿病人不宜多食火龙果豆浆。

【养生功效】

火龙果的果实中含有较多的花青素，花青素是一种作用明显的抗氧化剂，能有效防止血管硬化，从而可阻止老年人心脏病发作和血凝块形成引起的脑中风。另外，它还能对抗自由基，有效缓解衰老。火龙果还能预防脑细胞病变，抑制痴呆症的发生。总体而言，火龙果豆浆的抗衰老作用明显，经常饮用还有预防便秘、防老年病变等多种功效。

无花果豆浆，助消化、排毒物

材料

无花果2个，黄豆80克，清水、白糖或冰糖适量。

做法

① 将黄豆清洗干净后，在清水中浸泡6～8小时，泡至发软备用；无花果洗净，去蒂，切碎。

② 将浸泡好的黄豆和无花果一起放入豆浆机的杯体中，添加清水至上下水位线之间，启动机器，煮至豆浆机提示无花果豆浆做好。

③ 将打出的无花果豆浆过滤后，按个人口味趁热添加适量白糖或冰糖调味，不宜吃糖的患者，可用蜂蜜代替。也可不加糖。

■ 贴心提示

由于无花果适应性及抗逆性都比较强，在污染较重的化工区生长的无花果对有毒气体具有一定的吸附作用，所以长在污染源附近的无花果不宜食用，以避免中毒。

【养生功效】

中医认为，无花果味甘、性平，能补脾益胃、润肺利咽、润肠通便。现代医学研究认为，无花果含有苹果酸、柠檬酸、脂肪酶、蛋白酶、水解酶等，它们都能有效地促进蛋白质的分解，帮助人体对食物的消化。另外，无花果的果实中还含有大量的果胶和维生素，果实吸水膨胀后，能吸附多种化学物质，使肠道各种有害物质被吸附，然后随着排泄物排出体外。所以，饮用无花果豆浆还能起到净化肠道的作用。

哈密瓜豆浆，夏日防晒佳品

材料

哈密瓜 50 克，黄豆 50 克，清水、白糖或冰糖适量。

做法

① 将黄豆清洗干净后，在清水中浸泡 6～8 小时，泡至发软备用；哈密瓜去皮去子后清洗干净，并切成小碎丁。

② 将浸泡好的黄豆和哈密瓜一起放入豆浆机的杯体中，添加清水至上下水位线之间，启动机器，煮至豆浆机提示哈密瓜豆浆做好。

③ 将打出的哈密瓜豆浆过滤后，按个人口味趁热添加适量白糖或冰糖调味，不宜吃糖的患者，可用蜂蜜代替。不喜甜者也可不加糖。

【养生功效】

哈密瓜中含有丰富的抗氧化剂，而这种抗氧化剂能够有效增强人体细胞防晒的能力，从而减少皮肤黑色素的形成。炎炎夏日，紫外线能透过表皮袭击真皮层，让皮肤中的骨胶原和弹性蛋白受到重创，这样长期下去皮肤就会出现松弛、皱纹，导致黑色素沉积和新的黑色素形成，使皮肤缺乏光泽。但是哈密瓜中的抗氧化剂可以帮助你解除这些烦恼。每天喝一杯哈密瓜豆浆，可以补充水溶性维生素 C 和 B 族维生素，确保机体保持正常新陈代谢的需要，并且还能防晒。

■ 贴心提示

搬动哈密瓜时应轻拿轻放，不要碰伤瓜皮，一旦瓜皮"受伤"，哈密瓜就很容易变质腐烂，不能储藏；哈密瓜性凉，所以不宜饮用过多，以免引起腹泻，而且患有脚气病、黄疸、腹胀、便溏、寒性咳喘以及产后体虚的人不宜食用。另外，因为哈密瓜含糖较多，糖尿病人也应慎食。

第6章

另类口感豆浆

咖啡豆浆，提神醒脑的饮品

材料

黄豆80克，咖啡豆、清水、白糖或冰糖适量。

【养生功效】

咖啡是提神的好饮料，也是缓解工作压力时不可缺少的饮品。因为咖啡中含有咖啡因，有刺激中枢神经、提神醒脑、促进肝糖原分解、升高血糖的功能，经常加班、熬夜的人常用它来提神，消除疲劳，恢复体力。对于上班族而言，喝咖啡还能减轻辐射对人体的伤害，在咖啡中加入豆浆代替牛奶，是更加健康的新时尚流行喝法。这款豆浆可缓解疲劳补充体力，给你一天的好精力。

做法

1. 将黄豆清洗干净后，在清水中浸泡6～8小时，泡至发软备用。

2. 将咖啡豆放入咖啡机中磨好，并冲好备用。

3. 将浸泡好的黄豆放入豆浆机的杯体中，添加清水至上下水位线之间，启动机器，煮至豆浆机提示豆浆做好。

4. 将打出的豆浆过滤后，将冲好的咖啡兑入豆浆中，按个人口味趁热添加适量白糖或冰糖调味，不宜吃糖的患者，可用蜂蜜代替。

■ 贴心提示

孕妇不宜饮用咖啡豆浆，否则会出现恶心、呕吐、头痛、心跳加快等症状，咖啡因还会通过胎盘进入胎儿体内，影响胎儿发育。儿童不宜喝咖啡豆浆。咖啡因可以兴奋儿童中枢神经系统，干扰儿童的记忆，造成儿童多动症。

香草豆浆，独特香味缓解疼痛

材料

黄豆 80 克，香草 5 克，清水、白糖或冰糖适量。

做法

① 将黄豆清洗干净后，在清水中浸泡 6 ~ 8 小时，泡至发软备用；香草清洗干净。

② 将浸泡好的黄豆和香草一起放入豆浆机的杯体中，添加清水至上下水位线之间，启动机器，煮至豆浆机提示香草豆浆做好。

③ 将打出的香草豆浆过滤后，按个人口味趁热添加适量白糖或冰糖调味，不宜吃糖的患者，可用蜂蜜代替。不喜甜者也可不加糖。

■ 贴心提示

可以先把香草浸泡，直接用泡好的香草水搅打豆浆。

【养生功效】

夏天很多女孩儿喜欢吃香草味的冰激凌，也有人愿意买香草味的蛋糕吃。香草顾名思义，它最大的特点就是"香"，具有浓郁持久的芳香气味，并且因为能够净化环境，并有防腐、杀菌、驱虫的特殊效能而受到大众的青睐。在醇香的豆浆中加入一些香草，有助于激素分泌，舒缓焦虑及改善失眠，解除疲劳和心情郁闷，使人远离痛苦。

饴糖豆浆，温补脾胃

材料

黄豆 100 克，饴糖、清水适量。

做法

① 将黄豆清洗干净后，在清水中浸泡 6 ~ 8 小时，泡至发软备用。

② 将浸泡好的黄豆放入豆浆机的杯体中，添加清水至上下水位线之间，启动机器，煮至豆浆机提示豆浆做好。

③ 将打出的豆浆过滤后，按个人口味趁热添加适量饴糖即可。

■ 贴心提示

这款豆浆空腹服用效果更佳。

【养生功效】

饴糖温补脾胃，《伤寒杂病论》中的名方建中汤中就有饴糖。豆浆本身甘甜，有润肺止咳、消火化痰的功效。饴糖配上豆浆，浆香微甜，既养阴又温补，既润肺又健脾，适应于肺阴咳喘以及十二指肠溃疡的患者。

苹果水蜜桃豆浆，补血、保护肠胃

材料

苹果1个，水蜜桃1个，黄豆60克，白糖少许。

做法

① 苹果、水蜜桃均去皮去核，洗净后切小丁；黄豆泡发至软，捞出洗净。

② 将苹果、水蜜桃、黄豆放入豆浆机中，加水搅打成豆浆，烧沸后滤出豆浆，趁热加入白糖拌匀即可。

 黄豆 ◀ 苹果 ◀ 水蜜桃 ◀

【养生功效】

苹果所含的微量元素钾能扩张血管，适用于高血压患者。而锌亦是人体所必需，缺乏时会引致血糖代谢紊乱与性功能下降。水蜜桃有补益气血、养阴生津的作用，可用于大病之后气血亏虚、面黄肌瘦、心悸气短者。这款豆浆含有丰富的维生素和矿物质，是缺铁性贫血病人的理想辅助食物，还有预防便秘、舒缓情绪的作用。

■ 贴心提示

糖尿病者不宜饮用此豆浆。

板栗燕麦豆浆，缓解食欲不振

■ 贴心提示

板栗去皮的时候，可以先将板栗一切两瓣，去壳后放入盆内，加开水浸泡后用筷子搅拌几下，栗皮就会脱去。但浸泡时间不宜过长，以免影响生板栗的营养成分。

材料

黄豆50克，燕麦50克，板栗5颗，清水、冰糖适量。

做法

1 将黄豆清洗干净后，在清水中浸泡6~8小时；板栗洗净后切碎待用；燕麦淘洗干净。

2 将食材一起放入豆浆机中，加适量清水，煮至豆浆做好。

3 过滤后，按个人口味趁热添加适量冰糖调味，不宜吃糖者，可用蜂蜜代替，或不加糖。

【养生功效】

熟板栗有和胃健脾功效，有的女性刚怀孕时常胃口不佳，连平时自己喜欢的食物都不想吃，这时就可以吃点儿熟板栗能帮助改善肠胃功能。现在由于生活条件改善，家长对小儿的营养照料往往过于精细，强食、偏食均可导致临床多见的小儿脾虚证，此时也可将板栗仁蒸煮食用以增加其食欲，调理肠胃。这款豆浆能调和肠胃，改善人食欲不振的症状。

核桃杏仁豆浆，补脑益智

材料

黄豆50克，核桃仁1颗，杏仁25克，清水、白糖或冰糖适量。

做法

1 将黄豆清洗干净后，在清水中浸泡6~8小时，泡至发软备用；杏仁洗干净，泡软；核桃仁碾碎。

2 将浸泡好的黄豆和核桃仁、杏仁一起放入豆浆机的杯体中，添加清水至上下水位线之间，启动机器，煮至豆浆机提示核桃杏仁豆浆做好。

3 将打出的核桃杏仁豆浆过滤后，按个人口味趁热添加适量白糖或冰糖调味，不宜吃糖的患者，可用蜂蜜代替，或不加糖。

■ 贴心提示

因核桃含有较多的脂肪，一次不宜吃太多，否则会影响消化。

【养生功效】

核桃性温，味甘，具有补肾固精、温肺定喘、补脑益智之功效。杏仁含有丰富的营养元素，能够降低人体内胆固醇的含量，降低心脏病发病危险。这款由核桃和杏仁制作出的豆浆，营养价值极高。

松花黑米豆浆，口味独特

材料

黄豆 50 克，黑米 50 克，松花蛋 1 个，水、盐、鸡精适量。

做法

① 将黄豆清洗干净后，在清水中浸泡6～8小时，泡至发软备用；黑米略泡，洗净；松花蛋去壳，切成小碎粒。

② 将浸泡好的黄豆、黑米和松花蛋一起放入豆浆机的杯体中，添加清水至上下水位线之间，启动机器，煮至豆浆机提示松花黑米豆浆做好。

③ 将打出的松花黑米豆浆过滤后，按个人口味趁热添加适量盐、鸡精即可。

■ 贴心提示

儿童、脾阳不足、寒湿下痢者以及心血管病、肝肾疾病患者不宜多食松花黑米豆浆。

【养生功效】

松花蛋中的蛋白质经分解会产生氨和硫化氢，它们使松花蛋具有独特风味，能刺激消化器官，增进食欲，使营养易于消化吸收，并有中和胃酸、清凉、降压的作用。黑米中含有脂溶性维生素，特别是维生素 E 的含量非常丰富，能够促进人体的能量代谢；黑米中还富含人体必需的微量元素以及膳食纤维，能够为人体提供必要的能量。豆浆中加入了松花蛋和黑米，味道独特，对于喜欢松花蛋的人而言不妨尝试一下。

白萝卜冬瓜豆浆，香浓、口感较佳

材料

白萝卜、冬瓜各15克，黄豆100克，盐1克。

做法

① 将白萝卜、冬瓜洗净，均去皮切丁；黄豆用清水浸泡6小时，洗净沥干。

② 将上述材料放入豆浆机中，添水搅打成豆浆，煮沸后滤出豆浆，加盐拌匀即可。

【养生功效】

白萝卜性凉味甘辛，具有通气导滞、宽胸舒膈、健胃消食、止咳化痰、除燥生津、解毒散瘀、利尿止渴、消脂减肥的功效。冬瓜含维生素C较多，且钾盐含量高，钠盐含量较低，高血压、肾脏病、浮肿病等患者食之，可达到消肿而不伤正气的作用。冬瓜中所含的丙醇二酸，能有效地抑制糖类转化为脂肪，对于防止人体发胖具有重要作用，还可以有助于体形健美。这款豆浆，有助于增强机体的免疫功能，提高抗病能力，具有防癌作用。

■ 贴心提示

白萝卜性凉，腹泻者最好不要饮用此豆浆。

酸奶水果豆浆，别有一番滋味

材料

黄豆80克，苹果、菠萝、猕猴桃各50克，原味酸奶、清水、白糖或冰糖适量。

做法

1 将黄豆清洗干净后，在清水中浸泡6～8小时，泡至发软备用；苹果、菠萝、猕猴桃去皮去核后洗干净，切成碎丁。

2 将浸泡好的黄豆放入豆浆机的杯体中，添加清水至上下水位线之间，启动机器，煮至豆浆机提示原味豆浆做好。

3 将打出的原味豆浆过滤后倒入碗中，冷却后，加入适量原味酸奶混合，再按个人口味趁热添加适量白糖或冰糖调味，不宜吃糖的患者，可用蜂蜜代替，或不加糖。

4 将切好的苹果、菠萝和猕猴桃放入调好的酸奶豆浆糊里。制作完成。

【养生功效】

酸奶能促进消化液的分泌，增加胃酸，因而能增强人的消化能力，促进食欲；苹果酸味中的苹果酸和柠檬酸能够提高胃液的分泌，也有促进消化的作用；菠萝如果用盐水泡后，味道更甜，它能够分解蛋白质，所以在吃了肉类或者油腻的食品后，吃点儿菠萝有助于消化；猕猴桃含有优良的膳食纤维和丰富的抗氧化物质，能够起到清热降火、润燥通便的作用。这款由黄豆制成的豆浆中加入了酸奶和水果，令豆浆充满了果味，在饭后饮用能够起到促消化的作用。

■ 贴心提示

酸奶不要加热。酸奶中的活性益生菌，如果加热或用开水稀释，会大量死亡，不仅特有的味道消失了，营养价值也会损失殆尽。

绿豆花生豆浆，夏秋两季的解暑佳品

材料

绿豆 80 克，黄豆 10 克，花生 10 克，清水、白糖或冰糖适量。

做法

① 将绿豆、黄豆、花生清洗干净后，在清水中浸泡 6 ~ 8 小时，泡至发软备用。

② 将浸泡好的绿豆、黄豆、花生一起放入豆浆机的杯体中，添加清水至上下水位线之间，启动机器，煮至豆浆机提示豆浆做好。

③ 将打出的绿豆花生豆浆过滤后，按个人口味趁热添加适量白糖或冰糖调味，不宜吃糖的患者，可用蜂蜜代替。

■ 贴心提示

凉性体质者不宜常饮绿豆花生豆浆，否则易引起腹泻。

【养生功效】

绿豆味甘性凉，有清热、解毒、祛火之功效，是我国中医常用来解多种食物或药物中毒的一味中药。绿豆清热的功效可以说最为人熟知，在炎炎夏日，喝上一碗碗冰凉的绿豆汤，烦渴顿减，神清气爽。当然绿豆的清热功能绝不仅限于夏日，只要身体里有"火"了，出现了燥热，比如目赤肿痛、牙龈、咽喉痛，都可以适当饮用绿豆汤。绿豆与花生和黄豆一起制成的豆浆，也具有同样的清热功效，并且有了浓郁的花生味，这款豆浆喝起来更加可口。

桂圆花生红豆浆，补血安神

材料

桂圆 20 克，花生仁 20 克，红豆 80 克，清水、白糖或冰糖适量。

做法

① 将红豆清洗干净后，在清水中浸泡 6 ~ 8 小时，泡至发软备用；花生仁略泡；桂圆去核。

② 将浸泡好的红豆、花生仁和桂圆一起放入豆浆机的杯体中，加水至上下水位线之间，启动机器，煮至豆浆机提示桂圆花生红豆浆做好。

③ 将打出的桂圆花生红豆浆过滤后，按个人口味趁热往豆浆中添加适量白糖或冰糖调味，不宜吃糖者，可用蜂蜜代替。不喜甜者也可不加糖。

■ 贴心提示

孕妇应慎食桂圆花生红豆浆。痰火郁结、咳嗽痰黏者，胆管病、胆囊切除者不宜食用桂圆花生红豆浆。

【养生功效】

花生的外皮是红色的，有补血功用，而红豆也是红色的，根据中医的五行理论，红色的食物具有养心、补血的功用。桂圆补气功效显著，食用时既可泡茶，也可煲汤，也能当零食吃。女孩子在寒冬容易出现手脚冰冷的现象，这多半由于气血不足造成的，用花生、红豆和桂圆一起做成豆浆，不仅能够养血，而且还有补心的作用，对于因为气血不足引起的失眠，食欲不振，健忘的症状都有食疗作用。

西瓜皮绿豆浆，清热解毒祛火

材料

西瓜皮 50 克，绿豆 150 克，清水、白糖或冰糖适量。

做法

① 将绿豆洗净，加入适量白糖或冰糖，用水煮成绿豆泥。去皮留豆沙。

② 西瓜皮洗净切成小丁，和绿豆沙一起放入榨汁机中，打成均匀的西瓜皮绿豆浆即可。

【养生功效】

西瓜皮虽然不是什么拿得上台面的东西，但和西瓜瓤比起来，营养一点儿也不逊色。中医称西瓜皮为"西瓜翠衣"，是清热解暑、生津止渴的良药。西瓜皮中所含的瓜氨酸能增进大鼠肝中的尿素形成，从而具有利尿作用，可用以治疗肾炎水肿、肝病黄疸及糖尿病。此外，西瓜皮还有解热、促进伤口愈合以及促进人体皮肤新陈代谢的功效。西瓜皮含糖不多，适于各类人群食用。绿豆有清热、解毒、祛火的功效。这道西瓜皮绿豆浆做法简单，清香可口，夏天饮用可以解毒消痛、利尿除湿，还有减肥瘦身等效果。

■ 贴心提示

西瓜皮以外皮青绿色、内皮近白色、无杂质者为佳。因为西瓜皮和绿豆都为寒性，所以脾胃虚寒者不宜多食西瓜皮绿豆浆。

玉米苹果豆浆，香甜美味

材料

玉米30克，苹果1个，黄豆60克，冰糖10克。

做法

① 玉米洗净备用；苹果洗净，去皮，切碎丁；黄豆浸泡12小时，洗净。

② 将玉米、黄豆放入豆浆机中，加水搅打成玉米豆浆，烧沸后滤出豆浆，加入冰糖拌匀即可。

【养生功效】

玉米性平味甘，富含膳食纤维，对于治疗便秘、肠炎有辅助作用。玉米中所含的叶黄素和玉米黄质具有抗氧化作用，对于保护眼睛、预防白内障有显著作用。苹果性平味甘酸，微咸，具有生津止渴、润肺除烦、健脾益胃、养心益气、润肠、止泻、解暑、醒酒等功效。这款豆浆，能够清除体内毒素，淡化色斑，使皮肤保持红润细嫩。还有促进细胞分裂、延缓衰老、降低血清胆固醇、防止皮肤病变的功能，可减轻动脉硬化和脑功能衰退。

■ 贴心提示

玉米含丰富的膳食纤维，多喝此豆浆可以防止便秘。

花生牛奶豆浆，补血、保护肠胃

材 料

花生 80 克，黄豆 20 克，牛奶、清水、白糖或冰糖适量。

做 法

①将黄豆清洗干净后，在清水中浸泡 6 ~ 8 小时，泡至发软备用；花生略泡并洗净。

②将浸泡好的黄豆和花生一起放入豆浆机的杯体中，添加清水至上下水位线之间，启动机器，煮至豆浆机提示豆浆做好。

③将打出的豆浆过滤后，兑入适量牛奶，再按个人口味趁热添加适量白糖或冰糖调味，不宜吃糖的患者，可用蜂蜜代替。

【养生功效】

花生红衣能抑制纤维蛋白的溶解，增加血小板的含量，对各种出血及出血引起的贫血、再生障碍性贫血等疾病有明显效果。重庆的很多火锅店内都会备有花生浆，原因在于人们在吃了辣辣的火锅之后，喝杯花生浆能够保护肠胃黏膜不受损害。花生和牛奶一起做成豆浆，既能补血又能起到保护肠胃的作用。

■ 贴心提示

这款豆浆在制作的时候也可以先将花生和黄豆煮熟，捞出后用榨汁机打碎再兑入牛奶，味道更加浓郁。

牛奶豆浆，动、植物蛋白互补

材料

黄豆50克，牛奶、清水、白糖或冰糖适量。

做法

① 将黄豆清洗干净后，在清水中浸泡6～8小时，泡至发软备用。

② 将浸泡好的黄豆放入豆浆机的杯体中，添加清水至上下水位线之间，启动机器，煮至豆浆机提示豆浆做好。

③ 待煮熟的豆浆冷却后，再往豆浆机中放入适量牛奶，搅打至没有颗粒即可。

④ 将打出的牛奶豆浆过滤后，按个人口味趁热添加适量冰糖调味，不宜吃糖的患者，可用蜂蜜代替，或不加糖。

【养生功效】

牛奶和豆浆都是人们生活中重要的饮品。动物的乳液中都含有动物蛋白质，尤其是牛奶中的动物蛋白含量丰富。而植物蛋白在豆类产品中的含量最丰富，质量也最优，所以豆浆能够为人体补充必要的植物蛋白。蛋白质是组成人体的基本物质，没有蛋白质就没有生命。牛奶和豆浆的搭配，融合了两种优质蛋白，更容易被人体吸收。加入牛奶同时也提升了豆浆的口味。

■ 贴心提示

高温会破坏牛奶中的营养成分，所以一定要等豆浆煮熟后再加入牛奶。

巧克力豆浆，让人心情愉悦

■ 贴心提示

儿童不宜食用巧克力豆浆，巧克力中含有使神经系统兴奋的物质，会使儿童不易入睡和哭闹不安。糖尿病患者应少食或不食巧克力豆浆。

材料

黄豆100克，巧克力5克，清水适量。

做法

① 将黄豆清洗干净后，在清水中浸泡6～8小时，泡至发软备用。

② 将食材放入豆浆机中，加清水至上下水位线之间，启动机器，煮至豆浆机提示豆浆做好。

③ 将打出的豆浆过滤后，按个人口味趁热添加适量巧克力即可。

【养生功效】

巧克力豆浆可有效缓解压力、使人心情愉悦。巧克力能提高大脑内一种叫"塞洛托宁"的化学物质的水平。它能给人带来安宁的感觉，更好地消除紧张情绪，起到缓解压力的作用。巧克力对于集中注意力、加强记忆力和提高智力都有作用。饮用巧克力豆浆，能够让人的心情安静下来，产生愉悦感。

金橘红豆浆，酸甜可口

材料

红豆 50 克，金橘 1 个，冰糖 10 克。

做 法

1 红豆加水浸泡 4 小时后捞出，洗净沥干；金橘去皮、去子撕碎。

2 将红豆、金橘放入豆浆机中，加适量水搅打成豆浆，煮沸后滤出豆浆，加入冰糖拌匀即可。

【养生功效】

金橘具有发散风寒、行气止痛、疏肝解郁等作用。红豆豆浆中所含的硒、维生素 E、维生素 C，有很强的抗氧化作用，特别对脑细胞作用最大。豆浆所含的麦氨酸有防止支气管炎平滑肌痉挛的作用，从而减少和减轻支气管炎的发作。这款豆浆有很强的抑癌和治癌能力，还能降低脑血脂，改善脑血流，从而有效地防止脑梗塞、脑出血的发生。

■ 贴心提示

以果皮脆甜、肉嫩汁多味浓的金橘为佳。

第三篇

豆浆保健方

——喝出身体好状态

第 **1** 章

健脾和胃

西米山药豆浆，健脾补气

材 料

西米 25 克，山药 25 克，黄豆 50 克，清水、白糖或冰糖适量。

做 法

① 将黄豆清洗干净后，在清水中浸泡 6~8 小时，泡至发软备用；西米淘洗干净，用清水浸泡 2 小时；山药去皮后切成小丁，下入开水中略焯，捞出后沥干。

② 将浸泡好的黄豆同西米、山药一起放入豆浆机的杯体中，添加清水至上下水位线之间，启动机器，煮至豆浆机提示西米山药豆浆做好。

③ 将打出的西米山药豆浆过滤后，按个人口味趁热添加适量白糖或冰糖调味，不宜吃糖的患者，可用蜂蜜代替。不喜甜者也可不加糖。

■ **贴心提示**

这款豆浆也可以做成西米粥食用，先放相当于西米 4~5 倍的豆浆煮到沸点，然后将西米倒入煮沸的豆浆中，要不停地搅动西米，煮 10~15 分钟直到发现西米已变得透明或西米粒内层无任何乳白色圆点，则表明西米已煮熟。

【养生功效】

西米有大小两种，小的那种是经常见到的，大的一般在我们喝的奶茶中见到，是一种很有营养的食物，适量食用可以对人体起到保健的作用。中医认为西米对于我们健脾很有帮助，那些脾胃虚弱和消化不良的人适宜使用，另外因为其性味甘温，所以也适宜体质虚弱和产后病后恢复期的人食用。山药的外貌不出众，但是健脾补气的作用却不可忽视。经常吃山药，不仅可以提高人体免疫力，还预防胃炎、胃溃疡的复发，并可以减少患流感等传染病的概率。西米、山药搭配黄豆制成的这款豆浆具有健脾补气的功效。

糯米黄米豆浆，提高食欲

材料

糯米 30 克，黄米 20 克，黄豆 50 克，清水、白糖或冰糖适量。

做法

① 将黄豆清洗干净后，在清水中浸泡 6 ~ 8 小时，泡至发软备用；黄米、糯米淘洗干净，浸泡 2 小时。

② 将浸泡好的黄豆、黄米、糯米一起放入豆浆机的杯体中，添加清水至上下水位线之间，启动机器，煮至豆浆机提示糯米黄米豆浆做好。

③ 将打出的糯米黄米豆浆过滤后，按个人口味趁热添加适量白糖或冰糖调味，不宜吃糖的患者，可用蜂蜜代替。不喜甜者也可不加糖。

■ 贴心提示

这款豆浆中碳水化合物和钠的含量很高，所以糖尿病患者、过于肥胖者以及患有肾脏病、高血脂等慢性病的人不宜过多饮用。

【养生功效】

黄米的主要功效就是健脾胃，消食止泻。糯米的健脾胃作用同样出色，是中国人自古以来常用的滋补品，对脾胃虚寒、食欲不佳、腹胀腹泻有一定的缓解作用。但糯米性黏滞，不易消化，所以平时不宜多食。用黄米、糯米和有健脾胃功效卓著的黄豆，打出的豆浆具有很明显的健脾和胃功效。

黄米红枣豆浆，和胃、补血

材料

黄米 25 克，红枣 25 克，黄豆 50 克，清水、白糖或冰糖适量。

做法

① 将黄豆清洗干净后，在清水中浸泡 6 ~ 8 小时，泡至发软备用；黄米淘洗干净，用清水浸泡 2 小时；红枣洗净并去核后，切碎待用。

② 将浸泡好的黄豆、黄米和红枣一起放入豆浆机的杯体中，添加清水至上下水位线之间，

启动机器，煮至豆浆机提示黄米红枣豆浆做好。

③ 将打出的黄米红枣豆浆过滤后，按个人口味趁热添加适量白糖或冰糖调味，不宜吃糖的患者，可用蜂蜜代替。不喜甜者也可不加糖。

■ 贴心提示

红枣的糖分含量较高，所以糖尿病患者应当少食或者不食黄米红枣豆浆。

【养生功效】

中医认为，黄米具有健胃、和胃的功效，能够防止呕吐、泛酸水，适宜体弱多病者用来滋补身体。红枣具有养血安神、健脾和胃的功效，中医常用红枣作为滋阴补虚的药材，胃肠道功能不佳、蠕动力弱及消化吸收功能差时，都可以用红枣来调理。这款豆浆具有很好的和胃、补血功效。

小米红豆浆，健脾养胃、安心养神

材料

红豆 50 克，小米 30 克。

【养生功效】

红豆营养丰富，含有淀粉、蛋白质、B 族维生素、胡萝卜素、烟酸以及钙、磷、钾、锌、铜等微量元素。具有滋补强壮、健脾养胃、利水除湿、清热消肿等作用。小米中含有丰富的 B 族维生素，还含有铜元素和丰富的碘元素，可防治口角生疮、维持甲状腺功能正常、促进骨骼发育。这款豆浆有补脾和胃、健脾祛湿等功效。

做法

① 红豆、小米分别淘洗干净，浸泡至软。

② 将红豆、小米一同放入全自动豆浆机中，添水搅打成豆浆，并煮熟。

③ 将煮熟的豆浆滤出，装杯即成。

■ 贴心提示

红豆不宜与羊肉同食。红豆利尿，尿频的人应注意少吃。

高粱红豆豆浆，健脾胃、助消化

材料

黄豆 50 克，高粱米 30 克，红豆 20 克，清水、白糖或冰糖适量。

做法

① 将黄豆、红豆清洗干净后，在清水中浸泡 6～8 小时，泡至发软备用；高粱米淘洗干净，用清水浸泡 2 小时。

② 将浸泡好的黄豆、红豆和高粱米一起放入豆浆机的杯体中，添加清水至上下水位线之间，启动机器，煮至豆浆机提示高粱红豆豆浆做好。

③ 将打出的高粱红豆豆浆过滤后，按个人口味趁热添加适量白糖或冰糖调味，不宜吃糖的患者，可用蜂蜜代替。不喜甜者也可不加糖。

【养生功效】

中医认为，高粱具有健脾和胃、温中消积的功效，适用于脾胃虚弱、消化不良、便溏腹泻等人群。红豆含有皂角苷，可刺激肠道，有良好的利尿作用，能解酒、解毒，对心脏病和肾病、水肿都有好处。这款豆浆具有健脾温中、助消化等功效。

■ 贴心提示

在使用铁剂和碳酸氢钠治疗疾病时，请不要食用高粱红豆豆浆。因为高粱含较多的鞣酸，特别是杂交高粱，含鞣酸高达 13%，可使含铁制剂变质，不能吸收，还可使碳酸氢钠分解，降低疗效，并且还能使生物碱沉淀失去作用。

桂圆红枣豆浆，健脾、补血

材料

黄豆 100 克，桂圆 5 个，红枣 5 个，清水、白糖或冰糖适量。

做法

① 将黄豆清洗干净后，在清水中浸泡 6～8 小时，泡至发软备用；桂圆去皮去核；红枣去核，洗净。

② 将浸泡好的黄豆同桂圆、红枣一起放入豆浆机的杯体中，添加清水至上下水位线之间，启动机器，煮至豆浆机提示桂圆红枣豆浆做好。

③ 将打出的桂圆红枣豆浆过滤后，按个人口味趁热添加适量白糖或冰糖调味，不宜吃糖的患者，可用蜂蜜代替。不喜甜者也可不加糖。

■ 贴心提示

桂圆不宜多食，否则容易上火。这款豆浆不适合孕妇食用。

【养生功效】

桂圆的主要功效是养血益脾、养心补血、宁心安神，对神经衰弱、妇女更年期失眠健忘等，都有良好的食疗作用；红枣是滋补美容食品，俗话说："一日三枣，青春不老。"红枣能补中益气、养血生津、健脾养胃，可治疗脾胃虚弱、营养不良、气血亏损等症引起的面容枯槁、肌肤失调、气血不正等。黄豆具有益气养血、健脾宽中、健身宁心、下利大肠、润燥消水的功效。这款豆浆能够益心脾、补气血，对神经衰弱、失眠健忘有良好的调理作用。

红枣高粱豆浆，补脾和胃

材料

高粱 25 克，红枣 25 克，黄豆 40 克，清水、白糖或冰糖适量。

做法

1. 将黄豆清洗干净后，在清水中浸泡 6 ~ 8 小时，泡至发软备用；高粱米淘洗干净，用清水浸泡 2 小时；红枣洗净并去核后，切碎待用。

2. 将浸泡好的黄豆、高粱米和红枣一起放入豆浆机的杯体中，添加清水至上下水位线之间，启动机器，煮至豆浆机提示　红枣高粱豆浆做好。

3. 将打出的红枣高粱豆浆过滤后，按个人口味趁热添加适量白糖或冰糖调味，不宜吃糖的患者，可用蜂蜜代替。不喜甜者也可不加糖。

■ 贴心提示

因为高粱有收敛固脱的作用，所以大便干燥者不宜过多食用这款豆浆。红枣的含糖量较高，所以也不建议糖尿病患者饮用。

【养生功效】

高粱米具有帮助消化、温养脾胃的作用，消化不良、容易积食、脾胃气虚以及大便糖稀的人都适宜多吃一些高粱食品。红枣中含量丰富的环磷酸腺苷、儿茶酸具有独特的防癌降压功效。红枣为补养佳品，食疗药膳中常加入红枣以补养身体、滋润气血。这款豆浆，可以健脾补气，辅助治疗腹泻，有调和肠胃的作用。

红薯山药豆浆，滋养脾胃

材料

红薯 25 克，山药 25 克，黄豆 50 克，清水适量。

做法

1. 将黄豆清洗干净后，在清水中浸泡 6 ~ 8 小时，泡至发软备用；红薯、山药去皮后切成小丁，下入开水中略焯，捞出后沥干。

2. 将上述食材一起放入豆浆机的杯体中，加适量清水，启动机器，煮至豆浆做好。

3. 将打出的红薯山药豆浆过滤后即可饮用。

■ 贴心提示

红薯缺少蛋白质和脂质，因此要搭配蔬菜、水果及蛋白质食物一起吃，才不会营养失衡。山药有收涩的作用，所以大便干燥者不宜食用红薯山药豆浆。

【养生功效】

红薯含有大量膳食纤维，能刺激肠道蠕动，通便排毒。山药含有人体需要的多种氨基酸、维生素 C 和黏液质，具有补脾益胃的作用。山药所含的淀粉酶有助消化、增强食欲的作用。这款红薯山药豆浆具有润肠、滋养脾胃的功效，经常饮用还可增强人体免疫力，尤其适合亚健康人士饮用。

开胃五谷酸奶豆浆，消食健胃、促进吸收

【养生功效】

现代医学研究认为，黄豆不仅不含胆固醇，并可以降低人体胆固醇，减少动脉硬化的发生，预防心脏病。黄豆中还含有一种抑制胰酶活性的物质，对糖尿病治疗有一定的疗效。大米所含的人体必需的氨基酸比较全面，还含有脂肪、钙、磷、铁及B族维生素等多种营养成分。酸奶除保留牛奶的全部营养成分外，还富含乳酸及有益于人体健康的活性乳酸菌。这款豆浆能刺激胃肠蠕动，激活胃蛋白酶，增加消化机能，提高人体对矿物质的吸收利用率。

材料

黄豆30克，大米、小米、小麦仁、玉米渣共30克，酸奶100毫升。

做法

①黄豆加水泡至发软，洗净；大米、小米、小麦仁、玉米渣均洗净。

②将上述材料放入豆浆机中，添水搅打成豆浆，并煮熟。

③过滤凉凉，加酸奶搅拌均匀即可。

■ 贴心提示

五谷和黄豆的比例可根据个人口味调配，脾胃不佳的人特别适合饮用此豆浆。

薄荷大米二豆浆，提神醒脑、清补脾胃

材料

黄豆40克，绿豆30克，大米10克，薄荷叶、冰糖各适量。

做法

① 黄豆、绿豆加水泡至发软，捞出洗净；大米淘洗干净，加水泡3小时；薄荷叶洗净。

② 将上述材料放入豆浆机中，添水搅打成豆浆，并煮熟。滤出豆浆，加入冰糖调匀即可。

【养生功效】

薄荷中含有挥发油、薄荷精及单宁等物质，利于提神醒脑、缓解压力。

■ 贴心提示

新鲜薄荷叶忌久煮。如果用干薄荷叶，可先加开水泡成薄荷茶后再加入豆浆。

红薯青豆豆浆，健脾、减肥

材料

红薯25克，青豆25克，黄豆50克，清水适量。

做法

❶ 将黄豆、青豆清洗干净后，在清水中浸泡6~8小时，泡至发软备用；红薯去皮后切成小丁，下入开水中略焯，捞出后沥干。

❷ 将浸泡好的黄豆、青豆同红薯一起放入豆浆机的杯体中，添加清水至上下水位线之间，启动机器，煮至豆浆机提示红薯青豆豆浆做好。

❸ 将打出的红薯青豆豆浆过滤后即可饮用。

【养生功效】

红薯营养丰富，又易于消化，能够为人体提供大量的热量。红薯还是理想的减肥食品，因为红薯含有大量膳食纤维，这些膳食纤维在肠道内无法被消化吸收，能刺激肠道，促进肠道蠕动，起到通便排毒的作用。青豆具有健脾宽中、润燥消水的作用。黄豆的最主要功效就是滋补脾胃。因此这款豆浆能够健脾、润燥、利水，还有减肥功效。

■ 贴心提示

红薯最好在午餐时吃，因为我们吃完红薯后，其中所含的钙质需要在人体内经过4~5小时进行吸收，而下午的日光照射正好可以促进钙的吸收。这种情况下，在午餐时吃红薯，钙质可以在晚餐前全部被吸收，不会影响晚餐时其他食物中钙的吸收。

桂圆山药豆浆，补益心脾

材料

桂圆25克，山药25克，黄豆50克，清水、白糖或冰糖适量。

做法

❶ 将黄豆清洗干净后，在清水中浸泡6~8小时，泡至发软备用；桂圆去皮去核；山药去皮后切成小丁，下入开水中略焯，捞出后沥干。

❷ 将浸泡好的黄豆同桂圆、山药一起放入豆浆机的杯体中，添加清水至上下水位线之间，启动机器，煮至豆浆机提示桂圆山药豆浆做好。

❸ 将打出的桂圆山药豆浆过滤后，按个人口味趁热添加适量白糖或冰糖调味，不宜吃糖的患者，可用蜂蜜代替。不喜甜者也可不加糖。

【养生功效】

山药性质滋润平和，中医认为它能补益脾胃。对于平时脾胃虚弱、肺脾不足或脾肾两虚的体质虚弱者，将山药搭配上桂圆和黄豆制成豆浆，可以一起养护脾胃，而且桂圆本身具有的补益心脾的功效，还可以让这款豆浆具有补血安神的作用。

薏米红豆浆，利水消肿、健脾益胃

材料

薏米 30 克，红豆 70 克，清水、白糖或冰糖适量。

做法

① 将红豆清洗干净后，在清水中浸泡 6～8 小时，泡至发软备用；薏米淘洗干净，用清水浸泡 2 小时。

② 将浸泡好的红豆和薏米一起放入豆浆机的杯体中，添加清水至上下水位线之间，启动机器，煮至豆浆机提示薏米红豆浆做好。

③ 将打出的薏米红豆浆过滤后，按个人口味趁热添加适量白糖或冰糖调味，不宜吃糖的患者，可用蜂蜜代替。不喜甜者也可不加糖。

■ 贴心提示

孕妇、便秘者、尿频者不宜多食薏米红豆浆。体质属虚性者以及肠胃较弱的人不宜多食。饮用薏米红豆浆时不宜同时吃咸味较重的食物，不然会削减其利尿的功效。

【养生功效】

薏米有很明显的健脾益胃功效，常被作为中药使用。薏米富含多种维生素和矿物质，而且特别容易消化，能够促进新陈代谢，减少肠胃负担，可作为病人或身体虚弱者的补益食品。经常食用薏米对慢性肠炎、消化不良等症有很好的食疗效果。红豆也具有健脾益胃、利尿消肿等功效，可用来治疗小便不利、脾虚水肿、脚气等症。用薏米和红豆搭配制成豆浆不但可以利水消肿、健脾益胃，减肥效果也很明显。

薏米山药豆浆，健脾祛湿

■ 贴心提示

山药切片后立即浸泡在盐水中，可以防止氧化发黑。新鲜山药切开时会有黏液，极易滑刀伤手，可以先用清水加少许醋洗一下，这样可减少黏液。

材料

薏米 30 克，山药 30 克，黄豆 40 克，清水适量。

做法

① 将黄豆清洗干净后，在清水中浸泡 6～8 小时；山药去皮后切丁，下入开水中略焯，捞出后沥干；薏米淘洗干净，用清水浸泡 2 小时。

② 将上述食材一起放入豆浆机中，加适量清水，煮至豆浆机提示薏米山药豆浆做好。

③ 将打出的薏米山药豆浆过滤后即可饮用。

【养生功效】

山药营养丰富，属于温和的滋补食物，同时又是备受推崇的中药材，具有滋补脾胃、止泻、益肾固精等功效。同时，山药里含有多酚氧化酶，能帮助脾胃消化，促进吸收。薏米可以治湿痹，利肠胃，消水肿，健脾益胃。薏米和山药同用，两者功效相得益彰，互补缺失，具有很好的健脾祛湿功效。

高粱红枣豆浆，健脾益胃

材 料

黄豆45克，高粱、红枣各15克，蜂蜜适量。

做 法

1 黄豆、高粱分别泡发洗净，用清水浸泡至发软；红枣洗净去核，切碎。

2 将上述材料放入豆浆机中，添水搅打成豆浆，并煮熟。

3 过滤装杯，待温热时加入蜂蜜调匀即可。

【养生功效】

高粱含蛋白质、糖类、钙、磷、铁、维生素 B$_2$ 等营养素。

■ 贴心提示

高粱红枣豆浆适宜儿童食用。高粱忌与瓠子同食。糖尿病患者禁饮本豆浆。

杏仁芡实薏米豆浆，各有侧重养脾胃

■ 贴心提示

薏米和芡实的口感稍显粗糙，加入杏仁可以使豆浆的口感更平顺。用料的比例可按照自己的需要和喜好调整。

材 料

黄豆50克，杏仁30克，薏米20克，芡实10克，清水、白糖或冰糖适量。

做 法

❶ 将黄豆清洗干净后，在清水中浸泡6～8小时；杏仁洗净，泡软；薏米淘洗干净，用清水浸泡2小时；芡实洗净，沥干水分待用。

❷ 将上述食材一起放入豆浆机中，加适量清水煮至豆浆做好。

❸ 过滤后，按个人口味趁热添加适量白糖或冰糖调味，不宜吃糖的患者，可用蜂蜜代替。

【养生功效】

杏仁、芡实、薏米、黄豆这几种食物对于健脾益胃都有神效，但功效各有侧重。杏仁可以帮助脾胃消化，清除积食。薏米健脾而清肺，利水而益胃，补中有清，以祛湿浊见长。芡实健脾补肾，止泻止遗，最具收敛固脱之能。这款豆浆既能补脾胃，又能治疗贫血之症，疗效显著。

糯米红枣豆浆，暖胃又补血

材 料

糯米25克，红枣25克，黄豆50克，清水、白糖或冰糖适量。

■ 贴心提示

有湿热痰火征象的人或者热体体质者不宜饮用糯米红枣豆浆。

做 法

❶ 将黄豆清洗干净后，在清水中浸泡6～8小时，泡至发软备用；糯米淘洗干净，用清水浸泡2小时；红枣洗净并去核后，切碎待用。

❷ 将上述食材一起放入豆浆中，加适量清水，煮至豆浆机提示豆浆做好。

❸ 过滤后，按个人口味趁热添加适量白糖或冰糖调味，不宜吃糖的患者，可用蜂蜜代替。

【养生功效】

中国人端午节喜欢吃粽子，而糯米和红枣是包粽子的常用材料。粽子虽然好吃，但是不容易消化，我们不妨用糯米和红枣来制作豆浆，这样不但养生功效不变，而且容易消化。糯米具有暖温脾胃、补益中气、生津止渴等功能，对胃寒疼痛、食欲不佳、脾虚泄泻、腹胀、体弱乏力等症状都有一定缓解作用。红枣具有补中益气、养血安神、健脾和胃的功效，也是滋补阴虚的良药。糯米和红枣一起制作出的豆浆具有健脾暖胃和补血功效。

红绿二豆浆，健脾养胃、安心养神

材料

红豆、绿豆各 40 克。

做法

1 将红豆、绿豆加水泡至发软，捞出洗净。

2 将泡好的红豆、绿豆放入全自动豆浆机中，添水搅打成豆浆，并煮熟。

3 将煮熟的红绿二豆浆过滤，装杯即可。

■ 贴心提示

绿豆能清热消暑，红豆能润肠通便，二者宜与谷类食品一同食用。

【养生功效】

红豆含有的膳食纤维，具有良好的润肠、健美减肥的作用。

第2章

护心去火

百合红绿豆浆，夏日养心佳酿

材料

绿豆20克，红豆40克，鲜百合20克，清水、白糖或冰糖适量。

做法

① 将绿豆、红豆清洗干净后，在清水中浸泡6～8小时，泡至发软备用；鲜百合洗干净，分瓣。

② 将浸泡好的绿豆、红豆和鲜百合一起放入豆浆机的杯体中，添加清水至上下水位线之间，启动机器，煮至豆浆机提示百合红绿豆浆做好。

③ 将打出的百合红绿豆浆过滤后，按个人口味趁热添加适量白糖或冰糖调味，不宜吃糖的患者，可用蜂蜜代替。不喜甜者也可不加糖。

【养生功效】

红豆养心的功效自古就得到医家的认可，根据五色配五脏的中医理论，红豆的颜色赤红，红入心，所以李时珍将红豆称之为"心之谷"，强调了红豆的养心作用。从临床上看，红豆既能清心火，也能补心血。它所含有的粗纤维物质丰富，还有助降血脂、降血压、改善心脏活动功能等功效；另外，红豆还富含铁质，能行气补血，非常适合心血不足的女性食用；百合具有宁心、安神的作用，可以用来治疗热病后余热未清、烦躁失眠、心神不宁，以及更年期出现的虚弱乏力、食欲不振、失眠、口干舌燥等症状；绿豆看似跟养心没有关系，但实际上夏日对应的是心脏，而绿豆可以清除暑气，所以对炎夏养心也有一定的好处。总之，这款由绿豆、红豆和百合搭配制成的豆浆能够强化心脏功能，改善心悸症状。

■ 贴心提示

这款豆浆很适合夏季养心时使用，如果是冬季饮用，需要少放一点儿绿豆，因为绿豆本身性凉，不宜在寒冷的冬季多用。

荷叶莲子豆浆，清火又养心

材料

荷叶 35 克，莲子 25 克，黄豆 50 克，清水、白糖或冰糖适量。

做法

①将黄豆清洗干净后，在清水中浸泡 6 ~ 8 小时，泡至发软备用；荷叶洗净、切碎；莲子清洗干净后略泡。

②将浸泡好的黄豆、莲子同荷叶一起放入豆浆机的杯体中，添加清水至上下水位线之间，启动机器，煮至豆浆机提示荷叶莲子豆浆做好。

③将打出的荷叶莲子豆浆过滤后，按个人口味趁热添加适量白糖或冰糖调味，不宜吃糖的患者，可用蜂蜜代替。不喜甜者也可不加糖。

■ 贴心提示

市场上的莲子有一些是漂白处理过的，大家在挑选时要注意，那些一眼看上去都是泛白的，很漂亮的莲子，可能是经过漂白处理的。其实真正太阳晒，或者是烘干机烘干的莲子，颜色不可能全部都很白，它的颜色不会那么统一，而且白中还略微带点儿黄色的。

【养生功效】

中医认为荷叶"色清色香，不论鲜干，均可药用"，它能清心火，调情志。在这里值得称道的是，荷叶去心火不易造成去火过度的情形。只要不频繁食用，治疗效果大多温和。除了荷叶之外，莲子心也可以去心火，莲子肉则能补脾胃。这款用荷叶和莲子制作出的豆浆能清心解烦，健脾止泻，祛"五脏之火"，是夏季补养佳品。

红枣枸杞豆浆，养心补血又养颜

■ 贴心提示

给红枣去核的时候，可以找一个比铅笔稍细一点儿的硬铁棍，顺着枣核的方向穿过去就可以了，要小心一点儿免得划到手。

材料

红枣 30 克，枸杞 20 克，黄豆 50 克，清水、白糖或冰糖适量。

做法

①将黄豆清洗干净后，在清水中浸泡 6 ~ 8 小时，泡至发软备用；红枣洗干净，去核；枸杞洗干净，用清水泡软。

②将浸泡好的黄豆、枸杞和红枣一起放入豆浆机中，加适量清水煮至豆浆做好。

③过滤后，按个人口味趁热添加适量白糖或冰糖调味，不宜吃糖的患者，可用蜂蜜代替。

【养生功效】

人们常说"要想皮肤好，煮粥放红枣"，红枣性暖，它养血保血，可改善血液循环。枸杞也具有补血养心的作用。红枣枸杞豆浆适合那些贫血、低血压的人食用，尤其是体质偏寒的女性。

小米红枣豆浆，防治夏季突发心脏疾病

材料

小米 30 克，红枣 20 克，黄豆 50 克，清水、白糖或冰糖适量。

做法

① 将黄豆清洗干净后，在清水中浸泡 6 ~ 8 小时，泡至发软备用；红枣洗干净，去核；小米淘洗干净，用清水浸泡 2 小时。

② 将上述食材一起放入豆浆机中，加适量清水煮至豆浆做好。

③ 过滤后，按个人口味趁热添加适量白糖或冰糖调味，不宜吃糖的患者，可用蜂蜜代替。

■ 贴心提示

痰湿偏盛、湿热内盛、气滞者忌食小米红枣豆浆。素体虚寒、小便清长者也不宜多食。

【养生功效】

小米堪称五谷之王，具有安眠、养胃、助消化的作用。红枣中的环磷酸腺苷和环磷鸟苷，具有抑制冠心病的作用，所含维生素 P 能降低血清胆固醇和三酰甘油，可防治高血压、冠心病和动脉硬化。黄豆不含胆固醇，并可以降低人体胆固醇，减少动脉硬化的发生，预防心脏病。

百合莲子豆浆，清心安神

材料

干百合 30 克，莲子 20 克，黄豆 50 克，清水、白糖或冰糖适量。

做法

① 将黄豆清洗干净后，在清水中浸泡 6 ~ 8 小时，泡至发软备用；干百合和莲子清洗干净后略泡。

② 将浸泡好的黄豆、百合、莲子一起放入豆浆机的杯体中，添加清水至上下水位线之间，启动机器，煮至豆浆机提示百合莲子豆浆做好。

③ 将打出的百合莲子豆浆过滤后，按个人口味趁热添加适量白糖或冰糖调味，不宜吃糖的患者，可用蜂蜜代替。不喜甜者也可不加糖。

【养生功效】

百合可以滋阴清热，理脾健胃；桂圆能够益脾、养心又补血。每天早晨喝上这样一碗用百合、桂圆和黄豆做成的豆浆，能养足胃气，缓解烦闷、燥热的心情。

■ 贴心提示

百合虽能补气，亦伤肺气，不宜多服。风寒咳嗽、虚寒出血、脾胃不佳者忌食。由于百合偏凉性，胃寒的患者宜少食用百合莲子豆浆。

橘柚豆浆，具有很好的败火作用

材料

黄豆40克，橘子肉50克，柚子肉30克，清水、白糖或冰糖适量。

做法

① 将黄豆清洗干净后，在清水中浸泡6～8小时，泡至发软备用。

② 将浸泡好的黄豆同橘子肉、柚子肉一起放入豆浆机的杯体中，添加清水至上下水位线之间，启动机器，煮至豆浆机提示橘柚豆浆做好。

③ 将打出的橘柚豆浆过滤后，按个人口味趁热添加适量白糖或冰糖调味，不宜吃糖的患者，可用蜂蜜代替。不喜甜者也可不加糖。

【养生功效】

中医认为，橘子具有润肺、止咳、化痰、健脾、顺气、止渴的药效，是老少皆宜的养生水果，尤其对老年人、急慢性支气管炎以及心血管病患者有很好的食疗效果。柚子果肉性寒，味甘、酸，有止咳平喘、清热化痰、健脾消食、解酒除烦的食疗作用。橘子和柚子中含有丰富的纤维素和多种微量元素，二者搭配黄豆制成的这款豆浆，口感清爽怡人，营养丰富，具有良好的败火作用。

■ 贴心提示

橘子虽好，但也不宜多吃，因为橘子含有丰富的胡萝卜素，如果经常大量食用，可出现高胡萝卜素血症，表现为手、足皮肤泛黄，并逐渐漫延至全身，可伴有恶心、呕吐、食欲不振、全身乏力等症状。

薏米黄瓜豆浆，清热泻火

材料

薏米30克，黄瓜20克，黄豆50克，清水、白糖或蜂蜜适量。

做法

① 将黄豆清洗干净后，在清水中浸泡6～8小时，泡至发软备用；薏米淘洗干净，用清水浸泡2小时；黄瓜削皮、洗净后切成碎丁。

② 将浸泡好的黄豆同薏米、黄瓜一起放入豆浆机的杯体中，添加清水至上下水位线之间，启动机器，煮至豆浆机提示薏米黄瓜豆浆做好。

③ 将打出的薏米黄瓜豆浆过滤后，按个人口味趁热添加适量白糖，或等豆浆稍凉后加入蜂蜜即可饮用。

【养生功效】

炎热的夏季，清脆的黄瓜是餐桌上出现频率很高的一种蔬菜。黄瓜能够清热利尿，它所含有的黄瓜酸，能够促进人体新陈代谢，排出毒素。不管是生吃还是熟吃，黄瓜都能发挥出它清热的功效。薏米也能帮助身体清热，不过这种清热的方法是通过"利湿"的作用实现的。一件脏衣服如果是干燥的，就算放上三五天也不会发热，但是如果衣服上浸水后，在夏天很容易出现发热发酵的情况。我们体内也是如此，如果水湿严重，就会在体内积而化热。而薏米是常用的利水渗湿药，并且比较安全。正因为黄瓜和薏米的这种功效，二者搭配制成的这款豆浆具有清热泻火的功效。

■ 贴心提示

孕妇、便秘者、尿频者不宜多食薏米黄瓜豆浆。

小米蒲公英绿豆浆，清热去火

材料

小米 20 克，绿豆 50 克，蒲公英 20 克，清水、白糖或冰糖适量。

做法

① 将绿豆清洗干净后，在清水中浸泡 6~8 小时，泡至发软备用；小米淘洗干净，用清水浸泡 2 小时；蒲公英洗净后加水煎汁，备用。

② 将浸泡好的绿豆与小米一起放入豆浆机的杯体中，淋入蒲公英煎汁，添加清水至上下水位线之间，启动机器，煮至豆浆机提示小米蒲公英绿豆浆做好。

③ 将打出的小米蒲公英绿豆浆过滤后，按个人口味趁热添加适量白糖或冰糖调味，不宜吃糖的患者，也可以等豆浆凉至温热后用蜂蜜代替。

■ 贴心提示

最好能在豆浆中加入冰糖，因为冰糖有去肺火的功效。脾胃功能不好的人忌食小米蒲公英绿豆浆。阳虚外寒、脾胃虚弱者也忌食此豆浆。

【养生功效】

在很多人眼里，蒲公英就是路边、田野上最常见，最普通的杂草。然而在中医上蒲公英却有着非凡的药用价值，它具有清热解毒利湿退黄等功效。平时嗓子肿痛、扁桃体发炎时用些蒲公英，能去火、消肿、止痛；小米是我们常用的一种谷物，中医认为小米性凉，具有除热的功效，能辅助调养脾胃虚热、烦渴。绿豆更是清热去火的代表。蒲公英、小米搭配绿豆制成的这款豆浆，能清热去火、消肿止渴。

百合菊花绿豆浆，清除多种上火

材料

绿豆50克，鲜百合30克，菊花20克，清水、白糖或冰糖适量。

做法

1 将绿豆清洗干净后，在清水中浸泡6～8小时；菊花洗净；鲜百合洗干净，分瓣。

2 将浸泡好的绿豆同百合、菊花一起放入豆浆机的杯体中，添加清水至上下水位线之间，启动机器，煮至豆浆机提示百合菊花绿豆浆做好。

3 将打出的百合菊花绿豆浆过滤后，按个人口味趁热添加适量白糖或冰糖调味，不宜吃糖的患者，可用蜂蜜代替。不喜甜者也可不加糖。

■ 贴心提示

由于百合、绿豆、菊花均性凉，胃寒的患者宜少食用百合菊花绿豆浆。

【养生功效】

绿豆具有清热去火、止渴利尿和解毒功效，对于大便干燥、牙痛、咽喉肿痛等上火症状有很好的疗效。百合醇甜清香，有润肺止咳、清心安神的作用，对肺热干咳、痰中带血、肺弱气虚等症有良好的疗效。菊花有清热作用，能清肺火、平肝火、胃火。这款豆浆去火功效强，适用于多种上火症状。

百合荸荠大米豆浆，润燥泻火

材料

黄豆50克，大米20克，荸荠45克，鲜百合15克，清水、白糖适量。

做法

1 将黄豆洗净，在清水中浸泡6～8小时；大米淘洗干净，用清水浸泡2小时；荸荠去皮洗净后，切成小丁；鲜百合洗干净，分瓣。

2 将上述食材一起放入豆浆机中，加适量清水煮至豆浆机提示百合荸荠大米豆浆做好。

3 过滤后，按个人口味趁热加白糖调味。

■ 贴心提示

荸荠在淤泥中生长，所以外皮上通常会附着较多的细菌和寄生虫，食用时一定要去皮，否则对健康无利；百合虽能补气，同时也伤肺气，故不宜多服。风寒咳嗽、虚寒出血、脾胃不佳者忌食这款豆浆。

【养生功效】

百合是一种非常理想的解秋燥滋阴润肺的佳品，有润肺止咳、清心安神的功效。荸荠是寒性食物，既可清热泻火，又可补充营养，对于发热初期的病人有非常好的退热作用，还具有凉血解毒、利尿通便、化湿祛痰、消食除胀等功效。将百、荸荠搭配大米和黄豆制成豆浆，有很好得清热泻火、润燥功效。

金银花绿豆浆，疏散风热、消肿

材料

金银花 50 克，绿豆 50 克，清水、白糖或冰糖适量。

做法

① 将绿豆清洗干净后，在清水中浸泡 6 ~ 8 小时，泡至发软备用；金银花清洗干净后泡开。

② 将浸泡好的绿豆和金银花一起放入豆浆机的杯体中，添加清水至上下水位线之间，启动机器，煮至豆浆机提示金银花绿豆浆做好。

③ 将打出的金银花绿豆浆过滤后，按个人口味趁热添加适量白糖或冰糖调味，不宜吃糖的患者，可用蜂蜜代替。也可不加糖。

【养生功效】

金银花具有疏散风热、清热解毒的作用，可用于治疗暑热证、痢疾、急慢性扁桃体炎、牙周炎等病。金银花有很强的解毒消炎作用，对外感风热引起的头痛、发热、烦躁、失眠、口干舌燥等有一定的疗效。绿豆具有清热解毒、利水消肿等功效。金银花和绿豆搭配制成的豆浆，具有疏散风热、消肿的功效。

■ 贴心提示

脾胃虚寒、气虚疮疡脓清者不宜食用金银花绿豆浆。

西芹薏米绿豆浆，清火、利水

材料

绿豆 50 克，薏米 20 克，西芹 30 克，清水、白糖或冰糖适量。

做法

① 将绿豆清洗干净后，在清水中浸泡 6～8 小时，泡至发软备用；薏米淘洗干净，用清水浸泡 2 小时；西芹洗净，切段。

② 将浸泡好的绿豆、薏米和西芹一起放入豆浆机的杯体中，添加清水至上下水位线之间，启动机器，煮至豆浆机提示西芹薏米绿豆浆做好。

③ 将打出的西芹薏米绿豆浆过滤后，按个人口味趁热添加适量白糖或冰糖调味，不宜吃糖的患者，可用蜂蜜代替。不喜甜者也可不加糖。

【养生功效】

中医认为，西芹味甘、苦、性凉，归肺、胃、肝经，具有平肝清热，祛风利湿的功效。薏米善利水，凡湿盛在下身者，最宜用之。用西芹、薏米搭配黄豆制成的这款豆浆具有清火、利水的功效。

■ 贴心提示

这款豆浆除了清火、利水外，还有美白的功效，不仅可以饮用，还可以外敷，将面膜纸用西芹薏米绿豆浆浸湿后敷在脸上，15 分钟后取下，用清水洗净面部就可以了。

黄瓜绿豆豆浆，泻火、解毒

■ 贴心提示

黄瓜和绿豆均性凉，慢性支气管炎、结肠炎、胃溃疡病等属虚寒者宜少食黄瓜绿豆豆浆。

材料

黄瓜 20 克，绿豆 30 克，黄豆 50 克，清水适量。

做法

① 将黄豆、绿豆清洗干净后，在清水中浸泡 6～8 小时；黄瓜削皮、洗净后切成碎丁。

② 将食材一起放入豆浆机中，添加清水至上下水位线之间，启动机器，煮至豆浆做好。

③ 将打出的黄瓜绿豆豆浆过滤后即可饮用。

【养生功效】

清朝乾隆年间的《本草求真》记载，黄瓜"气味甘寒，服后可清热利水"。黄瓜不管是果肉还是叶蔓，都有清热去火的作用，其果肉的主要功效为清热利尿。绿豆也是消暑的主要食材之一，不管用它做绿豆粥、绿豆汤、绿豆糕都可以。不但吃起来味道清香，还具有许多食疗功能。所以盛夏之时，每个家庭几乎都会使用绿豆来防暑降温、清热解毒。黄瓜、绿豆搭配黄豆制成的这款豆浆具有泻火、解毒的功效，很适合夏天饮用。

香草黑豆米浆，利湿去火

材料

黑豆 70 克，大米 20 克，迷迭香、薰衣草各 5 克。

做法

1 将黑豆泡软；大米浸泡；迷迭香、薰衣草洗净。

2 将所有原材料放入豆浆机中，添水搅打成豆浆。烧沸后滤出豆浆即可。

【养生功效】

黑豆中含有丰富的微量元素如锌、铜、镁、钼、硒、氟等，这些微量元素对延缓人体衰老、降低血液黏稠度、预防动脉硬化等有着重要作用。薰衣草香气清新优雅，性质温和，是公认为最具有镇静、舒缓、催眠作用的植物，能够提神醒脑，增强记忆，舒缓神经，怡情养性。

■ 贴心提示

黑豆不宜生吃，尤其是肠胃不好的人，生吃黑豆会胀气。

第3章
补肝强肝

枸杞青豆豆浆，预防脂肪肝

材料

黄豆50克，青豆50克，枸杞5～7粒，清水、白糖或冰糖各适量。

做法

❶ 将黄豆、青豆清洗干净后，在清水中浸泡6～8小时，泡至发软备用；枸杞洗干净后，用温水泡开。

❷ 将浸泡好的黄豆、青豆和枸杞一起放入豆浆机的杯体中，添加清水至上下水位线之间，启动机器，煮至豆浆机提示枸杞青豆豆浆做好。

❸ 将打出的枸杞青豆豆浆过滤后，按个人口味趁热往豆浆中添加适量白糖或冰糖调味，不宜吃糖的患者，可用蜂蜜代替。

【养生功效】

枸杞可以说是一种药食同源的常用中药，它具有补益肝肾、养血明目、防老抗衰等功效。现代医学研究发现，枸杞还有护肝及防治脂肪肝的作用。这主要源于枸杞子中含有的甜茶碱成分，它有抑制脂肪在肝细胞内沉积、促进肝细胞再生的作用。枸杞、青豆、黄豆搭配制成的豆浆，具有清肝、润燥的功效。因此，慢性肝病患者，尤其是脂肪肝病人，不妨经常食用这款豆浆。

■ 贴心提示

枸杞温热身体的功效很强，正在感冒发热、身体有炎症、腹泻的人不宜食用这款豆浆。

黑米枸杞豆浆，春季温补肝脏

材料

黑米25克，黄豆50克，枸杞5～7粒，清水、白糖或冰糖适量。

做法

1️⃣ 将黄豆清洗干净后，在清水中浸泡6～8小时，泡至发软备用；黑米淘洗干净后，用清水浸泡2小时；枸杞洗干净后，用温水泡开。

2️⃣ 将浸泡好的黄豆、黑米、枸杞一起放入豆浆机的杯体中，添加清水至上下水位线之间，启动机器，煮至豆浆机提示黑米枸杞豆浆做好。

3️⃣ 将打出的黑米枸杞豆浆过滤后，按个人口味趁热添加适量白糖或冰糖调味，不宜吃糖的患者，可用蜂蜜代替。不喜甜者也可不加糖。

■ 贴心提示

黑米因其外部有一层较坚韧的种皮，所以不容易煮烂，吃未煮烂的黑米，容易引起肠胃紊乱。病后消化能力弱的人不宜吃黑米，可用紫米来代替。

【养生功效】

枸杞子是春季温补肝脏的良药。它不仅富含硒元素，而且含有抗肝癌的成分儿茶酚胺。每日补硒200微克以增加血硒浓度，可以明显降低乙肝感染率和肝脏损伤程度。黑米也有养肝明目、补益脾胃、滋阴补肾的作用。黑米、枸杞搭配黄豆制成的这款豆浆很适合在春天养肝时饮用。

葡萄玉米豆浆，护肝、调肝病

■ 贴心提示

鲜葡萄也可以换成葡萄干。因葡萄含糖分高，故糖尿病患者不宜过多饮用这款豆浆。葡萄不宜与水产品同时食用，吃完水产品要等两个小时才可以饮用这款豆浆。

材料

玉米渣30克，鲜葡萄20克，黄豆50克，清水、白糖或冰糖适量。

做法

1️⃣ 将黄豆洗净，在清水中浸泡6～8小时；玉米渣淘洗干净；葡萄去皮去子。

2️⃣ 将上述一起放入豆浆机中，加清水煮至豆浆机提示葡萄玉米豆浆做好。

3️⃣ 过滤后，按个人口味趁热添加适量白糖或冰糖调味，不宜吃糖的患者，可用蜂蜜代替。

【养生功效】

葡萄中含有的多酚类物质是天然的自由基清除剂，抗氧化活性很强，能够有效地调整肝脏细胞的功能，减少自由基对肝细胞的伤害。黄豆中富含不饱和卵磷脂，有防止脂肪肝形成的作用。玉米含有丰富的膳食纤维和维生素，具有良好的抗癌作用。这款豆浆能够增强肝脏功能。

五豆红枣豆浆，善补肝阴润五脏

材料

黄豆、黑豆、豌豆、青豆、花生各 20 克，红枣适量，清水、白糖或冰糖适量。

做法

① 将黄豆、黑豆、豌豆、青豆清洗干净后，在清水中浸泡 6～8 小时，泡至发软备用；花生洗干净，略泡；红枣洗干净，去核。

② 将浸泡好的黄豆、黑豆、豌豆、青豆、花生和红枣一起放入豆浆机的杯体中，添加清水至上下水位线之间，启动机器，煮至豆浆机提示五豆红枣豆浆做好。

③ 将打出的五豆红枣豆浆过滤后，按个人口味趁热添加适量白糖或冰糖调味，不宜吃糖的患者，可用蜂蜜代替。不喜甜者也可不加糖。

■ 贴心提示

糖尿病患者不宜多食五豆红枣豆浆。

【养生功效】

绿豆有清热解毒、利尿除湿、解酒毒、热毒的作用。黄豆含有丰富的植物蛋白和磷脂，还含有维生素 B_1、维生素 B_2 和烟酸、铁、钙等矿物质，对于肝脏是很有好处的；青豆富含不饱和脂肪酸和大豆磷脂，能够预防脂肪肝；豌豆中富含胡萝卜素，具有很好的抗癌作用。花生富含蛋白质、不饱和脂肪酸，能够降低胆固醇。五豆加工成豆浆后，易于消化，有助于肝细胞的修复。这款豆浆中还加入了善补虚损的红枣，更加适合那些因为肝脏问题影响到消化功能的人食用。

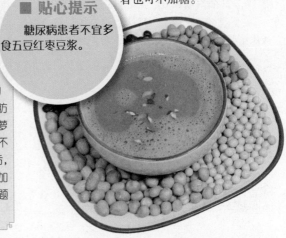

生菜青豆浆，清肝养胃

材料

生菜 30 克，青豆 70 克，清水适量。

做法

① 将青豆清洗干净后，在清水中浸泡 6～8 小时，泡至发软备用；生菜洗净后切碎。

② 将浸泡好的青豆和切好的生菜一起放入豆浆机的杯体中，添加清水至上下水位线之间，启动机器，煮至豆浆机提示生菜青豆豆浆做好。

③ 将打出的生菜青豆浆过滤后即可饮用。

■ 贴心提示

生菜性凉，患有尿频和胃寒的人不宜多饮生菜青豆浆。

【养生功效】

生菜在日常生活中的吃法也有很多种，最常见的就属汉堡包了，它是汉堡不可缺少的组成部分。生菜能够保护我们的肝脏，促进胆汁形成，防止胆汁淤积，有效预防胆石症和胆囊炎。另外，生菜可清除血液中的垃圾，具有血液消毒和利尿作用，帮助肝脏排毒；肝脏喜欢青色的食物，所以青豆对于养肝也有一定的作用。现代营养学也发现青豆中含有的不饱和脂肪酸以及大豆磷脂，对于预防脂肪肝的形成很有效果。所以，用生菜和青豆制作出的豆浆，具有清肝养胃、预防脂肪肝的养生功效。

青豆黑米豆浆，滋养肝脏

材料

黑米25克，青豆25克，黄豆40克，清水、白糖或冰糖适量。

做法

① 将黄豆、青豆洗净，在清水中泡至发软备用；黑米淘洗干净备用。

② 将食材放入豆浆机，加水煮至豆浆做好。

③ 过滤后，按个人口味趁热添加适量白糖或冰糖调味，不宜吃糖的患者，可用蜂蜜代替。

【养生功效】

中医认为黑米入肝肾两经，所以常食黑米能够起到滋养肝脏的作用。能够抵抗致癌物质的产生，促进血液循环，改善新陈代谢。青豆也有助于肝脏的养护，中医认为"青"色对应人体的肝脏部位，青豆有益肝气的循环、代谢，有益消除疲劳、舒缓肝郁、防范肝疾。用黑米、青豆和黄豆制作出的豆浆，可以起到养肝、护肝、明目的作用。

■ 贴心提示

脾胃虚弱的小儿、老人、久病体虚人群不宜多食青豆黑米豆浆。腹泻者勿食用。

茉莉绿茶豆浆，疏肝解郁

材料

茉莉花10克，绿茶10克，黄豆70克，清水、白糖或冰糖适量。

做法

① 将黄豆清洗干净后，在清水中浸泡6～8小时，泡至发软备用；茉莉花和绿茶洗净干净备用。

② 将上述食材一起放入豆浆机，加清水煮至豆浆机提示茉莉绿茶豆浆做好。

③ 过滤后，按个人口味趁热添加适量白糖或冰糖调味，不宜吃糖的患者，可用蜂蜜代替。

【养生功效】

中医认为，茉莉花具有理气止痛、开郁辟秽、消肿解毒的功效。绿茶中的茶多酚可增加肝组织中肝脂酶的活性、降低肝组织中过氧化脂质含量，对脂肪肝有一定的防治作用。这款豆浆不但疏肝解郁令人神清气爽，还可调理干燥皮肤，具有美肌艳健身提神，防老抗衰的功效。

不喜甜者也可不加糖。

■ 贴心提示

茉莉花辛香偏温，火热内盛，燥结便秘者不宜饮用茉莉绿茶豆浆。女性在月经期间也不宜饮用茉莉绿茶豆浆，因为女性月经期需要补充大量的铁，而绿茶中的鞣酸会妨碍肠道黏膜对铁分子的吸收。

红枣枸杞绿豆豆浆，让肝脏的解毒能力更强

材料

绿豆 30 克，红枣 5 枚，枸杞 5 克，黄豆 50 克，清水、白糖或冰糖适量。

做法

① 将黄豆、绿豆清洗干净后，在清水中浸泡 6 ~ 8 小时，泡至发软备用；红枣洗干净，去核；枸杞洗干净，用清水泡软。

② 将浸泡好的黄豆、绿豆、枸杞和红枣一起放入豆浆机的杯体中，添加清水至上下水位线之间，启动机器，煮至豆浆机提示红枣枸杞绿豆豆浆做好。

③ 将打出的红枣枸杞绿豆豆浆过滤后，按个人口味趁热添加适量白糖或冰糖调味，不宜吃糖的患者，可用蜂蜜代替。不喜甜者也可不加糖。

【养生功效】

红枣内含有三萜类化合物的成分，有抑制肝炎病毒活性的作用。此外，红枣还能提高体内单核吞噬细胞系统的吞噬功能，有保护肝脏、增强免疫力的作用。一些慢性肝病患者的体内蛋白相对偏低，而红枣富含氨基酸，它们有利于蛋白质的合成，可以防止低蛋白症状，达到健脾养肝的目的。对一些慢性肝病患者来说，除了定期在专科医生指导下进行必要的监测外，可以每天多吃一些天然的红枣来保护肝脏。当然，利用红枣搭配其他的食材做成的豆浆也是不错的选择。比如，绿豆能够清肝明目、增强肝脏的解毒能力，枸杞子则能滋补肝肾。它们同红枣搭配制成的这款豆浆具有养护肝脏、增强肝脏解毒能力的作用。

芝麻黑米豆浆，开胃益中、保肝益肾

材料

黄豆60克，黑米20克，黑芝麻、白糖各适量。

做法

黄豆、黑米分别泡发洗净；黑芝麻洗净，沥干水分后擀碎。

1️⃣ 黄豆、黑米分别泡发洗净；黑芝麻洗净，沥干水分后擀碎。

2️⃣ 将黄豆、黑米、黑芝麻放入豆浆机中，加适量清水搅打成浆，并煮沸。

3️⃣ 过滤，加入白糖即可。

【养生功效】

黑米含有丰富的无机盐，还含有丰富的维生素C、叶绿素、花青素、胡萝卜素等营养元素。

■ 贴心提示

先将黑芝麻擀碎，能让豆浆更细腻，营养更易被吸收。

山药枸杞豆浆，养肝明目

材料

黄豆、山药各 70 克，枸杞 10 克。

做法

① 将黄豆泡软，洗净；山药去皮，洗净切块，泡在清水里；枸杞洗净。

② 将上述材料放入豆浆机中，添水搅打成豆浆，烧沸后滤出豆浆即可。

■ 贴心提示

患有感冒发热、炎症、腹泻的人不宜多饮用豆浆。

【养生功效】

山药含多种氨基酸和糖蛋白、黏液质、胡萝卜素、维生素 C 等。

第4章

固肾益精

芝麻黑豆浆，补肾益气

材 料

芝麻 30 克，黑豆 70 克，清水、白糖或冰糖各适量。

【养生功效】

芝麻是补肾的佳品，它性平味甘，具有补肝肾、润五脏的作用，对于因为肝肾精血不足引起的眩晕、白发、脱发、腰膝酸软、肠燥便秘等病都有较好的食疗保健作用。黑豆具有补肾益精、润肤、乌发的作用，经常食用黑豆有延缓衰老的功效。用芝麻和黑豆制作出的这款豆浆，不但能乌发养发还能补肾益气。

做 法

① 将黑豆清洗干净后，在清水中浸泡 6 ~ 8 小时，泡至发软备用；芝麻淘去沙粒。

② 将浸泡好的黑豆和洗净的芝麻一起放入豆浆机的杯体中，加水至上下水位线之间，启动机器，煮至豆浆机提示芝麻黑豆浆做好。

③ 将打出的芝麻黑豆浆过滤后，按个人口味趁热往豆浆中添加适量白糖或冰糖调味，患有糖尿病、高血压、高血脂等不宜吃糖的患者，可用蜂蜜代替。不喜甜者也可不加糖。

■ 贴心提示

黑豆有解药毒的作用，同时也可降低中药药效，所以正在服中药者忌食芝麻黑豆浆。芝麻虽好，食用时也有一定的禁忌，患有慢性肠炎、便溏腹泻者忌食。

黑枣花生豆浆，补肾养血

材料

黑枣 4 枚，花生 25 克，黄豆 70 克，清水、白糖或冰糖各适量。

做法

1 将黄豆洗净，在清水中浸泡 6 ~ 8 小时，泡至发软备用；黑枣洗净，去核，切碎；花生去皮。

2 将上述食材一起放入豆浆机中，加水至上下水位线之间，启动机器，煮至豆浆做好。

3 过滤后，按个人口味趁热往豆浆中添加适量白糖或冰糖调味即可。

■ 贴心提示

优质黑枣枣皮乌亮有光，黑里泛红，干燥而坚实，皮薄皱纹细浅。若手感潮湿，枣皮乌黑暗淡，颗粒不匀，皮纹粗而深陷，顶部有小洞，口感粗糙，味淡薄，有明显酸味或苦味，则为质次黑枣，不要选购。

【养生功效】

有"营养仓库"之称的黑枣性温味甘，有补中益气、养胃补血的功能；它还含有蛋白质、糖类、有机酸、维生素和磷、钙、铁等营养成分。女性朋友在安全期多食用黑枣，一方面可以补充经期流失的营养，另一方面还可以起到补气养肾的作用。花生可增强记忆，抗衰老，滋润皮肤。这款豆浆具有补血、养肾的功效，尤其适合女人饮用。

黑米芝麻豆浆，"养肾好手"强肾气

材料

黑芝麻 10 克，黑米 30 克，黑豆 50 克，清水、白糖或冰糖各适量。

做法

1 将黑豆清洗干净后，在清水中浸泡 6 ~ 8 小时，泡至发软备用；芝麻淘去沙粒；黑米清洗干净，并在清水中浸泡 2 小时。

2 将浸泡好的黑豆和洗净的黑芝麻、黑米一起放入豆浆机的杯体中，加水至上下水位线之间，启动机器，煮至豆浆机提示黑米芝麻豆浆做好。

3 将打出的黑米芝麻豆浆过滤后，按个人口味趁热往豆浆中添加适量白糖或冰糖调味，患有糖尿病、高血压、高血脂等不宜吃糖的患者，可用蜂蜜代替。不喜甜者也可不加糖。

【养生功效】

根据《黄帝内经》中的五色应五脏原理，肾色为黑色，属冬天。黑色的食品有益肾、抗衰老的作用。早在《本草纲目》中，李时珍就论述过黑色食物的奇效："服（黑芝麻）至百日，能除一切痼疾。一年身面光泽不饥，两年白发返黑，三年齿落更生。"黑芝麻属于我们常说的"黑五类"之一，黑米、黑豆也是典型的黑色食物。这三者都有补肾功效，它们一起制作出的豆浆，补肾效果更佳。

■ 贴心提示

"黑五类"即黑米、黑豆、黑芝麻、黑枣、黑荞麦，这是最典型的代表，食材也比较容易得到。"黑五类"个个都是养肾的"好手"。

桂圆山药核桃黑豆浆，益肾补虚

材料

黑豆50克，山药30克，核桃20克，桂圆、清水适量。

做法

1. 将黑豆清洗干净后，在清水中浸泡6～8小时，泡至发软备用；山药去皮后切成小丁，下入开水中略焯，捞出后沥干；桂圆去皮、去核；核桃仁备用。

2. 将浸泡好的黑豆同核桃、山药、桂圆一起放入豆浆机的杯体中，添加清水至上下水位线之间，启动机器，煮至豆浆机提示桂圆山药核桃黑豆浆做好。

3. 将打出的桂圆山药核桃黑豆浆过滤后即可饮用。

■ 贴心提示

大便干燥者不宜食用桂圆山药豆浆。孕妇应慎食。

【养生功效】

古人很推崇桂圆的营养价值，有许多本草书都介绍了桂圆的滋养和保健作用。早在汉朝时期，桂圆就已作为药用，它有滋补强体，补心安神、养血壮阳的功效。山药具有补肾固精的作用，对于肾虚导致的遗精、尿频等症有很好的疗效。黑豆具有补肾益精、解毒利尿的功效；核桃自古也是补肾健脑的佳品；桂圆、山药、核桃搭配黑豆制成的这款桂圆山药核桃黑豆浆，可益肾补虚、滋养脾胃。

红豆枸杞豆浆，补肾缓解疲劳

材料

红豆 15 克，枸杞 15 克，黄豆 50 克，清水、白糖或冰糖适量。

做法

1 将黄豆、红豆清洗干净后，在清水中浸泡 6 ~ 8 小时，泡至发软备用；红枣洗干净，去核；枸杞洗干净，用清水泡软。

2 将浸泡好的黄豆、红豆、枸杞和红枣一起放入豆浆机的杯体中，添加清水至上下水位线之间，启动机器，煮至豆浆机提示红豆枸杞豆浆做好。

3 将打出的红豆枸杞豆浆过滤后，按个人口味趁热添加适量白糖或冰糖调味，不宜吃糖的患者，可用蜂蜜代替。不喜甜者也可不加糖。

【养生功效】

枸杞不仅具有养肝明目的功效，它还是补肾养阳的最佳食物，所以枸杞很受白领一族的欢迎，对男性更有好处。工作压力的增大和城市环境的恶化，使现代人越来越疲惫不堪，而吃枸杞就非常适合用来消除疲劳。中医认为，枸杞性味甘平，能够滋补肝肾、益精明目和养血；红豆对于夏天因为心肾功能不好导致的下肢水肿有不错的效果，在夏日食用它还可以为人体补充钾离子，避免夏日的低钾症。红豆、枸杞搭配黄豆制成的这款豆浆具有养血安神、补肾益气的功效，能够帮助现代人缓解疲劳。

■ 贴心提示

枸杞性质比较温和，多吃一点儿没有大碍，但若毫无节制，进食过多也会上火。

木耳黑米豆浆，滋肾养胃

材料

黑米 50 克，黄豆 50 克，木耳 20 克，清水、白糖或蜂蜜适量。

做法

1 将黄豆洗净，在清水中浸泡 6 ~ 8 小时；黑米淘洗干净，用清水浸泡；木耳洗净，泡发。

2 将上述食材一起放入豆浆机中，加适量清水煮至豆浆机提示木耳黑米豆浆做好。

3 过滤后，按个人口味趁热添加适量白糖，或等豆浆稍凉后加入蜂蜜即可饮用。

■ 贴心提示

新鲜木耳中含有一种叫作"卟啉"的物质，人吃了新鲜木耳后，经阳光照射会发生植物日光性皮炎，使皮肤暴露部分出现红肿、痒痛。所以最好选用经过处理的干木耳。

【养生功效】

黑米能滋阴补肾，长期食用可延年益寿，因此，人们还将它称为"长寿米"。黑木耳性味甘平，具有补气补肾的功效，还具有促进消化道与泌尿道各种腺体分泌的特性，有助结石排出。这款豆浆滋肾养胃，有很好的食疗功效。

枸杞黑豆豆浆，补肾益精、乌发

材料

黑豆50克，黄豆50克，枸杞5~7粒，清水、白糖或冰糖各适量。

做法

❶ 将黄豆、黑豆清洗干净后，在清水中浸泡6~8小时，泡至发软备用；枸杞洗干净后，用温水泡开。

❷ 将浸泡好的黄豆、黑豆和枸杞一起放入豆浆机的杯体中，添加清水至上下水位线之间，启动机器，煮至豆浆机提示枸杞黑豆豆浆做好。

❸ 将打出的枸杞黑豆豆浆过滤后，按个人口味趁热往豆浆中添加适量白糖或冰糖调味，患有不宜吃糖的患者，可用蜂蜜代替。

■ 贴心提示

在没有时间做豆浆的时候，也可以通过嚼服枸杞的方式达到补肾的目的，一般每天2~3次，每次10克枸杞即可。

【养生功效】

一般而言，养发护发不能忽视补肾，如果肾气充足，头发就会浓密亮泽。枸杞是"补肾高手"，经常服用能改善脱发、白发等问题，还能达到壮阳的效果。黑豆也是补肾食材中的佼佼者，它同枸杞、黄豆搭配制成的这款豆浆，具有补肾益精、乌发等功效。

黑米核桃黑豆豆浆，改善肾虚症状

材料

黄豆50克，黑豆20克，黑米10克，核桃10克，蜂蜜10克，清水适量。

■ 贴心提示

辨别黑豆真假主要看黑豆上的胚芽口是否为白色。所有正宗黑豆的胚芽口都是白色的。如果发现胚芽口是黑色的，说明该黑豆是经过染色的豆子，属假黑豆。

做法

❶ 将黄豆、黑豆洗净，在清水中浸泡6~8小时；黑米淘洗干净，在清水中浸泡2小时，；核桃仁准备好。

❷ 将上述食材一起放入豆浆机中，加适量清水，启动机器，煮至豆浆机提示黑米核桃黑豆豆浆做好。

❸ 过滤后，添加入蜂蜜调匀即可。

【养生功效】

《黄帝内经》在谈到肾的时候指出"其谷豆"，意思是五脏之中的肾同五谷之中的豆具有特殊的关系，豆类食物对肾脏有保护作用。黑豆和黄豆都能补肾，尤其是黑豆补肾的效果更好。中医认为黑豆归脾、肾经，具有补肾强身、活血利水、解毒、润肤的功效，特别适合肾虚者。核桃、黑米也具有滋阴补肾的作用，三者同黄豆一起打成的豆浆，能够辅助治疗因为肾虚引起的腰酸腿软等不适症状。

紫米核桃黑豆浆，温暖怕冷畏寒的肾虚人群

材料

紫米、黑豆、小米、黑芝麻、核桃各20克，红枣4颗，清水、白糖或冰糖适量。

做法

①将黑豆清洗干净后，在清水中浸泡6～8小时，泡至发软备用；紫米淘洗干净，用清水浸泡2小时；黑芝麻、核桃仁备用；红枣洗净去核，加温水泡开。

②将浸泡好的黑豆、紫米、黑芝麻、核桃仁等一起放入豆浆机的杯体中，添加清水至上下水位线之间，启动机器，煮至豆浆机提示紫米核桃黑豆浆做好。

③将打出的紫米核桃黑豆浆过滤后，按个人口味趁热添加适量白糖或冰糖调味，不宜吃糖的患者，可用蜂蜜代替。

【养生功效】

这款紫米核桃黑豆浆适合冬季饮用。冬季是滋补肾脏的最佳时节，在饮食调养方面，以温肾阳，健脾胃为主，少吃咸味食物，而增加一些苦味的食物，以助养心阳。紫米具有滋阴补肾，健脾暖肝的作用。黑豆、黑芝麻、核桃也是人们熟知的补肾"高手"。它们"强强联手"，再加上养脾胃的小米和补气养血的红枣，能够共同发挥出滋养肝肾的作用，尤其适合在冬日手脚冰凉、胃寒怕冷的肾虚人群食用。

■ 贴心提示

紫米并不是黑米，它属于糯米类，与普通大米的区别是种皮有一层薄薄的紫色物质，故而得名紫米。

第5章
润肺补气

莲子百合绿豆豆浆，清肺热、除肺燥

材料

百合 15 克，莲子 15 克，绿豆 30 克，黄豆 30 克，清水、白糖或冰糖适量。

【养生功效】

绿豆能清热，对于肺热和肺燥引起的一些症状能够起到改善作用。莲子也有滋阴润肺的功能；百合尤其是鲜品百合中富含黏液质，具有润燥清热作用，中医用之治疗肺燥或肺热咳嗽等症常能奏效。绿豆、莲子、百合再搭配上营养丰富的黄豆，不仅具有良好的营养滋补之功，而且还对秋季气候干燥引起的多种季节性肺气虚弱、慢性支气管炎有一定的防治作用。

做法

1. 将黄豆、绿豆清洗干净后，在清水中浸泡 6～8 小时，泡至发软备用；干百合和莲子清洗干净后略泡。

2. 将浸泡好的黄豆、绿豆、百合、莲子一起放入豆浆机的杯体中，添加清水至上下水位线之间，启动机器，煮至豆浆机提示莲子百合绿豆豆浆做好。

3. 将打出的莲子百合绿豆豆浆过滤后，按个人口味趁热添加适量白糖或冰糖调味，不宜吃糖的患者，可用蜂蜜代替。不喜甜者也可不加糖。

■ 贴心提示

百合鲜品目前市面上有鲜百合和干百合，鲜百合口感比较好，也容易煮烂，干百合煮熟后口感带酸。所以在选用百合的时候，最后选用鲜百合。

木瓜西米豆浆，润肺、化痰

材料

黄豆70克，西米30克，木瓜1块，清水、白糖或冰糖适量。

做法

① 将黄豆清洗干净后，在清水中浸泡6~8小时，泡至发软备用；西米淘洗干净，用清水浸泡2小时；木瓜去皮去子，切成小块。

② 将浸泡好的黄豆、西米和木瓜一起放入豆浆机的杯体中，添加清水至上下水位线之间，启动机器，煮至豆浆机提示木瓜西米豆浆做好。

③ 将打出的木瓜西米豆浆过滤后，按个人口味趁热添加适量白糖或冰糖调味，不宜吃糖的患者，可用蜂蜜代替。不喜甜者也可不加糖。

■ 贴心提示

木瓜有公母之分。公木瓜为椭圆形，看起来比较笨重，核少肉结实，味甜香。母木瓜身稍长，核多肉松，味稍差。大家在挑选的时候，可以注意下。

【养生功效】

木瓜的香气浓郁、汁水丰多、甜美可口，有"百益之果""水果之皇"之称，是岭南四大名果之一。中医认为，木瓜味甘、性平、微寒，助消化之余还能消暑解渴、润肺止咳。西米除了健脾的功效之外，也有补肺、化痰的作用。中医认为肺主皮毛，所以西米的补肺功效还可以让皮肤变得细嫩光环，也正因此西米羹很受女士的喜爱。木瓜、西米搭配黄豆制成的豆浆，味道香浓嫩滑，具有润肺化痰的功效。

百合糯米豆浆，缓解肺热、消除烦躁

材料

百合15克，糯米20克，黄豆50克，清水、白糖或蜂蜜适量。

■ 贴心提示

因为鲜百合需要冰冻储藏，所以市场里如果是在常温条件下摆卖，就很容易变质。购买时最好要求卖主在付钱后打开包装让你检查，以便及时退换。

做法

① 将黄豆清洗干净后，在清水中浸泡6~8小时，泡至发软备用；糯米淘洗干净，用水浸泡2小时；百合洗净，略泡，切碎；红枣洗干净，去核。

② 将浸泡好的黄豆、糯米、百合、红枣一起放入豆浆机的杯体中，添加清水至上下水位线之间，启动机器，煮至豆浆机提示百合糯米豆浆做好。

③ 将打出的百合糯米豆浆过滤后，按个人口味趁热添加适量白糖，或等豆浆稍凉后加入蜂蜜即可饮用。

【养生功效】

百合润肺止咳、清心安神，对肺结核、支气管炎、支气管扩张及各种秋燥病症有较好疗效。熟食或煎汤，可治久咳、干咳、咽痛等症。糯米也能养肺，二者搭配同黄豆一起制作出的这款豆浆可以缓解肺热、消除烦躁。

荸荠百合雪梨豆浆，养阴润肺

材 料

百合20克，荸荠20克，黄豆50克，雪梨1个，清水、白糖或冰糖适量。

做 法

①将黄豆洗净，在清水中泡软；百合洗净，切碎；荸荠去皮，切碎；雪梨去皮、核，切成小块。

②将上述食材一起放入豆浆机中，添加适量清水，煮至豆浆做好。

③过滤后，按个人口味趁热添加适量白糖或冰糖调味，不宜吃糖的患者，可用蜂蜜代替。

■ 贴心提示

荸荠百合雪梨豆浆不适合消化能力弱、脾胃虚寒的人饮用。

【养生功效】

荸荠和梨一样都是甘寒清凉之品，能够养阴润肺。我国清代著名的温病学家吴鞠通治疗热病伤津口渴的名方"五汁饮"中，就有荸荠和梨。在呼吸道传染病较多的季节，适当吃鲜荸荠和梨还有利于流脑、麻疹、百日咳以及急性咽喉炎的防治。百合也有润肺不费、止咳止血的功效，能够有效改善肺部的功能。这款豆浆，能够很好地润肺止咳。

糯米莲藕百合豆浆，对付秋燥咳嗽

■ 贴心提示

由于百合偏凉性，胃寒的患者宜少食用糯米莲藕百合豆浆。因感冒风寒引起的咳嗽者也不宜饮用这款豆浆。

材 料

糯米20克，百合10克，莲藕30克，黄豆40克，清水、白糖或冰糖适量。

做 法

①将黄豆清洗干净后，在清水中泡软备用；糯米洗净，在清水中浸泡2小时；百合洗净，略泡，切碎；莲藕洗净去皮后，切成碎丁。

②将上述食材一起放入豆浆中，加清水煮至豆浆机提示糯米莲藕百合豆浆做好。

③过滤后，按个人口味加糖调味即可。

【养生功效】

莲藕不仅是佳蔬，还是一种良药，尤其是它润肺的功效值得关注。中医认为肺喜润而恶燥，所以在干燥的秋季更要多吃些润肺除燥的食物。百合也是清肺润燥食物中的佼佼者，它们二者加上糯米、黄豆制成的豆浆可以辅助调养秋燥咳嗽、肺热干咳。

黄芪大米豆浆，改善肺气虚、气血不足

材料

黄芪、大米各25克，黄豆50克，清水、白糖或冰糖适量。

做法

① 将黄豆清洗干净后，在清水中浸泡6～8小时，泡至发软备用；黄芪煎汁备用；大米淘洗干净备用。

② 将浸泡好的黄豆和大米一起放入豆浆机的杯体中，淋入黄芪汁，添加清水至上下水位线之间，启动机器，煮至豆浆机提示黄芪大米豆浆做好。

③ 将打出的黄芪大米豆浆过滤后，按个人口味趁热添加适量白糖或冰糖调味，不宜吃糖的患者，可用蜂蜜代替。不喜甜者也可不加糖。

【养生功效】

黄芪可谓是补气的代表中药，中医认为黄芪可以补养五脏六腑之气，凡中医认为"气虚""气血不足"的情况，都可以用黄芪治疗。大米能益气、通血脉、补脾、养阴。用黄芪和大米制作出的这款豆浆可改善气虚、气血不足等症。

■ 贴心提示

黄芪煎汁时，可先将黄芪放进砂锅中，加适量清水浸泡半小时，上火烧开后，转成小火继续煎半小时，去渣取汁即可。感冒发热、胸腹有满闷感者不宜食用这款豆浆。

糯米杏仁豆浆，调养肺燥、咽干

材料

糯米 30 克，黄豆 50 克，甜杏仁 4 个，清水、白糖或蜂蜜适量。

■ 贴心提示

甜杏仁也可以换成大杏仁，同样有补肺的功效。

做法

① 将黄豆清洗干净后，在清水中浸泡 6~8 小时，泡至发软备用；糯米淘洗干净，用清水浸泡 2 小时；甜杏仁切成小碎丁。

② 将浸泡好的黄豆同糯米、甜杏仁一起放入豆浆机的杯体中，添加清水至上下水位线之间，启动机器，煮至豆浆机提示糯米杏仁豆浆做好。

③ 将打出的糯米杏仁豆浆过滤后，按个人口味趁热添加适量白糖或冰糖即可饮用。

【养生功效】

糯米常入药，著名方剂"补肺阿胶汤"中就有糯米的踪影。糯米是一种温和滋补之品，能够补脾胃，益肺气，搭配其他食物对于肺部疾病有不错的效果；杏仁有甜杏仁和苦杏仁之分，苦杏仁能够止咳平喘，甜杏仁则有一定的补肺作用。糯米、杏仁搭配黄豆做成的豆浆，能够益气健脾、补肾润肺，对于用于老年性慢性支气管炎、肺气肿都有食疗作用。

白果豆浆，补肺益肾、止咳平喘

材料

白果 15 个，黄豆 70 克，冰糖 20 克，清水适量。

做法

① 将黄豆清洗干净后，在清水中浸泡 6~8 小时，泡至发软备用；白果去壳。

② 将食材放入豆浆中，加清水煮至豆浆机提示白果豆浆做好。

③ 过滤后，趁热添加冰糖即可。

■ 贴心提示

有实邪者忌服冰糖白果豆浆。使用白果切不可过量，白果生食或炒食过量可致中毒，小儿误服中毒尤为常见，症状为发热、呕吐、腹痛、泄泻、惊厥、呼吸困难。成年人每天吃 20~30 粒为宜，小儿酌情递减。

【养生功效】

冰糖是止咳良药，与食材合理搭配可治多种原因引起的咳嗽。白果就是冰糖止咳时的一个好搭档，中医认为白果性味甘、苦、涩、平，归肺经，具有敛肺定喘、止带浊、缩小便的作用，常被用来治疗痰多喘咳等病症。冰糖搭配上白果和豆浆，喝起来又甜又香，还能充分发挥彼此的食疗作用，能够止咳平喘、补肺益肾，对肺燥引起的咳嗽、干咳无痰、咳痰带血等症状都有较好的作用。

大米雪梨黑豆豆浆，缓解老年人咳嗽

材料

黑豆 50 克，大米 30 克，雪梨 1 个，清水、冰糖或蜂蜜适量。

做法

①将黑豆清洗干净后，在清水中浸泡 6 ~ 8 小时，泡至发软备用；大米淘洗干净，用清水浸泡 2 小时；雪梨洗净，去子，切碎。

②将浸泡好的黑豆和大米、雪梨一起放入豆浆机的杯体中，添加清水至上下水位线之间，启动机器，煮至豆浆机提示大米雪梨黑豆豆浆做好。

③将打出的大米雪梨黑豆豆浆过滤后，按个人口味趁热添加冰糖或蜂蜜调味。

【养生功效】

冰糖雪梨汤是人们在咳嗽后最常用的食疗方。其实在这个汤的基础上稍加改造，就可以做成一款特别适合于年老者咳嗽时的饮食妙方，那就是在其中加入黑豆和大米制成豆浆。黑豆看似属于补肾的食物，同咳嗽毫无关系，实际上黑豆的这一补肾作用有助于平喘，利湿的作用又助于化痰。同雪梨一起搭配，能够共同发挥出清热化痰、止咳平喘的功效。这款豆浆对于肺热引起的肺热咳嗽、痰多、气喘等症都有一定疗效，尤其适合老年慢性气管炎有热痰者食用。

■ 贴心提示

雪梨要想切得更碎，可以先用刨丝刀将它擦成细丝后再切。另外，雪梨性凉，不宜多放，加入一个中等大小的即可。

紫米人参红豆豆浆，善补元气

材料

人参 10 克，红豆 15 克，紫米 20 克，黄豆 60 克，清水、白糖或冰糖适量。

做法

①　将黄豆、红豆清洗干净后，在清水中浸泡 6 ~ 8 小时，泡至发软备用；紫米淘洗干净，用清水浸泡 2 小时；人参煎汁备用。

②　将浸泡好的黄豆、红豆和紫米一起放入豆浆机的杯体中，淋入人参煎汁，添加清水至上下水位线之间，启动机器，煮至豆浆机提示紫米人参红豆豆浆做好。

③　将打出的紫米人参红豆豆浆过滤后，按个人口味趁热添加适量白糖或冰糖调味，不宜吃糖的患者，可用蜂蜜代替。不喜甜者也可不加糖。

【养生功效】

人参是举世闻名的珍贵药材，在人们心目中占有重要的地位，中医认为它是能长精力、大补元气的要药，尤其是多年生的野山参药用价值最高。其功重在大补正元之气，以壮生命之本，进而固脱、益损、止渴、安神。所以，中医在治疗虚证的时候喜用人参这味药。紫米含有的多种维生素和矿物质，能够补足人体所需的微量元素，中医认为它具有补血益气的功效。红豆具有养血的功效，搭配上人参、紫米和红豆制成的豆浆，可以大补元气，改善气血不足的现象。

■ 贴心提示

这款豆浆由于加入了人参，滋补性较强。如果不是气虚的人，最好不要服用，平时也要慎用人参当茶饮，避免滥服人参的现象出现。有些人不宜服用人参，比如肝火上亢的高血压患者，肾功能不全伴有少尿者，失眠烦躁属实证者，感冒发热者，素来阴虚火旺者等。

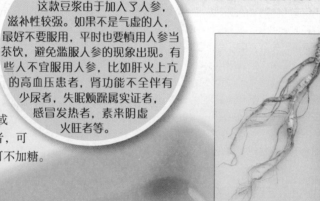

小米绿豆浆，补气养胃、促进消化

材料

绿豆、小米各 35 克，葡萄干 10 克。

做法

1 绿豆预先加水浸泡 8 小时，捞出洗净；小米淘洗干净，用清水浸泡 2 小时；葡萄干用温水洗净。

2 将上述材料一同倒入豆浆机中，加水至上下水位线之间。

3 接通电源，按照提示将豆浆制作完毕，过滤即可。

■ 贴心提示

绿豆解药，服补药时不要饮用此豆浆。

【养生功效】

绿豆含有蛋白质、脂肪、碳水化合物、B 族维生素，胡萝卜素等。其中所含的蛋白质主要为球蛋白，富含赖氨酸、亮氨酸、苏氨酸，但蛋氨酸、色氨酸、酪氨酸比较少。食用时如与小米搭配，则可提高其蛋白质利用率。

黄豆红枣糯米豆浆，补气补血、健脾养胃

材料

黄豆40克，糯米、红枣各15克，冰糖适量。

做法

①黄豆、糯米分别淘洗干净，用水泡软；红枣用温水洗净，去核切成小块。

②将上述材料倒入全自动豆浆机中，加水打成浆，倒入杯中，调入冰糖即可。

【养生功效】

大枣富含蛋白质、脂肪、糖类、胡萝卜素、B族维生素、维生素C、维生素P等营养物质，其中尤以维生素C的含量丰富，素有维生素王之美称。大枣中还含有树脂、黏液质、香豆素类衍生物、儿茶酚、鞣质、挥发油、13种氨基酸及钙、磷、铁、硒等36种微量元素。糯米性温，有良好的补虚暖胃功效，对脾胃虚弱导致的反胃、食欲不振、长期腹泻和气虚引起的汗虚、气短无力、妊娠腹坠胀等症都有良好的辅助治疗作用。

■ 贴心提示

消化功能不好的人可适量少放糯米。

第四篇

豆浆养颜方

——好身材，好容颜

第1章
养颜润肤豆浆

玫瑰花红豆浆，改善暗黄肌肤

材料

玫瑰花 5 ~ 8 朵，红豆 90 克，清水、白糖或冰糖适量。

【养生功效】

自古以来，玫瑰花就是女人养颜的佳品。它具有理气活血的作用，能够帮助女性改善暗黄的肌肤，让肌肤变得更有光泽。红豆也是女人养颜的好帮手，常吃可以补血，令人气色红润。这款豆浆，有活血化瘀的作用，具有美容养颜，提升肤色的功效。

做法

1 将红豆清洗干净后，在清水中浸泡 6 ~ 8 小时，泡至发软备用；玫瑰花瓣仔细清洗干净后备用。

2 将浸泡好的红豆和玫瑰花一起放入豆浆机的杯体中，添加清水至上下水位线之间，启动机器，煮至豆浆机提示玫瑰花红豆浆做好。

3 将打出的玫瑰花红豆浆过滤后，按个人口味趁热添加适量白糖或冰糖调味，以减少玫瑰花的涩味。不宜吃糖的患者，可用蜂蜜代替。

■ 贴心提示

玫瑰花具有活血化瘀的作用，孕妇不宜饮用这款豆浆，以免导致流产。

茉莉玫瑰花豆浆，滋润肌肤、补充水分

材料

茉莉花3朵，玫瑰花3朵，黄豆90克，清水、白糖或冰糖适量。

做法

① 将黄豆清洗干净后，在清水中浸泡6～8小时，泡至发软备用；茉莉花瓣、玫瑰花瓣清洗干净后备用。

② 将浸泡好的黄豆和茉莉花、玫瑰花一起放入豆浆机的杯体中，添加清水至上下水位线之间，启动机器，煮至豆浆机提示茉莉玫瑰花豆浆做好。

③ 将打出的茉莉玫瑰花豆浆过滤后，按个人口味趁热添加适量白糖或冰糖调味，不宜吃糖的患者，可用蜂蜜代替。

【养生功效】

茉莉被喻为"花中之王"，其色如玉，香气袭人，在古代亦称"美容花"，具有很高的美颜功能。中医认为，肺经是主管人的皮毛的。每个女子都希望自己能如花朵一样绽放，肌肤细腻、面色红润，这就要求身体的肺经运行通畅。茉莉的花、叶的归经都包括肺经，如果在日常饮食中，适量摄入茉莉花或含茉莉花有效成分的食品，都能收到一定的美容功效。玫瑰花能够通过活血化瘀的功效，令人恢复好气色，它与茉莉花的搭配能够让人的皮肤变得更水嫩、气色更好。

■ 贴心提示

茉莉花开花时节，可以用新鲜的茉莉花制作这款豆浆，香气更加浓郁。

香橙豆浆，美白滋润肌肤

材料

橙子1个，黄豆50克，清水、白糖或冰糖适量。

做法

① 将黄豆清洗干净后，在清水中浸泡6～8小时，泡至发软备用；橙子去皮、去子后撕碎。

② 将食材放入豆浆机，加清水煮至豆浆机提示香橙豆浆做好。

③ 过滤后，按个人口味趁热添加适量白糖或冰糖调味，不宜吃糖的患者，可用蜂蜜代替。

【养生功效】

现代医学认为，橙子含丰富维生素C，具有防止皮肤老化及皮肤敏感的功效。维生素C还有预防雀斑、美白的功效，尤其适合略带油光、容易受外界物质刺激的敏感肌肤。这款豆浆的味道酸甜可口，色泽美艳，经常饮用能起到润泽皮肤的功效。

■ 贴心提示

橙子味美但不要吃得过多，过多食用橙子等柑橘类水果会引起中毒。这款豆浆不适合脾胃虚寒腹泻者及糖尿病患者，贫血病人也不宜多饮。

牡丹豆浆，塑造"国色天香"的美丽佳人

材料

牡丹花球 5～8 朵，黄豆 80 克，清水、白糖或冰糖适量。

做法

①将黄豆清洗干净后，在清水中浸泡 6～8 小时，泡至发软备用；牡丹花球去蒂后，仔细清洗干净后备用。

②将浸泡好的黄豆和牡丹花一起放入豆浆机的杯体中，添加清水至上下水位线之间，启动机器，煮至豆浆机提示牡丹豆浆做好。

③将打出的牡丹豆浆过滤后，按个人口味趁热添加适量白糖或冰糖调味，也可以用蜂蜜代替。

■ 贴心提示

如果不要求口感一定细腻，这款豆浆也可以不过滤。

【养生功效】

从唐代起，牡丹就被喻为"国色天香"，被赋予了国花的地位。牡丹不仅具有极高的欣赏价值，它的药用价值也很大，并能帮助女人养颜。中医认为，牡丹养血和肝、散郁祛瘀，适用于面部黄褐斑、皮肤衰老。经常饮用牡丹花和黄豆制成的豆浆，可以令气血充沛、容颜红润、精神饱满，还可减轻生理疼痛，对改善贫血及养颜美容有益。

红枣莲子豆浆，养血安神、抗衰老

材料

红枣 15 克，莲子 15 克，黄豆 50 克，清水、白糖或冰糖适量。

■ 贴心提示

糖尿病患者应当少食或者不食红枣莲子豆浆。

做法

①将黄豆洗净，在清水中浸泡 6～8 小时；红枣洗净，去核，切碎；莲子清洗干净后略泡。

②将食材一起放入豆浆机中，添加适量清水，煮至豆浆机提示红枣莲子豆浆做好。

③过滤后，按个人口味趁热添加适量白糖或冰糖调味，不宜吃糖的患者，可用蜂蜜代替。

【养生功效】

红枣对于促进血液循环很有帮助，现代药理学发现红枣含有环磷酸腺苷（CAMP），能扩张冠状动脉，增强心肌收缩力。有很多人因为工作压力大，休息不好，造成肌肤暗淡无光。这时就可以用红枣搭配上莲子和黄豆制成豆浆来饮用，因为莲子也有养心安神的功效，对于多梦失眠有一定的作用。饮用红枣莲子豆浆能够养血安神，人休息好了，皮肤看上去自然也更有光彩。

红豆黄豆豆浆，排毒美肤

材料

黄豆 30 克，红豆 60 克，蜂蜜 10 克，清水适量。

做法

① 将黄豆、红绿豆清洗干净后，在清水中浸泡 6～8 小时，泡至发软备用。

② 将浸泡好的黄豆和红豆一起放入豆浆机的杯体中，添加清水至上下水位线之间，启动机器，煮至豆浆机提示豆浆做好。

③ 将打出的豆浆过滤后，稍凉后添加蜂蜜即可。

■ 贴心提示

这款豆浆在夏季饮用，美肤的效果更佳。

【养生功效】

红豆富含铁质，食用后能令人气色变得红润起来，多吃红豆还可以补血、促进血液循环，是女性健康美容的良好伙伴。另外，红豆还有利水消肿的作用，能够清热解毒，营养学也认为红豆含有较多的皂角苷，能够刺激肠道，所以红豆有良好的利尿作用。一个人如果体内毒素过多，皮肤肯定会出现色斑、痤疮等，而红豆具有清热排毒的作用，对于改善肌肤也有好处。加入蜂蜜和黄豆的营养成分后，这款红豆黄豆豆浆不但味道香甜，还能让皮肤也变得红润起来。

薏米玫瑰豆浆，改善面色暗沉

材料

薏米 20 克，玫瑰花 15 朵，黄豆 50 克，清水、白糖或冰糖适量。

做法

① 将黄豆清洗干净后，在清水中浸泡 6～8 小时，泡至发软备用；玫瑰花洗净；薏米淘洗干净，用清水浸泡 2 小时。

② 将浸泡好的黄豆、薏米和玫瑰花一起放入豆浆机的杯体中，添加清水至上下水位线之间，启动机器，煮至豆浆机提示薏米玫瑰豆浆做好。

③ 将打出的薏米玫瑰豆浆过滤后，按个人口味趁热添加适量白糖或冰糖调味，不宜吃糖的患者，可用蜂蜜代替。不喜甜者也可不加糖。

■ 贴心提示

因为玫瑰花能活血化瘀，多食薏米能滑胎，所以孕妇不宜食用此豆浆，以免导致流产。

【养生功效】

玫瑰花芳香怡人，有理气和血、疏肝解郁、润肤养颜等作用，能调经止痛、解毒消肿，消除因内分泌功能紊乱造成的面部暗疮。薏米健脾益胃、祛风胜湿，能改善脾胃两虚而导致的颜面多皱、面色暗沉。薏米中含有的维生素 E 能保持人体皮肤光泽细腻。这款豆浆有助于消除面部暗疮，改善面色暗沉。

百合莲藕绿豆浆，防止皮肤粗糙

材料

鲜百合5克，莲藕30克，绿豆70克，清水、白糖或蜂蜜适量。

做法

① 将绿豆洗净，在清水中浸泡6～8小时,；百合洗净，略泡，切碎；莲藕去皮，切碎。

② 将浸泡好的绿豆同百合、莲藕一起放入豆浆机的杯体中，添加清水至上下水位线之间，启动机器,煮至豆浆机提示百合莲藕绿豆浆做好。

③ 将打出的百合莲藕绿豆浆过滤后，按个人口味趁热添加适量白糖，或等豆浆稍凉后加入蜂蜜即可饮用。

■ 贴心提示

食用莲藕，要挑选外皮呈黄褐色，肉肥厚而白的，如果发黑，有异味，则不宜食用。藕皮也有平喘止咳的功效，如果有需要也可以不去掉，但是一定要清洗干净。

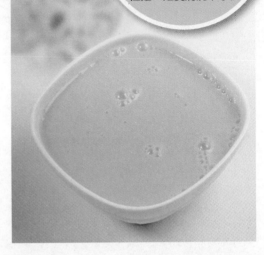

【养生功效】

鲜百合含黏液质及维生素，对皮肤细胞新陈代谢有益，常食百合，有美容作用。油性皮肤的人多吃百合对皮肤特别好。生莲藕性寒，有清热除烦之功，特别适合因血热而长"痘痘"的患者食用。绿豆有清热解毒的功效。百合、莲藕和绿豆一起制成的豆浆能防止皮肤粗糙，让你越喝越美丽。

西芹薏米豆浆，美白淡斑

材料

黄豆50克，薏米20克，西芹30克，清水、白糖或冰糖适量。

■ 贴心提示

脾胃虚寒、肠滑不固者、血压偏低者及婚育期男士不宜多食西芹薏米豆浆。

做法

① 将黄豆洗净，在清水中浸泡6～8小时；薏米淘洗干净，浸泡2小时；西芹洗净，切段。

② 将上述食材一起放入豆浆机中，加清水煮至豆浆机提示西芹薏米豆浆做好。

③ 过滤后，按个人口味趁热添加适量白糖或冰糖调味，不宜吃糖的患者，可用蜂蜜代替。

【养生功效】

西芹营养丰富，含铁量较高，能补充妇女经血的损失，食之能避免皮肤苍白、干燥、面色无华，而且可使目光有神，头发黑亮。我国医书古籍中记载，薏米是极佳的美容食材，具有治疣平痘、淡斑美白、润肤除皱等美容养颜功效，尤其是所含的蛋白质分解酵素能使皮肤角质软化，维生素E有抗氧化作用。薏米可以协助消除斑点，使肌肤较白皙，长期食用可以达到滋润肌肤的功效。用西芹、薏米搭配黄豆制成的这款豆浆能够润白肌肤，淡化斑点。

大米红枣豆浆，天然的养颜方

材料

大米 25 克，红枣 25 克，黄豆 50 克，清水、白糖或冰糖适量。

做法

❶ 将黄豆清洗干净后，在清水中浸泡 6～8 小时，泡至发软备用；大米淘洗干净，用清水浸泡 2 小时；红枣洗净并去核后，切碎待用。

❷ 将浸泡好的黄豆、大米和红枣一起放入豆浆机的杯体中，添加清水至上下水位线之间，启动机器，煮至豆浆机提示大米红枣豆浆做好。

❸ 将打出的大米红枣豆浆过滤后，按个人口味趁热添加适量白糖或冰糖调味，不宜吃糖的患者，可用蜂蜜代替。不喜甜者也可不加糖。

【养生功效】

很多女性为了美容养颜，会去吃一些补充维生素的药。其实，生活中很方便就能购买到的红枣就是一种天然维生素丸。根据现代药理研究，红枣有增强体能、加强肌力的功效。红枣的含糖量高产生的热量较大，另外亦含有丰富的蛋白质、脂肪及多种维生素，尤其所含的维生素 C 特别高。从这个角度上说，红枣是天然的美容食品，红枣搭配大米、黄豆制成的这款豆浆，有很好的美容养颜功效。

■ 贴心提示

腹胀者不适合饮用这款豆浆，以免生湿积滞，越喝肚子的胀风情况越无法改善。体质燥热的女性，不适合在月经期间饮用这款豆浆，这可能会造成经血过多。

桂花茯苓豆浆，改善肤色

材料

桂花 10 克，茯苓粉 20 克，黄豆 70 克，清水、白糖或冰糖适量。

做法

❶ 将黄豆清洗干净后，在清水中浸泡 6～8 小时，泡至发软备用；桂花清洗干净后备用。

❷ 将浸泡好的黄豆和桂花一起放入豆浆机的杯体中，加入茯苓粉，添加清水至上下水位线之间，启动机器，煮至豆浆机提示桂花茯苓豆浆做好。

❸ 将打出的桂花茯苓豆浆过滤后，按个人口味趁热添加适量白糖或冰糖调味，不宜吃糖的患者，可用蜂蜜代替。

■ 贴心提示

桂花的香味强烈，所以在制作豆浆时忌过量饮用。另外，体质偏热、火热内盛者也要谨慎饮用。茯苓粉在中药店可以买到。熬煮的时候要不时搅拌一下，以免粘锅。

【养生功效】

大多数人都比较喜欢桂花的味道，常用桂花泡茶饮。其实桂花远不只有泡茶这一种功效，还可以将桂花、茯苓、黄豆加白糖打磨成桂花茯苓豆浆，味美且开胃，还有利于皮肤的健康与美丽。对于那些爱漂亮的朋友们，不妨经常喝一些桂花茯苓豆浆。

糯米黑豆浆，滋补又养颜

材料

糯米 30 克，黑豆 70 克，清水、白糖或蜂蜜适量。

做法

①将黑豆清洗干净后，在清水中浸泡 6～8 小时，泡至发软备用；糯米淘洗干净，用清水浸泡 2 小时。

②将浸泡好的黑豆同糯米一起放入豆浆机的杯体中，添加清水至上下水位线之间，启动机器，煮至豆浆机提示糯米黑豆浆做好。

③将打出的糯米黑豆浆过滤后，按个人口味趁热添加适量白糖或冰糖即可饮用。

【养生功效】

中医认为，糯米能补养人体正气，起到御寒、滋补的作用。古代医书中有记载"糯米粥为温养胃气妙品"，因此患有神经衰弱及病后、产后的人食用糯米粥调养，可达到滋补营养、健脾养胃的功效；古代很多医书都记载了黑豆有养颜明目、乌发嫩肤的作用。因黑豆的蛋白质质量位居豆类之冠，比牛奶、肉类都高，而且容易被人体吸收，保健效果极佳。黑豆与糯米搭配能够滋阴补肾、滋润肌肤、乌发美容、健脾开胃。因此这款豆浆尤其适合爱美的女士们。

■ 贴心提示

黑豆的嘌呤含量较高，尿酸过高的人一次不宜食用太多。

第2章
美体减脂豆浆

薏米红枣豆浆，适宜水肿型肥胖

材 料

薏米 30 克，红枣 20 克，黄豆 50 克，清水、白糖或冰糖适量。

做 法

❶ 将黄豆清洗干净后，在清水中浸泡 6～8 小时，泡至发软备用；红枣洗净，去核，切碎；薏米淘洗干净，用清水浸泡 2 小时。

❷ 将浸泡好的黄豆和红枣、薏米一起放入豆浆机的杯体中，添加清水至上下水位线之间，启动机器，煮至豆浆机提示薏米红枣豆浆做好。

❸ 将打出的薏米红枣豆浆过滤后，按个人口味趁热添加适量白糖或冰糖调味，不宜吃糖的患者，可用蜂蜜代替。不喜甜者也可不加糖。

【养生功效】

薏米像米更像仁，所以也有很多地方叫它薏仁。颗实饱满的薏米清新黏糯，很多人都喜欢吃，但是很少有人知道薏米对于水肿型的肥胖还有一定的减肥作用。中医上说，薏米能强筋骨、健脾胃、消水肿、去风湿、清肺热等。尤其是薏米利湿的效果很好，运化水湿是脾的主要功能之一，喝进来的水、吃进来的食物，如不能转化为人体可以利用的津液，就会变成"水湿"，体内湿气太重就会影响到脾的负担。所以薏米的这种祛湿作用，能够为脾脏减轻负担，从而达到减肥的目的；红枣最突出的特点是维生素含量高，它能保证减肥时人体营养的补充，让人健康减肥。所以薏米、黄豆和红枣制作出的豆浆适宜水肿型肥胖者食用，在减肥的同时还能补充维生素。

■ 贴心提示

因为红枣的糖分含量较高，所以糖尿病患者应当少食或者不食。凡是痰湿偏盛、湿热内盛、腹部胀满者也应忌食。

西芹绿豆浆，膳食纤维助瘦身

材料

西芹 20 克，绿豆 80 克，清水适量。

做法

1 将绿豆清洗干净后，在清水中浸泡 6～8 小时，泡至发软备用；西芹择洗干净后，切成碎丁。

2 将浸泡好的绿豆同西芹丁一起放入豆浆机的杯体中，添加清水至上下水位线之间，启动机器，煮至豆浆机提示西芹绿豆浆做好。

3 将打出的西芹绿豆浆过滤后即可饮用。

■ 贴心提示

芹菜有两种，一种是西芹，一种是唐芹。如果你偏爱味道浓烈的食物，可选择唐芹。它的味道较强，减肥效果也非常好。

【养生功效】

清脆可口的芹菜是减肥餐桌上必不可少的一道菜。它之所以具有减肥的功效，源于芹菜中丰厚的粗纤维，能够刮洗肠壁，削减脂肪被小肠吸收。芹菜对心脏不错，而且它还含有充足的钾，能够预防下半身的水肿现象。芹菜搭配绿豆制成的西芹绿豆浆，可以借助豆浆中的膳食纤维来帮助瘦身。

糙米红枣豆浆，有助减肥

材料

糙米 30 克，红枣 20 克，黄豆 50 克，清水、白糖或冰糖适量。

做法

1 将黄豆清洗干净后，在清水中浸泡 6～8 小时，泡至发软备用；红枣洗净，去核，切碎；糙米淘洗干净，用清水浸泡 2 小时。

2 将浸泡好的黄豆、糙米和红枣一起放入豆浆机的杯体中，添加清水至上下水位线之间，启动机器，煮至豆浆机提示糙米红枣豆浆做好。

3 将打出的糙米红枣豆浆过滤后，按个人口味趁热添加适量白糖或冰糖调味，不宜吃糖的患者，可用蜂蜜代替。不喜甜者也可不加糖。

■ 贴心提示

因为红枣的糖分含量较高，所以糖尿病患者应当少食或者不食。凡是痰湿偏盛、湿热内盛、腹部胀满者也应忌食。

【养生功效】

糙米中的锌、镕、锰、钒等微量元素有利于提高胰岛素的敏感性，对糖耐量受损的人很有帮助。日本研究证明，糙米饭的血糖指数比白米饭低得多，且易增加饱腹感，有利于控制食量，从而帮助肥胖者减肥。红枣性平，味甘，具有补中益气、养血安神、健脾和胃之功效，是滋补阴虚的良药。干枣含糖量很高，对促进小儿生长和智力发育很有好处；所含钙、铁对防治老年性骨质疏松症和贫血十分有益；所含维生素 P 能降低血清胆固醇和三酰甘油，有利于防治高血压、动脉硬化、冠心病和中风。红枣还具有增加肌力、调和气血、健体美容和抗衰的功效。用糙米和红枣制作出的豆浆有减肥功效。

西芹荞麦豆浆，不易发胖

材 料

西芹 20 克，荞麦 30 克，黄豆 50 克，清水、白糖或冰糖适量。

做 法

① 将黄豆清洗干净后，在清水中浸泡 6～8 小时，泡至发软备用；西芹择洗干净后，切成碎丁；荞麦淘洗干净，用清水浸泡 2 小时。

② 将浸泡好的黄豆、荞麦和西芹一起放入豆浆机的杯体中，添加清水至上下水位线之间，启动机器，煮至豆浆机提示西芹荞麦豆浆做好。

③ 将打出的西芹荞麦豆浆过滤后，按个人口味趁热添加适量白糖或冰糖调味，不宜吃糖的患者，可用蜂蜜代替。不喜甜者也可不加糖。

【养生功效】

荞麦是一种粗粮，几乎所有的粗粮都有减肥的功效。而且，荞麦还具有清理肠道沉积废物的作用，因此民间称之为"净肠草"。西芹的膳食纤维丰富，二者搭配能够缩短体内废物在肠道内堆积的时间，尽快将它们排出体外。体内的"垃圾"处理系统运转正常，身体就不容易发胖。另外，西芹和荞麦本身热量低，脂肪少，即便多食也不容易发胖。它们搭配黄豆而成的西芹荞麦豆浆，是一款不容易让人发胖的饮品，其中也富含丰富的营养物质，不至于让减肥者出现营养不良的情况。

■ 贴心提示

由于芹菜有清热的特殊功效，故消化不良者和肠胃功能较差者，宜常饮西芹荞麦豆浆。

荷叶绿豆豆浆，安全减肥

材 料

荷叶20克，绿豆30克，黄豆50克，清水适量。

做 法

① 将黄豆、绿豆清洗干净后，在清水中浸泡6~8小时，泡至发软备用；荷叶择洗干净后，切成碎丁。

② 将浸泡好的黄豆、绿豆同切碎的荷叶一起放入豆浆机的杯体中，添加清水至上下水位线之间，启动机器，煮至豆浆机提示荷叶绿豆豆浆做好。

③ 将打出的荷叶绿豆豆浆过滤后即可饮用。

■ 贴心提示

荷叶绿豆豆浆只适用于水肿型肥胖者及有便秘现象的肥胖者。荷叶性寒，从这个方面来说，荷叶绿豆豆浆并不适合体质虚弱或寒性体质的肥胖者，否则会导致腹泻，如果过量饮用，就会严重腹泻甚至脱水。

【养生功效】

荷叶之所以被奉为减肥瘦身的良药，主要是因为荷叶有利尿、通便的功效。利尿可以帮助排出体内多余的水分，消除水肿，通便可以清理肠胃，排出体内毒素。但无论是利尿还是通便，减去的都只是体内的水分，而不是脂肪，所以对于减肥来说，荷叶能起到一定的辅助作用。利用荷叶和绿豆、黄豆做成的豆浆，可以说是一种安全、绿色的减肥佳品。

桑叶绿豆豆浆，利水消肿

■ 贴心提示

桑叶绿豆豆浆适合肝燥者食用。桑叶性寒，有疏风散热、润肺止咳的功效，因此，风寒感冒有口淡、鼻塞、流清涕、咳嗽的人不宜食用这款豆浆。

材 料

桑叶20克，绿豆30克，黄豆50克，清水适量。

做 法

① 将黄豆、绿豆清洗干净后，在清水中浸泡6~8小时；桑叶择洗干净后，切成碎丁。

② 将上述食材一起放入豆浆机中，添加适量清水，煮至豆浆机提示桑叶绿豆豆浆做好。

③ 将打出的桑叶绿豆豆浆过滤后即可饮用。

【养生功效】

桑叶有利水的作用，不仅可以促进排尿，还可使积在细胞中的多余水分走，能够消肿。桑叶还可以将血液中过剩的中性脂肪和胆固醇排清，即清血功能。正因如此，它既可以减肥，又可以改善因为肥胖引起的高脂血症。

桑叶和绿豆、黄豆制成的豆浆，能够利水消肿，起到减肥的作用，还能防止心肌梗死、脑出血。

银耳红豆豆浆，减肥养颜两不误

材料

银耳 30 克，红豆 20 克，黄豆 50 克，清水适量。

做法

① 将黄豆、红豆清洗干净后，在清水中浸泡 6 ~ 8 小时，泡至发软备用；银耳用清水泡发，洗净，切碎。

② 将浸泡好的黄豆、红豆同银耳一起放入豆浆机的杯体中，添加清水至上下水位线之间，启动机器，煮至豆浆机提示银耳红豆豆浆做好。

③ 将打出的银耳红豆豆浆过滤后即可饮用。

【养生功效】

根据中医理论，红豆性平味甘酸，可通小肠，具有健脾利水、清利湿热、和血排脓、解毒消肿的功效，所以凡是脾虚不适、腹水胀满、皮肤水肿等疾病，都可以酌量进食，经常食用还能减肥消肿。银耳是一种含粗纤维的减肥食品，它同红豆、黄豆制成的豆浆，一方面适合肥胖者减肥食用，另一方面还具有美容养颜的功效。这款豆浆尤其适合爱美的肥胖女性饮用。

■ 贴心提示

质量好的银耳，耳花大而松散，耳肉肥厚，色泽呈白色或略带微黄，蒂头无黑斑或杂质，朵形较圆整，大而美观。如果银耳花朵呈黄色，一般是下雨或受潮烘干的。如果银耳色泽呈暗黄，朵形不全，呈残状，蒂间不干净，属于质量差的。

第3章 护发乌发豆浆

核桃蜂蜜豆浆，让头发黑亮起来

材料

核桃仁2 ~ 3个，黄豆80克，蜂蜜10克、清水适量。

做法

1 将黄豆清洗干净后，在清水中浸泡6 ~ 8小时，泡至发软。核桃仁备用，可碾碎。

2 将浸泡好的黄豆和核桃仁一起放入豆浆机的杯体中，并加水至上下水位线之间，启动机器，煮至豆浆机提示豆浆做好。

3 将打出的豆浆过滤后，待稍凉往豆浆中添加蜂蜜即可。

【养生功效】

因精神紧张、压力大造成的脱发，可以试试补肾生发的蜂蜜核桃豆浆，最好在早晨喝，因为早晨通常是空腹，能够充分吸收利用，发挥核桃的养发作用。因为“发者血之余”，脑力工作者常因用脑过度，耗伤心血而出现脱发情况。常吃核桃能够改善脑循环，增强脑力。血旺则发黑，而且核桃中富含多种维生素，所以适合因为肾阳虚引起的头发早白，脱发等现象。核桃同黄豆制成的豆浆，搭配上蜂蜜，能够缓解因压力过大导致的脱发、白发病症，经常饮用有乌发的功效。

■ 贴心提示

挑选核桃时需注意，质量差的核桃仁碎泛油，黏手，色黑褐，有哈喇味，不能食用。如果把整个核桃放在水里，无仁核桃不会下沉，优质核桃则沉入水中。

核桃黑豆浆，补肾、乌发、防脱发

材料

黑豆 80 克，核桃仁 1～2 颗，清水、白糖或冰糖适量。

做法

❶ 将黑豆清洗干净后，在清水中浸泡 6～8 小时，泡至发软备用；核桃仁碾碎。

❷ 将浸泡好的黑豆和碾碎的核桃仁一起放入豆浆机的杯体中，添加清水至上下水位线之间，启动机器，煮至豆浆机提示核桃黑豆浆做好。

❸ 将打出的核桃黑豆浆过滤后，按个人口味趁热添加适量白糖或冰糖调味，不宜吃糖的患者，可用蜂蜜代替。不喜甜者也可不加糖。

■ 贴心提示

黑豆不适宜生吃，尤其是肠胃不好的人，生吃会出现胀气现象。

【养生功效】

核桃仁含有亚麻油酸及钙、磷、铁，经常食用可润肌肤、乌须发，并具有防治头发过早变白和脱落的功能。自古以来，黑豆就是一种常用的补肾佳品，具有补肾益精和润肤、乌发的作用，根据中医理论，豆乃肾之谷，黑色属水，水走肾，所以肾虚的人食用黑豆是有益处的。肾虚是导致脱发和白发的重要原因，核桃搭配黑豆制成的这款豆浆具有补肾功效，可以乌发、防脱发。

芝麻核桃豆浆，防治头发早白、脱落

材料

黄豆 70 克，黑芝麻 20 克，核桃仁 1～2 颗，清水、白糖或冰糖适量。

做法

❶ 将黄豆清洗干净后，在清水中浸泡 6～8 小时，泡至发软备用；黑芝麻淘去沙粒；核桃仁碾碎。

❷ 将浸泡好的黄豆和黑芝麻、核桃仁一起放入豆浆机的杯体中，添加清水至上下水位线之间，启动机器，煮至豆浆机提示芝麻核桃豆浆做好。

❸ 将打出的芝麻核桃豆浆过滤后，按个人口味趁热添加适量白糖或冰糖调味，不宜吃糖的患者，可用蜂蜜代替。不喜甜者也可不加糖。

■ 贴心提示

不要剥掉核桃仁表面的褐色薄皮，因为这样会损失一部分营养。

【养生功效】

中医认为头发变白或易于脱落，多半是因为肝血不足，肾气虚弱。所以中医在治疗白发和脱发上讲究补肝血、补肾气。黑芝麻有滋肝益肾、补血生津等功效；核桃有滋血养发的作用，黄豆可以防止头发干枯。这款豆浆，可以防治头发早白和脱落。

芝麻黑米黑豆豆浆，改善孩子的头发稀疏问题

材料

黄豆50克，黑芝麻10克，黑米20克，黑豆20克，清水、白糖或冰糖适量。

■ 贴心提示

脾胃虚弱的小儿不宜食用这款豆浆。

做法

1. 将黄豆、黑豆清洗干净后，在清水中浸泡6~8小时，泡至发软备用；黑芝麻淘去沙粒；黑米淘洗干净，用清水浸泡2小时。

2. 将上述食材一起放入豆浆机中，添加适量清水，煮至豆浆做好。

3. 过滤后，按个人口味趁热添加适量白糖或冰糖调味，不宜吃糖的患者，可用蜂蜜代替。

【养生功效】

这款豆浆很适合头发稀疏的孩子食用。一般而言，小女孩儿在虚岁7岁，小男孩儿在虚岁8岁的时候，随着肾中精气的"活动"，头发就会逐渐变成乌黑色，发量也会变得浓郁起来。如果头发仍旧发黄、稀疏，这都属于肾气不足的表现。中医认为"黑色入通于肾"，黑色食品都有补肾功效。黑米、黑豆、黑芝麻都属于黑色食品，他们可以帮助孩子提升肾中阳气，搭配上黄豆后制成的豆浆更是能够滋阴补虚，而且容易消化，能改善孩子头发稀疏的状况。

芝麻蜂蜜豆浆，适于中老年人的头发问题

材料

黑芝麻30克，黄豆60克，蜂蜜10克，清水适量。

做法

1. 将黄豆清洗干净后，在清水中浸泡6~8小时，泡至发软备用；芝麻淘去沙粒。

■ 贴心提示

芝麻虽好，食用时也有一定的禁忌，那些有慢性肠炎，阳痿，遗精者，以及白带异常的人不宜食用芝麻蜂蜜豆浆。

2. 将浸泡好的黄豆和黑芝麻一起放入豆浆机的杯体中，添加清水至上下水位线之间，启动机器，煮至豆浆机提示芝麻蜂蜜豆浆做好。

3. 将打出的芝麻蜂蜜豆浆过滤后，待稍凉添加蜂蜜即可。

【养生功效】

黑芝麻中的维生素E有助于头皮内的血液循环，促进头发的生长，并对头发起滋润作用，防止头发干燥和发脆。芝麻中富含的优质蛋白质、不饱和脂肪酸、钙等营养物质均可养护头发，防止脱发和白发，使头发保持乌黑亮丽。黑芝麻富含油脂，中医认为用等量的黑芝麻、蜂蜜拌匀后，蒸熟食用，能够治疗早年白发，或发枯易落。实际上，黑芝麻和黄豆打成豆浆后搭配上蜂蜜，也能起到养发、护发的作用。这款芝麻蜂蜜豆浆特别适合因肝肾不足引起的头发早白、脱发症状，尤其适合中老年人食用。

芝麻花生黑豆浆，改善脱发、须发早白

材料

黑豆 50 克，花生 30 克，黑芝麻 20 克，清水、白糖或冰糖适量。

做法

1️⃣ 将黑豆清洗干净后，在清水中浸泡 6 ~ 8 小时，泡至发软备用；芝麻淘去沙粒；花生去皮。

2️⃣ 将浸泡好的黑豆和花生、芝麻一起放入豆浆机的杯体中，添加清水至上下水位线之间，启动机器，煮至豆浆机提示芝麻花生黑豆浆做好。

3️⃣ 将打出的芝麻花生黑豆浆过滤后，按个人口味趁热添加适量白糖或冰糖调味，不宜吃糖的患者，可用蜂蜜代替。不喜甜者也可不加糖。

■ 贴心提示

花生仁不要去除红衣，因为它能补血、养血、止血。

【养生功效】

头发的光彩与肾精的充盛也有很密切的关系。肾精充盛，则头发乌黑有光泽，如果肾精不足，则发质分叉、枯黄无泽。人们都知道，如果头发看起来不好，应该多吃黑芝麻之类的食物，其实这些东西在很大程度上就是用来强壮补肾的。黑豆、花生和黑芝麻都有助于补肾益精，它们共同作用可使肾精充盛，令头发变得更有光泽。这款豆浆能改善脱发、须发早白和非遗传性白发。

核桃黑米豆浆，滋阴补肾、护发乌发

材料

黄豆 50 克，黑米 30 克，核桃仁 1 ~ 2 颗，清水、白糖或冰糖适量。

做法

1️⃣ 将黄豆清洗干净后，在清水中浸泡 6 ~ 8 小时，泡至发软备用；黑米淘洗干净，用清水浸泡 2 小时；核桃仁碾碎。

2️⃣ 将浸泡好的黄豆和黑米、核桃仁一起放入豆浆机的杯体中，添加清水至上下水位线之间，启动机器，煮至豆浆机提示核桃黑米豆浆做好。

3️⃣ 将打出的核桃黑米豆浆过滤后，按个人口味趁热添加适量白糖或冰糖调味，不宜吃糖的患者，可用蜂蜜代替。不喜甜者也可不加糖。

■ 贴心提示

真假黑米的辨别：正宗黑米只是表面米皮为黑色，剥去米皮，米心是白色，米粒颜色有深有浅，而染色黑米颜色基本一致。

【养生功效】

中医认为"发为血之余"，肝主藏血，肾主藏精，精生于血。即白发和脱发等头发上的一系列问题，同肝血不足或者肾精不足有关系。而核桃和黑米都是滋补肝肾的佳品，所以将它们搭配起来能达到养发护发的目的。黄豆能够补气养血，加上核桃和黑米的共同作用，可以达到很好的护发乌发的目的。

糯米芝麻黑豆浆，补虚、补血、改善须发早白

材料

糯米30克，黑芝麻20克，黑豆50克，清水、白糖或冰糖适量。

【养生功效】

糯米是一种滋补食品，它能够滋阴补益，对于尿频、盗汗均有较好的疗效。另外，糯米有补肾的作用，与黑芝麻和黑豆搭配效果最好，可以使头发乌黑发亮。这款用糯米、黑芝麻搭配黑豆制成的豆浆，能够补虚、补血，可以改善因肝肾不足、气血亏损所致的须发早白。

做法

1 将黑豆清洗干净后，在清水中浸泡6～8小时，泡至发软备用；黑芝麻淘去沙粒；糯米淘洗干净，用清水浸泡2小时。

2 将浸泡好的黑豆、糯米和黑芝麻一起放入豆浆机的杯体中，添加清水至上下水位线之间，启动机器，煮至豆浆机提示糯米芝麻黑豆浆做好。

3 将打出的糯米芝麻黑豆浆过滤后，按个人口味趁热添加适量白糖或冰糖调味，不宜吃糖的患者，可用蜂蜜代替。不喜甜者也可不加糖。

■ 贴心提示

由于糯米极柔黏，难以消化，脾胃虚弱者不宜多食这款豆浆；老人、小孩或病人应慎食。

第4章
抗衰防老豆浆

茯苓米香豆浆，抗击衰老

材料

黄豆60克，粳米25克，茯苓粉15克，清水、白糖或冰糖适量。

做法

❶ 将黄豆清洗干净后，在清水中浸泡6～8小时，泡至发软备用；粳米淘洗干净，用清水浸泡2小时。

❷ 将浸泡好的黄豆、粳米和茯苓粉一起放入豆浆机的杯体中，添加清水至上下水位线之间，启动机器，煮至豆浆机提示茯苓米香豆浆做好。

❸ 将打出的茯苓米香豆浆过滤后，按个人口味趁热添加适量白糖或冰糖调味，不宜吃糖的患者，可用蜂蜜代替。不喜甜者也可不加糖。

【养生功效】

茯苓具有延缓衰老的功效，历代医学家都很重视茯苓的这一功效，也出现了很多以茯苓为原料制成的风味小吃。有营养学家对慈禧太后的长寿补益药方进行了分析，发现她常用的补益中药共64种，使用率最高的一味中药就是茯苓。近年药理研究还证明，茯苓中富含的茯苓多糖能增强人体免疫功能，可以提高人体的抗病能力，起到防病、延缓衰老的作用；黄豆可以补充蛋白质，粳米可以补充碳水化合物，二者搭配茯苓制成的豆浆，不但可以健脾利湿、补充人体所需营养，还能延缓衰老，减轻岁月给肌肤带来的影响。

■ 贴心提示

茯苓粉在中药店可以买到。熬煮的时候要不时搅拌一下，以免粘锅。

杏仁芝麻糯米豆浆，延缓衰老

材料

糯米 20 克，熟芝麻 10 克，杏仁 10 克，黄豆 50 克，清水、白糖或蜂蜜适量。

做法

1 将黄豆清洗干净后，在清水中浸泡 6～8 小时，泡至发软备用；糯米清洗干净，并在清水中浸泡 2 小时；芝麻和杏仁分别碾碎。

2 将浸泡好的黄豆、糯米、芝麻、杏仁一起放入豆浆机的杯体中，添加清水至上下水位线之间，启动机器，煮至豆浆机提示杏仁芝麻糯米豆浆做好。

3 将打出的杏仁芝麻糯米豆浆过滤后，按个人口味趁热添加适量白糖，或等豆浆稍凉后加入蜂蜜即可饮用。

■ 贴心提示

家里面没有芝麻或者杏仁的，也可以用芝麻粉和杏仁粉代替；产妇、幼儿、病人，特别是糖尿病患者不宜食用杏仁芝麻糯米豆浆。

【养生功效】

芝麻被称为抗衰防老的"仙家食品"。人体试验结果证实，芝麻素被血液输送至肝脏时，可代谢成抗氧化物质，其抗氧化效果大大强于维生素 E，而且熟芝麻的抗氧化效果最好。杏仁中含有丰富的维生素 E，维生素 E 已被证实是一种强抗氧化物质，可以降低很多慢性病的发病危险，还能增强机体免疫力，减缓衰老；糯米可以温补人的脾胃，帮助吸收。这款豆浆，能够减缓衰老，预防多种慢性病。

三黑豆浆，抗氧化、抗衰老

材料

黑豆 50 克，黑米 30 克，黑芝麻 20 克，清水、白糖或冰糖适量。

■ 贴心提示

黑芝麻用火焙一下，可以去除芝麻本身的涩味，磨成浆后口感比较好。

做法

1 将黑豆清洗干净后，在清水中浸泡 6～8 小时；黑米淘洗干净，用清水浸泡 2 小时；黑芝麻淘洗干净，用平底锅焙出香味待用。

2 将上述食材一起放入豆浆机的杯体中，添加适量清水煮至豆浆机提示三黑豆浆做好。

3 过滤后，按个人口味趁热添加适量白糖或冰糖调味，不宜吃糖的患者，可用蜂蜜代替。

【养生功效】

黑豆含有丰富的维生素，其中维生素 E 的含量比肉类高 5～7 倍。维生素 E 是一种抗氧化剂，能清除体内自由基，减少皮肤皱纹，祛除色斑，使人保持青春健美。黑米外部皮层含有花青素，花青素是很好的抗氧化剂来源，能清除体内自由基，滋阴养颜美容，增加肠胃蠕动。黑芝麻含有的多种人体必需氨基酸，在维生素 E 和维生素 B_1 的作用参与下，能加速人体的代谢功能。这款豆浆富含维生素、硒、铁、钙等物质，具有抗击衰老的功效。

黑豆胡萝卜豆浆，抗氧化、防衰老

材料

胡萝卜 1/3 根，黑豆 30 克，黄豆 30 克，清水、白糖或冰糖各适量。

做法

① 将黑豆和黄豆清洗干净后，在清水中浸泡 6～8 小时，泡至发软备用；胡萝卜去皮后切成小丁，下入开水中略焯，捞出后沥干。

② 将浸泡好的黑豆、黄豆同胡萝卜丁一起放入豆浆机的杯体中，添加清水至上下水位线之间，启动机器，煮至豆浆机提示黑豆胡萝卜豆浆做好。

③ 将打出的黑豆胡萝卜豆浆过滤后，按个人口味趁热往豆浆中添加适量白糖或冰糖调味，不宜吃糖的患者可用蜂蜜代替。不喜甜者也可不加糖。

■ 贴心提示

想要孩子的女性不宜多饮黑豆胡萝卜豆浆。另外，大量摄入胡萝卜素会令皮肤的色素产生变化，变成橙黄色。

【养生功效】

胡萝卜素进入人体被吸收后，可转化成维生素 A，维生素 A 能够保持人体上皮组织的一般机能，使其分泌出糖蛋白，用以保持肌肤湿润细嫩，因而常常食用胡萝卜可保持人的年轻形象。黑豆含有锌、硒等微量元素，对延缓人的衰老和降低血液黏稠度等有益。这款豆浆能抗氧化，防衰老。

胡萝卜黑豆核桃豆浆，对抗自由基

材料

胡萝卜 1/3 根，黑豆 50 克，核桃仁 2 个，清水、白糖或冰糖各适量。

做法

① 将黑豆洗净，在清水中浸泡 6～8 小时；胡萝卜去皮切丁，下入开水中略焯；核桃仁碾碎。

② 将上述食材一起放入豆浆机中，加适量清水，煮至豆浆做好。

③ 过滤后，按个人口味往豆浆中添加适量白糖或冰糖调味即可。

■ 贴心提示

想要怀孕的女性不宜多饮这款豆浆。另外，糖尿病者也要少饮胡萝卜黑豆核桃豆浆。

【养生功效】

黑豆能补肾益精、润肤、乌发，经常食用有利于抗衰延年、解表清热、滋养止汗。胡萝卜中富含胡萝卜素，它在进入人体后，能够转化成维生素 A，起到美容、延缓衰老的功效。核桃有助于胡萝卜中营养的吸收。这款豆浆能对抗自由基，延缓衰老。

核桃小麦红枣豆浆，提高免疫力

材料

小麦仁 30 克，核桃仁 2 个，红枣 5 个，黄豆 40 克，清水、白糖或冰糖各适量。

■ 贴心提示

取核桃仁时，有个简便的方法。可以将核桃放入蒸锅中大火蒸上 5 分钟，然后迅速取出过凉水，这样不但容易取出完整的核桃仁，而且还会令核桃仁表皮的那层褐色薄皮没了涩味，变得更香。

做法

❶ 将黄豆清洗干净后，在清水中浸泡 6 ～ 8 小时，泡至发软；小麦仁清洗干净，在清水中浸泡 2 小时；红枣洗净，去核，切碎。核桃仁碾碎；

❷ 将上述食材一起放入豆浆机中，加水煮至豆浆做好。

❸ 过滤后，按个人口味趁热往豆浆中添加适量白糖或冰糖调味即可。

【养生功效】

小麦仁中富含膳食纤维，可帮助人体排便，降低心血管疾病、呼吸道疾病等疾病的死亡危险，延年益寿；核桃中富含维生素 E，维生素 E 能保护脑细胞免受自由基的袭击，有增强免疫力和抗炎的功效。红枣有"天然维生素丸"的美誉，它能保证人体营养的补充，提高机体免疫力。黄豆可补益气血，因此这款豆浆能够增强身体的免疫力，延缓衰老。

松仁开心果豆浆，适于老年心血管病患者

材料

松仁 25 克，开心果 25 克，黄豆 50 克，清水、白糖或冰糖各适量。

■ 贴心提示

脾虚腹泻以及多痰患者不宜食用松仁。由于这款豆浆的油脂含量丰富，胆功能严重不良者应慎饮。

做法

❶ 将黄豆清洗干净后，在清水中浸泡 6 ～ 8 小时，泡至发软；松仁、开心果仁碾碎。

❷ 将上述食材一起放入豆浆机中，加清水煮至豆浆做好。

❸ 过滤后，按个人口味趁热往豆浆中添加适量白糖或冰糖调味，不宜吃糖的患者可用蜂蜜代替。不喜甜者也可不加糖。

【养生功效】

松仁中的不饱和脂肪酸对促进脑细胞发育有良好的功效。松仁还能够降血糖、防止动脉硬化、防止因胆固醇增高而引起心血管疾病。开心果富含精氨酸，它不仅可以缓解动脉硬化的发生，有助于降低血脂，还能降低心脏病发作危险。开心果还可降低胆固醇含量，减少心脏病的发病率。这款豆浆适合老年人食用，能够有效预防心血管疾病。

紫薯红豆浆，清除自由基、抗老化

材料

紫薯 50 克，红豆 50 克，清水适量。

做法

1 将红豆清洗干净后，在清水中浸泡 6 ~ 8 小时，泡至发软备用；紫薯去皮、洗净，之后切成小碎丁。

2 将浸泡好的红豆和切好的紫薯丁一起放入豆浆机的杯体中，添加清水至上下水位线之间，启动机器，煮至豆浆机提示紫薯红豆浆做好。

3 将打出的紫薯红豆浆过滤后即可饮用。

【养生功效】

紫薯富含花青素，花青素是纯天然的抗衰老的营养补充剂，是当今人类发现的最有效的抗氧化剂，它的抗氧化性能比维生素 E 高出 50 倍，比维生素 C 高出 20 倍。花青素可营养皮肤，增强皮肤免疫力，应对各种过敏性症状。它不但能防止皮肤皱纹的提早生成，还可维持正常的细胞连接、血管的稳定、增强微细血管循环、提高微血管和静脉的流动，进而达到异常皮肤的迅速愈合。红豆中富含铁质，经常食用能使人气色红润，多吃红豆还能补血、促进血液循环、强化体力、增强抵抗力。

■ 贴心提示

紫薯含有一种氧化酶，这种酶容易在人的胃肠道里产生大量二氧化碳气体，如吃得过多，会使人腹胀、呃逆、放屁。紫薯的含糖量较高，吃多了可刺激胃酸大量分泌，使人感到胃灼热。

第5章
排毒清肠豆浆

生菜绿豆豆浆，排毒、去火

材料

生菜30克，绿豆20克，黄豆50克，清水适量。

做法

① 将黄豆、绿豆清洗干净后，在清水中浸泡6～8小时，泡至发软备用；生菜洗净后切碎。

② 将浸泡好的黄豆、绿豆和切好的生菜一起放入豆浆机的杯体中，添加清水至上下水位线之间，启动机器，煮至豆浆机提示生菜绿豆豆浆做好。

③ 将打出的生菜绿豆豆浆过滤后即可饮用。

【养生功效】

香脆可口的生菜也是一款排毒功效很强的食材，生菜中有大量的纤维素，多吃生菜有利于把肠道中的废物排出体外。如果在少吃其他食物的基础上，多吃生菜，就可以逐渐降低血液中的胆固醇。另外，生菜还可以清除因为假期多食大鱼大肉导致的体内火气，绿豆也具有清热解毒、止渴利尿等功效。生菜、绿豆和黄豆搭配制作的豆浆具有排毒、去火的养生功用。

■ 贴心提示

生菜容易残留农药，认真冲洗后，最好用清水泡一泡，避免发生毒副作用。另外，生菜和绿豆均性凉，患有尿频和胃寒的人不宜多饮生菜绿豆豆浆。

莴笋绿豆豆浆，改善排泄系统

材料

莴笋30克，绿豆50克，黄豆20克，清水适量。

做法

1 将黄豆、绿豆清洗干净后，在清水中浸泡6～8小时，泡至发软备用；莴笋洗净后切成小段，下入开水中焯烫，捞出沥干。

2 将浸泡好的黄豆、绿豆和莴笋一起放入豆浆机的杯体中，添加清水至上下水位线之间，启动机器，煮至豆浆机提示莴笋绿豆豆浆做好。

3 将打出的莴笋绿豆豆浆过滤后即可食用。

贴心提示

将买来的莴笋放入盛有凉水的器皿内，水淹至莴笋主干1/3处，这样放置多日仍可保持新鲜。脾胃虚寒者和产后妇女不宜多食这款豆浆。

【养生功效】

莴笋含钾量较高，有利于排尿，对高血压和心脏病患者极为有益。而且莴笋中含有大量的植物纤维素，能够促进肠壁蠕动，帮助大便排泄，对各种原因引起的便秘有辅助作用。绿豆可以通过利尿、清热的办法，来化解并排出心脏的毒素。黄豆具有通便、排毒功效。

莴笋搭配绿豆和黄豆制成的这款豆浆，能够有效改善排泄系统，有利于人体排出毒素。

芦笋绿豆豆浆，排毒抗癌

材料

芦笋30克，绿豆50克，黄豆20克，清水适量。

做法

1 将黄豆、绿豆清洗干净后，在清水中浸泡6～8小时，泡至发软备用；芦笋洗净后切成小段，下入开水中焯烫，捞出沥干。

2 将浸泡好的黄豆、绿豆和芦笋一起放入豆浆机的杯体中，添加清水至上下水位线之间，启动机器，煮至豆浆机提示莴笋绿豆豆浆做好。

3 将打出的芦笋绿豆豆浆过滤后即可食用。

【养生功效】

芦笋中含有丰富的硒元素，硒是抗癌元素之王，是谷胱甘肽过氧化物酶的组成部分，能阻止致癌物质过氧化物和自由基的形成，防止造成基因突变，刺激环腺苷的积累，抑制癌细胞中脱氧核糖核酸的合成，阻止癌细胞分裂与生长，刺激机体免疫功能，促进抗体的形成，提高对癌的抵抗力。绿豆具有清热解毒功效。

芦笋搭配绿豆、黄豆制成的这款豆浆具有排毒抗癌的功效。

贴心提示

芦笋营养丰富，尤其是嫩茎的顶尖部分，各种营养物质含量最为丰富。但芦笋不宜生吃，也不宜长时间存放，存放一周以上最好就不要食用了。

栗子燕麦豆浆，保肝护肾、祛寒健体

材料

黄豆50克，栗子25克，燕麦片15克，白糖适量。

做法

① 黄豆加水泡至发软，捞出洗净；栗子去壳，洗净切小块。

② 将黄豆、栗子放入全自动豆浆机中，加水搅打成浆，煮沸。

③ 过滤后趁热冲入燕麦片，调入白糖即可。

【养生功效】

据研究，通过抑制酪氨酸酶的活性可有效控制皮肤黑色素的生成，而燕麦提取物则含有大量能够抑制酪氨酸酶活性的生物活性成分，所以燕麦可起到抑制色斑形成、淡化色斑的作用。栗子熟吃可健肝脾、养胃、补肾、益气血；生食可舒筋活络，治疗腰腿酸痛。

■ 贴心提示

栗子富含不饱和脂肪酸与多种维生素，对动脉硬化、高血压、心脏病等有食疗功效。

黄豆 ◀

栗子 ◀ 燕麦片 ◀

红薯绿豆豆浆，解毒、促进排便

材料

绿豆30克，红薯30克，黄豆40克，清水、白糖或冰糖适量。

做法

① 将黄豆、绿豆清洗干净后，在清水中浸泡6~8小时，泡至发软备用；红薯去皮、洗净，切碎。

② 将浸泡好的黄豆、绿豆和红薯一起放入豆浆机的杯体中，添加清水至上下水位线之间，启动机器，煮至豆浆机提示红薯绿豆豆浆做好。

③ 将打出的红薯绿豆豆浆过滤后，按个人口味趁热添加适量白糖或冰糖调味，不宜吃糖的患者，可用蜂蜜代替。不喜甜者也可不加糖。

■ 贴心提示

这款豆浆不可与柿子同食，否则容易出现胃疼、胃胀等不适感。

【养生功效】

绿豆对吃进身体的农药有特效，残留在蔬果上的农药进入体内，不容易被体内的消化酶分解，而绿豆却可与这些有害物质发生反应，把它们带出体外。另外，绿豆还能防治食物中毒；红薯中含有大量的膳食纤维，吃红薯能够刺激肠道，增强其蠕动性，达到通便排毒的目的，尤其是对于老年性的便秘有不错的疗效。综合绿豆和红薯的排毒功效，这款红薯绿豆豆浆能够辅助化解农药中毒、铅中毒等，并且能够促进排便，消除体内废气。

糙米燕麦豆浆，食物纤维促排毒

材料

燕麦片30克，糙米20克，黄豆50克，清水、白糖或冰糖适量。

做法

① 将黄豆清洗干净后，在清水中浸泡6~8小时，泡至发软备用；糙米淘洗干净，用清水浸泡2小时；燕麦片备用。

② 将浸泡好的黄豆、糙米和燕麦片一起放入豆浆机的杯体中，添加清水至上下水位线之间，启动机器，煮至豆浆机提示糙米燕麦豆浆做好。

③ 将打出的糙米燕麦豆浆过滤后，按个人口味趁热添加适量白糖或冰糖调味，不宜吃糖的患者，可用蜂蜜代替。不喜甜者也可不加糖。

【养生功效】

燕麦、大豆和糙米中都含有大量的膳食纤维，经常食用会令大便通畅，体内废物等毒素也会随之排出。食物纤维的体积大，能够促进肠蠕动、减少食物在肠中的停留时间。另外，糙米具有分解农药等放射性物质的功效，从而可有效防止体内吸收有害物质，达到防癌的作用。这款豆浆不但能够促进肠蠕动，达到排毒减肥的目的，同时也可以分解农药等放射物质，避免人体吸收有害物质。

■ 贴心提示

搅打豆浆前最好先将糙米用水充分浸泡，因为糙米的米质比较硬，浸泡后能打得细碎一些，易于营养的吸收。

糯米莲藕豆浆, 通便又排毒

材料

糯米30克, 莲藕20克, 黄豆50克, 清水适量。

做法

1 将黄豆清洗干净后, 在清水中浸泡6～8小时, 泡至发软备用; 糙米淘洗干净, 用清水浸泡2小时; 莲藕去皮后切成小丁, 下入开水中略焯, 捞出后沥干。

2 将浸泡好的黄豆同糯米、莲藕丁一起放入豆浆机的杯体中, 添加清水至上下水位线之间, 启动机器, 煮至豆浆机提示糯米莲藕豆浆做好。

3 将打出的糯米莲藕豆浆过滤后即可饮用。

【养生功效】

莲藕中含有黏液蛋白和膳食纤维, 能与人体内胆酸盐, 食物中的胆固醇及三酰甘油酯结合, 使其从粪便中排出, 从而减少脂类的吸收。糯米也是排毒的佳品, 糯米中含有蛋白质、脂肪、糖类、钙、磷、铁、维生素等营养成分, 有补中益气、养胃健脾、止泻、解毒疗疮等功效。黄豆具有通便、排毒的作用。这款豆浆, 能够通便、排毒, 帮助排出身体内的废物。

■ 贴心提示

食用莲藕要挑选外皮呈黄褐色、肉肥厚而白的。没切过的莲藕可在室温中放置一周的时间, 但因莲藕容易变黑, 切面的部分容易腐烂, 所以切过的莲藕要在切口处覆以保鲜膜, 冷藏保鲜一个星期左右。

海带豆浆, 排出重金属元素

■ 贴心提示

脾胃虚寒、甲亢中碘过盛型的病人要忌食海带豆浆。孕妇与乳母不可过量食用海带豆浆。海带豆浆不宜与茶水一同饮用, 以免影响海带中铁的吸收。

材料

海带20克, 黄豆70克, 清水、白糖或冰糖适量。

做法

1 将黄豆清洗干净后, 在清水中浸泡6～8小时, 泡至发软备用; 海带水发泡后洗净, 切碎。

2 将上述食材一起放入豆浆机中, 添加适量清水煮至豆浆机提示海带豆浆做好。

3 过滤后, 按个人口味趁热添加适量白糖或冰糖调味, 不宜吃糖的患者, 可用蜂蜜代替。

【养生功效】

海带堪称餐桌上的"排毒专家"。海带中的胶质成分能促进体内的放射性物质随同尿液排出体外。海带中的碘质和海藻酸能促进铅的排出, 此外, 海带对进入体内的有毒元素镉也有促排作用。黄豆能解酒毒、增强肝脏的解毒功能。经常用电脑、电器、手机的现代人, 可以在平时多饮用海带豆浆。

香蕉草莓豆浆，排出肠胃毒素

材料

黄豆 100 克，草莓 6 颗，香蕉 1/4 根，白糖适量。

做法

1 黄豆泡软，洗净；草莓去蒂，洗净切块；香蕉去皮切块。

2 将黄豆、草莓、香蕉放入豆浆机中，添水搅打成豆浆，烧沸后滤出豆浆，加入白糖调味即可。

【养生功效】

香蕉性寒能清肠热，味甘能润肠通便，可治疗热病烦渴等症；香蕉能缓和胃酸的刺激，保护胃黏膜。草莓味甘、性凉，具有止咳清热、利咽生津、健脾和胃、滋养补血等功效。从草莓的根、叶、果实中提取的含有较高抗癌活性的鞣花酸，能有效地保护人体组织不受致癌物质的侵害。此款醋饮能够增强细胞活性，开胃消食。

■ 贴心提示

此豆浆较寒凉，不宜过多饮用，脾胃虚寒、便溏腹泻者不能饮用。

第6章
补气养血豆浆

红枣紫米豆浆，养血安神

材料

红枣 10 克，紫米 30 克，黄豆 60 克，清水、白糖或蜂蜜适量。

做法

1 将黄豆清洗干净后，在清水中浸泡 6～8 小时，泡至发软备用；红枣洗干净，去核；紫米淘洗干净，用清水浸泡 2 小时。

2 将上述食材一起放入豆浆机中，添加适量清水煮至豆浆机提示红枣紫米豆浆做好。

3 过滤后，按个人口味加糖调味即可。

【养生功效】

红枣具有养血安神的功效，是滋补阴虚的良药，用红枣熬制的水对因经血过多而引起贫血的女性有帮助，可改善怕冷、苍白和手脚冰冷的现象。而且红枣性质平和，无论在月经前或后，都可饮用，有极高的抗衰老和养颜作用。紫米又叫作"血糯米"，从它的名字上能看出紫米有养血的功效。用红枣和紫米制作的这款豆浆有养血安神的功效。

■ 贴心提示

因为红枣的糖分较高，糖尿病患者应当少食或者不食。凡是痰湿偏盛、湿热内盛、腹部胀满者也忌食红枣紫米豆浆。

黄芪糯米豆浆，改善气虚，气血不足

材料

黄芪 25 克，糯米 50 克，黄豆 50 克，清水、白糖或冰糖适量。

做法

1 将黄豆清洗干净后，在清水中浸泡 6 ~ 8 小时，泡至发软备用；黄芪煎汁备用；糯米淘洗干净备用。

2 将浸泡好的黄豆和糯米一起放入豆浆机的杯体中，淋入黄芪汁，添加清水至上下水位线之间，启动机器，煮至豆浆机提示黄芪糯米豆浆做好。

3 将打出的黄芪糯米豆浆过滤后，按个人口味趁热添加适量白糖或冰糖调味，不宜吃糖的患者，可用蜂蜜代替。不喜甜者也可不加糖。

【养生功效】

黄芪既能补气，又能生血，气血足，能够鼓舞人体正气，提高身体的抵抗力。糯米能缓解气虚所导致的盗汗及过度劳累后出现的气虚乏力等症状。用黄芪和糯米制作出的这款豆浆能够改善气虚造成的不适感，还能缓解气血不足的症状。

■ 贴心提示

糯米能够御寒，这道豆浆适合在冬季食用。另外，有感冒发热、胸腹有满闷感的人不宜饮用黄芪糯米豆浆。

花生红枣豆浆，养血、补血可助孕

材料

黄豆 60 克，红枣 15 克，花生 15 克，清水、白糖或冰糖适量。

做法

1 将黄豆清洗干净后，在清水中浸泡 6 ~ 8 小时，泡至发软备用；红枣洗干净，去核；花生仁洗净。

2 将浸泡好的黄豆和红枣、花生一起放入豆浆机的杯体中，添加清水至上下水位线之间，启动机器，煮至豆浆机提示花生红枣豆浆做好。

3 将打出的花生红枣豆浆过滤后，按个人口味趁热添加适量白糖或冰糖调味，不宜吃糖的患者，可用蜂蜜代替。不喜甜者也可不加糖。

■ 贴心提示

肠胃虚弱的人在饮用这款豆浆时，不宜同时吃黄瓜和螃蟹，否则会造成腹泻。

【养生功效】

红枣和花生都是药食同源的食物，能生血补血。现代女性大多因生活工作压力大而致情志不畅，使得气滞血瘀、月经不调，最终降低了受孕的概率，多吃花生和红枣是比较合适的。这款豆浆，既能养血、补血，又能止血，最适合身体虚弱的出血病人，此外身体比较消瘦、怕冷的人食用也很有益。

黑芝麻枸杞豆浆，防治缺铁性贫血

材料

枸杞子 25 克，黑芝麻 25 克，黄豆 50 克，清水、白糖或冰糖适量。

做法

1 将黄豆洗净，在清水中浸泡 6 ~ 8 小时；芝麻淘去沙粒；枸杞洗干净，用清水泡软。

2 将上述食材一起放入豆浆机中，加适量清水煮至豆浆机提示黑芝麻枸杞豆浆做好。

3 过滤后，按个人口味趁热添加适量白糖或冰糖调味，不宜吃糖的患者，可用蜂蜜代替。

■ 贴心提示

如果黑芝麻保存不当，外表容易出现油腻潮湿的现象，这时最好不要再食用，以免对人体造成伤害。

【养生功效】

黑芝麻枸杞豆浆，对于防治缺铁性贫血有一定的功效。每 100 克芝麻的含铁量是菠菜的 3 倍，其富含的芝麻油有很好的凝血作用，能够辅助治疗缺铁性贫血，对治疗血小板的作用也已经得到广泛承认。芝麻还有补肾的作用，由于脾肾亏虚导致的贫血也可通过食用芝麻得到缓解。枸杞子和黄豆中的铁元素含量也很高，加上黑芝麻一起磨成的豆浆，因为富含铁元素，对防治缺铁性贫血有一定帮助，还可改善气喘、头晕、疲乏、脸色苍白等不适应症状。

山药莲子枸杞豆浆，通利气血

材料

山药 30 克，莲子 10 克，枸杞 10 克，黄豆 50 克，清水、白糖或冰糖适量。

做法

1 将黄豆清洗干净后，在清水中浸泡 6 ~ 8 小时，泡至发软备用；山药去皮后切成小丁，下入开水中灼烫一下，捞出沥干；莲子洗净后略泡。

2 将浸泡好的黄豆、莲子、枸杞和山药一起放入豆浆机的杯体中，添加清水至上下水位线之间，启动机器，煮至豆浆机提示山药莲子枸杞豆浆做好。

3 将打出的山药莲子枸杞豆浆过滤后，按个人口味趁热添加适量白糖或冰糖调味，不宜吃糖的患者，可用蜂蜜代替。不喜甜者也可不加糖。

■ 贴心提示

大便燥结者不宜食用这款豆浆。感冒发热、身体有炎症、腹泻的人最好不要食用。性欲亢进者不宜食用。糖尿病患者要慎用。

【养生功效】

山药是补气血的好东西，可润泽肌肤、美容养颜。莲子善于补五脏之不足，通利十二经脉气血，使气血畅而不腐。枸杞主要的功用是滋阴益肾，但是可以间接益气，气又能生血，长期服用枸杞也能达到益气养血的功用。这款豆浆能使人气血通畅、精力充沛。

红枣枸杞紫米豆浆，补气养血、补肾

材料

红枣 20 克，枸杞 10 克，紫米 20 克，黄豆 50 克，清水、白糖或蜂蜜适量。

做法

① 将黄豆清洗干净后，在清水中浸泡 6 ~ 8 小时，泡至发软备用；红枣洗干净，去核；枸杞洗干净，用清水泡软；紫米淘洗干净，用清水浸泡 2 小时。

② 将浸泡好的黄豆同紫米、红枣、枸杞一起放入豆浆机的杯体中，添加清水至上下水位线之间，启动机器，煮至豆浆机提示红枣枸杞紫米豆浆做好。

③ 将打出的红枣枸杞紫米豆浆过滤后，按个人口味趁热添加适量白糖或冰糖即可饮用。

【养生功效】

红枣是补血最常用的食物，不管是生吃还是泡酒喝，效果都不错。而用豆浆机磨过的红枣，里面的营养成分会慢慢地渗出来，补血作用更强。红枣和枸杞的搭配不但能补血，令女性朋友的皮肤白皙，还能明目。紫米也有滋阴补肾、明目活血等作用。这款豆浆有补气养血、补肾的功效，适合电脑族经常饮用。

■ 贴心提示

枸杞以宁夏出产的质量最好，又红又大，当地人更喜欢买来当零食，犹如葡萄干一般随手拿来食用，其实枸杞生吃的味道也很不错，但不能吃太多，否则容易上火。

二花大米豆浆，缓解痛经

材料

凤仙花 10 克，月季花 10 克，大米 30 克，黄豆 50 克，清水、红糖适量。

做法

① 将黄豆清洗干净后，在清水中浸泡 6 ~ 8 小时，泡至发软备用；凤仙花瓣仔细清洗干净后备用；月季花瓣清洗干净后备用；大米淘洗干净，用清水浸泡 2 小时。

② 将浸泡好的黄豆、大米、凤仙花和月季花一起放入豆浆机的杯体中，添加清水至上下水位线之间，启动机器，煮至豆浆机提示二花大米豆浆做好。

③ 将打出的二花大米豆浆过滤后，按个人口味趁热添加适量红糖调味即可。

【养生功效】

凤仙花活血通经，可以针对闭经的实证；它入肝肾经，可以起到补肝益肾的作用，又可以针对闭经的虚证。同时凤仙花性温味甘，是一副温和的止痛良药，可用于治疗妇女闭经腹痛的病症；月季味甘、性温，入肝经，有活血调经和消肿解毒的功效。由于月季花的祛瘀、行气、止痛作用明显，故常被用于治疗月经不调、痛经等病症。这款豆浆，对缓解女性痛经有很好的食疗功效。

■ 贴心提示

凤仙花与急性子，同属凤仙花科植物凤仙花，一为花、一为种子，但其功效有别。且凤仙花无毒、而急性子有毒。

桂圆红豆浆，改善心血不足

材 料

桂圆 30 克，红豆 50 克，清水、白糖或冰糖适量。

做 法

① 将红豆清洗干净后，在清水中浸泡 6～8 小时，泡至发软备用；桂圆肉切碎。

② 将上述食材一起放入豆浆机中，加清水至上下水位线之间，启动机器，煮至豆浆机提示桂圆红豆浆做好。

③ 将打出的桂圆红豆浆过滤后，按个人口味趁热添加适量白糖或冰糖调味。不宜吃糖的患者，可用蜂蜜代替。

■ 贴心提示

购买桂圆时应挑选干爽的成品，购买回来之后，放入密封性能好的保鲜盒、保险袋里，存放在阴凉通风的地方，必要时可放入冰箱冷藏保存。

【养生功效】

桂圆有益脾胃、补气血、宁心神的功用，《本草纲目》说它有"开胃益脾、补灵长智"之功。用桂圆打出的豆浆，能补血养气，对体虚失眠健忘、、更年期心烦、出汗，均有疗效。红豆既能清心火，也能补心血，其粗纤维物质丰富，临床上有降血脂、降血压、改善心脏活动功能等功效；同时又富含铁质，能行气补血，非常适合心血不足的人食用。这款豆浆能补脾、养血，改善心血不足及贫血头晕等症状。

黑豆玫瑰花油菜豆浆，活血化瘀、疏肝解郁

材 料

黑豆、油菜各 20 克，黄豆 50 克，玫瑰花 10 克，清水、白糖或冰糖适量。

■ 贴心提示

孕早期妇女，痧痘、目疾患者，小儿麻疹后期，不宜饮用此豆浆。

做 法

① 将黄豆、黑豆洗净，在清水中浸泡 6～8 小时；油菜洗干净，切碎；玫瑰花洗净，用水泡开。

② 将上述食材一起放入豆浆机中，添加适量清水至上下水位线之间，启动机器，煮至豆浆机提示黑豆玫瑰花油菜豆浆做好。

③ 将打出的黑豆玫瑰花油菜豆浆过滤后，按个人口味趁热添加适量白糖或冰糖调味。不宜吃糖的患者，可用蜂蜜代替。

【养生功效】

玫瑰花被认为是女人之花，这是因为玫瑰花的药性非常温和，能够温养人的心肝血脉，抒发体内郁气。油菜有促进血液循环、散血消肿的作用。孕妇产后瘀血腹痛、丹毒、肿痛脓疮可通过食用油菜来辅助治疗；黑豆具有滋阴补肾的作用。这款豆浆，具有活血化瘀、疏肝解郁的养生功效。

大米山楂豆浆，消食活血

材料

山楂 30 克，大米 20 克，黄豆 50 克，清水、白糖或冰糖适量。

做法

① 将黄豆清洗干净后，在清水中浸泡 6 ~ 8 小时，泡至发软备用；山楂清洗后去核，并切成小碎丁；大米淘洗干净，用清水浸泡 2 小时。

② 将浸泡好的黄豆、大米和山楂一起放入豆浆机的杯体中，添加清水至上下水位线之间，启动机器，煮至豆浆机提示大米山楂豆浆做好。

③ 将打出的大米山楂豆浆过滤后，按个人口味趁热添加适量白糖或冰糖调味，不宜吃糖的患者，可用蜂蜜代替。

【养生功效】

山楂是常用的消食药，但是经过多年的临床实践，人们发现山楂还有活血化瘀的作用，它能够扩张血管，增加冠状动脉流量，降低血压、血清胆固醇。活血化瘀能解决不少疑难之症，但是病人也可能因为身体耗血伤血出现一系列的副作用。山楂能够"化瘀血而不伤新血"，药性平和，既能消食也能活血；大米也是补气血的，因为米都能补脾，而脾胃为气血生化之源，所以当人因为气血不足疲乏无力时，食用大米效果最好。中医书上说"稀饭为世间第一补人之物"。这款由山楂、大米、黄豆搭配的豆浆具有消食活血的作用，因为血瘀引起的痛经患者可以饮用，同时这款豆浆也适合月经不调者。

■ 贴心提示

经前 3 ~ 5 天开始服用，每日早晚各饮用 150 毫升，直至经后 3 天停止服用，此为 1 个疗程，连续服用 3 个疗程即可见效。

人参红豆糯米豆浆，补气、补血

材料

人参 10 克，红豆 20 克，糯米 15 克，黄豆 80 克，清水、白糖或冰糖适量。

做法

① 将黄豆、红豆清洗干净后，在清水中浸泡 6 ~ 8 小时，泡至发软备用；糯米淘洗干净，用清水浸泡 2 小时；人参煎汁备用。

② 将浸泡好的黄豆、红豆和糯米一起放入豆浆机的杯体中，淋入人参煎汁，添加清水至上下水位线之间，启动机器，煮至豆浆机提示人参红豆糯米豆浆做好。

③ 将打出的人参红豆糯米豆浆过滤后，按个人口味趁热添加适量白糖或冰糖调味，不宜吃糖的患者，可用蜂蜜代替。不喜甜者也可不加糖。

【养生功效】

人参自古以来就是补虚损的名贵补品，具有大补元气、安神增智的功效。中国人吃人参还是比较多的，比如说用人参来泡茶泡酒。利用人参泡酒或者制成豆浆，最大的作用就是补元气。《神农本草经》将人参排在上品，它能够补五脏之气，久服能轻身延年；红豆有补血的作用，糯米可以养护脾胃，还能缓解因为气虚导致的身体乏力等症。用人参、红豆、糯米和黄豆制成的豆浆，具有补气补血的作用，尤其适合年老体衰身体虚弱的人食用。

■ 贴心提示

由于人参较贵重，故要加强保存，如要防霉、防虫蛀、防变质。平时宜放阴凉干燥处保存；或将其放入装有石灰的市箱或器具中，将口封严。

第五篇

不同人群豆浆

——一杯豆浆养全家

第1章
上班族

芦笋香瓜豆浆, 活化大脑功能

材料

芦笋 30 克, 香瓜一个, 黄豆 50 克, 清水、白糖或冰糖适量。

做法

① 将黄豆清洗干净后, 在清水中浸泡 6 ~ 8 小时, 泡至发软备用; 芦笋洗净后切成小段, 下入开水中焯烫, 捞出沥干; 香瓜去皮去瓤后洗干净, 并切成小碎丁。

② 将浸泡好的黄豆和芦笋、香瓜一起放入豆浆机的杯体中, 添加清水至上下水位线之间, 启动机器, 煮至豆浆机提示芦笋香瓜豆浆做好。

③ 将打出的芦笋香瓜豆浆过滤后, 按个人口味趁热添加适量白糖或冰糖调味, 不宜吃糖的患者, 可用蜂蜜代替。也可不加糖。

【养生功效】

芦笋有鲜美芳香的风味, 膳食纤维柔软可口, 能增进食欲, 帮助消化。在西方, 芦笋被誉为"十大名菜之一", 是一种高档而名贵的蔬菜。芦笋中氨基酸含量高而且比例适当。绿芦笋的氨基酸总量比其他蔬菜的平均值高 27%。芦笋中人体所需的 8 种氨基酸含量都很高, 其中精氨酸与赖氨酸之比为 1.06, 营养学家认为二者比例接近 1 的食物对降低血脂有作用。特别是在所有的氨基酸中, 天门冬氨酸含量高达 1.83%, 占氨基酸总含量的 1.23%, 这对预防老年痴呆, 治疗心脑血管病及泌尿系统疾病有很大作用。经常食用芦笋还能够开发大脑功能。香瓜含有苹果酸、葡萄糖、氨基酸、甜菜茄、维生素 C 等丰富营养。香瓜含有大量的碳水化合物及柠檬酸、胡萝卜素和维生素 B、维生素 C 等, 且水分充沛, 可消暑清热, 生津解渴, 除烦等。芦笋、香瓜搭配黄豆制成的这款豆浆, 可以活化大脑功能, 补充营养, 适合上班族饮用。

■ 贴心提示

挑选白色的香瓜应该选瓜比较小, 瓜大头的部分没有脐, 但是有一点儿绿的。这种是一棵瓜的第一个叶子结的, 比较好挑, 因为长的小。还有就是挑有脐的, 脐越大越好, 按一下脐的部分较软的。闻一闻香瓜的屁股, 有香味的就是又好又甜的好瓜。

绿茶绿豆豆浆，消除辐射对脏器功能的影响

材料

黄豆 50 克，绿豆 20 克，绿茶 10 克，清水、白糖或冰糖适量。

做法

❶ 将黄豆、绿豆清洗干净后，在清水中浸泡 6 ~ 8 小时，泡至发软备用；绿茶倒入杯中，加入开水沏成茶水。

❷ 将浸泡好的黄豆和绿豆一起放入豆浆机的杯体中，倒入茶水，再添加清水至上下水位线之间，启动机器，煮至豆浆机提示绿茶绿豆豆浆做好。

❸ 将打出的绿茶绿豆豆浆过滤后，按个人口味趁热添加适量白糖或冰糖调味，不宜吃糖的患者，可用蜂蜜代替。不喜甜者也可不加糖。

【养生功效】

科学研究证实，茶叶含有与人体健康密切相关的生化成分，具有提神清心、清热解暑、消食化痰、去腻减肥、清心除烦、解毒醒酒、降火明目等药理作用，对辐射病、心脑血管病、癌症等疾病也有一定的药理功效。绿茶中的茶多酚是水溶性物质，用它洗脸能清除面部的油腻，收敛毛孔，具有消毒、灭菌、抗皮肤老化、减少日光中的紫外线辐射对皮肤的损伤等功效。经常饮用绿茶能够修复受损肝脏。黄豆和绿豆中所含的成分能够对抗辐射。这款豆浆可以消除辐射对脏器及造血功能的影响。

■ 贴心提示

服药前后 1 小时不要饮用此豆浆。女性在月经期间不宜饮用。

玫瑰花红豆浆，改善暗黄肌肤

材料

玫瑰花 5 ~ 8 朵，红豆 90 克，清水、白糖或冰糖适量。

做法

❶ 将红豆清洗干净后，在清水中浸泡 6 ~ 8 小时，泡至发软备用；玫瑰花瓣仔细清洗干净后备用。

❷ 将浸泡好的红豆和玫瑰花一起放入豆浆机的杯体中，添加清水至上下水位线之间，启动机器，煮至豆浆机提示玫瑰花红豆浆做好。

❸ 将打出的玫瑰花红豆浆过滤后，按个人口味趁热添加适量白糖或冰糖调味，以减少玫瑰花的涩味。不宜吃糖的患者，可用蜂蜜代替。

■ 贴心提示

玫瑰花具有活血化瘀的作用，孕妇不宜饮用这款豆浆，以免导致流产。

【养生功效】

自古以来，玫瑰花就是女人养颜的佳品。玫瑰花之所以能够起到养颜的功效，是因为它具有理气活血的作用，能够帮助女性改善暗黄的肌肤，让肌肤变得更有光泽。红豆也是女人养颜的好帮手，能够补血，尤其是对缺少维生素 B_{12} 引起的贫血，食用红豆更有效。红豆和玫瑰花搭配制成的豆浆，有活血化瘀的作用，具有美容养颜，提升肤色的功效。

南瓜牛奶豆浆，补充体能、提高工作效率

材料

南瓜50克，黄豆50克，牛奶250毫升，清水、白糖或冰糖适量。

做法

1 将黄豆清洗干净后，在清水中浸泡6～8小时，泡至发软备用；南瓜去皮，洗净后切成小碎丁。

2 将浸泡好的黄豆同南瓜丁一起放入豆浆机的杯体中，添加清水至上下水位线之间，启动机器，煮至豆浆机提示豆浆做好。

3 将打出的豆浆过滤后，兑入牛奶，再按个人口味趁热添加适量白糖或冰糖调味即可。

【养生功效】

南瓜中含有多种对人体有益的成分，包括多糖、氨基酸、活性蛋白类、胡萝卜素及多种微量元素。南瓜多糖是一种非特异性免疫增强剂，能提高机体免疫功能，促进细胞因子生成，通过活化补体等途径对免疫系统发挥多方面的调节功能。南瓜中含有人体所需的多种氨基酸，其中赖氨酸、亮氨酸、异亮氨酸、苯丙氨酸、苏氨酸等含量较高，能够迅速补充身体所需的营养物质。牛奶富含蛋白质、脂肪和多种维生素，能够迅速为人体提供营养和能量。这款豆浆能够迅速补充体能，帮助上班族提高工作效率。

■ 贴心提示

如果要喝甜牛奶，一定要等牛奶煮开后再放糖，不要提前放。因为牛奶中的赖氨酸与果糖在高温下，会生成果糖基赖氨酸，这是一种有毒物质，会对人体产生危害。

海带绿豆豆浆，不让免疫功能受损

材料

绿豆30克，黄豆50克，海带10克，清水、白糖或冰糖适量。

■ 贴心提示

这款豆浆可连渣一起饮用，这样可以更好地吸收绿豆和海带的营养。

做法

1 将黄豆、绿豆洗净，在清水中浸泡6～8小时；海带用水泡发后洗净，切碎。

2 将上述食材一起放入豆浆机中，加适量清水煮至豆浆机提示海带绿豆豆浆做好。

3 过滤后，按个人口味趁热添加适量白糖或冰糖调味，不宜吃糖的患者，可用蜂蜜代替。

【养生功效】

试验表明，酸性体质的人免疫力比一般人要弱。那么，哪些食物最能改善体内的酸性环境呢？海带可以说是碱性食物之王，多吃海带能很好地纠正酸性体质。所以平时感到劳累、疲乏、浑身酸痛的时候，不妨吃些海带。此外，人们常说喝茶能解乏，除了茶叶中的兴奋成分外，茶碱能"中和"体内的酸性物质，起到缓解疲乏的作用。黄豆有增强肝脏解毒功能的作用。绿豆则具有一定的抗辐射作用。三者一起制作出的豆浆，能对抗磁辐射，修复免疫功能。

玉米红豆豆浆，补血健脑、舒缓神经

材料

黄豆 40 克，红豆 20 克，玉米粒 30 克。

做法

① 将黄豆、红豆清洗干净，分别加水浸泡至变软备用；玉米粒清洗干净备用。

② 将上述材料倒入豆浆机中，添水搅打煮沸成豆浆。滤出豆浆，装杯即可。

【养生功效】

玉米中含有大量不饱和脂肪酸和维生素 E，在二者的共同作用下，可降低血液胆固醇浓度并防止其沉积于血管壁，从而对高血压、高脂血症、冠心病、动脉粥样硬化等起到一定的防治作用。赤豆能够帮助身体把不必要的成分排泄出体外，具有一定的解毒作用。

■ 贴心提示

红豆不宜与羊肉同食。

绿豆海带无花果豆浆，消除辐射

材料

绿豆 50 克，海带 20 克，无花果 20 克，冰糖适量。

做法

① 绿豆洗净，泡软；海带洗净，切碎；无花果洗净。

② 将所有原材料放入豆浆机中，添水搅打成豆浆。烧沸后滤出豆浆，加入冰糖拌匀即可。

【养生功效】

绿豆中的绿豆蛋白、鞣质和黄酮类化合物可与有机磷农药，汞、砷、铅化合物结合形成沉淀物，使之减少或失去毒性，并且不易被胃肠道吸收，起到保护胃黏膜的作用。海带含有大量的不饱和脂肪酸和食物纤维，能清除附着在血管壁上的胆固醇，调顺肠胃，促进胆固醇的排泄。无花果含有大量的果胶和维生素，果实吸水膨胀后，能吸附多种化学物质。所以食用无花果能净化肠道，促进有益菌类增殖，抑制血糖上升，迅速排出有毒物质。

■ 贴心提示

服药前后一个小时内不要饮用此豆浆。

薏米木瓜花粉绿豆浆，对抗辐射的不利影响

材料

木瓜 50 克，绿豆 40 克，薏米 20 克，油菜花粉 20 克，清水、白糖或冰糖适量。

做法

①将绿豆清洗干净后，在清水中浸泡 6 ~ 8 小时，泡至发软备用；木瓜去皮去子，洗净，切成小丁；薏米淘洗干净，在清水中浸泡 2 小时。

②将浸泡好的绿豆、薏米和木瓜一起放入豆浆机的杯体中，添加清水至上下水位线之间，启动机器，煮至豆浆机提示豆浆做好。

③将打出的豆浆过滤后，加入油菜花粉，再按个人口味趁热添加适量白糖或冰糖调味，不宜吃糖的患者，可用蜂蜜代替。不喜甜者也可不加糖。

■ 贴心提示

在放入油菜花粉时，切记不要在豆浆还滚烫的时候加入，以免高温破坏掉花粉的营养。

【养生功效】

木瓜含有丰富的维生素 C、维生素 B 及钙、磷、铁等矿物质，以及大量的胡萝卜素、蛋白质、木瓜酵素、有机酸、柠檬酶等。常吃木瓜，可以平肝和胃、软化血管、抗菌消炎、抗衰老、抗辐射。木瓜肉色鲜红，含有大量的 β - 胡萝卜素，它是一种天然抗氧化剂，能有效对抗破坏身体正常细胞，使人体内的自由基加速衰老。花粉有较好的抗辐射保健作用。薏米和绿豆均有消炎杀菌的功效。这款豆浆能够有效对抗电磁辐射对人体的不利影响。

核桃大米豆浆，缓解疲劳、增强抗压能力

材料

黄豆 50 克，大米 50 克，核桃仁 2 个，清水、白糖或冰糖适量。

做法

①将黄豆清洗干净后，在清水中浸泡 6 ~ 8 小时，泡至发软备用；大米洗净后，在水中浸泡 2 小时。核桃仁备用，可碾碎。

②将上述食材一起放入豆浆机中，加适量清水煮至豆浆机提示核桃大米豆浆做好。

③过滤后，按个人口味趁热添加适量白糖或冰糖调味，不宜吃糖的患者，可用蜂蜜代替。不喜甜者也可不加糖。

【养生功效】

核桃性温、味甘、无毒，有健胃、补血、润肺、养神等功效，是食疗佳果。核桃中含有大量脂肪和蛋白质，且极易被人体吸收。它所含的蛋白质中含有对人体极为重要的赖氨酸，对大脑神经的营养极为有益。经常吃些核桃，既能强壮身体，又能赶走疾病的困扰，对于缓解疲劳和压力也非常有效。大米味甘性平，能够补中益气，健脾强胃。通常午餐食用大米能够保证下午精力充沛。对于都市白领而言，经常饮用核桃大米豆浆，能缓解疲劳，增强抗压能力。

无花果绿豆豆浆，有很强的抗辐射功效

材料

绿豆 30 克，黄豆 50 克，无花果 20 克，清水、白糖或冰糖适量。

做法

❶ 将黄豆、绿豆清洗干净后，在清水中浸泡 6 ~ 8 小时，

■ 贴心提示

脂肪肝患者、脑血管意外患者、腹泻者、正常血钾性周期性麻痹等患者不适宜食用无花果绿豆豆浆。

泡至发软备用；无花果洗净，去蒂切碎。

❷ 将浸泡好的黄豆、绿豆和无花果一起放入豆浆机的杯体中，添加清水至上下水位线之间，启动机器，煮至豆浆机提示无花果绿豆豆浆做好。

❸ 将打出的无花果绿豆豆浆过滤后，按个人口味趁热添加适量白糖或冰糖调味，不宜吃糖的患者，可用蜂蜜代替。不喜甜者也可不加糖。

【养生功效】

无花果含有丰富的氨基酸，目前已经发现 18 种。不仅因为它含有人体必需的 8 种氨基酸而表现出较高的利用价值，且尤以天门冬氨酸含量最高，在对抗白血病和恢复体力，消除疲劳上有很好的作用。无花果含有大量的果胶和维生素，果实吸水膨胀后，能吸附多种化学物质。所以食用无花果，能使肠道各种有害物质被吸附，然后排出体外，能净化肠道，促进有益菌类增殖。无花果还有很好的抗辐射作用。

黄豆、绿豆和无花果均有一定的抗辐射作用，三者一起制作出的豆浆，是理想的抗辐射食品。

薄荷豆浆，疏风散热、提神醒脑

材料

薄荷 5 克，黄豆 80 克，蜂蜜 10 克，清水适量。

做法

❶ 将黄豆清洗干净后，在清水中浸泡 6 ~ 8 小时，泡至发软备用；薄荷叶清洗干净备用。

❷ 将浸泡好的黄豆和薄荷叶一起放入豆浆机的杯体中，添加清水至上下水位线之间，启动机器，煮至豆浆机提示豆浆做好。

❸ 将打出的豆浆过滤后，加入蜂蜜调味即可。

■ 贴心提示

体虚多汗者不宜饮用。产后妇女不宜饮用薄荷豆浆，否则会使乳汁减少。

【养生功效】

薄荷具有双重功效：热的时候能清凉，冷时则可温暖身躯，因此它治疗感冒的功效绝佳，对抗呼吸道产生的症状很好，对于干咳、气喘、支气管炎、肺炎、肺结核具有一定的疗效。对消化道的疾病也十分有益，有消除胀气、缓解胃痛及胃灼热的作用；此外，可减轻疼痛，对抗偏头痛也有效，还能帮助退热。薄荷清凉的属性可安抚愤怒、歇斯底里与恐惧的状态，给予心灵自由的舒展空间。蜂蜜是一种滋补佳品，对于上班族来讲，经常饮用大有裨益。

此豆浆有提神醒脑、疏风散热、抗疲劳的作用，对舒缓感冒伤风、偏头痛有很好的辅助疗效。

香草黑米黑豆浆，健脾利湿、提神醒脑

材料

黑豆 70 克，黑米 20 克，香草 20 克，清水、白糖或冰糖适量。

做法

① 将黄豆清洗干净后，在清水中浸泡 6～8 小时，泡至发软备用；香草清洗干净；黑米淘洗干净，用清水浸泡 2 小时。

② 将浸泡好的黄豆、黑米和香草一起放入豆浆机的杯体中，添加清水至上下水位线之间，启动机器，煮至豆浆机提示香草黑米黑豆浆做好。

③ 将打出的香草黑米黑豆浆过滤后，按个人口味趁热添加适量白糖或冰糖调味，不宜吃糖的患者，可用蜂蜜代替。不喜甜者也可不加糖。

【养生功效】

香草含黄酮苷、生物碱、酚类、甾体、氨基酸、有机酸、鞣质，其中有一种抗菌有效成分，暂称兰香草素钠，利用芳香植物的根茎叶进行泡浴，不但能洁净身体，滋润皮肤，而且可以消除肌肉酸痛，安定神经，促进血液循环，缓和原因不明的失眠、冷虚证、肩酸、腰痛、食欲不振、便秘等症状。香草所散发出的愉悦芳香更能让人心情舒畅、消除疲劳、提高人体的自身免疫力，对生活节奏紧张的都市人来说无疑是一种缓解压力的好方法。黄豆补肝肾、健脾胃。黑豆和黑米均有健脾胃的功效。香草、黑豆搭配黑米制成的豆浆，健脾利湿，提神醒脑。

小麦玉米豆浆，促排泄、助减肥

材 料

黄豆45克，小麦20克，玉米粒30克，冰糖适量。

做 法

1 将黄豆清洗干净，在清水中浸泡至发软备用；玉米粒、小麦清洗干净。

2 将黄豆、小麦、玉米放入豆浆机中，添水搅打煮沸成豆浆。滤出豆浆，加入冰糖拌匀即可。

【养生功效】

全麦，即带有麦麸的小麦，富含的矿物质和膳食纤维可缓解便秘，其含有的其他营养物还可保护大肠，适当食用可起到预防大肠癌的作用。玉米含有丰富的粗纤维和镁，二者皆可加强肠壁蠕动，促进机体废物的排泄，帮助减肥。

■ 贴心提示

玉米粒应保留胚尖，因为玉米的许多营养都集中在胚尖。

第2章
准妈妈

红腰豆南瓜豆浆，补血、增强免疫力

材料

红腰豆60克，南瓜一块，黄豆30克，清水、白糖或冰糖适量。

做法

1 将黄豆洗净，在清水中浸泡6~8小时；红腰豆洗净，碾碎；南瓜洗净，去瓤，切成小块。

2 将上述食材一起放入豆浆机中，加适量清水煮至豆浆机提示红腰豆南瓜豆浆做好。

3 过滤后，按个人口味加糖调味即可。

【养生功效】

红腰豆原产于南美洲，是干豆中营养最丰富的一种，含丰富的维生素A、维生素B、维生素C及维生素E，也含丰富的铁质和钾等矿物质。红腰豆有补血、增强免疫力、帮助细胞修补及抗衰老等功效。南瓜不仅含有丰富的糖类、淀粉、脂肪和蛋白质，更重要的是含有人体造血必需的微量元素铁和锌。铁是构成血液中红细胞的重要成分之一，锌能够直接影响成熟红细胞的功能。这款豆浆具有补血、增强免疫力的功效，特别适合孕妇食用。

■ 贴心提示

红腰豆含有一种叫植物血球凝集素的天然植物毒素，一定要彻底煮熟才可以食用。

银耳百合黑豆浆，缓解妊娠反应

材料

黑豆 50 克，鲜百合 20 克，银耳 20 克，清水、白糖或冰糖适量。

做法

① 将黑豆清洗干净后，在清水中浸泡 6～8 小时，泡至发软备用；百合洗干净，分成小瓣；银耳泡发洗干净，撕碎。

② 将浸泡好的黑豆和百合、银耳一起放入豆浆机的杯体中，添加清水至上下水位线之间，启动机器，煮至豆浆机提示银耳百合黑豆浆做好。

③ 将打出的银耳百合黑豆浆过滤后，按个人口味趁热添加适量白糖或冰糖调味，不宜吃糖的患者，可用蜂蜜代替。不喜甜者也可不加糖。

■ 贴心提示

外感风寒引起的感冒、咳嗽和因湿热生痰咳嗽，以及阳虚畏寒怕冷者均不宜饮用。

【养生功效】

百合具有养心安神、开胃健脾的功效，对孕妇非常有益。银耳俗称穷人的燕窝，含有丰富的维生素 D，对于人体的生长发育很有帮助，尤其适宜孕妇食用。黑豆能够健脾利湿、安神养心，缓解孕妇的焦虑和不安情绪。这款豆浆对于缓解孕期妊娠反应和焦虑性失眠有不错的效果。

豌豆小米豆浆，对胎儿和准妈妈都有益

材料

黄豆 40 克，豌豆 30 克，小米 20 克，清水、白糖或冰糖适量。

做法

① 将黄豆洗净后，在清水中浸泡 6～8 小时；小米洗净，在清水中略浸泡；豌豆洗净备用。

② 将上述食材一起放入豆浆机中，加适量清水煮至豆浆机提示豌豆小米豆浆做好。

③ 将打出的豌豆小米豆浆过滤后，按个人口味趁热添加适量白糖或冰糖调味即可。

■ 贴心提示

圆身的豌豆又称蜜糖豆或蜜豆，扁身的称为青豆或荷兰豆。豌豆的豆荚在许多地区可以作为蔬菜烹制。

【养生功效】

虚寒体质、免疫力较差的孕妇可以多食小米粥，因为小米具有滋阴养血和预防呕吐的功效。小米所含的氨基酸有消炎杀菌的功效，还能够预防早期流产。豌豆中所含的优质蛋白质可以提高机体的抗病能力。孕妇常食豌豆对于胎儿的头部和骨骼发育有益。这款豆浆，对于促进胎儿中枢神经系统发育很有帮助，另外还能健脾补虚、增强准妈妈的体质。

红薯香蕉杏仁豆浆，确保孕妈妈的营养均衡

材料

红薯 30 克，香蕉一根，杏仁 10 克，黄豆 50 克，清水适量。

做法

❶ 将黄豆、杏仁清洗干净后，在清水中

■ 贴心提示

红薯一定要蒸熟煮透再吃，因为红薯中的淀粉颗粒不经高温破坏，难以消化。

浸泡 6 ~ 8 小时，泡至发软备用；红薯去皮、洗净，并切成小碎丁；香蕉去皮后，切成碎丁备用。

❷ 将浸泡好的黄豆、杏仁和切好的红薯丁、香蕉一起放入豆浆机的杯体中，添加清水至上下水位线之间，启动机器，煮至豆浆机提示红薯香蕉杏仁豆浆做好。

❸ 将打出的红薯香蕉杏仁豆浆过滤后即可饮用。

【养生功效】

红薯含有丰富的淀粉、膳食纤维、维生素 A、维生素 B、维生素 C、维生素 E 以及钾、铁、铜、硒、钙等 10 余种微量元素和亚油酸等，营养价值很高。香蕉属高热量水果，营养价值颇高，除了含有丰富的碳水化合物、蛋白质、脂肪外，还含多种微量元素和维生素。杏仁富含脂肪、糖类、蛋白质、胡萝卜素、B 族维生素、维生素 C、维生素 P 以及矿物质等营养成分。

这款豆浆能补充人体所需的多种营养物质，确保孕妈妈的营养均衡。

芦笋生姜豆浆，补充叶酸

材料

芦笋 30 克，生姜 20 克，黄豆 50 克，清水适量。

做法

❶ 将黄豆清洗干净后，在清水中浸泡 6 ~ 8 小时，泡至发软备用；芦笋

■ 贴心提示

芦笋中的叶酸很容易被破坏，所以若用来补充叶酸应避免高温烹煮，最佳的食用方法是用微波炉小功率加热。

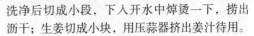

洗净后切成小段，下入开水中焯烫一下，捞出沥干；生姜切成小块，用压蒜器挤出姜汁待用。

❷ 将浸泡好的黄豆和芦笋一起放入豆浆机的杯体中，倒入姜汁，添加清水至上下水位线之间，启动机器，煮至豆浆机提示芦笋生姜豆浆做好。

❸ 将打出的芦笋生姜豆浆过滤后即可食用。

【养生功效】

芦笋含有丰富的叶酸，是孕妇补充叶酸的重要来源。叶酸是一种水溶性 B 族维生素，孕妇对叶酸的需求量比正常人高 4 倍。孕早期是胎儿器官系统分化、胎盘形成的关键时期，此时叶酸缺乏可导致胎儿畸形，还可能导致流产。到了孕中期、孕晚期，母体的血容量、胎盘的发育使得叶酸的需要量大增。叶酸不足，孕妇易发生胎盘早剥等；胎儿易发生宫内发育迟缓、早产和出生低体重。生姜可刺激唾液、胃液和消化液的分泌，刺激胃肠蠕动，同时防恶心、止呕吐。这款豆浆可以很好地为准妈妈补充所需的叶酸，并可缓解恶心呕吐。

西芹黑米豆浆，补钙、补血

材料

西芹 20 克，黑米 30 克，黄豆 50 克，清水、白糖或冰糖适量。

做法

1 将黄豆清洗干净后，在清水中浸泡 6~8 小时，泡至发软备用；西芹择洗干净后，切成碎丁备用；黑米淘洗干净，用清水浸泡 2 小时。

2 将浸泡好的黄豆、黑米和西芹一起放入豆浆机的杯体中，添加清水至上下水位线之间，启动机器，煮至豆浆机提示西芹黑米豆浆做好。

3 将打出的西芹黑米豆浆过滤后，按个人口味趁热添加适量白糖或冰糖调味，不宜吃糖的患者，可用蜂蜜代替。不喜甜者也可不加糖。

【养生功效】

西芹中含有蛋白质、碳水化合物、脂肪、粗纤维、胡萝卜素、维生素、有机酸等，并且含铁量较高。西芹对女孩子非常有益，可以减肥，还有美白的作用，多吃还能预防癌症。但是，在炎热的夏季，不宜过多食用西芹，因为西芹所含的成分能够和阳光产生作用，从而增多面部黑色素。西芹的钙含量较高，可以补"脚骨力"，同时含有丰富的钾，可减少身体的水分积聚。常吃西芹还能够补钙。黑米最适于孕妇、产妇等补血之用，所以被称为"月米"、"补血米"等。总之，这款豆浆最大的功效就是补钙和补血，能帮准妈妈保持体力。

■ 贴心提示

黑米必须熬煮至烂熟方可食用，因为黑米外部是一层较坚韧的种皮，如不煮烂很难被胃酸和消化酶分解消化，容易引起消化不良与急性肠胃炎。

第**3**章

新妈妈

莲藕红豆豆浆，去除产妇体内瘀血

材料

莲藕30克，红豆20克，黄豆50克，清水适量。

做法

1 将黄豆、红豆清洗干净后，在清水中浸泡6～8小时，泡至发软备用；莲藕去皮后切成小丁，下入开水中略焯一下，捞出后沥干。

2 将浸泡好的黄豆、红豆同莲藕丁一起放入豆浆机的杯体中，添加清水至上下水位线之间，启动机器，煮至豆浆机提示莲藕红豆豆浆做好。

3 将打出的莲藕红豆豆浆过滤后即可饮用。

【养生功效】

莲藕含有多种营养及天冬碱、蛋白质氨基酸、葫芦巴碱、蔗糖、葡萄糖等，能够活血化瘀，帮助清除产妇体内瘀血。鲜藕含有20%的糖类物质和丰富的钙、磷、铁及多种维生素。鲜藕既可单独做菜，也可做其他菜的配料，如藕肉丸子、藕香肠、虾茸藕饺、炸脆藕丝、鲜藕炖排骨、凉拌藕片等，都是佐酒下饭，脍炙人口的家常菜肴。藕也可制成藕原汁、藕蜜汁、藕生姜汁、藕葡萄汁、藕梨子汁等清凉消暑的饮料。藕还可加工成藕粉、蜜饯和糖片，是老幼妇孺及病患者的良好补品。藕还具有药用价值，生食能凉血行瘀、安神健脑、清热润肺。

红豆有补血功效，可促进血液循环，强化体力，增强抵抗力。莲藕、红豆和黄豆一起制成的豆浆，能够暖宫，消解腹内积存的瘀血。

■ 贴心提示

在挑选藕的时候，一定要注意，发黑、有异味的藕不宜食用。应该挑选外皮呈黄褐色，肉肥厚而又白的，不要选用那些伤、烂，有锈斑、断节或者是干缩变色的藕。

南瓜芝麻豆浆，让新妈妈恢复体力

材料

黄豆50克，南瓜30克，黑芝麻20克，清水、白糖或冰糖适量。

做法

1 将黄豆清洗干净后，在清水中浸泡6~8小时，泡至发软备用；黑芝麻淘去沙粒；南瓜去皮，洗净后切成小碎丁。

2 将浸泡好的黄豆、切好的南瓜和淘净的黑芝麻一起放入豆浆机的杯体中，添加清水至上下水位线之间，启动机器，煮至豆浆机提示南瓜芝麻豆浆做好。

3 将打出的南瓜芝麻豆浆过滤后，按个人口味趁热添加适量白糖或冰糖调味，不宜吃糖的患者，可用蜂蜜代替。不喜甜者也可不加糖。

■ 贴心提示

黑芝麻含有较多油脂，有润肠通便的效用，患有慢性肠炎、便溏、腹泻者不宜饮用这款豆浆。

【养生功效】

南瓜高钙、高钾、低钠，因此，特别适合新妈妈食用。黑芝麻含有的铁质和维生素E是预防贫血、活化脑细胞、消除血管胆固醇的重要营养成分。用南瓜和黑芝麻制成的这款豆浆，能迅速补充能量，护养产妇身体。

山药牛奶豆浆，改善产后少乳现象

材料

山药 30 克，黄豆 50 克，牛奶 250 毫升，清水、糖或者冰糖适量。

■ 贴心提示

山药质地细腻，味道香甜。不过，山药皮中所含的皂角素或黏液里含的植物碱，容易导致皮肤过敏，所以最好用削皮的方式，并且削完山药的手不要乱碰，马上多洗几遍手，要不然就会抓哪儿哪儿痒；处理山药时应避免直接接触皮肤。

做法

① 将黄豆清洗干净后，在清水中浸泡 6～8 小时，泡至发软备用；山药去皮后切成小丁，下入开水中灼烫，捞出沥干；牛奶备用。

② 将浸泡好的黄豆同煮熟的山药丁一起放入豆浆机中，加适量清水煮至豆浆做好。

③ 过滤，待凉至温热后兑入牛奶，再按个人口味趁热添加适量白糖或冰糖调味。

【养生功效】

山药性平味甘，具有固肾益精、聪耳明目、强健筋骨、延年益寿、改善产后少乳的功效。山药富含胡萝卜素、维生素 B_1、维生素 B_2 和维生素 C、淀粉酶以及黏多糖等营养物质。其中，胡萝卜素、维生素 C 等具有抗氧化功能，并可有效提高人体免疫力。而黏多糖与无机盐结合，可增强骨质，对心血管大有裨益，高血压患者常吃山药可预防血管的早期硬化。牛奶、黄豆则能够迅速为产妇补充营养，促进乳汁分泌。山药、黄豆、牛奶搭配制成的这款豆浆能帮孕妇改善产后少乳现象。

红豆腰果豆浆，促进母乳分泌

材料

红豆 20 克，腰果 30 克，黄豆 50 克，清水、白糖或冰糖适量。

做法

① 将黄豆、红豆清洗干净后，在清水中浸泡 6～8 小时，泡至发软备用；腰果清洗干净后在温水中略泡，碾碎。

② 将浸泡好的黄豆、红豆、腰果一起放入豆浆机的杯体中，添加清水至上下水位线之间，启动机器，煮至豆浆机提示红豆腰果豆浆做好。

③ 将打出的红豆腰果豆浆过滤后，按个人口味趁热添加适量白糖或冰糖调味，不宜吃糖的患者，可用蜂蜜代替。不喜甜者也可不加糖。

【养生功效】

腰果营养丰富，含有丰富的蛋白质、维生素 B_1，能够补充营养、消除疲劳。腰果所含的维生素 A 能够抗衰老，保养肌肤。乳汁不足的新妈妈可以多食腰果，因为腰果有催乳的作用。红豆历来都是女性的滋补佳品，不仅有利湿的作用，还有催乳的作用。这款豆浆能够促进新妈妈的母乳分泌。

■ 贴心提示

腰果中含有多种变应源，所以过敏体质的人最好不要饮用这款豆浆。

山药红薯米豆浆，帮助新妈妈恢复体形

材料

红薯 20 克，山药 15 克，黄豆 20 克，大米、小米、燕麦片各 10 克，清水、白糖或冰糖适量。

【养生功效】

现代科研证实，红薯含有蛋白质、脂肪、膳食纤维、胡萝卜素、维生素 A、维生素 B、维生素 C、维生素 E 以及钾、铁、铜、硒、钙等 10 余种微量元素，有很高的营养价值。每 100 克鲜红薯仅含 0.2 克脂肪，产 99 千卡热能，是上好的低脂、低热食品。再者，红薯所含的大量膳食纤维等在肠道内无法被消化吸收，从而刺激肠道，增强蠕动，帮助排便，对老年性便秘有较好的疗效；还能有效地阻止糖类变为脂肪，有利于瘦身减肥。

山药具有补益脾胃、生津益肺的作用，有利于产后的新妈妈滋补元气。大米、小米均有补中益气的功效。燕麦则能够为产妇增强免疫力，同时还有养颜美体的功效。红薯、山药、大米、小米、燕麦制成的这款豆浆有利于产后的新妈妈滋补身体、恢复体形，并使皮肤白嫩细腻。

做法

1 将黄豆清洗干净后，在清水中浸泡 6 ~ 8 小时，泡至发软备用；红薯、山药清洗干净后，去皮并切成小丁，下入开水中灼烫，捞出沥干；将大米、小米、燕麦洗净浸泡两小时。

2 将浸泡好的黄豆、大米、小米、燕麦和红薯、山药一起放入豆浆机的杯体中，添加清水至上下水位线之间，启动机器，煮至豆浆机提示山药红薯米豆浆做好。

3 将打出的山药红薯米豆浆过滤后，按个人口味趁热添加适量白糖或冰糖调味，不宜吃糖的患者，可用蜂蜜代替。不喜甜者也可不加糖。

■ 贴心提示

红薯中的紫茉莉苷成分具有防止便秘的功效，这种物质靠近红薯表皮，因而，榨汁时不要去掉红薯皮。另外，红薯和柿子不宜在短时间内同时食用。

第4章
宝宝

芝麻燕麦豆浆，适合小宝宝的快速成长

材料

黑芝麻20克，燕麦20克，黄豆50克，清水、白糖或冰糖适量。

做法

① 将黄豆清洗干净后，在清水中浸泡6～8小时，泡至发软备用；燕麦淘洗干净，用清水浸泡2小时；黑芝麻淘去沙粒。

② 将浸泡好的黄豆、燕麦和黑芝麻一起放入豆浆机的杯体中，添加清水至上下水位线之间，启动机器，煮至豆浆机提示芝麻燕麦豆浆做好。

③ 将打出的芝麻燕麦豆浆过滤后，按个人口味趁热添加适量白糖或冰糖调味，不喜甜者也可不加糖。

【养生功效】

黑芝麻中的维生素 B₂ 有助于头皮血液循环，促进头发的生长，并对头发起滋润作用，防止头发干燥和发脆。黑芝麻含有头发生长所需的必需脂肪酸、含硫氨基酸与多种微量矿物质，富含的优质蛋白质、不饱和脂肪酸、钙等营养物质均可养护头发，防止脱发和白发，使头发保持乌黑亮丽。此外，黑芝麻还含有大量的亚油酸、棕榈酸、花生酸等不饱和脂肪酸和卵磷酸，能溶解凝固在血管壁上的胆固醇。而芝麻中的卵磷脂不仅有润肤之效，还能预防脱发、生白发；它含有维生素 B₁ 和丰富的维生素 E，这些都是人体所必需的生发营养素。黑芝麻的含铁量丰富，生长发育的儿童食用后，能够预防缺铁性贫血。黄豆的含钙量较高，对预防小儿佝偻病较为有效。所以，这款由黑芝麻、燕麦和黄豆组成的豆浆，适合成长中的小宝宝食用，能够预防小儿佝偻病和缺铁性贫血。

■ 贴心提示

黑芝麻含有较多油脂，有润肠通便的作用，加上燕麦富含膳食纤维，便溏、腹泻的宝宝不宜饮用这款豆浆。

燕麦核桃豆浆，促进孩子的大脑发育

材 料

黄豆 80 克，燕麦 20 克，核桃仁 4 颗，清水、白糖或冰糖适量。

做 法

① 将黄豆清洗干净后，在清水中浸泡 6 ~ 8 小时，泡至发软备用；燕麦淘洗干净，用清水浸泡 2 小时；核桃仁碾碎。

② 将浸泡好的黄豆、燕麦和核桃仁一起放入豆浆机的杯体中，添加清水至上下水位线之间，启动机器，煮至豆浆机提示燕麦核桃豆浆做好。

③ 将打出的燕麦核桃豆浆过滤后，按个人口味趁热添加适量白糖或冰糖调味，不喜甜者也可不加糖。

■ 贴心提示

肠道敏感的人不宜吃太多的燕麦，以免引起胀气、胃痛或腹泻。

【养生功效】

核桃中的脂肪和蛋白质是大脑最好的营养物质，还含有钙、磷、铁、胡萝卜素、核黄素、维生素 B_6、维生素 E、胡桃叶醌、磷脂、鞣质等营养物质，能够促进大脑发育，并且缓解脑力疲劳。

研究人员认为，燕麦有大量的蛋白、纤维和大量碳水化合物，相比那些低纤维、高碳水化合物的谷物早餐，燕麦能提供更长、更持续的能量。由核桃、燕麦、黄豆做成的豆浆可促进宝宝大脑发育。

红豆胡萝卜豆浆，增强孩子的免疫力

材 料

胡萝卜 1/3 根，红豆 20 克，黄豆 50 克，清水、冰糖适量。

做 法

① 将黄豆、红豆洗净，在清水中浸泡 6 ~ 8 小时；胡萝卜去皮切丁，下入开水中略焯。

② 将上述食材一起放入豆浆机中，加适量清水煮至豆浆机提示红豆胡萝卜豆浆做好。

③ 将打出的红豆胡萝卜豆浆过滤后，趁热加入冰糖，待冰糖融化后即可饮用。

■ 贴心提示

这款豆浆在给宝宝饮用时最好不要添加白糖，原因在于白糖需要在胃内经过消化酶转化为葡萄糖后才能被人体吸收，这对于消化功能比较弱的宝宝不利。

【养生功效】

胡萝卜含有多种微量元素，可增强机体免疫力，抑制癌细胞的生长。胡萝卜中的芥子油和膳食纤维可促进胃肠蠕动，促进体内废弃物的排出。常吃胡萝卜可降低血脂、稳定血压、软化血管、预防动脉硬化等症。β - 胡萝卜素在进入人体后可以转变为维生素 A，在促进宝宝的生长发育上有较好的功效。这款豆浆具有促进宝宝生长发育、抵抗传染病、增强孩子免疫力的功效。

牛奶绿豆浆，适合1岁半幼儿

材料

绿豆80克，牛奶250毫升，清水、白糖或冰糖适量。

做法

① 将绿豆清洗干净后，在清水中浸泡6～8小时，泡至发软，放入高压锅煮约30分钟，煮成豆沙，盛出待用。

② 将绿豆沙放入豆浆机的杯体中，兑入牛奶，添加清水至上下水位线之间，启动机器，煮至豆浆机提示豆浆做好。

③ 将打出的豆浆过滤后，按个人口味趁热添加适量白糖或冰糖调味。

【养生功效】

绿豆能帮助排泄体内毒素，促进机体的正常代谢。许多人在进食油腻、煎炸、热性的食物之后，很容易出现皮肤痒、暗疮、痱子等症状，这是由于湿毒溢于肌肤所致。绿豆则具有强力解毒功效，可以解除多种毒素。现代医学研究证明，绿豆可以降低胆固醇，又有保肝和抗过敏作用。牛奶的营养成分很高，牛奶中的矿物质种类也非常丰富，除了我们所熟知的钙以外，磷、铁、锌、铜、锰、钼的含量都很高。最难得的是，牛奶是人体钙的最佳来源，而且钙磷比例非常适当，利于钙的吸收。牛奶种类繁多，至少有100多种，其主要成分有水、脂肪、磷脂、蛋白质、乳糖、无机盐等。这款牛奶绿豆浆适合1岁半幼儿饮用，妈妈可以每天为宝宝做1～2杯，帮宝宝补充营养，让宝宝健康成长。

■ 贴心提示

买来的牛奶（没有煮过或微波炉加热过的）迅速倒入干净的透明玻璃杯中，然后慢慢倾斜玻璃杯，如果有薄薄的奶膜留在杯子内壁，且不挂杯，容易用水冲下来，那就是原料新鲜的牛奶。这样的奶是在产出后短时间内送到加工厂的，细菌总数很低。如果玻璃杯上的奶膜不均匀，甚至有肉眼可见的小颗粒挂在杯壁，且不易清洗，那就说明牛奶不够新鲜。

第**5**章

学生

红枣香橙豆浆，给大脑增添活力

材料

红枣 10 克，橙子 1 个，黄豆 70 克，清水、白糖或冰糖适量。

做法

❶ 将黄豆清洗干净后，在清水中浸泡 6 ~ 8 小时，泡至发软备用；红枣洗净，去核，切碎；橙子去皮、去子后撕碎。

❷ 将浸泡好的黄豆和红枣、橙子一起放入豆浆机的杯体中，添加清水至上下水位线之间，启动机器，煮至豆浆机提示红枣香橙豆浆做好。

❸ 将打出的红枣香橙豆浆过滤后，按个人口味趁热添加适量白糖或冰糖调味，不宜吃糖的患者，可用蜂蜜代替。

【养生功效】

枣中富含钙和铁，正在生长发育高峰的青少年容易发生贫血，大枣对他们会有十分理想的食疗作用，其效果通常是药物不能比拟的。枣还可以抗过敏、除腥臭怪味、宁心安神、益智健脑、增强食欲、增强大脑活力。橙子含橙皮苷、柠檬酸、苹果酸、琥珀酸、糖类、果胶和维生素等；又含挥发油，挥发油中含萜、醛、酮、酚、醇、酯、酸及香豆精类等成分 70 余种，它们能够为身体补充营养。橙子酸酸甜甜的味道有利于增长食欲。用红枣、香橙、黄豆制成的豆浆对于增强大脑活力，提高免疫力很有帮助。

■ 贴心提示

橙子在剥皮的时候，可以像削苹果一样削皮，这样就不会有橙子汁溢出来了。也可以将橙子置于桌上，用手掌旋转搓揉，将橙子的各部位都揉到后，即可剥皮。

核桃杏仁绿豆豆浆，提高学习效率

材料

黄豆 50 克，绿豆 20 克，核桃仁 4 颗，杏仁 20 克，清水、白糖或冰糖适量。

做法

1 将黄豆、绿豆清洗干净后，在清水中浸泡 6～8 小时，泡至发软备用；杏仁清洗干净，泡软。

2 将浸泡好的黄豆、绿豆和核桃仁、杏仁一起放入豆浆机的杯体中，添加清水至上下水位线之间，启动机器，煮至豆浆机提示核桃杏仁绿豆豆浆做好。

3 将打出的核桃杏仁绿豆豆浆过滤后，按个人口味趁热添加适量白糖或冰糖调味，不宜吃糖的患者，可用蜂蜜代替，或不加糖。

【养生功效】

核桃含有锌、锰、铬等人体不可缺少的微量元素，对脑神经补益最大，是益智、健脑、强身的佳品。杏仁含磷、铁、钙及不饱和脂肪酸，是维持人体健康的重要营养要素。每日饮用这款豆浆可迅速补充营养，维持体力。绿豆、黄豆能够增强细胞活性。这款豆浆含有丰富的多不饱和脂肪酸，在进入人体后可生成 DHA，有增强记忆力和判断力的功效，提高学生的学习效率。

■ 贴心提示

杏仁的功效药食兼备。有些养生方中常提及"南北杏"：中国南方产的杏仁又称"南杏"，味略甜，具有润肺、止咳、滑肠等功效；北杏则带苦味，多作药用，具有润肺、平喘的功效，对于咳嗽、咳痰、气喘等呼吸道症状疗效显著。

蜂蜜薄荷绿豆豆浆，提神醒脑

材料

薄荷5克，绿豆20克，黄豆50克，蜂蜜10克，清水适量。

【养生功效】

薄荷性凉味辛，有宣散风热、清头目、透疹之功，它还具有兴奋大脑、促进血液循环、发汗、消炎镇痛、止痒解毒和疏散风热的作用。薄荷入茶饮，可以健胃祛风、祛痰、利胆、抗痉挛，改善感冒发热、咽喉、肿痛，并消除头痛、牙痛、恶心感及皮肤瘙痒、腹部胀气、腹泻、消化不良、便秘等症状，且可缓和头痛，促进新陈代谢，对于呼吸道的发炎症状有治疗作用；还可降低血压、滋补心脏。其清凉香气，还可平缓紧张愤怒的情绪、提振精神、使身心欢愉、帮助入眠。

绿豆有清热解毒之功，如遇有机磷农药中毒、铅中毒、酒精中毒（醉酒）或吃错药等情况，在医院抢救前都可以先灌下一碗绿豆汤进行紧急处理，经常在有毒环境下工作或接触有毒物质的人，应经常食用绿豆来解毒保健。经常食用绿豆可以补充营养，增强体力。

黄豆能够迅速补充机体能量，缓解疲劳。用薄荷、蜂蜜、绿豆、黄豆制成的豆浆在健脑提神方面有显著效果。

做法

1. 将黄豆、绿豆清洗干净后，在清水中浸泡6~8小时，泡至发软备用；薄荷叶清洗干净备用。

2. 将浸泡好的黄豆、绿豆和薄荷叶一起放入豆浆机的杯体中，添加清水至上下水位线之间，启动机器，煮至豆浆机提示蜂蜜薄荷绿豆豆浆做好。

3. 将打出的豆浆过滤，待豆浆凉至温热时加入蜂蜜调味即可。

■ 贴心提示

绿豆皮中的类黄酮，和金属离子作用之后，可能形成颜色较深的复合物。这种反应虽然没有毒性物质产生，却可能会干扰绿豆的抗氧化作用，也妨碍金属离子的吸收。因此，煮绿豆汤时，用铁锅最不合适，而用砂锅最为理想。

黑豆红豆绿豆浆，赶走学生的体虚乏力

材料

黑豆50克，红豆30克，绿豆20克，清水、白糖或冰糖适量。

做法

1 将黑豆、红豆、绿豆清洗干净后，在清水中浸泡6～8小时，泡至发软备用。

2 将浸泡好的黑豆、红豆、绿豆一起放入豆浆机的杯体中，添加清水至上下水位线之间，启动机器，煮至豆浆机提示黑豆红豆绿豆浆做好。

3 将打出的黑豆红豆绿豆浆过滤后，按个人口味趁热添加适量白糖或冰糖调味，不宜吃糖的患者，可用蜂蜜代替。不喜甜者也可不加糖。

■ 贴心提示

红豆和绿豆都有利尿的作用，因此尿频的人不宜过多饮用这款豆浆。

【养生功效】

中国人素有吃"豆"的习惯，像红豆、绿豆及其豆制品已是人们餐桌上的"常客"。红豆有很好的养心功效，可以清热祛湿、清心除烦、补血安神；黑豆能够滋补肝肾，而肝肾的健康对改善学生视力有很大的帮助；绿豆是学生在夏令饮食中的上品，盛夏酷暑，喝点儿用绿豆做成的饮品，既甘凉可口，又防暑消热。这款豆浆能缓解学习压力大出现的体虚乏力状况，还能清心除烦。

荞麦红枣豆浆，有助于孩子的成长

材料

荞麦30克，红枣20克，黄豆50克，清水、白糖或冰糖适量。

做法

1 将黄豆清洗干净后，在清水中浸泡6～8小时，泡至发软备用；红枣洗净，去核，切碎；荞麦淘洗干净，用清水浸泡2小时。

2 将上述食材一起放入豆浆机中，加适量清水煮至豆浆机提示荞麦红枣豆浆做好。

3 将打出的荞麦红枣豆浆过滤后，按个人口味趁热添加适量白糖或冰糖调味，不宜吃糖的患者，可用蜂蜜代替。不喜甜者也可不加糖。

■ 贴心提示

这款豆浆并不适合早餐和晚餐，它不容易消化，容易让胃部受损，每次也不应食用过多。

【养生功效】

荞麦的蛋白质含量比大米和面粉都高，且饱含赖氨酸和精氨酸，有助于孩子的成长。红枣是很好的营养品，富含维生素，在国外的一项临床研究显示：连续吃红枣的病人，健康恢复比单纯吃维生素药剂的病人快3倍以上。这款豆浆能够给成长中的学生补充身体必备的营养，有助于他们的健康成长。

榛子杏仁豆浆，恢复学生的体能

材料

黄豆60克，杏仁20克，榛子仁20克，清水、白糖或冰糖适量。

做法

① 将黄豆清洗干净后，在清水中浸泡6～8小时，泡至发软备用；杏仁、榛子仁碾碎备用。

② 将上述食材一起放入豆浆机中，加适量清水煮至豆浆机提示榛子杏仁豆浆做好。

③ 过滤后，按个人口味趁热添加适量白糖或冰糖调味，不宜吃糖的患者，可用蜂蜜代替。

■ 贴心提示

剥榛子有一种不费力气的方法。可将易拉罐环上的铁片弯折几下，去掉不要，剩下的小圆圈插到榛子的开口里，就像是钥匙开门一样轻轻一转，榛子壳就齐齐地裂开了。

【养生功效】

坚果是优秀的能量补充剂。榛子富含油脂，使所含的脂溶性维生素更易为人体所吸收，对体弱、易饥饿的人都有很好的补养作用，也很适合帮助学生恢复体能；杏仁中含有丰富的蛋白质、钙和铁等多种营养物质，对于维持人体的生长发育以及神经系统运行非常重要，有利于提高学习能力和记忆力；黄豆富含蛋白质、钙、铁及多种维生素，而胆固醇的含量较低，对恢复体能有益。这款豆浆，适宜学习了一天的学生补充体能，也能起到抗疲劳的作用。

腰果小米豆浆，增强免疫力

材料

腰果20克，小米30克，黄豆50克，清水、白糖或冰糖适量。

做法

① 将黄豆清洗干净后，在清水中浸泡6～8小时，泡至发软备用；腰果清洗干净后在温水中略泡，碾碎；小米淘洗干净，用清水浸泡2小时。

② 将浸泡好的黄豆、腰果、小米一起放入豆浆机的杯体中，添加清水至上下水位线之间，启动机器，煮至豆浆机提示腰果小米豆浆做好。

③ 将打出的腰果小米豆浆过滤后，按个人口味趁热添加适量白糖或冰糖调味，不宜吃糖的患者，可用蜂蜜代替。不喜甜者也可不加糖。

【养生功效】

腰果富含脂肪、蛋白质、碳水化合物、维生素、矿物质等，具有抗衰老、抗氧化、抗肿瘤和防御心血管疾病的功能。如果免疫力下降，常吃腰果则有缓解和修复作用。小米含有丰富的维生素，能够利尿、补血、益气。小米除了富含铁质外，还含有蛋白质、复合维生素B、钙、钾、纤维等多种营养素。小米粥是健康食品，可单独煮熬，亦可添加大枣、红豆、红薯、莲子、百合等，熬成风味各异的养生饮品。这款豆浆能够提高人体免疫力。

蜂蜜黄豆绿豆浆，给学生补充营养

材料

黄豆 50 克，绿豆 50 克，蜂蜜、清水适量。

做法

① 将黄豆、绿豆清洗干净后，在清水中浸泡 6 ~ 8 小时，泡至发软备用。

② 将浸泡好的黄豆和绿豆一起放入豆浆机的杯体中，添加清水至上下水位线之间，启动机器，煮至豆浆机提示豆浆做好。

③ 将打出的豆浆过滤后，按个人口味趁热添加适量蜂蜜调味即可。

■ 贴心提示

蜂蜜不要太早加入，要等豆浆温热时再加进去。太早加入会因为高温破坏蜂蜜中的维生素和酶类，并且影响原有的口感和风味。

【养生功效】

蜂蜜是一种营养丰富的天然滋养食品，也是最常用的滋补品之一。据分析，蜂蜜含多种无机盐和维生素、矿物质、果糖、葡萄糖、氧化酶、还原酶、有机酸和有益人体健康的微量元素，具有滋养润燥、排毒解毒的功效。蜂蜜能改善血液的成分，促进心脑血管功能，因此经常服用对于心血管病人很有益处。食用蜂蜜能迅速补充体力，消除疲劳，增强对疾病的抵抗力。在所有的天然食品中，大脑神经元所需要的能量在蜂蜜中含量最高。蜂蜜中的果糖、葡萄糖可以很快被身体吸收利用，改善血液的营养状况。绿豆有清热解暑，止渴利尿，解一切食物中毒等功效。黄豆、绿豆、蜂蜜一起制成豆浆，能给正在上学的学生补充水分、蛋白质、淀粉、维生素、钾、镁、膳食纤维等多种营养物质，还有开胃的功效。

黑红绿豆浆，提神健脑、增强免疫力

材料

黑豆、绿豆、红豆各 30 克，白糖适量。

【养生功效】

黑豆历来是补肾佳品，常吃黑豆可起到活血养血、补虚乌发的作用。红豆具有健脾利水、解毒消肿的功效，对于肾脏、心脏、脚气病等形成的水肿具有改善作用；红豆是非常适合女性的食物，因为其铁质含量相当丰富，具有很好的补血功能。绿豆性味甘凉，有清热解毒之功。用绿豆煮汤，能够清暑益气、止渴利尿，不仅能补充水分，而且还能及时补充无机盐，对维持水液电解质平衡有着重要意义。

做法

① 将黑豆、绿豆、红豆分别泡软，捞出洗净。
② 将所有原材料放入豆浆机中，添水搅打成豆浆，烧沸后滤出豆浆，调入适量白糖即可。

■ 贴心提示

市豆浆做好后尽量在 4 小时内喝完，否则很容易变质。

第6章 更年期

桂圆糯米豆浆，改善潮热等更年期症状

材 料

黄豆 50 克，桂圆 30 克，糯米 20 克，清水、白糖或冰糖适量。

做 法

1 将黄豆清洗干净后，在清水中浸泡 6 ～ 8 小时，泡至发软备用；桂圆去皮去核；糯米淘洗干净，用清水浸泡 2 小时。

2 将浸泡好的黄豆同桂圆、糯米一起放入豆浆机的杯体中，添加清水至上下水位线之间，启动机器，煮至豆浆机提示桂圆糯米豆浆做好。

3 将打出的桂圆糯米豆浆过滤后，按个人口味趁热添加适量白糖或冰糖调味，不宜吃糖的患者，可用蜂蜜代替。不喜甜者也可不加糖。

【养生功效】

桂圆亦称龙眼，性温味甘，益心脾，补气血，具有良好的滋养补益作用。可用于心脾虚损、气血不足所致的失眠、健忘、惊悸、眩晕等症。《名医别录》称之为"益智"，言其功能养心益智故也，有滋补强体、补心安神、养血壮阳、益脾开胃、润肤美容的功效。糯米性温，属于滋补品，含有蛋白质、脂肪、糖类、钙、磷、铁、维生素 B 及淀粉等营养成分，有滋补气血、健脾暖胃、止汗止渴等作用，适用于脾胃虚寒所致的反胃、泄泻和气虚引起的汗虚、气短无力等症。黄豆中含有一种特殊的植物雌激素"黄豆苷原"，可调节女性内分泌，改善心态和身体素质，延缓衰老，美容养颜。这款豆浆，能补心安神，改善失眠、烦躁、潮热等更年期症状。

■ 贴心提示

糯米中所含淀粉为支链淀粉，在肠胃中难以消化水解，所以有肺热所致的发热、咳嗽、痰黄黏稠和湿热作祟所致的黄疸、淋证、胃部胀满、午后发热等症状者忌食桂圆糯米豆浆。脾胃虚弱所致的消化不良人群也应慎食。

燕麦红枣豆浆，养血安神

材料

黄豆50克，红枣30克，燕麦20克，清水、白糖或冰糖适量。

做法

1 将黄豆清洗干净后，在清水中浸泡6～8小时，泡至发软备用；红枣洗干净后，用温水泡开；燕麦淘洗干净，用清水浸泡2小时。

2 将浸泡好的黄豆、燕麦、红枣一起放入豆浆机的杯体中，添加清水至上下水位线之间，启动机器，煮至豆浆机提示燕麦红枣豆浆做好。

3 将打出的燕麦红枣豆浆过滤后，按个人口味趁热添加适量白糖或冰糖调味，不宜吃糖的患者，可用蜂蜜代替。不喜甜者也可不加糖。

■ 贴心提示

一些女性在月经期间会出现眼肿或脚肿的现象，这是湿重的表现，此时不宜食用燕麦红枣豆浆，因为红枣味甜，多吃容易生痰生湿，水湿积于体内，水肿的情况就会更严重。

【养生功效】

燕麦具有较高的营养价值，能益脾、养心、敛汗，还可以改善血液循环，缓解生活工作带来的压力。红枣是补养佳品，食补药膳中常加入红枣补养身体、滋润气血。这款豆浆可补脾和胃、益气生津、养血安神，有效缓解烦躁郁闷、心神不宁等更年期障碍。

红枣黑豆豆浆，适合更年期女性饮用

材料

黑豆80克，黄豆30克，红枣10个，清水、白糖或冰糖适量。

做法

1 将黑豆、黄豆清洗干净后，在清水中浸泡6～8小时，泡至发软备用；红枣洗干净后，用温水泡开。

2 将浸泡好的黑豆、黄豆和红枣一起放入豆浆机的杯体中，加水至上下水位线之间，启动机器，煮至豆浆机提示红枣黑豆豆浆做好。

3 将打出的红枣黑豆豆浆过滤后，按个人口味趁热往豆浆中添加适量白糖或冰糖调味，患有不宜吃糖的患者，可用蜂蜜代替。

■ 贴心提示

凡是痰湿偏盛、湿热内盛、腹部胀满者忌食红枣黑豆豆浆。慢性肾病患者在肾衰竭时不宜食用此款豆浆，因为黑豆会加重肾脏负担。

【养生功效】

红枣中丰富的营养物质能够促进体内的血液循环，对妇女的美容养颜以及更年期的潮热出汗、情绪不稳也有调补和控制作用。黑豆是补肾佳品，肾虚的人应多食黑豆。黄豆能够安神养心。

这款豆浆特别适合更年期的女性和骨质疏松的人饮用。

莲藕雪梨豆浆，安抚焦躁情绪

材料

莲藕30克，雪梨1个，黄豆50克，清水适量。

做法

1 将黄豆清洗干净后，在清水中浸泡6～8小时；莲藕去皮后切成小丁，下入开水中略焯；雪梨清洗后，去皮去核，并切成小碎丁。

2 将上述食材一起放入豆浆机中，加适量清水煮至豆浆机提示莲藕雪梨豆浆做好。

3 过滤后即可饮用。

【养生功效】

中医称莲藕："主补中养神，益气力。"莲藕的清热凉血作用也很不错，可用来治疗热证，对于热病口渴、衄血、咯血、下血者尤为有益。营养专家提示，更年期的女性吃莲藕可以静心。雪梨性凉味甘酸，具有生津、润燥、清热、化痰、解酒的作用。雪梨含有丰富的维生素B，能够增强心肌活力，缓解周身疲劳，降低血压。黄豆有补虚润燥、清肺化痰的功效。这款豆浆，清热安神，可帮助消除更年期的暴躁、焦虑不安和失眠症状。

■ 贴心提示

雪梨性偏寒助湿，多吃会伤脾胃，故脾胃虚寒、畏冷食者应少食莲藕雪梨豆浆。

三红豆浆，补血补气、养心安神

材料

红豆 50 克，红枣 20 克，枸杞 30 克，清水、白糖或冰糖适量。

做法

1 将红豆清洗干净后，在清水中浸泡 6 ~ 8 小时，泡至发软备用；红枣、枸杞洗干净后，用温水泡开，红枣去核备用。

2 将浸泡好的红豆、红枣肉一起放入豆浆机的杯体中，添加清水至上下水位线之间，启动机器，煮至豆浆机提示三红豆浆做好。

3 将打出的三红豆浆过滤后，按个人口味趁热添加适量白糖或冰糖调味，不宜吃糖的患者，可用蜂蜜代替。不喜甜者也可不加糖。

■ 贴心提示

女性平时不能多吃枸杞，否则容易造成月经提前到来或者推迟，以及食欲不振、白带异常、内分泌失调等。

【养生功效】

红枣是补血最常用的食物，食疗药膳中常加入红枣补养身体，滋润气血。在治疗更年期的经方"甘麦大枣汤"中就用到了红枣，它可起到养血安神、疏肝解郁的功效；红豆自古就被认为是养生食品，丰富的铁质能使血气充盈、面色红润；枸杞也有滋阴补肾、益气安神的作用。红豆、红枣和枸杞三者搭配制成的这款豆浆具有补气安神、养血的功效，尤其适合更年期妇女饮用。

紫米核桃红豆浆，补肾、补血

材料

紫米 40 克，红豆 40 克，核桃仁 30 克，清水、白糖或蜂蜜适量。

做法

1 将红豆清洗干净后，在清水中浸泡 6 ~ 8 小时，泡至发软备用；紫米淘洗干净，用清水浸泡 2 小时；核桃仁备用。

2 将浸泡好的红豆、核桃仁同紫米一起放入豆浆机的杯体中，添加清水至上下水位线之间，启动机器，煮至豆浆机提示紫米核桃红豆浆做好。

3 将打出的紫米核桃红豆浆过滤后，按个人口味趁热添加适量白糖，或等豆浆稍凉后加入蜂蜜即可饮用。

■ 贴心提示

与普通大米食用方法相同。紫米富含纯天然营养色素和色氨酸，下水清洗或浸泡会出现掉色现象（营养流失），因此不宜用力搓洗，浸泡后的水（红色）请随同紫米一起蒸煮食用，不要倒掉。

【养生功效】

紫米含有丰富的赖氨酸、脂肪、蛋白质、叶酸等，有健脾开胃、滋阴补肾、活血化瘀、补中益气的功效。紫米中富含膳食纤维，能够降低体内胆固醇的含量，从而预防动脉硬化，保护心脑血管。核桃补肾益气、健脾暖肝、明目活血。红豆补血。紫米、红豆、核桃搭配制作出的这款豆浆质感更黏稠，口感更香醇，对于补肾、补血效果更明显。

慈姑桃子小米绿豆浆，活血消积

材料

黄豆50克，慈姑30克，桃子1个，绿豆15克，小米10克。

做法

1. 黄豆浸泡6小时，洗净；绿豆、小米洗净，浸泡一会儿；慈姑去皮，洗净，切碎；桃子洗净，去核，切碎。
2. 将所有原材料放入豆浆机中，添水搅打成豆浆。

【养生功效】

慈姑性味甘平，生津润肺，补中益气，不但营养价值丰富，还能够败火消炎。肝脏的一个重要功能是解毒。绿豆有解毒作用，经常食用绿豆，能够缓解肝脏负荷。因此，此款豆浆能够消暑益气，养肝护肝。

■ 贴心提示

孕妇不宜饮用此豆浆。

大米莲藕豆浆，活血补益

材料

黄豆、大米、莲藕各 30 克，绿豆 20 克。

做法

1 黄豆、绿豆泡软，洗净；大米洗净，浸泡半小时；莲藕去皮，洗净，切碎。

2 将上述材料放入豆浆机中，添水搅打成豆浆。

3 将打出的西芹黑米豆浆过滤后，按个人口味趁热添加适量白糖或冰糖调味，不宜吃糖的患者，可用蜂蜜代替。不喜甜者也可不加糖。

【养生功效】

中医认为，生藕性寒，甘凉入胃，可消瘀凉血、清烦热，止呕渴。适用于烦渴、酒醉、咯血、吐血等症。妇女产后忌食生冷，唯独不忌藕，就是因为藕有很好的消瘀作用。熟藕，其性也由凉变温，有养胃滋阴、健脾益气的功效，是一种很好的食补佳品。在平时食用藕时，人们往往除去藕节不用，其实藕节是一味止血良药，其味甘、涩，性平，含丰富的鞣质、天门冬素，专治各种出血如吐血、咯血、尿血、便血、子宫出血等症。此款豆浆能够预防和治疗吐血、咯血症状。

■ 贴心提示

服药时，不要喝此豆浆，以免降低药效。

第 7 章

老年人

四豆花生豆浆，保护老人的心血管系统

材料

黄豆、黑豆、豌豆、青豆、花生各 20 克，清水、白糖或冰糖适量。

【养生功效】

黄豆含有丰富的蛋白质、大豆脂肪以及异黄酮等多种保健因子，尤其适合老年人食用。黑豆含植物固醇，能够抑制人体胆固醇的吸收，常食黑豆能够滋润皮肤、延缓衰老、软化血管。青豆不含胆固醇，而且含有丰富的 B 族维生素、矿物质、纤维素等物质，不仅能够预防心血管疾病，还能降低癌症的发病概率。豌豆具有消炎抗菌、增强代谢功能的作用，也有抗癌的功效。花生、黄豆均有保护血管、增强机体免疫力的功效。此款四豆花生豆浆尤其适合老年人饮用。

做法

1. 将黄豆、黑豆、豌豆、青豆清洗干净后，在清水中浸泡 6 ~ 8 小时，泡至发软备用；花生洗干净，略泡。

2. 将浸泡好的黄豆、黑豆、豌豆、青豆、花生一起放入豆浆机的杯体中，添加清水至上下水位线之间，启动机器，煮至豆浆机提示四豆花生豆浆做好。

3. 将打出的四豆花生豆浆过滤后，按个人口味趁热添加适量白糖或冰糖调味，不宜吃糖的患者，可用蜂蜜代替。不喜甜者也可不加糖。

■ 贴心提示

花生外皮即红色的外衣有增加血小板的凝聚作用，所以高血压病人和有动脉硬化、血液黏稠度高的人吃花生，一定要去了红色的外皮，而对于那些因为慢性出血性疾病导致贫血的病人，则最好带着花生外皮食用。

五色滋补豆浆，补充多种营养

材料

黄豆 30 克，绿豆 20 克，黑豆 20 克，薏米 20 克，红豆 20 克，清水、白糖或冰糖适量。

做法

① 将黄豆、绿豆、黑豆、红豆清洗干净后，在清水中浸泡 6 ~ 8 小时，泡至发软备用；薏米淘洗干净，用清水浸泡 2 小时。

② 将浸泡好的黄豆、绿豆、黑豆、红豆、薏米一起放入豆浆机的杯体中，添加清水至上下水位线之间，启动机器，煮至豆浆机提示豆浆做好。

③ 将打出的豆浆过滤后，按个人口味趁热添加适量白糖或冰糖调味，不宜吃糖的患者，可用蜂蜜代替。不喜甜者也可不加糖。

■ 贴心提示

红豆与相思子二者外形相似。相思子产于广东，外形特征是半粒红半粒黑，过去曾有误把相思子当作红豆服而引起中毒的，食用时不可混淆。

【养生功效】

黄豆含有丰富的蛋白质、维生素 A、维生素 B 及钙、铁等矿物质。绿豆含有蛋白质、脂肪、维生素 B₁、叶酸、钙、磷、铁。黑豆中微量元素如锌、镁等含量都很高，且粗纤维含量高，常食可促进消化，防止便秘。红豆所含的膳食纤维能润肠通便，降低血压、血脂。薏米含有多种维生素和矿物质，可作为病患的补益食品。中医把食物分为青、赤、黄、白、黑五色，认为五色入五脏，补益五脏。这款豆浆能补充多种营养，适合老年人食用。

牛奶开心果豆浆，延缓衰老

材料

黄豆40克，开心果15克，牛奶适量。

做法

1 黄豆泡发，洗净；开心果碾碎。

2 将所有原材料放入豆浆机中，添水搅打成豆浆，烧沸后滤出豆浆，加入牛奶调匀即可。

【养生功效】

牛奶味甘性微寒，具有滋润肺胃、润肠通便、补虚的作用，适用于各年龄层次人群。开心果富含精氨酸，可以缓解动脉硬化，降低血脂，减低心脏病发作危险，降低胆固醇，缓解急性精神压力反应等。

■ 贴心提示

开心果有很高的热量，血脂高的人应少吃。

果仁豆浆，强身抗癌

材料

黄豆100克，腰果、榛子各30克，冰糖适量。

做法

1. 黄豆泡发洗净；腰果、榛子洗净，浸泡半小时。

2. 将黄豆、腰果、榛子放入豆浆机中，添水搅打成豆浆，烧沸后滤出豆浆，加入冰糖拌匀即可。

【养生功效】

腰果含有大量的单不饱和脂肪酸，单不饱和脂肪酸没有多不饱和脂肪酸的致癌、促进机体脂质过氧化等潜在不良反应，相反可降低血液中胆固醇、三酰甘油和低密度脂蛋白含量，增加高密度脂蛋白含量，对心脑血管大有益处。榛子中的维生素E含量高达36%，能帮助人体有效延缓衰老，增强肌肤的弹性，此外还可起到防治血管硬化的作用。

■ 贴心提示

腰果可以选用熟的，熟腰果更容易被碾碎。

豌豆绿豆大米豆浆，防止动脉硬化

材料

豌豆20克，绿豆25克，大米60克，黄豆30克，清水、白糖或冰糖适量。

做法

1 将豌豆、绿豆、黄豆清洗干净后，在清水中浸泡6～8小时，泡至发软备用；大米淘洗干净，用清水浸泡2小时。

2 将浸泡好的豌豆、绿豆、黄豆、大米一起放入豆浆机的杯体中，添加清水至上下水位线之间，启动机器，煮至豆浆机提示豌豆绿豆大米豆浆做好。

3 将打出的豌豆绿豆大米豆浆过滤后，按个人口味趁热添加适量白糖或冰糖调味，不宜吃糖的患者，可用蜂蜜代替。不喜甜者也可不加糖。

【养生功效】

豌豆具有抗菌消炎、增强新陈代谢的功能。绿豆粉有显著降脂作用，绿豆中含有一种球蛋白和多糖，能促进动物体内胆固醇在肝脏分解成胆酸，加速胆汁中胆盐分泌和降低小肠对胆固醇的吸收。大米具有健脾胃、补中气、养阴生津、除烦止渴、固肠止泻等作用。豌豆、绿豆搭配大米制成的这款豆浆，能够有效减少胆固醇吸收，防止动脉硬化。

■ 贴心提示

豌豆吃多了会发生腹胀，故不宜长期大量食用。豌豆适合与富含氨基酸的食物一起烹调，可以明显提高豌豆的营养价值。

燕麦枸杞山药豆浆，强身健体、延缓衰老

材料

黄豆50克，枸杞子10克，燕麦片10克，山药30克，清水、白糖或冰糖适量。

做法

1 将黄豆清洗干净后，在清水中浸泡6～8小时，泡至发软备用；枸杞洗干净后，用温水泡开；山药去皮后切成小丁，下入开水中灼烫，捞出沥干。

2 将浸泡好的黄豆、枸杞子和山药、燕麦片一起放入豆浆机的杯体中，添加清水至上下水位线之间，启动机器，煮至豆浆机提示燕麦枸杞山药豆浆做好。

3 将打出的燕麦枸杞山药豆浆过滤后，按个人口味趁热添加适量白糖或冰糖调味，不宜吃糖的患者，可用蜂蜜代替。不喜甜者也可不加糖。

【养生功效】

燕麦中含有燕麦蛋白、燕麦β葡聚糖等成分，具有抗氧化功效、延缓肌肤衰老、美白保湿等功效。枸杞子自古就是滋补养人的上品，它的维生素C、β-胡萝卜素、铁的含量都很高。山药含有多种营养素，有强健机体、益志安神、延年益寿的功效。

菊花枸杞红豆浆，降低胆固醇、预防动脉硬化

材料

干菊花20克，枸杞子5克，红豆50克，清水、白糖或冰糖适量。

做法

① 将红豆清洗干净后，在清水中浸泡6~8小时，泡至发软备用；干菊花清洗干净后待用；枸杞洗净，用清水泡发。

② 将浸泡好的红豆、枸杞和菊花一起放入豆浆机的杯体中，添加清水至上下水位线之间，启动机器，煮至豆浆机提示菊花枸杞红豆浆做好。

③ 将打出的菊花枸杞红豆浆过滤后，按个人口味趁热添加适量白糖或冰糖调味，不宜吃糖的患者，可用蜂蜜代替。不喜甜者也可不加糖。

■ 贴心提示

痰湿型、血瘀型高血压病患者不宜食用这款豆浆。

【养生功效】

菊花清热明目，疏风解毒，可用于治疗头痛、眩晕、目赤、心胸烦热等症。菊花还能够调节心肌功能、降低胆固醇、缓解眼睛干涩疲劳。枸杞具有安肾、益精、明目的作用，有助于预防高血压、高血脂、脑血栓、动脉硬化等多种疾病。红豆富含铁质，可以补血、促进血液循环、强化体力。菊花、枸杞搭配红豆制成的这款豆浆营养互补而味道鲜美，能够降低胆固醇、预防动脉硬化，适合中老年人饮用。

清甜玉米豆浆，降低胆固醇、预防高血压和冠心病

材料

黄豆50克，甜玉米30克，银耳5克，枸杞5克，清水、白糖或冰糖适量。

做法

① 将黄豆清洗干净后，在清水中浸泡6~8小时，泡至发软备用；用刀切下鲜玉米粒，清洗干净；枸杞洗干净后，用温水泡开；银耳用清水泡发，洗净，切碎待用。

② 将浸泡好的黄豆、枸杞和银耳、玉米粒一起放入豆浆机的杯体中，添加清水至上下水位线之间，启动机器，煮至豆浆机提示豆浆做好。

③ 将打出的豆浆过滤后，按个人口味趁热添加适量白糖或冰糖调味，不宜吃糖的患者，可用蜂蜜代替。不喜甜者也可不加糖。

【养生功效】

玉米中含有一种抗癌因子——谷胱甘肽，可以防止致癌物质在体内的形成。枸杞子含有丰富的生物活性物质，具有增强机体免疫力的功能。黄豆含有可以降低、排出胆固醇的大豆蛋白质和大豆卵磷质。这道可降低胆固醇，预防预防多种疾病。

高钙豆浆，增强身体免疫力

材料

黑豆、大米各 50 克，黑木耳 25 克。

做法

1 干黑豆泡软，洗净；大米洗净泡软；干黑木耳泡发洗净，撕成小朵。

2 将所有原材料放入豆浆机中，添水搅打成豆浆，烧沸后滤出豆浆即可。

【养生功效】

黑豆历来是补肾佳品，常吃黑豆可起到活血养血、补虚乌发的作用。老年骨质疏松症患者，多有肾虚的表现。冬季是补肾壮骨的良好时机，宜经常食用能够壮阳御寒、补肾壮骨的黑豆，将黑豆配入食谱，功效很好。

■ 贴心提示

黑木耳有活血抗凝的作用，有出血性疾病的人不宜食用，孕妇不宜多吃。

黑豆大米豆浆，缓解耳聋、目眩、腰膝酸软

材料

黑豆 70 克，黄豆 30 克，大米 30 克，清水、白糖或冰糖适量。

做法

1. 将黑豆、黄豆清洗干净后，在清水中浸泡 6～8 小时，泡至发软备用；大米淘洗干净，用清水浸泡 2 小时。

2. 将浸泡好的黑豆、黄豆和大米一起放入豆浆机的杯体中，添加清水至上下水位线之间，启动机器，煮至豆浆机提示黑豆大米豆浆做好。

3. 将打出的黑豆大米豆浆过滤后，按个人口味趁热添加适量白糖或冰糖调味，不宜吃糖的患者，可用蜂蜜代替。不喜甜者也可不加糖。

【养生功效】

黑豆营养全面，含有丰富的蛋白质、维生素、矿物质，有活血、利水、祛风、解毒之功效。中医认为，黑豆味甘，性微寒，能补肾益阴、健脾利湿、清热解毒，可用于治疗肾虚阴亏、消渴多饮、小便频数、肝肾阴虚、头晕目眩、视物昏暗、须发早白、脚气水肿、湿痹拘挛、腰痛等症。大米含有人体必需的氨基酸、脂肪、矿物质、B 族维生素以及蛋白质。食用大米不仅能够补充身体所需营养，大米中的纤维素还能够帮助肠胃蠕动，减少胃病、便秘发生概率。黑豆、黄豆搭配大米制成的这款豆浆，可以有效缓解耳聋、头晕目眩、腰膝酸软等老年症状。

■ 贴心提示

黑豆以豆粒完整饱满、大小均匀、颜色乌黑光亮者为佳。黑豆一定要煮熟了吃，因为在生黑豆中有一种叫抗胰蛋白酶的成分，可影响蛋白质的消化吸收，易引起腹泻，经过煮、炒、蒸等程序后，抗胰蛋白酶被破坏，因而可消除黑豆的副作用。

红枣枸杞黑豆浆，改善心肌营养

材料

红枣 30 克，枸杞 10 克，黑豆 60 克，清水、白糖或冰糖适量。

做法

❶ 将黑豆清洗干净后，在清水中浸泡 6～8 小时，泡至发软备用；红枣洗干净，去核；枸杞洗干净，用清水泡软。

❷ 将浸泡好的黑豆、枸杞和红枣一起放入豆浆机的杯体中，添加清水至上下水位线之间，启动机器，煮至豆浆机提示红枣枸杞黑豆浆做好。

❸ 将打出的红枣枸杞黑豆浆过滤后，按个人口味趁热添加适量白糖或冰糖调味，不宜吃糖的患者，可用蜂蜜代替。不喜甜者也可不加糖。

【养生功效】

红枣富含多种维生素和氨基酸，以及钙、铁等多种微量元素，能提高人体免疫力，还能抑制癌细胞，保护肝脏。红枣中丰富的维生素C，可有效减少胆固醇；红枣中富含环磷酸腺苷，这一物质有扩张血管的作用，可以为心肌提供营养。枸杞也是扶正固本的良药，在对抗肿瘤、保护肝脏、降低血压以及老年人器官衰退等老化疾病上都有不错的改善作用。黑豆是植物中营养最丰富的保健佳品。它基本不含胆固醇，只含植物固醇，不被人体吸收利用，又有抑制人体吸收胆固醇、降低胆固醇在血液中含量的作用。因此，常食红枣枸杞黑豆浆，能软化血管、改善心肌营养、滋润皮肤、延缓衰老。

■ 贴心提示

饮用这款豆浆时不宜吃桂圆、荔枝等性质温热的食物，否则容易上火。

燕麦山药豆浆，抑制老年斑

材料

燕麦 50 克，山药 30 克，黄豆 20 克，清水、白糖或冰糖适量。

做法

❶ 将黄豆清洗干净后，在清水中浸泡 6～8 小时，泡至发软备用；山药去皮后切成小丁，下入开水中灼烫，捞出沥干。

❷ 将浸泡好的黄豆、山药、燕麦片一起放入豆浆机的杯体中，添加清水至上下水位线之间，启动机器，煮至豆浆机提示燕麦山药豆浆做好。

❸ 将打出的燕麦山药豆浆过滤后，按个人口味趁热添加适量白糖或冰糖调味，不宜吃糖的患者，可用蜂蜜代替。不喜甜者也可不加糖。

■ 贴心提示

用经过加工的燕麦片代替燕麦仁，就无须提前浸泡了。直接把燕麦片和山药放入豆浆机搅打，不加黄豆也可以。

【养生功效】

皮肤的颜色主要取决于表皮内黑色素含量的多少。燕麦中含有大量能够抑制酪氨酸酶活性的生物活性成分，从而抑制黑色素的生成，所以燕麦具有美白皮肤的功效。此外，燕麦中含有大量的抗氧化成分，这些物质可以有效地抑制黑色素形成过程中氧化还原反应的进行，减少黑色素的形成，淡化色斑，预防老年斑的形成。山药具有延年益寿的功效。

绿豆黑豆浆，延年益寿

材料

绿豆、黑豆各 40 克，糙米 20 克。

做法

1. 绿豆、黑豆均洗净，用清水浸泡 3 小时；糙米淘洗干净，泡至发软。
2. 将上述材料放入全自动豆浆机中，加水至上下水位线之间。
3. 搅打成豆浆，烧沸后滤出，装杯即可。

【养生功效】

绿豆是祛痰火湿热的家常食品，凡体质属痰火湿热者，血压偏高或血脂偏高，而且多嗜烟酒肥腻者，如果常吃绿豆或绿豆芽，可以起到清肠胃、解热毒、祛湿利尿、降脂降压的作用。饮酒过度，生活作息不规律，容易降低人体新陈代谢，使肝、脾、胃等内脏器官积留毒素，从而导致肝脏功能下降，出现肝炎等症。绿豆清热解毒功效很强，能够使肝脏得到净化，抵御病毒和细菌的入侵，消灭变异细胞，提高人体免疫功能，甚至起到防癌抗癌、延年益寿的作用。

■ 贴心提示

黑豆含有丰富的维生素 E，常吃能减少皮肤皱纹，达到养颜美容的目的。

四季养生豆浆

——因时调养，喝出四季安康

第1章

春季饮豆浆：清淡养阳

糯米山药，缓解春季的消化不良

材 料

山药 40 克，糯米 20 克，黄豆 40 克，清水、白糖或冰糖适量。

做 法

① 将黄豆清洗干净后，在清水中浸泡 6 ~ 8 小时，泡至发软备用；山药去皮后切成小丁，下入开水中灼烫，捞出沥干；糯米清洗干净，在清水中浸泡 2 小时。

② 将浸泡好的黄豆和山药、糯米一起放入豆浆机的杯体中，添加清水至上下水位线之间，启动机器，煮至豆浆机提示糯米山药豆浆做好。

③ 将打出的糯米山药豆浆过滤后，按个人口味趁热添加适量白糖或冰糖调味，不宜吃糖的患者，可用蜂蜜代替。不喜甜者也可不加糖。

【养生功效】

山药含有淀粉酶、多酚氧化酶等物质，有利于脾胃消化吸收功能，是一味平补脾胃的药食两用之品。不论脾阳亏或胃阴虚，皆可食用。临床上常与胃肠饮同用治脾胃虚弱、食少体倦、泄泻等病症。糯米含有蛋白质、糖类、钙、铁、维生素 B_1、维生素 B_2、烟酸及淀粉等，营养丰富，为温补强壮食品，具有健脾养胃、补中益气、止虚汗之功效，对食欲不佳，腹胀腹泻有一定缓解作用。糯米山药豆浆对脾胃虚寒、食欲不振、腹胀腹泻等症有一定的缓解作用。

■ 贴心提示

如果需长时间保存，应该把山药放入市锯屑中包埋，短时间保存则只需用纸包好放入冷暗处即可。如果购买的是切开的山药，则要避免接触空气，以用塑料袋包好放入冰箱里冷藏为宜。切碎的山药也可以放入冰箱冷冻起来。

竹叶米豆浆，清心去春燥

材料

大米50克，黄豆50克，竹叶3克，清水适量。

做法

① 将黄豆清洗干净后，在清水中浸泡6~8小时，泡至发软备用；大米淘洗干净，用清水浸泡2小时；竹叶洗净。

② 将浸泡好的黄豆同大米一起放入豆浆机的杯体中，添加清水至上下水位线之间，启动机器，煮至豆浆机提示豆浆做好。

③ 将打出的豆浆过滤后，冲泡竹叶即可。

■ 贴心提示

孕妇及气虚体质的人，不宜服用这款豆浆。

【养生功效】

大米中各种营养素含量虽不是很高，但因人们食用量大，故其也具有很高的营养功效，是补充营养素的基础食物。把大米打成米糊，有益气、养阴、润燥的功能，很适合春季食用；服食黄豆有润燥消水的功效；竹叶能清心利尿，临床上常用于心火炽盛引起的口舌生疮、尿少而赤，对于春燥引起的燥热心烦也有不错疗效。大米、黄豆和竹叶的搭配，有利于清心、去春燥，并能提高身体免疫力。

黄米黑豆豆浆，温补效果明显

材料

黄米50克，黑豆25克，黄豆25克，清水、白糖或蜂蜜适量。

做法

① 将黄豆、黑豆清洗干净后，在清水中浸泡6~8小时，泡至发软备用；黄米淘洗干净，用清水浸泡2小时。

② 将浸泡好的黄豆、黑豆同黄米一起放入豆浆机的杯体中，添加清水至上下水位线之间，启动机器，煮至豆浆机提示黄米黑豆豆浆做好。

③ 将打出的黄米黑豆豆浆过滤后，按个人口味趁热添加适量白糖，或等豆浆稍凉后加入蜂蜜即可饮用。

【养生功效】

中医学认为，黄米性味甘咸凉，入脾、胃、肾三经，具有和中益肾、清热、解毒等功效。可治疗反胃呕吐、脾胃虚热、泄泻等症。有胃病者宜常食，脾胃虚者宜久食。产妇吃后可益气补血，小儿吃后可调养脾胃，老年人吃后强肾壮腰。常食黑豆有很好的温补作用。

黄米、黑豆和黄豆搭配制作出的豆浆，温补效果明显。

■ 贴心提示

身体燥热者禁食黄米黑豆豆浆，有呼吸系统疾病的人也不宜饮用这款豆浆。

麦米豆浆，益气宽中

材料

小麦仁 20 克，大米 30 克，黄豆 50 克，清水、白糖或冰糖适量。

做法

① 将黄豆清洗干净后，在清水中浸泡 6 ~ 8 小时，泡至发软备用；小麦仁、大米洗净。

② 将浸泡好的黄豆和小麦仁、大米一起放入豆浆机的杯体中，添加清水至上下水位线之间，启动机器，煮至豆浆机提示麦米豆浆做好。

③ 将打出的麦米豆浆过滤后，按个人口味趁热添加适量白糖或冰糖调味，不宜吃糖的患者，可用蜂蜜代替。不喜甜者也可不加糖。

【养生功效】

麦仁味甘，性寒，归心脾肾经，能利小便，补养肝气。不含胆固醇，富含纤维。含有少量矿物质，包括铁和锌，有养心、益肾、除热、止渴的功效，主治脏躁、烦热、消渴、泄泻、痈肿、外伤出血及烫伤等。大米能益精强志。黄豆能润燥行水。三者搭配，益气宽中，养血安神。

■ 贴心提示

肺炎、感冒、哮喘、咽炎、口腔溃疡患者不宜食用麦米豆浆。婴儿、幼儿、母婴、老人、更年期妇女、久病体虚、气郁体质、湿热体质、痰湿体质者也不宜食用麦米豆浆。高血压患者忌食用。

芦笋山药豆浆，养肝护肝调理虚损

材料

芦笋 40 克，山药 20 克，黄豆 80 克，清水、白糖或冰糖适量。

做法

① 将黄豆清洗干净后，在清水中浸泡 6 ~ 8 小时，泡至发软备用；芦笋洗净后切成小段；山药去皮后切成小丁，下入开水中灼烫，捞出沥干。

② 将浸泡好的黄豆、芦笋、山药一起放入豆浆机的杯体中，添加清水至上下水位线之间，启动机器，煮至豆浆机提示芦笋山药豆浆做好。

③ 将打出的芦笋山药豆浆过滤后，按个人口味趁热添加适量白糖或冰糖调味，不宜吃糖的患者，可用蜂蜜代替。不喜甜者也可不加糖。

【养生功效】

芦笋含有多种人体必需的矿物质和微量元素，对胆结石、肝功能障碍和肥胖人群均有益。

山药有滋肾益精的作用，肾亏遗精，妇女白带多、小便频数等皆可服之；山药对于护肝养肝的作用同样不可忽视。

这款豆浆能养肝护肝、调理虚损，强身健体。

葡萄干柠檬豆浆，活血、预防心血管疾病

材料

黄豆 80 克，葡萄干 20 克，柠檬 1 块，清水、白糖或冰糖适量。

做法

1. 将黄豆清洗干净后，在清水中浸泡 6～8 小时，泡至发软备用；葡萄干用温水洗净。

2. 将浸泡好的黄豆和葡萄干一起放入豆浆机的杯体中，添加清水至上下水位线之间，启动机器，煮至豆浆机提示豆浆做好。

3. 将打出的豆浆过滤后，挤入柠檬汁，再按个人口味趁热添加适量白糖或冰糖调味。

【养生功效】

中医认为，葡萄干性平，味甘，微酸，具有补肝肾、益气血、生津液、利小便的功效；葡萄干内含大量葡萄糖，对心肌有营养作用，有助于冠心病患者的康复；葡萄干还含有多种矿物质和维生素、氨基酸，常食对神经衰弱和过度疲劳者有较好的补益作用，还是妇女病的食疗佳品。柠檬有收缩、增固血管的功效，可辅助预防高血压和心肌梗死。黄豆中的卵磷脂可除掉附在血管壁上的胆固醇。三者搭配，能有效活血、预防心血管疾病。

■ 贴心提示

患有糖尿病的人忌食，肥胖之人也不宜多食。

西芹红枣豆浆，润燥行水、通便解毒

材料

西芹 20 克，红枣 30 克，黄豆 50 克，清水、白糖或冰糖适量。

做法

1. 将黄豆清洗干净后，在清水中浸泡 6～8 小时，泡至发软备用；西芹洗净、切成小段；红枣洗净，去核，切碎。

2. 将浸泡好的黄豆和西芹、红枣一起放入豆浆机的杯体中，添加清水至上下水位线之间，启动机器，煮至豆浆机提示西芹红枣豆浆做好。

3. 将打出的西芹红枣豆浆过滤后，按个人口味趁热添加适量白糖或冰糖调味，不宜吃糖的患者，可用蜂蜜代替。不喜甜者也可不加糖。

【养生功效】

西芹营养十分丰富，含有蛋白质、钙、磷、铁、胡萝卜素和多种维生素，都对人体健康十分有益。西芹性味甘凉，具有清胃、涤热、祛风、降压之功效。西芹所含的成分有利尿的功效。大枣益气生津，尤可治疗老年人气血津液不足，补脾和胃及治疗老年人胃虚食少、脾弱便溏。黄豆能润脾燥。此款豆浆对于脾胃虚弱、经常腹泻、常感到疲惫的人尤其适合。

■ 贴心提示

患有严重肾病、痛风、消化性溃疡者、有宿疾者、脾胃虚寒者禁食西芹红枣豆浆。

青葱燕麦豆浆，通便、降低胆固醇

材料

黄豆50克，燕麦米20克，大葱叶30克，盐、清水适量。

做法

❶ 将黄豆清洗干净后，在清水中浸泡6～8小时，泡至发软备用；燕麦米淘洗干净，用清水浸泡2小时；葱叶洗净切碎。

❷ 将浸泡好的黄豆同燕麦米、葱叶一起放入豆浆机的杯体中，添加清水至上下水位线之间，启动机器，煮至豆浆机提示青葱燕麦豆浆做好。

❸ 将打出的青葱燕麦豆浆过滤后，加入盐调味即可饮用。

【养生功效】

《本草经疏》：葱，辛能发散，能解肌，能通上下阳气，故外来怫郁诸证，悉皆主之。经常吃葱的人，即便脂多体胖，但胆固醇并不增高，而且体质强壮。燕麦是一种营养价值高且富含可溶性纤维的谷类食物，它不仅可以抑制人体对胆固醇的吸收，而且燕麦带来的饱腹感还能让我们少吃很多不健康的食物，对保护心脏可能有事半功倍的效果。这款豆浆具有通便、降糖、降脂、降低胆固醇的功效。

■ 贴心提示

葱可以帮助身体机能的恢复，贫血、低血压、怕冷的人，应多吃正月葱，可以充分补给热量。眼睛容易疲劳、出血、失眠和神经衰弱不安定的人，只有正月可以吃葱，过了正月，葱因为刺激性强，会将体内的营养素消除，所以此类人群吃葱的机会1年只有1次，要抓住最好的机会吃葱。

糙米花生豆浆，富含蛋白质和膳食纤维

材料

糙米30克，花生20克，黄豆50克，清水、白糖或冰糖适量。

■ 贴心提示

也可以去掉黄豆，并加大糙米和花生的用量，这样打出来的米浆不用过滤，喝起来香浓滑爽也很美味。

做法

❶ 将黄豆清洗干净后，在清水中浸泡6～8小时；糙米洗净，用清水浸泡2小时；花生去皮。

❷ 将上述食材一起放入豆浆机中，加水煮至豆浆机提示糙米花生豆浆做好。

❸ 过滤后，按个人口味加糖调味即可。

【养生功效】

糙米的营养价值比精米高，糙米所含的蛋白质质量较好，人体容易消化吸收。糙米中还含有较多的脂肪和碳水化合物，能迅速为人体提供热量。花生有扶正补虚、悦脾和胃、润肺化痰、滋养调气的作用。花生的油脂含有大量的亚油酸，可使人体内胆固醇分解为胆汁酸排出体外，避免胆固醇沉积。菠萝中则含有大量能够软化、分解脂肪的酵素成分，菠萝当中的柠檬酸又可以促进胃液分泌，有助于消化。糙米花生豆浆含有丰富的蛋白质、矿物质和膳食纤维，是老少皆宜的保健佳品。

薏米百合豆浆，清补功效明显

材料

薏米 30 克，百合 10 克，黄豆 60 克，清水、白糖或蜂蜜适量。

做法

1 将黄豆清洗干净后，在清水中浸泡 6～8 小时，泡至发软备用；薏米淘洗干净，用水浸泡 2 小时；百合洗净，略泡，切碎。

2 将浸泡好的黄豆、薏米、百合一起放入豆浆机的杯体中，添加清水至上下水位线之间，启动机器，煮至豆浆机提示薏米百合豆浆做好。

3 将打出的薏米百合豆浆过滤，等豆浆稍凉后，按个人口味趁热添加适量蜂蜜即可饮用。

■ 贴心提示

由于百合和薏米都有水溶性较差的特点，且口感有微微发涩之嫌，所以要加入蜂蜜调味，若能加入牛奶也能让豆浆的味道变得更可口。

【养生功效】

薏米算是谷物的一种，以水煮软或炒熟，比较有利于肠胃的吸收，身体常觉疲倦没力气的人，可以多吃。春季适宜食用清淡养阳的东西，薏米营养全面，是个好的选择。薏米能抑制呼吸中枢，使肺血管扩张。薏米还能增强免疫力和抗炎作用。薏苡仁油对细胞免疫、体液免疫有促进作用。百合含有维生素、矿物质，具有良好的营养滋补之功。

用薏米与百合制成的这款豆浆，有明显的清补功效，适合春季饮用。

燕麦紫薯豆浆，富含多种营养和花青素

材料

燕麦米 20 克，紫薯 30 克，黄豆 50 克，清水、白糖或冰糖适量。

【养生功效】

燕麦含有低热量密度，却能提供多种营养素。紫薯富含花青素，花青素对 100 多种疾病有防治作用。此款豆浆能够补充多种营养，增强机体的免疫力。

做法

1 将黄豆清洗干净后，在清水中浸泡 6～8 小时，泡至发软备用；燕麦米淘洗干净，用清水浸泡 2 小时；紫薯去皮，洗净，切成小丁。

2 将浸泡好的黄豆和燕麦米、紫薯一起放入豆浆机的杯体中，添加清水至上下水位线之间，启动机器，煮至豆浆机提示燕麦紫薯豆浆做好。

3 将打出的燕麦紫薯豆浆过滤后，按个人口味趁热添加适量白糖或冰糖调味，不宜吃糖的患者，可用蜂蜜代替。不喜甜者也可不加糖。

■ 贴心提示

紫薯茎尖嫩叶中富含维生素、蛋白质、微量元素、可食性纤维和可溶性无氧化物质，经常食用则具有减肥、健美和健身防癌等作用。因此，紫薯从茎尖嫩叶到薯块，均具有良好的保健功能，是当前无公害、绿色、有机食品中的首推保健食品。

黑豆银耳豆浆，清心安神、改善睡眠

材料

银耳 30 克，黑豆 70 克，黄豆 30 克，清水、白糖或冰糖适量。

做法

① 将黄豆、黑豆清洗干净后，在清水中浸泡 6 ～ 8 小时，泡至发软备用；银耳用清水泡发，洗净，切碎。

② 将浸泡好的黑豆、黄豆和银耳一起放入豆浆机的杯体中，添加清水至上下水位线之间，启动机器，煮至豆浆机提示黑豆银耳豆浆做好。

③ 将打出的黑豆银耳豆浆过滤后，按个人口味趁热添加适量白糖或冰糖调味，不宜吃糖的患者，可用蜂蜜代替。不喜甜者也可不加糖。

■ 贴心提示

银耳既是名贵的营养滋补佳品，又是扶正强壮的补药。历代皇家贵族都将银耳看作是"延年益寿之品"、"长生不老良药"。

【养生功效】

《本草纲目》中记载银耳能"益气不饥，轻身强志"，对于益气和血、滋阴润燥都有非常好的作用。患有老年慢性支气管炎、肺源性心脏病、免疫力低下、体质虚弱、内火旺盛、虚痨、癌症、肺热咳嗽的人适量地进食银耳对病情的恶化有一定的缓解作用。这款豆浆可滋阴润肺、益胃生津、清心安神。

花生百合豆浆，润肠疏气

材料

花生 30 克，干百合 10 克，黄豆 60 克，清水、白糖或冰糖适量。

做法

① 将黄豆清洗干净后，在清水中浸泡 6 ～ 8 小时，泡至发软备用；花生去皮；干百合洗净后略泡。

② 将浸泡好的黄豆、百合和花生一起放入豆浆机的杯体中，添加清水至上下水位线之间，启动机器，煮至豆浆机提示花生百合豆浆做好。

③ 将打出的花生百合豆浆过滤后，按个人口味趁热添加适量白糖或冰糖调味，不宜吃糖的患者，可用蜂蜜代替。不喜甜者也可不加糖。

■ 贴心提示

消化不良、肠炎、痢疾等患者不宜过多饮用这款豆浆，以免加重病情。

【养生功效】

百合甘凉清润，主入肺心，常用于清肺润燥止咳，清心安神定惊，为肺燥咳嗽、虚烦不安所常用。神气不足、语言低沉、呼吸微弱、口干舌苦、食欲不振、经常处于萎靡状态的人多吃些百合，就能缓解以上症状。百合具有清肺的功能，故能治疗发热咳嗽，可加强肺的呼吸功能，因此又能治肺结核潮热。花生所含的油脂有润肠通便的功效。因此，二者搭配而成的这款豆浆有助于润肠疏气。

第2章
夏季饮豆浆：清热防暑

黄瓜玫瑰豆浆，静心安神，预防苦夏

材料

黄豆50克，燕麦30克，黄瓜20克，玫瑰3克，清水、白糖或冰糖适量。

做法

①将黄豆洗净，在清水中浸泡6～8小时；黄瓜洗净后切成小丁；玫瑰花用清水洗净。

②将上述食材一起放入豆浆机中，加适量清水煮至豆浆机提示黄瓜玫瑰豆浆做好。

③过滤后，按个人口味趁热添加适量白糖或冰糖调味，不宜吃糖的患者，可用蜂蜜代替。不喜甜者也可不加糖。

【养生功效】

研究发现，夏季食用黄瓜除了能够清热降暑，预防口腔溃疡以外，还能有效防治头发脱落问题。玫瑰花含丰富的维生素A、维生素C、维生素B、维生素E、维生素K以及单宁酸，能改善内分泌失调，对消除疲劳和伤口愈合也有帮助。玫瑰花可调气血、调理女性生理问题、促进血液循环、美容、调经、利尿、缓和肠胃神经、防皱纹、防冻伤、养颜美容。

黄瓜、玫瑰花和黄豆制成的这款豆浆，口味清新，可消暑解渴、静心安神，预防苦夏。

■ 贴心提示

黄瓜性凉，慢性支气管炎、结肠炎、胃溃疡病等属虚寒者宜少食黄瓜玫瑰豆浆。玫瑰花只用花瓣，不要花蒂。

绿桑百合豆浆，祛除夏日暑气

材料

黄豆 60 克，绿豆 20 克，桑叶 2 克，干百合 20 克，清水、白糖或冰糖适量。

做法

① 将黄豆、绿豆清洗干净后，在清水中浸泡 6 ~ 8 小时，泡至发软备用；百合清洗干净后略泡；桑叶洗净，切碎待用。

② 将浸泡好的黄豆、绿豆、百合和桑叶一起放入豆浆机的杯体中，添加清水至上下水位线之间，启动机器，煮至豆浆机提示绿桑百合豆浆做好。

③ 将打出的绿桑百合豆浆过滤后，按个人口味趁热添加适量白糖或冰糖调味，不宜吃糖的患者，可用蜂蜜代替。不喜甜者也可不加糖。

■ 贴心提示

绿豆、桑叶、百合皆性凉，所以脾胃虚弱、体弱消瘦或夜多小便者不宜食用。

【养生功效】

绿豆是夏令饮食中的上品，盛夏酷暑，喝些绿豆粥，甘凉可口，防暑消热。小孩因天热起痱子，服用绿豆和鲜百合，效果更好。若用绿豆、赤小豆、黑豆煎汤，既可治疗暑天小儿消化不良，又可治疗小儿皮肤病及麻疹。百合具有润肺止咳、补中益气、清心安神的功效。桑叶有清热凉血的功效。这款豆浆能够祛暑、生津、润肺。

绿茶米豆浆，清热生津

材料

黄豆 50 克，大米 40 克，绿茶 10 克，清水、白糖或冰糖适量。

■ 贴心提示

绿茶，又称不发酵茶，是以茶树新梢为原料，经杀青、揉捻、干燥等典型工艺过程制成的茶叶。其干茶色泽和冲泡后的茶汤、叶底，以绿色为主调，故名。

做法

① 将黄豆洗净，在清水中泡软备用；大米洗净，用清水略泡；绿茶用开水泡好。

② 将大米、黄豆一起放入豆浆机中，加适量清水煮至豆浆机提示豆浆做好。

③ 过滤后，倒入绿茶，再按个人口味趁热添加适量白糖或冰糖调味即可。

【养生功效】

绿茶中含有一定的咖啡因，和茶多酚并存时，能制止咖啡因在胃部产生作用，避免刺激胃酸分泌，使咖啡因的弊端不在体内发挥，却能促进中枢神经、心脏与肝脏的功能。而且，绿茶中的芳香族化合物还能溶解脂肪，防止脂肪积滞体内。咖啡因能促进胃液分泌，有助消化与消脂。绿茶还具有消炎杀菌、清火降火、生津除腻的功效。大米性味甘平，补中益气，健脾养胃。黄豆含有丰富的蛋白质。绿茶清香怡人。三者搭配，口感清新，清热生津，适合夏季饮用。

清凉冰豆浆，降温降湿清凉一夏

材料

黄豆100克，清水、白糖或冰糖适量。

做法

1 将黄豆清洗干净后，在清水中浸泡6～8小时，泡至发软。

2 将浸泡好的黄豆放入豆浆机的杯体中，添加清水至上下水位线之间，启动机器，煮至豆浆机提示豆浆做好。

3 将打出的豆浆过滤后，按个人口味趁热添加适量白糖或冰糖调味，然后放入冰箱中冷藏即可。

【养生功效】

黄豆有利湿、清暑、通脉之功效，用于暑湿、湿温、发热、身重、胸闷、湿痹、水肿等症。黄豆在营养上的种种优胜之处，决定了它的药用价值。梁代《名医别录》说黄豆可以"逐水胀，除胃中热痹，伤中淋露，下瘀血，散五脏结积内寒"等。明代李时珍指出黄豆"治肾病，利水下气，制诸风热，活血，解诸毒。"黄豆浆制成的冰豆浆能增强降暑降温的功效，适合夏季饮用。

■ 贴心提示

冰豆浆最好不要空腹饮用，而且即便是在夏天也不宜过多饮用，否则会刺激到肠胃，长此以往，肠胃损伤严重，可能会引起慢性腹泻等病。

荷叶绿茶豆浆，清热解暑佳品

材料

荷叶 20 克，绿茶 10 克，黄豆 50 克，清水、白糖或冰糖适量。

做法

1 将黄豆清洗干净后，在清水中浸泡 6～8 小时，泡至发软备用；荷叶洗净，切碎；绿茶用开水泡好。

2 将浸泡好的黄豆和荷叶一起放入豆浆机的杯体中，添加清水至上下水位线之间，启动机器，煮至豆浆机提示豆浆做好。

3 将打出的豆浆过滤后，倒入绿茶即可。然后可按个人口味趁热添加适量白糖或冰糖调味，不宜吃糖的患者，可用蜂蜜代替。

【养生功效】

中医认为，荷叶味甘性寒，入脾、胃经，有清热解暑、平肝降脂之功，适用于暑热烦渴，口干引饮，小便短黄，头目眩晕，面色红赤，高血压、高血脂等症。《本草再新》言其"清凉解暑，止渴生津"。《本草通玄》言其"开胃消食，止血固精"。药理研究表明，本品含荷叶碱、莲碱、荷叶苷等，能降血压、降脂、减肥。荷叶入食味清香，可口宜人，入药可理脾活血、祛暑解热、治疗暑天外感身痛及脾湿泻泄。

绿茶不仅能够提神醒脑，对心脑血管病、辐射病、癌症均有一定的药理功效。茶叶具有药理作用的主要成分是茶多酚、咖啡因、脂多糖、茶氨酸等。

荷叶和绿茶搭配制成的这款豆浆，是夏季清热解暑的佳品。

■ 贴心提示

体质偏凉的人不宜饮用荷叶绿茶豆浆。

西瓜红豆豆浆，消暑解渴

材 料

西瓜50克，红豆50克，黄豆30克，清水、白糖或冰糖适量。

做 法

❶ 将红豆、黄豆清洗干净后，在清水中浸泡6～8小时，泡至发软备用；西瓜去皮、去子后将瓜瓤切成碎丁。

❷ 将浸泡好的红豆、黄豆和西瓜丁一起放入豆浆机的杯体中，添加清水至上下水位线之间，启动机器，煮至豆浆机提示西瓜红豆豆浆做好。

❸ 将打出的西瓜红豆豆浆过滤后，按个人口味趁热添加适量白糖或冰糖调味，不宜吃糖的患者，可用蜂蜜代替。

■ 贴心提示

饮用西瓜红豆豆浆时不宜同时吃咸味较重的食物，不然会削减红豆利尿的功效。

【养生功效】

西瓜是夏季的解暑佳品，具有清热解暑、除烦止渴、利小便等功效。在炎热的夏天，吃上几块西瓜，那淡淡的清香、甜美的果汁，顿时会给人带来清凉之感，确实是消暑解渴的上品。而且夏天高温，汗出很多，进食减少。食用西瓜，既可补充水分、消暑解渴，又能供给营养、维持生理功能，有助于防止暑天生病。红豆也可缓解人们因气温升高所致的心烦易怒、口渴烦躁等症。另外，在炎热的夏天，人体极易水肿，喝红豆汤是一种最好的消肿方法。西瓜、红豆搭配上黄豆制成的豆浆，在夏季饮用可清暑解渴、防止水肿。

哈密瓜绿豆豆浆，解暑除烦热

材 料

哈密瓜40克，绿豆30克，黄豆30克，清水、白糖或冰糖适量。

做 法

❶ 将黄豆、绿豆清洗干净后，在清水中浸泡6～8小时，泡至发软备用；哈密瓜去皮、去子后，切成小碎丁。

❷ 将浸泡好的黄豆、绿豆和哈密瓜一起放入豆浆机的杯体中，添加清水至上下水位线之间，启动机器，煮至豆浆机提示哈密瓜绿豆豆浆做好。

❸ 将打出的哈密瓜绿豆豆浆过滤后，按个人口味趁热添加适量白糖或冰糖调味，不宜吃糖的患者，可用蜂蜜代替。

■ 贴心提示

哈密瓜性凉，制作豆浆时不宜放得过多，以免引起腹泻；患有脚气病、黄疸、腹胀、便溏、寒性咳喘以及产后、病后的人不宜过多饮用这款豆浆。

【养生功效】

哈密瓜性质偏寒，有清凉消暑、生津止渴的作用，是夏季祛热消暑的佳品。中医认为，香瓜类的果品性质偏寒，具有疗饥、利便、益气、清肺热、止咳的功效，适宜肾病、胃病、咳嗽痰喘、贫血和便秘患者。现代研究发现，哈密瓜含有丰富的蛋白质、葡萄糖、维生素及铁、磷、钙等微量元素。哈密瓜也可以作为贫血的食疗之品，对女性来说也是很好的滋补水果。绿豆有清热解暑、止咳利尿的功能。哈密瓜和绿豆一起制作出的豆浆，很适合夏季饮用，是炎热时解暑的佳品。

菊花绿豆浆，清热解毒

材料

菊花 20 克，绿豆 80 克，清水、白糖或冰糖适量。

做法

① 将绿豆清洗干净后，在清水中浸泡 6 ~ 8 小时，泡至发软备用；菊花清洗干净后备用。

② 将浸泡好的绿豆和菊花一起放入豆浆机的杯体中，添加清水至上下水位线之间，启动机器，煮至豆浆机提示菊花绿豆浆做好。

③ 将打出的菊花绿豆浆过滤后，按个人口味趁热添加适量白糖或冰糖调味，不宜吃糖的患者，可用蜂蜜代替。

■ 贴心提示

菊花也是一种中药，不可滥用。菊花可以引起严重过敏性结膜炎，曾经有过花粉过敏性结膜炎病史的人不宜饮用这款豆浆，否则容易引起过敏反应。阳虚体质者、脾胃虚寒者也不宜过多饮用。

【养生功效】

中医认为，菊花具有散风清热、平肝明目的功效，可用于治疗风热感冒、头痛眩晕、目赤肿痛、眼目昏花等症。经常饮用菊花茶可消除疲劳、养阴生津，用于胃阴不足、口干口渴，亦用于原发性高血压、糖尿病、肥胖病和应限制食糖的病人。绿豆具有清热解毒、消暑利尿的功效。菊花搭配绿豆制成的这款豆浆，能够清热解毒，尤其是对于夏季外感风热引起的一系列症状有一定疗效。

消暑二豆饮，消暑止渴、清热败火

材料

黄豆 60 克，绿豆 40 克，清水、白糖或冰糖适量。

做法

① 将黄豆、绿豆清洗干净后，在清水中浸泡 6 ~ 8 小时，泡至发软备用。

② 将浸泡好的黄豆、绿豆一起放入豆浆机的杯体中，添加清水至上下水位线之间，启动机器，煮至豆浆机提示豆浆做好。

③ 将打出的豆浆过滤后，按个人口味趁热添加适量白糖或冰糖调味，之后放入冰箱中稍微冷藏后即可饮用。

■ 贴心提示

绿豆性质凉，脾胃虚弱的人不宜多吃。服药特别是服温补药时不要吃绿豆，以免降低药效。未煮烂的绿豆腥味强烈，食后易恶心、呕吐。

【养生功效】

中医认为，黄豆味甘，性平，能健脾利湿、益血补虚、解毒，可用于治疗脾虚气弱、消瘦少食、贫血、营养不良、湿痹拘挛、水肿、小便不利、寻常疣等症。绿豆性味甘凉，有清热解毒之功。夏天在高温环境工作的人出汗多，水液损失很大，体内的电解质平衡遭到破坏，用绿豆煮汤来补充是最理想的方法，能够清暑益气、止渴利尿，不仅能补充水分，而且能及时补充无机盐，对维持水液电解质平衡有着重要意义。黄豆和绿豆搭配制成的这款豆浆具有清热败火、消暑止渴的功效。

椰汁绿豆浆，清凉消暑

材料

绿豆100克，椰汁、清水适量。

【养生功效】

椰子味甘性平，入胃、脾、大肠经；果肉具有补虚强壮、益气祛风、杀虫消疳的功效，久食能令人面部润泽、益人气力及耐受饥饿，治小儿涤虫、姜片虫病；椰水具有滋补、清暑解渴的功效，主治暑热类渴，也能生津利尿，主治热病。

常食绿豆，对高血压、动脉硬化、糖尿病、肾炎有较好的治疗辅助作用。绿豆还可以作为外用药，嚼烂后外敷可治疗疮疖和皮肤湿疹。如果得了痤疮，可以把绿豆研成细末，煮成糊状，在就寝前洗净患部，涂抹在患处。"绿豆衣"能清热解毒，还有消肿、散翳明目等作用。用椰汁和绿豆调制出的这款豆浆，清凉解暑，是夏季养生佳品。

做法

1. 将绿豆清洗干净后，在清水中浸泡6～8小时，泡至发软备用。

2. 将浸泡好的绿豆放入豆浆机的杯体中，添加清水至上下水位线之间，启动机器，煮至豆浆机提示豆浆做好。

3. 将打出的豆浆过滤后，兑入椰汁即可。

■ 贴心提示

体内热盛的人不宜食用椰汁绿豆浆；易怒、口干舌燥者，也不宜多食。脾胃虚弱、体弱消瘦或夜多小便者不宜食用。

西瓜草莓冰豆浆，清凉甘甜

材料

西瓜一块，草莓 50 克，黄豆 50 克，柠檬汁、清水、冰块适量。

做法

① 将黄豆清洗干净后，在清水中浸泡 6 ~ 8 小时，泡至发软备用；草莓去蒂洗净后，切成碎丁；西瓜去皮、去子后将瓜瓤切成碎丁。

② 将浸泡好的黄豆和切好的草莓、西瓜一起放入豆浆机的杯体中，倒入柠檬汁，添加清水至上下水位线之间，启动机器，煮至豆浆机提示豆浆做好。

③ 将打出的豆浆过滤，凉凉后倒入杯中，加入适量冰块即可饮用。

■ 贴心提示

将打好的豆浆放入冰箱冷藏，和加冰块的效果一样。

【养生功效】

西瓜味道甘甜，多汁，清爽解渴，是夏季清热解暑的佳品。西瓜水分大，食用后排尿量会增加，因此，西瓜有利尿作用。西瓜能够减少体内胆色素的含量，并使大便畅通，对防治便秘有一定功效。草莓富含氨基酸、果糖、柠檬酸、苹果酸、果胶、胡萝卜素、维生素 B_1、维生素 B_2 及矿物质钙、磷、铁等，这些营养素对机体的生长发育有好处。饭后吃一些草莓，可分解食物脂肪，有利消化。西瓜、草莓搭配黄豆制成豆浆，再加入冰块，口感清凉甘甜，是夏季解暑的极佳饮品。

薏米红豆绿豆浆，祛除夏日湿气

材料

薏米 20 克，绿豆 20，红豆 30 克，清水、白糖或冰糖适量。

做法

① 将绿豆、红豆清洗干净后，在清水中浸泡 6 ~ 8 小时，泡至发软备用；薏米淘洗干净，用清水浸泡 2 小时。

② 将浸泡好的绿豆、红豆和薏米一起放入豆浆机的杯体中，添加清水至上下水位线之间，启动机器，煮至豆浆机提示薏米红豆绿豆浆做好。

③ 将打出的薏米红豆绿豆浆过滤后，按个人口味趁热添加适量白糖或冰糖调味，不宜吃糖的患者，可用蜂蜜代替。不喜甜者也可不加糖。

【养生功效】

薏米是一种营养丰富的食物和常用的中药，具有健脾益胃、利水消肿等功效。薏米含有多种矿物质和维生素，能够促进新陈代谢、减少胃肠负担，对慢性肠炎和消化不良等症也有很好的疗效。薏米健脾利湿，红豆补心利湿，绿豆清热解毒，这三种食材搭配制成的这款薏米红豆绿豆浆具有祛除脾湿的作用，同时也增强了清热解毒的功效，非常适合在夏日暑湿严重的时候饮用。

■ 贴心提示

孕妇、便秘者、尿频者以及肠胃较弱的人不宜多食此豆浆。饮用此豆浆时不宜同时吃咸味较重的食物，否则会减弱利尿的功效。

三豆消暑豆浆，消暑、补虚、去燥

材料

黑豆30克、红豆30克、绿豆30克，清水、白糖或冰糖适量。

做法

① 将黑豆、红豆、绿豆清洗干净后，在清水中浸泡6~8小时，泡至发软备用。

② 将浸泡好的黑豆、红豆、绿豆一起放入豆浆机的杯体中，添加清水至上下水位线之间，启动机器，煮至豆浆机提示豆浆做好。

③ 将打出的豆浆过滤后，按个人口味趁热添加适量白糖或冰糖调味，不宜吃糖的患者，可用蜂蜜代替。

■ 贴心提示

痛风患者不宜食用豆制品，豆制品不仅包括黄豆及其所有制品，还包括红豆、绿豆、黑豆、扁豆等豆类食物。所以，患有痛风的病人忌饮三豆消暑豆浆。

【养生功效】

现代人工作压力大，易出现体虚乏力的状况。要想增强活力和精力，按照祖国医学的理论，补肾很重要，黑豆就是一种有效的补肾食品；红豆有化湿补脾之功效，对脾胃虚弱的人比较适合，在夏季常被用于消暑、解热毒；绿豆也是夏季防暑的常用食材，它与红豆和黑豆搭配制成的豆浆能够消暑去燥、补虚，还能帮助增加肠胃蠕动，有助于通便和排尿。

红枣绿豆豆浆，消暑、补益

材料

绿豆25克，红枣25克，黄豆50克，清水、白糖或冰糖适量。

做法

① 将黄豆、绿豆清洗干净后，在清水中浸泡6~8小时，泡至发软备用；红枣洗干净，去核。

② 将浸泡好的黄豆、绿豆和红枣一起放入豆浆机的杯体中，添加清水至上下水位线之间，启动机器，煮至豆浆机提示红枣绿豆豆浆做好。

③ 将打出的红枣绿豆豆浆过滤后，按个人口味趁热添加适量白糖或冰糖调味，不宜吃糖的患者，可用蜂蜜代替。不喜甜者也可不加糖。

■ 贴心提示

红枣绿豆豆浆也可放入冰箱，做成冰豆浆，喝起来香甜可口，清热解暑作用更强。

【养生功效】

红枣性味甘温，具有补中益气、养血安神的作用。绿豆性凉，味甘。绿豆中含有大量的赖氨酸、苏氨酸以及矿物质等，可以补充机体代谢所消耗的营养。这款红枣绿豆豆浆适合夏天饮用，既可以消暑，也能补益。

麦仁豆浆，除热止渴

材料

小麦仁 50 克，黄豆 50 克，清水、白糖或冰糖适量。

做法

① 将黄豆清洗干净后，在清水中浸泡 6～8 小时，泡至发软备用；小麦仁淘洗干净，用清水浸泡 2 小时。

② 将浸泡好的黄豆和小麦仁一起放入豆浆机的杯体中，加水至上下水位线之间，启动机器，煮至豆浆机提示麦仁豆浆做好。

③ 将打出的麦仁豆浆过滤后，按个人口味趁热往豆浆中添加适量白糖或冰糖调味，不宜吃糖者，可用蜂蜜代替。不喜甜者也可不加糖。

■ 贴心提示

李时珍认为，各地产的小麦功效略有不同，北方者性温，食之不燥不渴；南方所产性热，食之生热；西北产之性凉。夏季食用最好选择北方产的小麦。

【养生功效】

小麦为"五谷之贵"。《名医别录》说小麦"主除热，止燥渴、咽干，利小便，养肝气"。麦仁搭配黄豆打成的豆浆，能够去燥热、止心烦。

薏米荞麦豆浆，适合阴雨天去湿时饮用

材料

荞麦 30 克，薏米 20 克，黄豆 50 克，清水、白糖或蜂蜜适量。

做法

① 将黄豆清洗干净后，在清水中浸泡 6～8 小时，泡至发软备用；荞麦淘洗干净；薏米淘洗干净，用清水浸泡 2 小时。

② 将浸泡好的黄豆同荞麦、薏米一起放入豆浆机的杯体中，添加清水至上下水位线之间，启动机器，煮至豆浆机提示薏米荞麦豆浆做好。

③ 将打出的薏米荞麦豆浆过滤后，按个人口味趁热添加适量白糖，或等豆浆稍凉后加入蜂蜜即可饮用。

■ 贴心提示

薏仁对子宫平滑肌有兴奋作用，可促使子宫收缩，有诱发流产的可能，还有使身体冷虚的作用，怀孕及月经期妇女应避免吃薏仁。薏仁所含的糖类黏性高，吃多了会妨碍消化。

【养生功效】

荞麦为蓼科草植物荞麦的种子，含有蛋白质、脂肪、糖类、维生素 B 类，性味甘凉，能够健脾消积、除积去秽，凡白带、虫浊、泄泻、气盛湿热等症，是其所宜。荞麦中的某些黄酮成分还具有抗菌、消炎、止咳、平喘、祛痰的作用。因此，荞麦还有"消炎粮食"的美称。薏米味甘淡，微寒，有健脾、补肺、清热等功效；临床有祛风湿、强筋骨、补正气、利肠胃、利尿、消水肿等作用。这款豆浆，具有祛湿、健脾的功效，适合夏季阴雨天时饮用。

绿茶绿豆百合豆浆，滋阴润燥、清暑解热

材料

黄豆50克，绿豆25克，绿茶、干百合、清水、白糖或冰糖适量。

做法

① 将黄豆、绿豆清洗干净后，在清水中浸泡6~8小时，泡至发软备用；干百合洗净泡软；绿茶泡开。

② 将浸泡好的黄豆、绿豆、绿茶、干百合一起放入豆浆机的杯体中，添加清水至上下水位线之间，启动机器，煮至豆浆机提示绿茶绿豆百合豆浆做好。

③ 将打出的绿茶绿豆百合豆浆过滤后，按个人口味趁热添加适量白糖或冰糖调味，不宜吃糖的患者，可用蜂蜜代替。不喜甜者也可不加糖。

【养生功效】

脾属阴，喜燥恶湿，胃属阳，喜润恶燥，一旦我们饮食不注意，过荤过辣，胃就容易生热，这时性寒凉入胃经的绿豆能起到滋养脾胃的作用。绿豆的滋阴润燥同样也是源于此。中医认为百合具有清心安神、润肺止咳的作用，尤其是鲜百合更甘甜味美。百合特别适合养肺、养胃的人食用，比如慢性咳嗽、口舌生疮、口干的患者，一些心悸患者也可以适量食用。但由于百合偏凉性，胃寒的患者应少用。这款豆浆具有清暑解热、滋阴润燥的功效。

■ 贴心提示

从事化工、建材的人可能会接触高浓粉尘、强辐射等，这类人可以常吃一些绿豆。假如出现了酒精中毒、煤气中毒、农药中毒和误服药物中毒等情况，可在到医院抢救前先灌一碗绿豆汤紧急处理。

菊花雪梨豆浆，解暑降温

材料

菊花20克，雪梨一个，黄豆50克，清水、白糖或冰糖适量。

做法

①将黄豆清洗干净后，在清水中浸泡6～8小时，泡至发软备用；菊花清洗干净后备用；雪梨洗净，去子，切碎。

②将浸泡好的黄豆、切碎的雪梨和菊花一起放入豆浆机的杯体中，添加清水至上下水位线之间，启动机器，煮至豆浆机提示菊花雪梨豆浆做好。

③将打出的菊花雪梨豆浆过滤后，按个人口味趁热添加适量白糖或冰糖调味，不宜吃糖的患者，可用蜂蜜代替。

【养生功效】

菊花味微苦、甘香，明目、退肝火，可治疗失眠，降低血压，可增强活力、增强记忆力、降低胆固醇；可舒缓头痛、偏头痛或感冒引起的肌肉痛，对胃酸、神经有益处；夏天饮用菊花茶还有解暑降温的作用。

雪梨有百果之宗的声誉，鲜甜可口、香脆多汁，夏天食用可解暑解渴。雪梨富含维生素A、B族维生素、维生素C、维生素D和维生素E，其中钾的含量也不少。患有维生素缺乏症的人应该多吃雪梨。因贫血而显得苍白的人，多吃雪梨可以让你脸色红润。对于甲状腺肿大的患者，雪梨所富含的碘有一定的疗效。吃雪梨还对肠炎、甲状腺肿大、便秘、厌食、消化不良、贫血、尿道红肿、尿道结石、痛风、缺乏维生素A有一定疗效。菊花、雪梨搭配黄豆制成的这款豆浆，是夏季解暑降温的极佳饮品。

■ 贴心提示

菊花和雪梨均性寒，所以脾胃虚寒、腹部冷痛和血虚者，不宜过多食用这款豆浆，否则易伤脾胃。

南瓜绿豆浆，消暑生津

材料

南瓜 30 克，绿豆 70 克，清水、白糖或冰糖适量。

做法

1 将绿豆清洗干净后，在清水中浸泡 6 ~ 8 小时，泡至发软备用；南瓜去皮，洗净后切成小碎丁。

2 将浸泡好的绿豆和切好的南瓜一起放入豆浆机的杯体中，添加清水至上下水位线之间，启动机器，煮至豆浆机提示南瓜绿豆浆做好。

3 将打出的南瓜绿豆浆过滤后，按个人口味趁热添加适量白糖或冰糖调味，不宜吃糖的患者，可用蜂蜜代替。不喜甜者也可不加糖。

■ 贴心提示

用蒸熟的南瓜制作这款豆浆，会使豆浆口感更为细腻。

【养生功效】

中医认为，南瓜性味甘温，归脾、胃经，有补中益气、清热解毒的功效，可用于治疗脾胃虚弱、营养不良、肺痈等症。南瓜所含果胶还可以保护胃肠道黏膜，免受粗糙食物刺激，促进溃疡面愈合，适宜于胃病患者。南瓜所含成分能促进胆汁分泌，加强胃肠蠕动，帮助食物消化。绿豆具有清热解暑，止渴利尿等功效。南瓜搭配绿豆制成的这款豆浆可消暑生津、利尿通淋，适用于夏日中暑烦渴、身热尿赤、心悸、胸闷等，是夏日的理想保健饮品。

薄荷绿豆豆浆，清凉消暑

材 料

绿豆 30 克，黄豆 30 克，大米 10 克，薄荷叶少许，清水、白糖或冰糖适量。

做 法

1 将黄豆、绿豆清洗干净后，在清水中浸泡 6 ~ 8 小时，泡至发软备用；薄荷叶清洗干净后备用；大米洗净备用。

2 将浸泡好的黄豆、绿豆和薄荷叶一起放入豆浆机的杯体中，添加清水至上下水位线之间，启动机器，煮至豆浆机提示薄荷绿豆豆浆做好。

3 将打出的豆浆过滤后，按个人口味趁热添加适量白糖或冰糖调味，不宜吃糖的患者，可用蜂蜜代替。

■ 贴心提示

体虚多汗者不宜饮用薄荷绿豆豆浆。

【养生功效】

薄荷的嫩茎叶含有维生素 B、维生素 C、胡萝卜素、薄荷酮及多种游离氨基酸。薄荷有疏风散热、消暑开胃的作用，对于伤风感冒、哮喘、急性眼结膜炎、咽痛等病症有良好的疗效。

绿豆特有的保湿成分及矿物质，可给皮肤提供充足水分，有效强化皮肤的保湿能力。绿豆中的天然多聚糖能在肌肤表层形成透明、有弹力的保湿膜，使皮肤润泽、有弹性。萃取自绿豆的提取物，依然保有绿豆良好的清热解毒功效，对汗疹、粉刺等各种皮肤问题效果极佳。此款豆浆清凉消暑，有疏风散热、提神醒脑、抗疲劳的作用，对伤风、感冒、偏头痛有很好的辅助疗效。

第**3**章

秋季饮豆浆：生津防燥

木瓜银耳豆浆，滋阴润肺

材 料

木瓜一个，银耳20克，黄豆50克，清水、白糖或冰糖适量。

做 法

① 将黄豆清洗干净后，在清水中浸泡6~8小时，泡至发软备用；木瓜去皮后洗干净，并切成小碎丁；银耳洗净，切碎。

② 将浸泡好的黄豆和木瓜、银耳一起放入豆浆机的杯体中，添加清水至上下水位线之间，启动机器，煮至豆浆机提示木瓜银耳豆浆做好。

③ 将打出的木瓜银耳豆浆过滤后，按个人口味趁热添加适量白糖或冰糖调味，不宜吃糖的患者，可用蜂蜜代替。也可不加糖。

【养生功效】

李时珍《本草纲目》中就有"木瓜性温味酸，平肝和胃，舒筋络"的记载。现代研究也证明，木瓜中含有大量的木瓜蛋白酶，又称木瓜酵素，对动植物蛋白、多肽、酯、酰胺等有较强的水解能力，因此可以解除食物中的油腻。木瓜还含有维生素C、钙、磷、钾，易吸收，具有保健、美容、预防便秘等功效。木瓜含有大量的胡萝卜素、维生素C及纤维素等，能帮助分解并去除肌肤表面老化的角质层细胞，所以是润肤、美颜、通便的佳品。同时，木瓜具有润肺功能，肺部得到适当的滋润后，气血通畅而没有瘀滞，使身体更易吸收充足的营养，从而让皮肤变得光洁、柔嫩、细腻、皱纹减少、面色红润。

银耳的显著功效为润肺止咳。秋季食用此款豆浆，能够滋阴润燥。

■ 贴心提示

孕妇、过敏体质人士不宜食用木瓜银耳豆浆。银耳能清肺热，故外感风寒者忌食。

枸杞小米豆浆，益气养血滋补身体

材料

小米 40 克，黄豆 50 克，枸杞 5 粒，清水、白糖或冰糖各适量。

做法

① 将黄豆清洗干净后，在清水中浸泡 6～8 小时，泡至发软备用；枸杞洗干净后，用温水泡开；小米淘洗干净。

② 将浸泡好的黄豆、枸杞、小米一起放入豆浆机的杯体中，添加清水至上下水位线之间，启动机器，煮至豆浆机提示枸杞小米豆浆做好。

③ 将打出的枸杞小米豆浆过滤后，按个人口味趁热往豆浆中添加适量白糖或冰糖调味，患有不宜吃糖的患者，可用蜂蜜代替。

■ 贴心提示

气滞者，素体虚寒、小便清长者都不宜多食枸杞小米豆浆。

【养生功效】

枸杞是常用的营养滋补佳品，在民间常用其煮粥、熬膏、泡酒或同其他药物、食物一起食用。枸杞自古就是滋补养人的上品，有延缓衰老的功效，所以又名"却老子"。枸杞有润肺、清肝明目、滋肾益气、生精助阳、强筋骨的功效，可提高机体免疫力。小米性平味甘咸，具有健胃除湿、清热解渴、补气养血的功效。小米所含的营养成分能够参与机体的造血功能。孕妇食用小米能够防止孕吐。小米滋阴养血的功效也使其成为产妇和体质虚弱者的调养佳品。这款豆浆能益气养血、滋补身体，适合秋季食用。

苹果柠檬豆浆，生津止渴

材料

苹果 1 个，柠檬半个，黄豆 70 克，清水、白糖或冰糖适量。

做法

① 将黄豆清洗干净后，在清水中浸泡 6～8 小时，泡至发软备用；苹果清洗后，去皮去核，并切成小碎丁。柠檬挤汁备用。

② 将浸泡好的黄豆和苹果一起放入豆浆机的杯体中，添加清水至上下水位线之间，启动机器，煮至豆浆机提示豆浆做好。

③ 将打出的豆浆过滤后，挤入柠檬汁，再按个人口味趁热添加适量白糖或冰糖调味即可。

■ 贴心提示

白细胞减少症的病人、前列腺肥大的病人均不宜食用苹果柠檬豆浆，以免使症状加重或影响治疗效果。冠心病、心肌梗死、肾病慎食苹果柠檬豆浆。患有糖尿病的人忌食，肥胖之人也不宜多食。

【养生功效】

苹果富含糖类、酸类、芳香醇类和果胶物质，并含维生素 B、维生素 C 及钙、磷、钾、铁等营养成分。苹果可作药用，早在唐代就有记载，苹果不但益心气壮脾，还能生津止渴，更具有"润肺悦心、生津开胃、醒酒"等功能。现代医学研究证明，严重水肿患者多吃苹果有利于补钾、减少副作用。柠檬味极酸，有生津、止渴、祛暑、安胎的作用。《食物考》中记载："柠檬浆饮渴瘳，能避暑。孕妇宜食，能安胎。"柠檬还有生津开胃，止渴化痰的功效。这款苹果柠檬豆浆清口、可生津止渴。

绿桑百合柠檬豆浆，清润安神，滋阴润燥

材料

黄豆80克，绿豆35克，桑叶2克，干百合20克，柠檬1块，清水适量。

做法

① 将黄豆、绿豆清洗干净后，在清水中浸泡6～8小时，泡至发软备用；百合清洗干净后略泡；桑叶洗净，切碎待用；柠檬榨汁备用。

② 将浸泡好的黄豆、绿豆、百合和桑叶一起放入豆浆机的杯体中，添加清水至上下水位线之间，启动机器，煮至豆浆机提示绿桑百合柠檬豆浆做好。

③ 将打出的绿桑百合柠檬豆浆过滤后，挤入柠檬汁即可饮用。

【养生功效】

绿豆本身也是一味中药，有清热解毒、消暑生津、利水消肿的功效。百合含有钙、磷、铁、多种维生素及秋水仙碱等生物碱，滋补效果好，有助于治疗秋季干燥引起的季节性疾病。绿豆、桑叶、百合搭配黄豆制成的这款豆浆滋阴润燥，清润安神，适合秋季饮用。

■ 贴心提示

绿豆为豆科植物绿豆的荚壳内之圆形绿色种子。其种皮即绿豆衣，亦可作为药用。绿豆以颗粒均匀饱满、色绿、煮之易酥的为佳。

南瓜二豆浆，降血压、降血脂

材料

南瓜50克，绿豆20克，黄豆30克，清水适量。

■ 贴心提示

南瓜含糖分较高，不宜久存，削皮后放置太久的话，瓜瓤便会自然无氧酵解，产生酒味，在制作豆浆时一定不要选用这样的南瓜，否则便有可能引起中毒。

做法

① 将黄豆、绿豆清洗干净后，在清水中浸泡6～8小时，泡至发软备用；南瓜去皮，洗净后切成小碎丁。

② 将浸泡好的黄豆、绿豆同南瓜丁一起放入豆浆机的杯体中，添加清水至上下水位线之间，启动机器，煮至豆浆机提示南瓜二豆浆做好。

③ 将打出的南瓜二豆浆过滤后即可饮用。

【养生功效】

按照传统医学理论，瓜类为凉性食物，能除暑湿、利二便、解毒凉血、疏通人体的"排毒管道"，包括消化道、泌尿道、汗腺等，使体内之"毒"随同粪便、尿液、汗液等排出体外，有利尿通便的功能。南瓜所含的粗纤维能够增强饱腹感，从而减少脂肪和胆固醇的摄入。绿豆则能清热解暑，消除油腻。黄豆中的可溶性纤维既可通便，又能降低胆固醇含量。三者搭配，有助于中老年高血压、高血脂的辅助治疗。

糙米山楂豆浆，消食、益胃

材 料

山楂 20 克，糙米 30 克，黄豆 50 克，清水、白糖或冰糖适量。

做 法

1 将黄豆清洗干净后，在清水中浸泡 6～8 小时，泡至发软备用；糙米淘洗干净，用清水浸泡 2 小时；山楂清洗后去核，并切成小碎丁。

2 将浸泡好的黄豆和糙米、山楂一起放入豆浆机的杯体中，添加清水至上下水位线之间，启动机器，煮至豆浆机提示糙米山楂豆浆做好。

3 将打出的糙米山楂豆浆过滤后，按个人口味趁热添加适量白糖或冰糖调味，不宜吃糖的患者，可用蜂蜜代替。

■ 贴心提示

山楂可促进胃酸的分泌，因此不宜空腹食用。山楂中的酸性物质对牙齿具有一定的腐蚀性，食用后要注意及时漱口、刷牙，正处在牙齿更替期的儿童更应格外注意。

【养生功效】

山楂片含多种维生素、山楂酸、酒石酸、柠檬酸、苹果酸等，还含有黄酮类、内酯、糖类、蛋白质、脂肪和钙、磷、铁等矿物质，所含的解脂酶能促进脂肪类食物的消化，促进胃液分泌和增加胃内酶素。中医认为，山楂具有收敛止痢、消积化滞、活血化瘀等功效。主治饮食积滞、胸膈痞满、疝气、血瘀、闭经等症。山楂中含有的黄酮类等药物成分，具有显著的扩张血管及降压作用，有增强心肌、抗心律不齐、调节血脂及胆固醇含量的功能。山楂所含的黄酮类和维生素 C、胡萝卜素等物质能阻断并减少自由基的生成，增强机体的免疫力，有防衰老、抗癌的作用。糙米所含的粗纤维有健胃消食的功效。这款豆浆有消食益胃的功效。

花生百合莲子豆浆，清火滋阴

材料

花生 30 克，干百合 10 克，莲子 10 克，黄豆 50 克，清水、白糖或冰糖适量。

做法

❶ 将黄豆清洗干净后，在清水中浸泡 6 ~ 8 小时，泡至发软备用；干百合和莲子清洗干净后略泡；花生去皮后碾碎。

❷ 将浸泡好的黄豆、百合、莲子、花生一起放入豆浆机的杯体中，添加清水至上下水位线之间，启动机器，煮至豆浆机提示花生百合莲子豆浆做好。

❸ 将打出的花生百合莲子豆浆过滤后，按个人口味趁热添加适量白糖或冰糖调味，不宜吃糖的患者，可用蜂蜜代替。不喜甜者也可不加糖。

■ 贴心提示

网罩中的渣可加白糖制成豆沙，爽脆可口。

【养生功效】

花生味甘，微苦，性平，是一种营养丰富的食品。《本草述》：百合之功，在益气而兼之利气，在养正而更能去邪，故李氏谓其为渗利和中之美药也。莲子性平，可补心安神养血，对于治疗心脾两虚、血虚都有很大的功效。莲子心是清热的，可以清心火，去烦热，去暑疗效好。这款豆浆清火滋阴，养心安神。

红枣红豆浆，益气养血、宁心安神

材料

红豆 100 克，红枣 3 个，清水、白糖或冰糖适量。

■ 贴心提示

豆皮是较难消化的东西，其豆类纤维易在肠道发生产气现象。因此肠胃较弱的人，在食用红豆后，会有胀气等不适感，制作时需要将豆皮去掉。

做法

❶ 将红豆清洗干净后，在清水中浸泡 6 ~ 8 小时，泡至发软备用；红枣洗净后，用温水泡开。

❷ 将浸泡好的红豆和红枣一起放入豆浆机的杯体中，加水至上下水位线之间，启动机器，煮至豆浆机提示红枣红豆浆做好。

❸ 将打出的红枣红豆浆过滤后，按个人口味趁热往豆浆中添加适量白糖或冰糖调味，不宜吃糖的患者，可用蜂蜜代替。

【养生功效】

红枣中的维生素 P 含量为所有果蔬之冠，具有维持毛细血管通透性，改善微循环从而预防动脉硬化的作用，经常吃红枣还能益气、养血、安神。红豆富含维生素 B_1、维生素 B_2、蛋白质及多种矿物质，有补血、利尿、消肿、促进心脏活化等功效。其石碱成分可增加肠胃蠕动，减少便秘促进排尿，消除心脏或肾病所引起的水肿。这款红枣红豆浆具有益气养生、养血滋润、宁心安神的功效。

龙井豆浆，清新口感来提神

材料

龙井 10 克，黄豆 80 克，清水适量。

做法

❶ 将黄豆清洗干净后，在清水中浸泡 6 ~ 8 小时，泡至发软备用；龙井用开水泡好。

❷ 将浸泡好的黄豆放入豆浆机的杯体中，添加清水至上下水位线之间，启动机器，煮至豆浆机提示豆浆做好。

❸ 将打出的豆浆过滤后，兑入龙井茶即可。

【养生功效】

秋季，天气由热转凉，很多人会有懒洋洋的疲劳感，出现"秋乏"的现象。此时，不妨喝点儿龙井茶帮助提神醒脑。龙井茶是绿茶中的精品，茶叶中的咖啡因能兴奋中枢神经系统，帮助人们振奋精神、增强思维和记忆力、消除疲劳感。上班族经常饮用，还能帮助提高工作效率。龙井茶搭配黄豆制成的豆浆，具有一股清香的茶味，还能清新口气，去除杂味。

■ 贴心提示

龙井茶味道清香，假冒龙井茶则多是青草味，夹蒂较多，手感不光滑。

百合银耳绿豆浆，清热、润燥

材料

绿豆 70 克，干百合 20 克，银耳 10 克，清水、白糖或冰糖适量。

做法

❶ 将绿豆清洗干净后，在清水中浸泡 6 ~ 8 小时，泡至发软备用；干百合清洗干净后略泡；银耳用清水泡发，洗净，切碎待用。

❷ 将浸泡好的绿豆、百合与切碎的银耳一起放入豆浆机的杯体中，添加清水至上下水位线之间，启动机器，煮至豆浆机提示百合银耳绿豆浆做好。

❸ 将打出的百合银耳绿豆浆过滤后，按个人口味趁热添加适量白糖或冰糖调味，不宜吃糖的患者，可用蜂蜜代替。不喜甜者也可不加糖。

【养生功效】

百合味甘性微寒，入肺，具有润肺止咳，清心安神的功效，也是心肺疾病患者的补养佳品。银耳有"强精、补肾、润肺、生津、止咳、清热、养胃、补气、和血、强心、壮身、补脑、提神"之功。绿豆具有清热、解毒、去火的功效。百合、银耳搭配绿豆制成的这款豆浆清热、润燥，适宜秋季滋润调理身体。

■ 贴心提示

百合以野生者良，有甜、苦两种，甜者可用，取如荷花瓣，无蒂无根者佳。能利二便，气虚下陷者忌之。

二豆蜜浆，清热利水、健脾润肺

材料

红豆20克，绿豆80克，蜂蜜50克，清水适量。

做法

①将红豆、绿豆清洗干净后，在清水中浸泡6~8小时，泡至发软备用。

②将浸泡好的红豆和绿豆一起放入豆浆机的杯体中，添加清水至上下水位线之间，启动机器，煮至豆浆机提示豆浆做好。

③将打出的豆浆过滤后，兑入蜂蜜即可饮用。

【养生功效】

红豆含有大量益于防治便秘的纤维，及促进利尿作用的钾。此两种成分均可将胆固醇及盐分排出体外，具有解毒的效果。由此可见，红豆具有很强的清热利水、排毒的功效。绿豆则有健脾润肺，生津益气的功效。红豆搭配绿豆制成的这款豆浆具有清热利水、健脾润肺、清热解毒的功效。

■ 贴心提示

阴虚而无湿热者及小便清长者忌食这款豆浆。

第4章
冬季饮豆浆：温补祛寒

莲子红枣糯米豆浆，温补脾胃，祛除寒冷

材 料

红枣 15 克，莲子 15 克，糯米 20 克，黄豆 50 克、清水、白糖或冰糖适量。

【养生功效】

红枣味甘性温，含有多种生物活性物质，如大枣多糖、黄酮类、皂苷类、三萜类、生物碱类等，对人体有多种保健治病功效。红枣中丰富的维生素 C 有很强的抗氧化活性及促进胶原蛋白合成的作用，可参与组织细胞的氧化还原反应，与体内多种物质的代谢有关，充足的维生素 C 能够促进生长发育、增强体力、缓解疲劳。大枣性温，能够帮助身体驱寒。莲子清热降火，能起到中和温补作用。红枣、莲子、糯米搭配黄豆制成的这款豆浆具有温补脾胃、祛除寒冷的功效。

做 法

① 将黄豆清洗干净后，在清水中浸泡 6 ~ 8 小时，泡至发软备用；红枣洗净，去核，切碎；莲子清洗干净后略泡；糯米淘洗干净，用清水浸泡 2 小时。

② 将浸泡好的黄豆、糯米和红枣、莲子一起放入豆浆机的杯体中，添加清水至上下水位线之间，启动机器，煮至豆浆机提示莲子红枣糯米豆浆做好。

③ 将打出的莲子红枣糯米豆浆过滤后，按个人口味趁热添加适量白糖或冰糖调味，不宜吃糖的患者，可用蜂蜜代替。不喜甜者也可不加糖。

■ 贴心提示

新鲜的莲子可以用来生吃，清香可口。剥的时候可以将莲心留下来泡绿茶一起喝。莲蓬也不要随便丢弃，莲蓬有一股特别的荷香气，做饭时在快熟的时候把莲蓬放在饭面上，米饭吃起来会更香，别有一番风味。

糯米枸杞豆浆，暖身体、增强免疫能力

材料

黄豆 80 克，糯米 20 克，枸杞 5～7 粒，清水、白糖或冰糖各适量。

做法

① 将黄豆清洗干净后，在清水中浸泡 6～8 小时，泡至发软备用；枸杞洗净后，用温水泡开；糯米淘洗干净，用清水浸泡 2 小时。

② 将浸泡好的黄豆、糯米和枸杞一起放入豆浆机的杯体中，添加清水至上下水位线之间，启动机器，煮至豆浆机提示糯米枸杞豆浆做好。

③ 将打出的糯米枸杞豆浆过滤后，按个人口味趁热往豆浆中添加适量白糖或冰糖调味，患有不宜吃糖的患者，可用蜂蜜代替。

【养生功效】

糯米富含脂肪、淀粉、矿物质、蛋白质、B 族维生素等，是很好的温补品。枸杞性甘、平，归肝肾经，具有滋补肝肾，养肝明目的功效。枸杞子亦为扶正固本、生精补髓、滋阴补肾、益气安神、强身健体、延缓衰老之良药，对慢性肝炎、中心性视网膜炎、视神经萎缩等疗效显著；对于抗肿瘤、保肝、降压以及老年人器官衰退的老化疾病都有很强的改善作用。枸杞对体外癌细胞有明显的抑制作用，可用于防止癌细胞的扩散和增强人体的免疫功能。黄豆具有很好的温补效果。糯米、枸杞搭配黄豆制成的这款豆浆可以温暖身体、增强免疫力，适宜冬季饮用。

红糖薏米豆浆，活血散瘀、温经散寒

材料

黄豆 50 克，薏米 40 克，清水、红糖适量。

做法

① 将黄豆清洗干净后，在清水中浸泡 6～8 小时，泡至发软备用；薏米淘洗干净，用清水浸泡 2 小时。

② 将浸泡好的黄豆、薏米一起放入豆浆机的杯体中，添加清水至上下水位线之间，启动机器，煮至豆浆机提示豆浆做好。

③ 将打出的豆浆过滤后，按个人口味趁热添加适量红糖调味即可饮用。

■ 贴心提示

糖尿病患者饮用时不宜加红糖或蜂蜜。

【养生功效】

薏米属于中药的一种，性微寒味甘，含有蛋白质、B 族维生素等物质，有利水消肿、清热活血、健脾祛湿、温经散寒的功效。红糖性温味甘，有活血散瘀的功效。加入红糖的薏米豆浆具有温经散寒的功效。

杏仁松子豆浆，和血润肠、温补功效明显

材料

黄豆 70 克，杏仁 20 克，松子 10 克，清水、白糖或冰糖适量。

做法

1. 将黄豆清洗干净后，在清水中浸泡 6 ~ 8 小时，泡至发软备用；杏仁洗净，泡软；松子洗净，泡软，碾碎。

2. 将浸泡好的黄豆、杏仁和松子一起放入豆浆机的杯体中，添加清水至上下水位线之间，启动机器，煮至豆浆机提示杏仁松子豆浆做好。

3. 将打出的杏仁松子豆浆过滤后，按个人口味趁热添加适量白糖或冰糖调味，不宜吃糖的患者，可用蜂蜜代替。不喜甜者也可不加糖。

■ 贴心提示

松子存放时间长了会产生"油哈喇"味，不宜食用。

【养生功效】

杏仁中含有大量的营养成分，如维生素 A、维生素 E、亚油酸等，有清热解毒、祛湿散结、消斑抗皱的作用。食用和外敷杏仁粉对增加皮肤弹性和滋润光泽都大有裨益。杏仁还有温补身体的功效。

松子中的脂肪成分主要为亚油酸、亚麻油酸等不饱和脂肪酸，有软化血管和防治动脉粥样硬化的作用。因此，老年人常食用松子，有防止因胆固醇增高而引起心血管疾病的作用。另外，松子中含磷较为丰富，对人的大脑神经也有益处。松子所含的油脂还有润肠通便的作用。杏仁、松子和黄豆搭配制成的豆浆，温经祛寒效果明显，适宜冬季饮用。

黑芝麻蜂蜜豆浆，冬日益肝养肾的佳品

材料

黑芝麻 5 克，黄豆 100 克，蜂蜜、清水适量。

做法

1. 将黄豆清洗干净后，在清水中浸泡 6 ~ 8 小时，泡至发软备用；芝麻淘去沙粒。

2. 将浸泡好的黄豆和洗净的芝麻一起放入豆浆机的杯体中，加水至上下水位线之间，启动机器，煮至豆浆机提示豆浆做好。

3. 将打出的芝麻豆浆过滤后，兑入适量蜂蜜即可饮用。

【养生功效】

中医中药理论认为，黑芝麻具有补肝肾、润五脏、益气力、长肌肉、填脑髓的作用，可用于治疗肝肾精血不足所致的眩晕、须发早白、脱发、腰膝酸软、四肢乏力、步履维艰、五脏虚损、皮燥发枯、肠燥便秘等病症，在乌发养颜方面的功效，更是有口皆碑。蜂蜜对胃肠功能有调节作用，可使胃酸分泌正常；蜂蜜有增强肠蠕动的作用，可显著缩短排便时间；蜂蜜含有的多种酶和矿物质，发生协同作用后，其中的果糖和葡萄糖就会很快被身体吸收利用，从而改善血液的营养状况。这款黑芝麻蜂蜜豆浆是冬日益肝养肾的保健佳品。

荸荠雪梨黑豆浆，生津润燥，暖胃解腻

材料

荸荠 30 克，雪梨 1 个，黑豆 50 克，清水、白糖或冰糖适量。

做法

① 将黑豆清洗干净后，在清水中浸泡 6～8 小时，泡至发软备用；荸荠去皮，洗净，切成小块；雪梨洗净，去皮，去核，切碎。

② 将浸泡好的黑豆和荸荠、雪梨一起放入豆浆机的杯体中，添加清水至上下水位线之间，启动机器，煮至豆浆机提示荸荠雪梨黑豆浆做好。

③ 将打出的荸荠雪梨黑豆浆过滤后，按个人口味趁热添加适量白糖或冰糖调味，不宜吃糖的患者，可用蜂蜜代替，也可不加糖。

【养生功效】

中医认为，荸荠性味甘、寒，具有清热化痰、开胃消食、生津润燥、明目醒酒的功效，临床适用于阴虚肺燥、咳嗽多痰、烦渴便秘、酒醉昏睡等症的治疗。在呼吸道传染病流行季节，吃荸荠有利于流脑、麻疹、百日咳及急性咽喉炎的防治。雪梨性味甘寒，具有清心润肺、生津润燥、清热化痰的作用，对肺结核、气管炎和上呼吸道感染患者所出现的咽干、痒痛、音哑、痰稠等症皆有益。雪梨可清喉降火，播音、演唱人员经常食用煮好的熟梨，能增加口中的津液，起到保养嗓子的作用。在干燥的冬季，多吃雪梨很有好处。荸荠疏肝明目、利气通化，搭配黑豆制成的豆浆味道清甜、暖胃解腻，尤其适合在冬季搭配口感较油腻的菜肴。

■ 贴心提示

荸荠不宜生吃，因为荸荠生长在泥中，外皮和内部都有可能附着较多的细菌和寄生虫，所以一定要洗净煮透后方可食用。

燕麦薏米红豆浆，适合全家的冬日暖饮

材料

红豆 50 克，燕麦 20 克，薏米 30 克，清水、白糖或冰糖适量。

【养生功效】

冬天气温降低，常常会出现脸部、手足部水肿，甚至出现关节麻木、酸痛的现象，人体免疫能力也会降低，体内气血容易不通畅，从而导致水肿甚至关节疼痛。有这些症状的人要注意，这是风湿的前兆了。冬天常吃薏米有助于缓解和消除此类病症。薏米主要成分为蛋白质、维生素 B_1、维生素 B_2，有利水消肿、健脾祛湿、舒筋除痹、清热排脓等功效，为常用的利水渗湿药。多吃薏米能使皮肤光滑、减少皱纹、消除色素斑点。似乎在春夏时节人们才会更偏爱红豆汤一些，因其有健脾利湿、消肿减肥之效，不过在冬天喝一碗热热的、绵软甜蜜的红豆汤也是一大享受，更可以补血养颜、调理体质，实为佳品。食用燕麦不仅能够增强大脑的记忆功能，还能够增强免疫力。这款燕麦薏米红豆浆有很好的滋补作用，是适合全家的冬日暖饮。

做法

❶ 将红豆清洗干净后，在清水中浸泡 6 ~ 8 小时，泡至发软备用；薏米和燕麦淘洗干净，用清水浸泡 2 小时。

❷ 将浸泡好的红豆、薏米、燕麦一起放入豆浆机的杯体中，添加清水至上下水位线之间，启动机器，煮至豆浆机提示燕麦薏米红豆浆做好。

❸ 将打出的燕麦薏米红豆浆过滤后，按个人口味趁热添加适量白糖或冰糖调味，不宜吃糖的患者，可用蜂蜜代替。不喜甜者也可不加糖。

■ 贴心提示

挑选红豆主要看新鲜程度，新鲜的豆子含有充足的水分，容易煮熟，煮出来颗粒饱满且松软绵密。而旧豆子则因存放的时间长丧失水分，不但口感较差，有的甚至会无法煮烂。

姜汁黑豆浆，适合冬季暖胃

材料

黑豆 100 克，生姜 1 块，清水、白糖或冰糖适量。

做法

① 将黑豆清洗干净后，在清水中浸泡 6～8 小时，泡至发软备用；生姜切成小块，用压蒜器挤出姜汁待用。

② 将浸泡好的黑豆放入豆浆机的杯体中，倒入姜汁，再添加清水至上下水位线之间，启动机器，煮至豆浆机提示姜汁黑豆浆做好。

③ 将打出的姜汁黑豆浆过滤后，按个人口味趁热添加适量白糖或冰糖调味，不宜吃糖的患者，可用蜂蜜代替。不喜甜者也可不加糖。

■ 贴心提示

提前挤出姜汁可以避免姜渣混在豆渣中，再加工豆渣时影响口感。如果觉得麻烦也可以把姜切块后直接放入豆浆机或者搅拌机中。

【养生功效】

生姜中含有姜醇、姜烯、水芹烯、柠檬醛和芳香等油性的挥发油，有兴奋、排汗降温、提神等作用，可缓解疲劳、乏力、厌食、失眠、腹胀、腹痛等症状。生姜还有健胃，增进食欲的作用。生姜对胃病亦有缓解或止痛作用，胃炎、胃溃疡及十二指肠溃疡所引发的疼痛、呕吐、泛酸、饥饿感等，用生姜煎水喝，可使症状迅速消除。黑豆有补肾益精的作用，经常食用有利于抗衰延年。加了姜汁的黑豆浆口感非常温和，略带一些姜的辛辣，喝下去胃里暖暖的，特别适合在寒冷的冬季饮用。

香榧十谷米豆浆，消除疳积、润肺滑肠

材料

十谷米（包含糙米、黑糯米、小米、小麦、荞麦、芡实、燕麦、莲子、玉米片和红薏仁）60 克，香榧 10 克，黄豆 30 克，清水、白糖或冰糖适量。

■ 贴心提示

榧子不要与绿豆同食，否则容易发生腹泻。榧子性质偏温热，多食易上火，所以咳嗽咽痛并且痰黄的人不宜食用。腹泻或大便溏薄者不宜食用榧子。

做法

① 将黄豆清洗干净后，在清水中浸泡 6～8 小时，泡至发软备用；十谷米淘洗干净，用清水浸泡 2 小时；香榧去壳取仁。

② 将浸泡好的黄豆、十谷米和香榧仁一起放入豆浆机的杯体中，添加清水至上下水位线之间，启动机器，煮至豆浆机提示香榧十谷米豆浆做好。

③ 将打出的香榧十谷米豆浆过滤后，按个人口味趁热添加适量白糖或冰糖调味，不宜吃糖的患者，可用蜂蜜代替。

【养生功效】

中医认为，榧子具有润肺滑肠、消除疳积、化痰止咳之功能，适用于多种便秘、疝气、痔疮、消化不良、食积、咳痰症状。十谷米有 100 多种营养成分，与香榧和黄豆搭配制成的豆浆，具有润肺滑肠、化痰止咳的功效。

糙米核桃花生豆浆，健脑、抗衰老

材料

糙米 40 克，核桃 10 克，花生 20 克，黄豆 30 克，清水、白糖或冰糖适量。

做法

① 将黄豆清洗干净后，在清水中浸泡 6 ~ 8 小时，泡至发软备用；糙米淘洗干净，用清水浸泡 2 小时；核桃仁碾碎；花生洗净后碾碎。

② 将浸泡好的黄豆、糙米和碾碎的核桃仁、花生一起放入豆浆机的杯体中，添加清水至上下水位线之间，启动机器，煮至豆浆机提示糙米核桃花生豆浆做好。

③ 将打出的糙米核桃花生豆浆过滤后，按个人口味趁热添加适量白糖或冰糖调味，不宜吃糖的患者，可用蜂蜜代替。

■ 贴心提示

这款豆浆不宜过多食用，否则会引起腹泻。痰火喘咳、阴虚火旺、便溏腹泻的病人则不宜食用。

【养生功效】

核桃具有多种不饱和与单不饱和脂肪酸，能降低胆固醇含量，因此核桃对人的心脏有一定的好处。核桃仁含有丰富的营养素，每 100 克含蛋白质 15 ~ 20 克，脂肪 60 ~ 70 克，碳水化合物 10 克；并含有人体必需的钙、磷、铁等矿物质和多种微量元素，以及胡萝卜素、核黄素等多种维生素。核桃中所含脂肪的主要成分是亚油酸，食用后不但不会使胆固醇升高，还能减少肠道对胆固醇的吸收，因此，核桃可作为高血压、动脉硬化患者的滋补品。此外，这些油脂还可供给大脑基质的需要。核桃中所含的微量元素锌和锰是脑垂体的重要成分，常食有益于脑的营养补充，有健脑益智作用。糙米含多种维生素，花生善于滋养补益。花生能增强记忆力，延缓脑功能衰退，搭配核桃制成的这款豆浆能健脑、抗衰老，是老少皆宜的保健饮品。

第七篇

豆浆食疗方

——既能祛病又饱口福

第1章
调理中老年常见病

· 高血压 ·

薏米青豆黑豆浆，预防高血压

材料

黑豆 60 克，青豆 20 克，薏米 20 克，清水、白糖或冰糖适量。

做法

1 将黑豆、青豆清洗干净后，在清水中浸泡 6 ~ 8 小时，泡至发软备用；薏米淘洗干净后，用清水浸泡 2 小时。

2 将浸泡好的黑豆、青豆和薏米一起放入豆浆机的杯体中，添加清水至上下水位线之间，启动机器，煮至豆浆机提示薏米青豆黑豆浆做好。

3 将打出的薏米青豆黑豆浆过滤后，按个人口味趁热添加适量白糖或冰糖调味，不宜吃糖的患者，可用蜂蜜代替。不喜甜者也可不加糖。

【养生功效】

黑豆历来被中医认为是肾之谷，其实它也有降血压的作用，它不含胆固醇，却含有一定量的植物固醇。植物固醇本身并不会被人体吸收利用，反倒能抑制人体吸收胆固醇，从而降低血液中胆固醇的含量。除此之外，黑豆中含有多种微量元素，包括锌、铜、镁、钼等，这些微量元素可以降低血液黏稠度，对高血压患者非常有益。青豆含有大量的大豆磷脂，可以很好地保持血管的弹性，非常有利于高血压患者的康复。薏米具有很高的药用价值，它可以扩张血管，经过动物实验证明，从薏米提取的薏苡素通过静脉注射可引起兔血压的下降，效果显著。三种材料，具有相同的优点，就是富含不饱和脂肪酸，且各有侧重，相互结合做成的豆浆，不但营养均衡，对预防高血压也有很好的作用。

贴心提示

脾胃虚弱的小儿、老人、久病体虚人群不宜多食此豆浆。患有脑炎、中风、呼吸系统疾病、消化系统疾病传染性疾病以及肾病患者不宜食用。腹泻者勿食用。

西芹黑豆浆，降血压效果好

材料

西芹 30 克，黑豆 70 克，清水适量。

■ 贴心提示

西芹会抑制男性激素的生成，所以年轻的男性朋友应少饮西芹黑豆浆。

做法

① 将黑豆清洗干净后，在清水中浸泡 6～8 小时，泡至发软备用；西芹择洗干净后，切成碎丁。

② 将浸泡好的黑豆同西芹丁一起放入豆浆机的杯体中，添加清水至上下水位线之间，启动机器，煮至豆浆机提示西芹黑豆浆做好。

③ 将打出的西芹黑豆浆过滤后即可饮用。

【养生功效】

实验表明，芹菜中含酸性的降压成分，具有明显的降压作用，其持续时间随食量增加而延长，对于原发性、妊娠性及更年期高血压均有效。黑豆中不含胆固醇，只有植物固醇，可有效抑制胆固醇的吸收，降低血中胆固醇的作用。更重要的是黑豆中含有大量的钾，钾在人体内起着维持细胞内外渗透压和酸碱平衡的作用，可以帮助排出人体多余的钠，从而有效预防和降低高血压。将西芹与黑豆结合食用，不仅营养丰富，同时可以软化血管，延缓衰老，有效降低血压，是高血压高发人群的食疗保健良品。

芸豆蚕豆浆，防治心血管疾病

材料

芸豆 50 克，蚕豆 50 克，白糖或冰糖、清水适量。

做法

① 将芸豆和蚕豆清洗干净后，在清水中浸泡 6～8 小时，泡至发软。

② 将浸泡好的芸豆和蚕豆一起放入豆浆机的杯体中，并加水至上下水位线之间，启动机器，煮至豆浆机提示芸豆蚕豆浆做好。

③ 将打出的芸豆蚕豆浆过滤后，按个人口味趁热往豆浆中添加适量白糖或冰糖调味，患有糖尿病、高血压、高血脂等不宜吃糖的患者，可用蜂蜜代替。不喜甜者也可不加糖。

■ 贴心提示

芸豆不宜生食，因为芸豆生吃会产生毒素，导致腹泻、呕吐等现象，必须煮透才能食用。芸豆在消化吸收过程中会产生过多的气体，造成胀肚。故消化功能不良、有慢性消化道疾病的人应尽量少食。

【养生功效】

芸豆和蚕豆营养丰富，均含有大量的蛋白质及丰富的维生素 C，维生素 C 可增加血管弹性，有效预防心血管疾病的发生。芸豆蚕豆浆尤其适合心脏病、动脉硬化患者食用。

小米荷叶黑豆浆，适合中等程度的降压

材料

荷叶 20 克，小米 30 克，黑豆 50 克，清水、白糖或冰糖适量。

做法

①将黑豆清洗干净后，在清水中浸泡 6～8 小时，泡至发软备用；荷叶洗净，切碎；小米淘洗干净，用清水浸泡 2 小时。

②将浸泡好的黑豆与荷叶、小米一起放入豆浆机的杯体中，添加清水至上下水位线之间，启动机器，煮至豆浆机提示小米荷叶黑豆浆做好。

③将打出的小米荷叶黑豆浆过滤后，按个人口味趁热添加适量白糖或冰糖调味，不宜吃糖的患者，可用蜂蜜代替。不喜甜者也可不加糖。

■ 贴心提示

胃酸过多、消化性溃疡和龋齿者，及服用滋补药品期间忌服用这款豆浆。空腹服用荷叶小米黑豆豆浆，会令胃酸猛增，对胃有不良刺激。

【养生功效】

荷叶的荷叶碱可扩张血管，具有清热解暑、降血压的作用，同时它还是很好的减肥良药。荷叶所含的槲皮素可扩张冠状血管，改善心肌循环、起到中等程度的降压作用。小米能够抑制血管的收缩，在降低血压上有明显的作用，适合体虚、消化不良的高血压患者。黑豆具有补肾益精和润肤、乌发的作用，经常食用有利于高血压患者抗衰延年、解表清热、滋养止汗。荷叶、小米和黑豆搭配制作出的豆浆能够抑制血管收缩、改善心肌循环，从而起到降压的作用。

桑叶黑米豆浆，改善高血压症状

材料

桑叶 20 克，黑米 30 克，黄豆 50 克，清水、白糖或冰糖适量。

做法

①将黄豆清洗干净后，在清水中浸泡 6～8 小时，泡至发软备用；桑叶洗净，切碎；黑米淘洗干净，用清水浸泡 2 小时。

②将浸泡好的黄豆、黑米与桑叶一起放入豆浆机的杯体中，添加清水至上下水位线之间，启动机器，煮至豆浆机提示桑叶黑米豆浆做好。

③将打出的桑叶黑米豆浆过滤后，按个人口味趁热添加适量白糖或冰糖调味，不宜吃糖的患者，可用蜂蜜代替。不喜甜者也可不加糖。

■ 贴心提示

中医认为桑叶性寒，所以患有风寒感冒有口淡、鼻塞、流清涕、咳嗽的人不宜食用这款豆浆。

【养生功效】

桑叶清热解毒，含有天然的抗氧化剂如硒、锗，能够帮助人体清除自由基，促进血液循环和新陈代谢，对于容易上火的人排出体内毒素有很好的效果，同时可降低患高血压的风险。黑米味甘、性温，富含 B 族维生素、维生素 E、钙、磷、钾等微量元素，也具备很好地清除自由基的功能，对于辅助高血压的康复效果尤佳。黄豆不仅不含胆固醇，它所富含的亚油酸还有降低血液中胆固醇的作用，对高血压也有一定的疗效。三种食材都是高血压患者的食疗良品。

· 高血糖 ·

荞麦薏米红豆浆，降血糖、缓解并发症

材料

红豆 50 克，荞麦、薏米各 20 克，清水适量。

做法

1 将红豆清洗干净后，在清水中浸泡 6 ~ 8 小时，泡至发软备用；薏米和荞麦淘洗干净，用清水浸泡 2 小时。

2 将浸泡好的红豆、薏米、荞麦一起放入豆浆机的杯体中，添加清水至上下水位线之间，启动机器，煮至豆浆机提示荞麦薏米红豆浆做好。

3 将打出的荞麦薏米红豆浆过滤，待凉至温热后即可饮用。

【养生功效】

薏米低脂、低热量，含有丰富的水溶性纤维，可以吸附负责消化脂肪的胆盐，使肠道对脂肪的吸收率变差，进而降低血脂肪、降血糖。荞麦淀粉中直链淀粉比例较高，可影响水分子进入，延迟糊化与消化速度，从而抑制餐后血糖的升高速度；并且荞麦含有大量的黄酮类化合物，尤其是芦丁，有降低血管通透性、加强脆弱的微细血管的功能，还能促进胰岛素分泌。红豆含膳食纤维高，热量偏低，具有降血糖、降血脂、降血压的作用，是糖尿病患者的理想降血糖食物。经常喝荞麦薏米红豆浆，不仅可降低血糖，而且能防治糖尿病的常见并发症。

■ 贴心提示

薏米和荞麦性微寒，虚寒体质者不宜长期食用，孕妇及经期妇女勿食用。

银耳南瓜豆浆，降低血糖，预防多种并发症

材料

银耳20克，南瓜30克，黄豆50克，清水适量。

做法

❶ 将黄豆清洗干净后，在清水中浸泡6～8小时，泡至发软备用；银耳用清水泡发，洗净，切碎；南瓜去皮，洗净后切成小碎丁。

❷ 将浸泡好的黄豆和银耳、南瓜丁一起放入豆浆机的杯体中，添加清水至上下水位线之间，启动机器，煮至豆浆机提示银耳南瓜豆浆做好。

❸ 将打出的银耳南瓜豆浆过滤，待凉至温热后即可饮用。

【养生功效】

南瓜含有丰富的钴，在各类蔬菜中含钴量居首位。钴能活跃人体的新陈代谢，促进造血功能，并参与人体内维生素 B₁₂ 的合成，是人体胰岛细胞所必需的微量元素，对防治糖尿病，降低血糖有特殊的疗效。而银耳被历代皇家贵族看作是"延年益寿之品"、"长生不老良药"。其营养成分相当丰富，在银耳中含有蛋白质、脂肪和多种氨基酸、矿物质及肝糖。既有补脾开胃的功效，又有益气清肠的作用，还可以滋阴润肺。另外，银耳还能增强人体免疫力，增强肿瘤患者对放、化疗的耐受力。银耳搭配南瓜可预防多种糖尿病并发症如脑血管病变、心脏病等的发生。银耳南瓜豆浆是糖尿病人降低血糖，预防并发症的饮食佳品。

■ 贴心提示

高血糖患者不宜在睡前食用这款豆浆，以免令血黏度增高。

紫菜山药豆浆，帮助降血糖

材料

山药30克，紫菜20克，黄豆50克，清水适量。

做法

❶ 将黄豆清洗干净后，在清水中浸泡6～8小时，泡至发软备用；紫菜洗干净；山药去皮后切成小丁，下入开水中灼烫，捞出沥干。

■ 贴心提示

去皮后的山药可以暂时放入冷水中，并在水中加入少量的醋，这样可以防止山药因为氧化而变黑。

❷ 将浸泡好的黄豆、洗净的紫菜和山药丁一起放入豆浆机的杯体中，添加清水至上下水位线之间，启动机器，煮至豆浆机提示紫菜山药豆浆做好。

❸ 将打出的紫菜山药豆浆过滤后，按个人口味趁热添加适量盐调味即可饮用。

【养生功效】

山药含有淀粉酶、多酚氧化酶等物质，有利于脾胃消化吸收功能。山药含有黏液蛋白，有降低血糖的作用，可用于治疗糖尿病，是糖尿病人的食疗佳品。紫菜性味甘咸寒，具有化痰软坚、清热利水、补肾养心的功效。紫菜所含的多糖具有明显增强细胞免疫和体液免疫的功能，可促进淋巴细胞转化，提高机体的免疫力，可显著降低血清胆固醇的总含量。紫菜山药豆浆有益于消化，同时其显著的降血糖功效使之成为高血糖患者的最佳饮食选择之一。

燕麦玉米须黑豆浆，有效控制血糖

材料

黑豆50克，燕麦30克，玉米须20克，清水适量。

做法

① 将黑豆清洗干净后，在清水中浸泡6～8小时，泡至发软备用；燕麦淘洗干净，用清水浸泡2小时；玉米须洗净，剪碎。

② 将浸泡好的黑豆、燕麦和玉米须一起放入豆浆机的杯体中，添加清水至上下水位线之间，启动机器，煮至豆浆机提示燕麦玉米须黑豆浆做好。

③ 将打出的燕麦玉米须黑豆浆过滤，待凉至温热后即可饮用。

【养生功效】

在中药里，玉米须又称"龙须"，有广泛的预防保健用途，实验证明玉米须的发酵制剂有明显的降血糖作用，高血脂、高血糖者食用龙须可以降血脂、血压、血糖；燕麦是一种高蛋白低碳水化合物的食品，富含可溶性纤维和不溶性纤维，能大量吸收人体内的胆固醇并将其排出体外。燕麦中高黏稠度的可溶性纤维能延缓胃的排空，增加饱腹感，控制食欲，经常食用燕麦有非常好的降糖作用；黑豆的血糖生成指数很低，因此，这款豆浆很适合糖尿病人、糖耐量异常者食用。

■ 贴心提示

玉米须要剪碎，否则易缠绕在豆浆机的搅拌棒上。肾结石患者不宜食用这款豆浆，因为燕麦和黑豆中的草酸盐可与钙结合，易形成结石，加重肾结石的症状。

枸杞荞麦豆浆，降血糖

材料

荞麦30克，枸杞20克，黄豆50克，清水适量。

做法

① 将黄豆清洗干净后，在清水中浸泡6～8小时，泡至发软备用；荞麦淘洗干净，用清水浸泡2小时；枸杞洗净，用清水泡软。

② 将浸泡好的黄豆、荞麦、枸杞一起放入豆浆机的杯体中，添加清水至上下水位线之间，启动机器，煮至豆浆机提示枸杞荞麦豆浆做好。

③ 将打出的枸杞荞麦豆浆过滤，待凉至温热后即可饮用。

■ 贴心提示

由于枸杞温热身体的效果相当强，正在感冒发热、身体有炎症、腹泻的人最好不要食用枸杞荞麦豆浆。

【养生功效】

荞麦中所含的铬元素可促进胰岛素在人体内发挥作用；荞麦中含大量的黄酮类化合物，具有降低血管通透性、加强脆弱的微细血管的功能，能促进胰岛素分泌。枸杞中的活性成分枸杞多糖，对血清胰岛素水平有提高作用，并有修复受损胰岛细胞和促进胰岛细胞再生的功能，能有效降低血糖。黄豆中含有一种抑胰酶的物质，对糖尿病有一定的疗效。经常饮用这款豆浆，可有效降低血糖，预防糖尿病。

· 血脂异常 ·

紫薯南瓜豆浆，降低血胆固醇浓度

材料

紫薯20克，南瓜3克，黄豆50克，清水适量。

做法

① 将黄豆清洗干净后，在清水中浸泡6~8小时，泡至发软备用；紫薯去皮、洗净，之后切成小碎丁；南瓜去皮，洗净后切成小碎丁。

② 将浸泡好的黄豆和切好的紫薯、南瓜一起放入豆浆机的杯体中，添加清水至上下水位线之间，启动机器，煮至豆浆机提示紫薯南瓜豆浆做好。

■ 贴心提示

胃酸过多者不宜多食紫薯南瓜豆浆。

【养生功效】

紫薯中富含花青素，而花青素又可促使更多的维生素C生效，这意味着，维生素C可以更容易地去完成它所有功能。花青素和维生素C的组合可以使胆固醇分解，成为胆汁盐，进而排出体外。也就是说，紫薯中的花青素加快了有害的胆固醇的分解和排出；南瓜的营养价值很高，它可降血脂，助消化，提高机体的免疫力。南瓜和豆浆的植物纤维结合，可很好地帮助消化，降低胆固醇，此为去油脂的减肥佳品。如果再加上富含花青素的紫薯，这款豆浆就能更有效地降低血胆固醇浓度。

红薯芝麻豆浆，抑制胆固醇沉积

材料

红薯50克，芝麻20克，黄豆30克，清水适量。

■ 贴心提示

红薯不宜生吃，因为生红薯中淀粉的细胞膜未经高温破坏，难以消化。带有黑斑的红薯和发芽的红薯都可使人中毒，不可食用。

做法

① 将黄豆清洗干净后，在清水中浸泡6~8小时，泡至发软备用；红薯去皮洗净，切成小块；芝麻淘去沙粒。

② 将浸泡好的黄豆和切好的红薯、淘净的芝麻一起放入豆浆机的杯体中，添加清水至上下水位线之间，启动机器，煮至豆浆机提示红薯芝麻豆浆做好。

③ 将打出的红薯芝麻豆浆过滤，待凉至温热后即可饮用。

【养生功效】

红薯对人体器官黏膜有特殊的保护作用，可抑制胆固醇的沉积，保持血管弹性；芝麻可提供人体所需的维生素E、维生素B₁、钙质，特别是它的"亚麻仁油酸"成分，可去除附在血管壁上的胆固醇。红薯、芝麻和黄豆搭配制成的这款豆浆能够保持血管弹性，对血脂异常的现象有一定的食疗功效。

山楂荞麦豆浆，改善血脂量

材料

荞麦30克，山楂20克，黄豆50克，清水适量。

做法

① 将黄豆清洗干净后，在清水中浸泡6～8小时，泡至发软备用；荞麦淘洗干净；山楂去核，洗净，切碎。

② 将浸泡好的黄豆和荞麦、山楂一起放入豆浆机的杯体中，添加清水至上下水位线之间，启动机器，煮至豆浆机提示山楂荞麦豆浆做好。

③ 将打出的山楂荞麦豆浆过滤，待凉至温热后即可饮用。

【养生功效】

荞麦中含大量的黄酮类化合物和维生素，能降低人体血脂和胆固醇，扩张冠状动脉，增强冠状动脉血流量，还能维持毛细血管的抵抗力，降低其通透性及脆性。山楂富含胡萝卜素、钙、齐墩果酸、山楂素等三萜类烯酸和黄酮类等有益成分，能舒张血管、加强和调节心肌，增大心室和心运动振幅及冠状动脉血流量，降低血清胆固醇和降低血压。这款豆浆，可调节脂质代谢，起到软化血管，降低血脂的作用，对于高血脂人群有着改善血脂量的作用。

■ 贴心提示

山楂含果酸较多，胃酸分泌过多者不宜饮用这款豆浆。

葡萄红豆豆浆，预防高血脂

材料

葡萄6～10粒，红豆80克，清水适量。

做法

① 将红豆清洗干净后，在清水中浸泡6～8小时，泡至发软备用；葡萄去皮、去子。

② 将浸泡好的红豆和葡萄一起放入豆浆机的杯体中，添加清水至上下水位线之间，启动机器，煮至豆浆机提示葡萄红豆豆浆做好。

③ 将打出的葡萄红豆豆浆过滤，待凉至温热后即可饮用。

【养生功效】

葡萄汁含有白黎芦醇，是降低胆固醇的天然物质。动物实验也证明，它能使胆固醇降低，抑制血小板聚集，所以葡萄是高脂血症者最好的食品之一。法国科学家研究发现，葡萄可比阿司匹林更好地阻止血栓形成，并且能降低人体血清胆固醇水平，降低血小板的凝聚力，对预防心脑血管病有一定作用；红豆中含有多量对于治疗便秘有效的纤维，及促进利尿作用的钾。此两种成分均可将胆固醇及盐分等对身体不必要的成分排泄出体外。因此葡萄与红豆混合打出的豆浆具有降低胆固醇，预防高血脂等心血管疾病的作用。

■ 贴心提示

因葡萄含糖分高，故糖尿病患者应少食或不食，肥胖者亦应少食。尿多的人忌食葡萄红豆豆浆，体质属虚性者以及肠胃较弱的人不宜多食。

葵花子黑豆浆，降血脂

材料

葵花子仁 20 克，黑豆 80 克，清水适量。

做法

① 将黑豆清洗干净后，在清水中浸泡 6～8 小时，泡至发软备用；葵花子仁备用。

■ **贴心提示**

患有肝炎的病人最好不吃葵花子，因为它会损伤肝脏，引起肝硬化。

② 将浸泡好的黑豆同葵花子仁一起放入豆浆机的杯体中，添加清水至上下水位线之间，启动机器，煮至豆浆机提示葵花子黑豆浆做好。

③ 将打出的葵花子黑豆浆过滤，待凉至温热后即可饮用。

【养生功效】

葵花子当中富含不饱和脂肪酸，其中人体必需的亚油酸达到 50%～60%。我们知道，亚油酸不仅可以降低人体的血清胆固醇，而且可以抑制血管内胆固醇的沉淀。所以，多食用葵花子，可以预防心脑血管疾病；黑豆中的不饱和脂肪酸含量也很高，除了能满足人体对脂肪的需求外，还有降低胆固醇、软化血管、防止动脉硬化阻塞的作用。二者搭配出的这款葵花子黑豆浆可以降低血脂，适合高脂血症、动脉硬化、高血压患者饮用。

大米百合红豆浆，抑制脂肪的堆积

材料

干百合 20 克，红豆 50 克，大米 30 克，清水适量。

做法

① 将红豆清洗干净后，在清水中浸泡 6～8 小时，泡至发软备用；干百合清洗干净后略泡；大米淘洗干净，用清水浸泡 2 小时。

② 将浸泡好的红豆和百合、大米一起放入豆浆机的杯体中，添加清水至上下水位线之间，启动机器，煮至豆浆机提示大米百合红豆浆做好。

③ 将打出的大米百合红豆浆过滤，待凉至温热后即可饮用。

■ **贴心提示**

胃寒的患者宜少食用大米百合红豆浆。

【养生功效】

研究发现百合中含脱甲秋水仙碱，对去脂抗纤，特别是防止脂肪肝性肝炎向肝纤维化、肝硬化进展有一定阻抑作用。大米性平，味甘，具有补中养胃、益精强志、聪耳明目、和五脏、通四脉、止烦、止渴、止泻等作用。红豆，性平偏凉，味甘，含有蛋白质、糖类、维生素 B、钾、铁、磷等。《食性本草》称其 "久食瘦人"。因而饮用大米百合红豆浆，可以促进脂肪分解消化，抑制脂肪在体内堆积。

薏米柠檬红豆浆，降低血液中的胆固醇

材料

红豆、薏米各 40 克，陈皮和柠檬各 10 克，清水适量。

做法

1 将红豆清洗干净后，在清水中浸泡 6 ~ 8 小时，泡至发软备用；薏米淘洗干净，用清水浸泡 2 小时；陈皮和柠檬切碎。

2 将浸泡好的红豆和薏米、陈皮、柠檬一起放入豆浆机的杯体中，添加清水至上下水位线之间，启动机器，煮至豆浆机提示薏米柠檬红豆浆做好。

3 将打出的薏米柠檬红豆浆过滤，待凉至温热后即可饮用。

【养生功效】

柠檬含有丰富的维生素 C，而富含维生素 C 的水果酶含量很高，可以维持人体新陈代谢，帮助人体气血循环，缓解有害胆固醇造成的血管弹性变差、胸闷等现象；薏米属于水溶性纤维，可加速肝脏排出胆固醇；红豆是一种高蛋白、低脂肪的食物，含亚油酸等，这些成分都可有效降低血清胆固醇。这款由柠檬、薏米和红豆组成的豆浆，能促进胆固醇分解，降低血液中胆固醇的浓度。

■ 贴心提示

陈皮性温燥，所以，舌红赤、唾液少，有实热者慎用。内热气虚、燥咳吐血者忌用。

红薯山药燕麦豆浆，降血脂、促消化

材料

红薯 15 克，山药 15 克，燕麦片 20 克，黄豆 50 克，清水适量。

做法

1 将黄豆清洗干净后，在清水中浸泡 6 ~ 8 小时，泡至发软备用；红薯去皮、洗净，之后切成小碎丁；山药去皮后切成小丁，下入开水中灼烫，捞出沥干。

2 将浸泡好的黄豆、切好的红薯丁和山药丁、燕麦片一起放入豆浆机的杯体中，添加清水至上下水位线之间，启动机器，煮至豆浆机提示红薯山药麦豆浆做好。

3 将打出的红薯山药麦豆浆过滤，待凉至温热后即可饮用。

【养生功效】

红薯所含的膳食纤维可以吸收肠道内的水分，并迅速膨胀，这有助于进食者预防便秘，促进有毒、有害物质和胆固醇的排出，间接地预防了高血脂。燕麦中含有极丰富的亚油酸、皂苷素，它们均有降低血浆胆固醇浓度的作用。山药含有大量的黏液蛋白、维生素及微量元素，能有效阻止血脂在血管壁的沉淀，预防心血管疾病。红薯、燕麦、山药搭配上黄豆做成的这款豆浆，能够降低血脂、促进消化。

■ 贴心提示

发芽的红薯和烂红薯可使人中毒，不可食用。

· 糖尿病 ·

高粱小米豆浆，适合胃燥津伤型糖尿病

材料

高粱米 25 克，小米 25 克，黄豆 50 克，清水适量。

做法

1 将黄豆清洗干净后，在清水中浸泡 6～8 小时，泡至发软备用；高粱米和小米淘洗干净，用清水浸泡 2 小时。

2 将浸泡好的黄豆和高粱米、小米一起放入豆浆机的杯体中，添加清水至上下水位线之间，启动机器，煮至豆浆机提示高粱小米豆浆做好。

3 将打出的高粱小米豆浆过滤后即可饮用。

■ 贴心提示

大便干燥者不宜多吃高粱小米。气滞者不宜食用高粱小米豆浆。素体虚寒、小便清长者宜少食。

【养生功效】

高粱中还含有较多的纤维素，能改善糖耐量、降低胆固醇、促进肠蠕动、防止便秘，对降低血糖十分有利，对于需要控糖、降糖的人来说，是难得的健康粗粮；小米的营养丰富，富含维生素、粗纤维、烟酸、胡萝卜素及多种矿物质等营养物质，有较好的降糖、降脂作用。小米可作为糖尿病人的食疗佳品，经常适量煮粥食用，对治胃燥津伤型糖尿病，症见胃热消渴、口干舌燥，形体消瘦者尤为适宜。高粱、小米和黄豆组成的豆浆可以作为糖尿病病人的辅助食疗法，尤其是对治胃燥津伤型糖尿病效果最好。

燕麦小米豆浆，既降血糖又增营养

材料

燕麦 30 克，小米 20 克，黄豆 50 克，清水适量。

做法

1 将黄豆清洗干净后，在清水中浸泡 6～8 小时，泡至发软备用；燕麦和小米淘洗干净，用清水浸泡 2 小时。

2 将浸泡好的黄豆和燕麦、小米一起放入豆浆机的杯体中，添加清水至上下水位线之间，启动机器，煮至豆浆机提示燕麦小米豆浆做好。

3 将打出的燕麦小米豆浆过滤后即可饮用。

■ 贴心提示

糖尿病患者的主食一般以米、面为主，粗杂粮较好，如燕麦、麦片、玉米、高粱米、小米等。它们除了可以磨成豆浆饮用外，制成馒头、熬成粥也是不错的选择。

【养生功效】

糖尿病患者要想让自己的血糖不会大幅度波动，就要减慢食物的消化吸收，让进餐后的血糖缓慢上升，燕麦是典型的低血糖指数食品。小米也属于粗粮，凡是粗粮都含有较多的纤维素和矿物质，相对于精米是更加健康的主食，有利于糖尿病患者的身体健康。所以，这款豆浆适合糖尿病人食用。

紫菜南瓜豆浆，防治糖尿病

材料

南瓜30克，紫菜20克，黄豆50克，清水适量。

做法

1. 将黄豆清洗干净后，在清水中浸泡6~8小时，泡至发软备用；紫菜洗干净；南瓜去皮，洗净后切成小碎丁。

2. 将浸泡好的黄豆同紫菜、南瓜丁一起放入豆浆机的杯体中，添加清水至上下水位线之间，启动机器，煮至豆浆机提示紫菜南瓜豆浆做好。

3. 将打出的紫菜南瓜豆浆过滤后即可饮用。

【养生功效】

现已公认，糖尿病与镁代谢平衡的失调有关，缺镁会使胰岛素敏感性下降。紫菜因为镁元素含量高，被誉称为"镁元素的宝库"，因此糖尿病患者宜多吃紫菜；从南瓜中提取的南瓜多糖（由D-葡萄糖、D-半乳糖、L-阿拉伯糖、木糖和D葡萄糖醛组成）是南瓜主要的降糖活性成分，它可以显著降低糖尿病模型小鼠的血糖值，同时具有一定降血脂的功效。而且，南瓜中的果胶能够延缓肠道对糖的吸收，南瓜中的钴则是合成胰岛素必需的微量元素。所以，这款由紫菜和南瓜搭配而成的豆浆能够有效地防治糖尿病。

■ 贴心提示

经常胃热或便秘的人不宜喝紫菜南瓜豆浆，否则会产生胃满腹胀等不适感；南瓜将会加重支气管哮喘病，有此类疾病的人忌食这款豆浆；患有脚气病、黄疸症、痢疾、豆疹等疾病的病人也不适宜喝这款豆浆。

黑米南瓜豆浆，适合糖尿病患者的膳食调养

材料

黑米20克，南瓜30克，红枣2个，黄豆50克，清水适量。

做法

1. 将黄豆清洗干净后，在清水中浸泡6~8小时，泡至发软备用；红枣去核，切碎；南瓜去皮，切块；黑米淘洗干净，用清水浸泡2小时。

2. 将浸泡好的黄豆和红枣、南瓜、黑米一起放入豆浆机的杯体中，添加清水至上下水位线之间，启动机器，煮至豆浆机提示黑米南瓜豆浆做好。

3. 将打出的黑米南瓜豆浆过滤后即可饮用。

■ 贴心提示

也可以不加红枣，以控制糖的摄入。

【养生功效】

黑米中含膳食纤维较多，淀粉消化速度比较慢，血糖指数低，因此，吃黑米不会像吃白米那样造成血糖剧烈波动。南瓜也有助于防治糖尿病。南瓜、黑米和红枣搭配制成的豆浆，很适合作为糖尿病患者的膳食调养。

第2章
改善呼吸系统症状

· 咳嗽 ·

大米小米豆浆，改善咳嗽痰多的症状

材料

大米30克，陈小米20克，黄豆50克，清水、白糖或冰糖适量。

做法

①将黄豆清洗干净后，在清水中浸泡6~8小时，泡至发软备用；大米、小米淘洗干净，用清水浸泡2小时。

②将浸泡好的黄豆、大米、小米一起放入豆浆机的杯体中，添加清水至上下水位线之间，启动机器，煮至豆浆机提示大米小米豆浆做好。

③将打出的大米小米豆浆过滤后，按个人口味趁热添加适量白糖或冰糖调味，不宜吃糖的患者，可用蜂蜜代替。不喜甜者也可不加糖。

■ 贴心提示

大米虽有一定的食疗作用，但不宜长期食用精米而对糙米不闻不问。因为精米在加工时会损失大量养分，长期食用会导致营养缺乏。

【养生功效】

大米具有补脾、和胃、清肺的作用，把它打成浆有益气、养阴、润燥的作用，适宜咳嗽的人饮用；陈小米又称为陈粟米，中医认为它性味甘、咸、微寒，有补中益气、和脾益肾的功能。《食物本草会纂》记载，陈粟米"和中益气、养肾。去脾胃中热、止利、消渴利大便"；也就是说大米能够补中益气，小米则可止烦渴，搭配黄豆制成的豆浆，不仅能够补虚，去除人体的中焦火，对痰多的支气管哮喘也有很好的辅助食疗功效。

银耳百合豆浆，缓解肺燥咳嗽

材料

银耳 20 克，干百合 20 克，黄豆 50 克，清水、白糖或冰糖适量。

做法

❶ 将黄豆清洗干净后，在清水中浸泡 6 ~ 8 小时，泡至发软备用；银耳用清水泡发，洗净，切碎；干百合清洗干净后略泡。

❷ 将浸泡好的黄豆、百合与银耳一起放入豆浆机的杯体中，添加清水至上下水位线之间，启动机器，煮至豆浆机提示银耳百合豆浆做好。

❸ 将打出的银耳百合豆浆过滤后，按个人口味趁热添加适量白糖或冰糖调味，不宜吃糖的患者，可用蜂蜜代替。不喜甜者也可不加糖。

■ 贴心提示

秋季天气干燥，人更容易因为外界的天气出现肺燥和肺热咳嗽，所以这款豆浆很适合在秋季饮用。

【养生功效】

银耳是一味滋补良药，具有补脾开胃、益气清肠、安眠健胃、补脑、养阴清热、润燥的功效。百合为药食同源的食品，味甘、微苦，性微寒，有润肺止咳、清心安神的药疗功效。黄豆也能在一定程度上缓解咳嗽症状。

银耳、百合搭配黄豆制成的豆浆，能有效缓解肺燥引起的咳嗽。

银耳雪梨豆浆，适合干咳症状

材料

银耳 20 克，雪梨半个，黄豆 50 克，清水、白糖或冰糖适量。

做法

❶ 将黄豆清洗干净后，在清水中浸泡 6 ~ 8 小时，泡至发软备用；银耳用清水泡发，洗净，切碎；雪梨清洗后，去皮去核，并切成小碎丁。

❷ 将浸泡好的黄豆和银耳、雪梨丁一起放入豆浆机的杯体中，添加清水至上下水位线之间，启动机器，煮至豆浆机提示银耳雪梨豆浆做好。

❸ 将打出的银耳雪梨豆浆过滤后，按个人口味趁热添加适量白糖或冰糖调味，不宜吃糖的患者，可用蜂蜜代替。不喜甜者也可不加糖。

■ 贴心提示

银耳能清肺热，故外感风寒者忌用。发好的银耳应一次用完，剩余的不宜放在冰箱中冷藏，否则银耳易碎，会造成营养成分大量流失。

【养生功效】

银耳味甘淡，性平，归肺、胃经，具有滋阴润肺、养胃生津的功效，适用于干咳、口燥咽干等。银耳为药食两用之品，药性平和，能清肺之热，养胃之阴，滋润而不腻滞，有很好的滋补润泽作用；梨性微寒味甘，含苹果酸、柠檬酸、维生素 B_1 等，能生津止渴、润燥化痰。梨汁味甘酸而平，可润肺清燥、止咳化痰，对喉干燥、痒、音哑等均有良效。这款豆浆具有清热化痰、生津润燥的功效，适合经常干咳的人士饮用。

荷桂茶豆浆，止咳化痰

材料

荷叶 10 克，桂花 10 克，绿茶 10 克，茉莉花 10 克，黄豆 50 克，清水、白糖或冰糖适量。

【养生功效】

荷叶适用于夏天因风热感冒引起的咳嗽，它有清暑作用。《滇南本草》"荷叶上清头目之风热。"《本草再新》也说："清凉解暑，止渴生津，解火热。"炎夏酷暑之季，用荷叶煎水代茶，频频饮用，对预防和治疗暑热感冒引起的咳嗽，最为适宜；桂花性味温辛，祖国医学认为桂花具有化痰、散痰等作用，对于痰多咳嗽有一定的治疗效果；茉莉花也有止咳利咽的功效，对喉咙痛止痛清热消炎等最具疗效，有支气管炎等慢性呼吸器官疾病的人宜多饮用；绿茶本身就有降火祛痰的功效，多饮绿茶会对病情有很好的缓解作用。荷叶、桂花、绿茶搭配茉莉花和黄豆制成的这款豆浆具有养生润肺、止咳化痰等保健功效。

做法

① 将黄豆清洗干净后，在清水中浸泡 6～8 小时，泡至发软备用；荷叶、桂花、茉莉花分别用温水浸泡；绿茶用开水泡好。

② 将浸泡好的黄豆、荷叶、桂花、茉莉花一起放入豆浆机的杯体中，添加清水至上下水位线之间，启动机器，煮至豆浆机提示豆浆做好。

③ 将打出的豆浆过滤后，倒入绿茶，按个人口味趁热添加适量白糖或冰糖调味，不宜吃糖的患者，可用蜂蜜代替。不喜甜者也可不加糖。

■ 贴心提示

荷叶清香无毒，江南民间常用以煮肉、煮饭。中医则常用作清暑利湿、健脾退肿之药。煎汤外洗还可治疗一些皮肤病及瘙痒症等。

杏仁大米豆浆，润肺止咳

材料

杏仁 10 粒，大米 30 克，黄豆 50 克，清水、白糖或冰糖适量。

■ 贴心提示

杏仁含有毒物质氢氰酸，过量服用可致中毒。杏仁食用前必须经过浸泡，以减少其中的有毒物质。产妇、幼儿、实热体质的人和糖尿病患者不宜食用这款豆浆。

做法

① 将黄豆清洗干净后，在清水中浸泡 6～8 小时，泡至发软备用；大米淘洗干净，用清水浸泡 2 小时；杏仁略泡并洗净。

② 将浸泡好的黄豆、大米和杏仁一起放入豆浆机的杯体中，添加清水至上下水位线之间，启动机器，煮至豆浆机提示杏仁大米豆浆做好。

③ 将打出的杏仁大米豆浆过滤后，按个人口味趁热添加适量白糖或冰糖调味，不宜吃糖的患者，可用蜂蜜代替。不喜甜者也可不加糖。

【养生功效】

甜杏仁具有润肺、止咳、滑肠等功效，对干咳无痰、肺虚久咳等症有一定的缓解作用。大米具有补脾、和胃、清肺的功能，适合病后肠胃功能较弱者，尤其是口渴、烦热之人食用。黄豆有补虚、清热化痰的作用。

这款豆浆具有很好的润肺止咳功效。

· 哮喘 ·

豌豆小米青豆浆，适合哮喘患者

材料

豌豆 50 克，小米 20 克，青豆 30 克，清水、白糖或冰糖适量。

做法

① 将青豆、豌豆清洗干净后，在清水中浸泡 6～8 小时，泡至发软备用；小米淘洗干净，用清水浸泡 2 小时。

② 将浸泡好的青豆、豌豆和小米一起放入豆浆机的杯体中，添加清水至上下水位线之间，启动机器，煮至豆浆机提示豌豆小米青豆浆做好。

③ 将打出的豌豆小米青豆浆过滤后，按个人口味趁热添加适量白糖或冰糖调味，不宜吃糖的患者，可用蜂蜜代替。不喜甜者也可不加糖。

【养生功效】

豌豆有和中益气的功效，所以对因中气不足引起的哮喘有一定的食疗作用。另外，豌豆中所含的赤霉素和植物凝素等物质，有抗菌消炎，增强新陈代谢的作用，有利于哮喘患者的身体康复；青豆含有大豆异黄酮及其他化合物，能够减少引起咳嗽和哮喘的炎症，还可以改善呼吸功能；长期咳嗽会导致脾肺气虚，而小米能够养胃补气，所以也适宜哮喘患者食用。豌豆、青豆配合小米制作出的豆浆，对哮喘患者有很好的疗效。

■ 贴心提示

慢性胰腺炎、糖尿病患者要慎饮此款豆浆。

红枣二豆浆，调理支气管哮喘

材料

红枣 5 颗，红豆 30 克，黄豆 50 克，清水、白糖或冰糖适量。

做法

1 将黄豆、红豆清洗干净后，在清水中浸泡 6 ~ 8 小时，泡至发软备用；红枣洗干净，去核。

2 将浸泡好的黄豆、红豆和红枣一起放入豆浆机的杯体中，添加清水至上下水位线之间，启动机器，煮至豆浆机提示红枣二豆浆做好。

3 将打出的红枣二豆浆过滤后，按个人口味趁热添加适量白糖或冰糖调味，不宜吃糖的患者，可用蜂蜜代替。不喜甜者也可不加糖。

■ 贴心提示

材料中选用的红枣是大个干枣，如果枣比较小，可以放到 10 颗。

【养生功效】

现代医学研究证明，大枣含有的环磷酸苷可以减少体内过敏介质的释放，促使细胞膜变得稳定，因此能够阻抗过敏反应的发生。在这个意义上，吃大枣治哮喘就不无科学道理了。红豆和黄豆对支气管哮喘也有一定作用。红枣、红豆均能补血、补气、补虚，搭配黄豆制成的豆浆对"肾不纳气"型支气管哮喘有较好的食疗作用。

百合莲子银耳绿豆浆，清肺润燥、止咳消炎

材料

干百合 20 克，莲子 20 克，银耳 20 克，绿豆 50 克，清水、白糖或冰糖适量。

做法

1 将绿豆清洗干净后，在清水中浸泡 4 ~ 6 小时，泡至发软备用；干百合和莲子清洗干净后略泡；银耳洗净，切碎。

2 将浸泡好的绿豆、百合、莲子和银耳一起放入豆浆机的杯体中，添加清水至上下水位线之间，启动机器，煮至豆浆机提示百合莲子银耳绿豆浆做好。

3 将打出的百合莲子银耳绿豆浆过滤后，按个人口味趁热添加适量白糖或冰糖调味，不宜吃糖的患者，可用蜂蜜代替。不喜甜者也可不加糖。

■ 贴心提示

脾胃虚寒易泄者不宜饮用百合莲子银耳绿豆浆。

【养生功效】

百合不但是甜美的食品，又是有益的中药。尤其是百合汤、八宝饭之类的甜食，均少不了它。用百合煮粥，可滋润肺胃，对呼吸道和消化道黏膜有保护作用。中医认为百合润肺止咳，清心安神，治肺燥久嗽，咳嗽痰血；莲子肉具有补脾胃的作用，加上清肺润燥的百合、银耳和清热的绿豆，这款豆浆富含维生素，有助消化，能清肺润燥、止咳消炎，尤其适合慢性支气管炎患者饮用。

菊花枸杞豆浆，辅助治疗哮喘的佳品

材料

干菊花20克，枸杞子10克，黄豆70克，清水、白糖或冰糖适量。

做法

① 将黄豆清洗干净后，在清水中浸泡6～8小时，泡至发软备用；干菊花清洗干净后备用；枸杞洗净，用清水泡发。

② 将浸泡好的黄豆、枸杞和菊花一起放入豆浆机的杯体中，添加清水至上下水位线之间，启动机器，煮至豆浆机提示菊花枸杞豆浆做好。

③ 将打出的菊花枸杞豆浆过滤后，按个人口味趁热添加适量白糖或冰糖调味，不宜吃糖的患者，可用蜂蜜代替。不喜甜者也可不加糖。

■ 贴心提示

菊花性凉，虚寒体质，平时怕冷、易手脚发凉的人不宜经常饮用这款豆浆。

【养生功效】

菊花为菊科多年生草本植物，是我国传统的常用中药材之一，据古籍记载，菊花味甘苦，性微寒，有清热消肿、利咽止痛的功效。哮喘患者，如果同时伴有咽喉肿痛、刺痒不适的，可以喝点儿菊花茶；枸杞对于辅助治疗哮喘病症同样有效。菊花疏风散热，与枸杞结合，营养互补而味道鲜美，是辅助治疗哮喘的佳品。

百合雪梨红豆浆，润肺止咳

材料

百合15克，雪梨1个，红豆80克，清水、白糖或冰糖适量。

【养生功效】

百合鲜品富含黏液质，其具有润燥清热作用。梨性味甘寒，具有清心润肺的功效，对肺结核、气管炎和上呼吸道感染的患者皆有效。二者合用与红豆做成豆浆，可以起到润肺益脾、补虚益气的作用。

做法

① 将红豆清洗干净后，在清水中浸泡6～8小时，泡至发软备用；百合洗干净，略泡，切碎；雪梨洗净，去子，切碎。

② 将浸泡好的红豆、百合、雪梨一起放入豆浆机的杯体中，添加清水至上下水位线之间，启动机器，煮至豆浆机提示百合雪梨红豆浆做好。

③ 将打出的百合雪梨红豆浆过滤后，按个人口味趁热添加适量白糖或冰糖调味，不宜吃糖的患者，可用蜂蜜代替，也可不加糖。

■ 贴心提示

梨子性凉，凡脾胃虚寒及便溏、腹泻者忌饮这款豆浆；糖尿病患者当少饮或不饮这款豆浆。另外，梨能释放比别的水果多几倍的植物激素——乙烯，乙烯能让水果快速成熟或腐烂。因此储存时要注意分隔。

·鼻炎·

红枣山药糯米豆浆，增强抵抗力，丢掉鼻炎

材 料

红枣 10 克，山药 20 克，糯米 20 克，黄豆 50 克，清水、白糖或冰糖适量。

做 法

① 将黄豆清洗干净后，在清水中浸泡 6～8 小时，泡至发软备用；红枣洗干净后，用温水泡开；山药去皮后切成小丁，下入开水中焯烫，捞出沥干；糯米淘洗干净，用清水浸泡 2 小时。

② 将浸泡好的黄豆、糯米和红枣、山药一起放入豆浆机的杯体中，加水至上下水位线之间，启动机器，煮至豆浆机提示红枣山药糯米豆浆做好。

③ 将打出的红枣山药糯米豆浆过滤后，按个人口味趁热往豆浆中添加适量白糖或冰糖调味，不宜吃糖的患者，可用蜂蜜代替。

【养生功效】

日本学者的研究表明，红枣中所富含的特殊物质可减少过敏介质的释放，从而避免过敏反应的发生。在中医的描述中，红枣具有补中益气，养胃健脾，养血壮神、润心肺、生津液、悦颜色、解药毒、调和百药的作用，以往也有用红枣做偏方治疗过敏性紫癜的病例。当人体接触过敏源后，就会引起过敏症状，最常见的就是皮肤出现块状红疹，患处异常瘙痒。当然，除皮肤过敏外，鼻炎、哮喘等也可因过敏引起。预防和治疗已经发作的各种过敏性疾病，都可食用红枣进行辅助治疗；中医认为，山药能健脾胃、益肺肾，适合身体虚弱、哮喘、过敏性鼻炎患者食用；糯米则会通过补肺气的方式缓解鼻炎，因此这款由红枣、山药、糯米和黄豆制成的豆浆能够增强人的抵抗力，从而抑制鼻炎症状。

洋甘菊豆浆，缓解过敏性鼻炎

材料

洋甘菊 20 克，黄豆 80 克，清水、白糖或冰糖适量。

做法

① 将黄豆清洗干净后，在清水中浸泡 6 ~ 8 小时，泡至发软备用；洋甘菊清洗干净后备用。

② 将浸泡好的黄豆和洋甘菊一起放入豆浆机的杯体中，添加清水至上下水位线之间，启动机器，煮至豆浆机提示洋甘菊豆浆做好。

③ 将打出的洋甘菊豆浆过滤后，按个人口味趁热添加适量白糖或冰糖调味，不宜吃糖的患者，可用蜂蜜代替。

■ 贴心提示

女性应注意勿过量食用，因为洋甘菊有通经效果，孕妇避免食用。

【养生功效】

甘菊味甘、苦、微寒，甘寒滋阴，苦寒清热，药用可以疏散风热，清热解毒。现代药理研究发现，甘菊含有一种成分可以起到抗过敏作用。而洋甘菊的性能更为温柔、清凉，抗过敏作用稍强。豆浆致敏概率较小，如果服牛奶而觉得皮肤不适的朋友可以换为饮用豆浆。所以这款用洋甘菊和黄豆制成的豆浆，对于过敏性鼻炎有一定的缓解作用。

白萝卜糯米豆浆，抑制鼻炎复发

材料

白萝卜 30 克，糯米 20 克，黄豆 50 克，清水适量。

做法

① 将黄豆清洗干净后，在清水中浸泡 6 ~ 8 小时，泡至发软备用；白萝卜去皮后切成小丁，下入开水中略焯，捞出后沥干；糯米淘洗干净，用清水浸泡 2 小时。

② 将浸泡好的黄豆、糯米同白萝卜丁一起放入豆浆机的杯体中，添加清水至上下水位线之间，启动机器，煮至豆浆机提示白萝卜糯米豆浆做好。

③ 将打出的白萝卜糯米豆浆过滤后即可饮用。

■ 贴心提示

脾胃虚弱者，如大便稀者，应减少饮用这款豆浆。另外，在服用参类滋补药时忌食该品，以免影响疗效。

【养生功效】

中医认为"肺开窍于鼻"，鼻炎其实是肺出现了问题，而白色的食物能够补肺，从这个角度而言，白萝卜对于鼻炎也有一定的食疗作用。糯米味甘性温，有补中益气、补肺气的功效，也能缓解鼻炎症状。这款豆浆，具有抑制鼻炎复发的作用。

红枣大麦豆浆，抑制鼻炎症状

材料

红枣 30 克，大麦 20 克，黄豆 50 克，清水、白糖或冰糖适量。

做法

① 将黄豆清洗干净后，在清水中浸泡 6～8 小时，泡至发软备用；红枣洗干净，去核；大麦淘洗干净，用清水浸泡 2 小时。

② 将浸泡好的黄豆、大麦和红枣一起放入豆浆机的杯体中，添加清水至上下水位线之间，启动机器，煮至豆浆机提示红枣大麦豆浆做好。

③ 将打出的红枣大麦豆浆过滤后，按个人口味趁热添加适量白糖或冰糖调味，不宜吃糖的患者，可用蜂蜜代替。不喜甜者也可不加糖。

■ 贴心提示

据统计，在各种过敏性疾病中以哮喘、过敏性鼻炎和过敏性皮炎最常见。儿科专家提示，孩子防过敏除远离变应原外，多吃些红枣也有助于预防过敏。

【养生功效】

红枣中含有大量抗过敏物质——环磷酸腺苷，可阻止过敏反应的发生，和富含谷氨酸、天冬氨酸的黄豆一起制成豆浆，能抑制过敏性鼻炎。

桂圆薏米豆浆，缓解过敏性鼻炎

材料

桂圆 20 克，薏米 30 克，黄豆 50 克，清水、白糖或冰糖适量。

做法

① 将黄豆清洗干净后，在清水中浸泡 6～8 小时，泡至发软备用；桂圆去皮去核；薏米淘洗干净，用清水浸泡 2 小时。

② 将浸泡好的黄豆、薏米同桂圆一起放入豆浆机的杯体中，添加清水至上下水位线之间，启动机器，煮至豆浆机提示桂圆薏米豆浆做好。

③ 将打出的桂圆薏米豆浆过滤后，按个人口味趁热添加适量白糖或冰糖调味，不宜吃糖的患者，可用蜂蜜代替。不喜甜者也可不加糖。

■ 贴心提示

容易流鼻血与正值过敏性鼻炎发作期的人不宜食用。

【养生功效】

桂圆是温补食品，对气虚受寒引发的过敏性鼻炎和哮喘者，有缓解和预防的作用。鼻炎、皮肤过敏、哮喘都与肺的"脏象"有关，包括来自外部的寒气与自身的"气虚"，都会导致肺的脏象不良，从而诱发过敏症状，所以常用桂圆作药材或入药膳，适合过敏性鼻炎，哮喘缓解期的患者食用；过敏性鼻炎也可能是因为"肺脾气虚水湿泛鼻"导致，而薏米能够健脾利湿，抗过敏的效果不错。因此，这款桂圆、薏米和黄豆组成的豆浆能缓解过敏性鼻炎。

第**3**章
缓解消化系统症状

·厌食·

芦笋山药青豆豆浆，增加食欲、助消化

材料

芦笋 30 克，山药 20 克，青豆 20 克，黄豆 30 克，清水、白糖或冰糖适量。

做法

①将黄豆、青豆清洗干净后，在清水中浸泡 6 ~ 8 小时，泡至发软备用；芦笋洗净后切成小段，山药去皮后切成小丁，下入开水中焯烫，捞出沥干。

②将浸泡好的黄豆、青豆和芦笋、山药一起放入豆浆机的杯体中，添加清水至上下水位线之间，启动机器，煮至豆浆机提示芦笋山药青豆豆浆做好。

③将打出的芦笋山药青豆豆浆过滤后，按个人口味趁热添加适量白糖或冰糖调味，不宜吃糖的患者，可用蜂蜜代替。

不喜甜者也可不加糖。

■ 贴心提示

患有痛风者和糖尿病患者不宜多食芦笋山药青豆豆浆。

【养生功效】

山药含有淀粉糖化酶、淀粉酶等多种消化酶。特别是它所含的能够分解淀粉的淀粉糖化酶，是萝卜中含量的3倍，胃胀时食用，有促进消化的作用，可以去除不适症状；芦笋拥有鲜美芬芳的风味，能促进食欲，帮助消化。在西方，芦笋被称为"十大名菜之一"；青豆和黄豆容易消化吸收，它们搭配芦笋、山药制成的这款豆浆，具有增加食欲、助消化的功效。

山楂绿豆浆，炎夏的开胃佳饮

材料

山楂30克，绿豆70克，清水、白糖或冰糖适量。

做法

① 将绿豆清洗干净后，在清水中浸泡6～8小时，泡至发软备用；山楂清洗后去核，并切成小碎丁。

② 将浸泡好的绿豆和山楂一起放入豆浆机的杯体中，添加清水至上下水位线之间，启动机器，煮至豆浆机提示山楂绿豆浆做好。

③ 将打出的山楂绿豆浆过滤后，按个人口味趁热添加适量白糖或冰糖调味，不宜吃糖的患者，可用蜂蜜代替。

【养生功效】

山楂中含有多种维生素、山楂酸、柠檬酸等，可以促进胃液分泌，增加胃内酶素；绿豆是人们在炎热的夏季经常食用的一种食品。山楂搭配绿豆制作出的这款豆浆，适合在夏季胃口不好的时候饮用。

■ 贴心提示

山楂含有大量的有机酸、果酸、山楂酸、枸橼酸等，空腹食用，会猛增胃酸，对胃黏膜有不良的刺激，所以在制作豆浆时不宜放太多山楂。

莴笋山药豆浆，刺激消化液分泌

材料

黄豆50克，莴笋30克，山药20克，清水、白糖或冰糖适量。

■ 贴心提示

有眼科疾病者宜少吃，脾胃虚寒易腹泻者忌吃，经期或产褥期女性不宜多吃。

做法

① 将黄豆清洗干净后，在清水中浸泡6～8小时，泡至发软备用；莴笋洗净后切成小段，山药去皮后切成小丁，下入开水中焯烫，捞出沥干。

② 将浸泡好的黄豆和莴笋、山药一起放入豆浆机的杯体中，添加清水至上下水位线之间，启动机器，煮至豆浆机提示莴笋山药豆浆做好。

③ 将打出的莴笋山药豆浆过滤后，按个人口味趁热添加适量白糖或冰糖调味，不宜吃糖的患者，可用蜂蜜代替。不喜甜者也可不加糖。

【养生功效】

莴笋味道清新且略带苦味，可刺激消化酶分泌，增进食欲。其乳状浆液，可增强胃液、消化腺的分泌和胆汁的分泌，从而增强消化器官的功能，对消化功能减弱的人尤其有利；山药可整顿消化系统，打成汁饮用，有健胃整肠的功能。莴笋、山药搭配黄豆做成豆浆，能刺激消化液分泌，增加食欲。

白萝卜青豆豆浆，助消化

材料

白萝卜30克，青豆20克，黄豆50克，清水适量。

做法

❶ 将黄豆、青豆清洗干净后，在清水中浸泡6～8小时，泡至发软备用；白萝卜去皮后切成小丁，下入开水中略焯，捞出后沥干。

❷ 将浸泡好的黄豆、青豆同白萝卜丁一起放入豆浆机的杯体中，添加清水至上下水位线之间，启动机器，煮至豆浆机提示白萝卜青豆豆浆做好。

❸ 将打出的白萝卜青豆豆浆过滤后即可饮用。

【养生功效】

白萝卜味甘、辛，性平、无毒。《本草纲目》上记载它的功用是："宽中化积滞，下气化痰浊。"、白萝卜生吃可促进消化，除了助消化外，还有很强的消炎作用，而其辛辣的成分可促胃液分泌，调整胃肠机能。有些人因食油腻过多引起消化不良、胃脘胀满，或滥吃人参补品，引起肚腹胀气，可用萝卜洗净、剥皮后，切片食之，即能帮助消除肚腹胀气；青豆和黄豆也有养护脾胃的作用，搭配上白萝卜制成的这款豆浆，具有健脾益胃、下气消食的作用。

■ 贴心提示

白萝卜性偏寒凉而利肠，脾虚泄泻者应慎食或少食这款豆浆。胃溃疡、十二指肠溃疡、慢性胃炎、单纯甲状腺肿、先兆流产、子宫脱垂等患者不宜食用。

木瓜青豆豆浆，健脾益胃、下气消食

材料

木瓜一个，青豆20克，黄豆50克，清水、白糖或冰糖适量。

做法

❶ 将黄豆、青豆清洗干净后，在清水中浸泡6～8小时，泡至发软备用；木瓜去皮后洗干净，并切成小碎丁。

❷ 将浸泡好的黄豆、青豆和木瓜一起放入豆浆机的杯体中，添加清水至上下水位线之间，启动机器，煮至豆浆机提示木瓜青豆豆浆做好。

❸ 将打出的木瓜青豆豆浆过滤后，按个人口味趁热添加适量白糖或冰糖调味，不宜吃糖的患者，可用蜂蜜代替。也可不加糖。

【养生功效】

木瓜所含的蛋白分解酵素，有助于分解蛋白质和淀粉质，对消化系统大有裨益。另外，木瓜特有的木瓜酵素还可以帮助消化、治胃病。木瓜搭配同样具有补养脾胃的青豆和黄豆制成的豆浆，具有美防治便秘和助消化、治胃病的功效。

■ 贴心提示

木瓜偏寒性，因此胃寒、体虚者不宜多吃，否则容易导致腹泻或造成胃寒恶心呕吐等。同时，木瓜中的木瓜碱有一定的毒性，孕妇、过敏体质者忌食，正常人每次食用量也不宜过多。

· 便秘 ·

苹果香蕉豆浆，改善便秘症状

材料

苹果一个，香蕉一根，黄豆50克，清水、白糖或冰糖适量。

做法

①将黄豆清洗干净后，在清水中浸泡6～8小时，泡至发软备用；苹果清洗后，去皮去核，并切成小碎丁；香蕉去皮后，切成碎丁。

②将浸泡好的黄豆和苹果、香蕉一起放入豆浆机的杯体中，添加清水至上下水位线之间，启动机器，煮至豆浆机提示苹果香蕉豆浆做好。

③将打出的苹果香蕉豆浆过滤后，按个人口味趁热添加适量白糖或冰糖调味，不宜吃糖的患者，可用蜂蜜代替。

【养生功效】

苹果既可治便秘，又可治腹泻。对于便秘有效的是苹果中所含的食物纤维，包括水溶性和不溶性两种。被称作果胶的水溶性纤维有很强的持水能力，它能吸收相当于纤维本身重量30倍的水分，它会在小肠内变成魔芋般的黏性成分。实验证明，苹果的果胶能增加肠内的乳酸菌，因此能够清洁肠道；香蕉的膳食纤维含量也很丰富，一般100克新鲜水果膳食纤维含量约1克，而香蕉则达3.1克。膳食纤维能在肠道中吸收水分，使大便膨胀，并促进肠蠕动而排便。同时，香蕉含有的大量水溶性植物纤维，能够引起高渗性的胃肠液分泌，从而将水分吸附到固体部分，使大便变软而易于排出。豆浆中本身也含有高纤维，能解决便秘问题，加入苹果和香蕉后，可以增强肠胃蠕动功能，缓解便秘症状。

■ 贴心提示

制作苹果香蕉豆浆时，不要选用未成熟的香蕉，因为未成熟的香蕉含有大量淀粉、果胶和鞣酸。鞣酸比较难溶，有很强的收敛作用，会抑制胃肠液分泌并抑制其蠕动。如摄入过多尚未熟透且肉质发硬的香蕉，就会引起便秘或加重便秘。

玉米小米豆浆，适宜肠胃虚弱的便秘患者

材料

玉米渣 25 克，小米 25 克，黄豆 50 克，清水、白糖或冰糖适量。

做法

① 将黄豆清洗干净后，在清水中浸泡 6～8 小时，泡至发软备用；玉米渣和小米淘洗干净，用清水浸泡 2 小时。

② 将浸泡好的黄豆、玉米渣和小米一起放入豆浆机的杯体中，添加清水至上下水位线之间，启动机器，煮至豆浆机提示玉米小米豆浆做好。

③ 将打出的玉米小米豆浆过滤后，按个人口味趁热添加适量白糖或冰糖调味，不宜吃糖的患者，可用蜂蜜代替。不喜甜者也可不加糖。

【养生功效】

玉米中所含的植物纤维素能加速体内致癌物质和肠道垃圾的排出。玉米表皮含有一种食物纤维半纤维素，有利于有害物质排出体外，它还能预防大肠癌，增加肠内的有益细菌；小米虽是粗粮，但其含有丰富的维生素，除了有一般粮食中不含的胡萝卜素外，维生素 B_1 的含量更是位居所有粮食之首，苏氨酸、蛋氨酸和色氨酸的含量也比一般谷类粮食高，而碳水化合物的含量，则比大米等略低些，常食有助于消化吸收，特别是对预防老年人便秘有帮助。玉米渣和小米、黄豆制成的豆浆有健脾和胃、利水通淋的功效，适合肠胃虚弱的便秘患者饮用。

■ 贴心提示

玉米渣也可以换成玉米粒，用刀切下新鲜的玉米粒，清洗后就可以同黄豆和小米一起放入豆浆机中。

黑芝麻花生豆浆，润肠通便

材料

黑芝麻 20 克，花生 30 克，黄豆 50 克，清水、蜂蜜适量。

做法

① 将黄豆清洗干净后，在清水中浸泡 6～8 小时，泡至发软备用；花生去皮；黑芝麻淘去沙粒。

② 将浸泡好的黄豆和花生、黑芝麻一起放入豆浆机的杯体中，添加清水至上下水位线之间，启动机器，煮至豆浆机提示黑芝麻花生豆浆做好。

③ 将打出的黑芝麻花生豆浆过滤，待稍凉后按个人口味添加适量蜂蜜。

■ 贴心提示

花生属高脂肪、高热能食物，因此一次不宜多吃。花生中包含的油脂成分具有缓泻作用，需要较多的胆汁来消化，所以，高血压病人如有脾虚便溏、患急性肠炎与痢疾者，及胆囊切除者，均不宜常食这款豆浆。

【养生功效】

黑芝麻含脂肪油达 45%～55%，可以补肝肾、益精血、润肠燥。蜂蜜，性味甘平，含多种糖分、多种矿物质、多种维生素、蜡质、糊精、有机酸等，具有很强的滋润作用。另外，花生所含的油脂具有润肠通便的作用。因此，黑芝麻、花生、黄豆再配上蜂蜜的豆浆，能够起到润肠通便的作用。

薏米燕麦豆浆，缓解老年人便秘

材料

薏米 10 克，燕麦 40 克，黄豆 50 克，清水、白糖或蜂蜜适量。

做法

❶ 将黄豆清洗干净后，在清水中浸泡 6 ~ 8 小时，泡至发软备用；薏米、燕麦淘洗干净，分别用清水浸泡 2 小时。

❷ 将浸泡好的黄

豆、薏米、燕麦一起放入豆浆机的杯体中，添加清水至上下水位线之间，启动机器，煮至豆浆机提示薏米燕麦豆浆做好。

❸ 将打出的薏米燕麦豆浆过滤后，按个人口味趁热添加适量白糖，或等豆浆稍凉后加入蜂蜜即可饮用。

■ 贴心提示

燕麦一次不宜吃得太多，推荐量为每人每次 40 克，吃多了会造成胃痉挛或胀气。

【养生功效】

很多人在年老之后有大便干、便秘的困扰，多吃燕麦有通大便的作用。若以同样分量比较，燕麦热量比米饭、面食低，富含纤维质，可增加饱足感。燕麦中含有 β - 聚葡萄糖，更可促进肠胃蠕动消化，减少肠胃负担，改善中老年人便秘情形。此外，老年病患牙齿多数不好、咀嚼不易，造成营养素摄取不够均衡。燕麦富含纤维和蛋白质，也含有镁、钾、锌、铜、锰、硒、维生素 B1、维生素 E 和泛酸等，可帮助老年人摄取较完整营养素。因此用燕麦和黄豆制成的豆浆，在缓解老年人便秘的同时，还能给他们补充比较完整的营养成分。这款豆浆再加上富含膳食纤维的薏米，缓解便秘的作用会变得更为有效。

薏米豌豆豆浆，增强肠胃的蠕动性

材料

薏米 20 克，豌豆 30 克，黄豆 50 克，清水、白糖或蜂蜜适量。

做法

❶ 将黄豆、豌豆清洗干净后，在清水中浸泡 6 ~ 8 小时，泡至发软备用；薏米淘洗干净，用清水浸泡 2 小时。

❷ 将浸泡好的黄豆、豌豆同薏米一起放入豆浆机的杯体中，添加清水至上下水位线之间，启动机器，煮至豆浆机提示薏米豌豆豆浆做好。

❸ 将打出的薏米豌豆豆浆过滤后，按个人口味趁热添加适量白糖，或等豆浆稍凉后加入蜂蜜即可饮用。

【养生功效】

薏米是一种营养丰富的食物，其所含的矿物质和维生素能够增强肠胃功能。薏米还有健脾的功能，大鱼大肉之后吃点儿薏米粥对脾胃非常有好处；豌豆富含粗纤维，能促进大肠蠕动，保持大便通畅，起到清洁大肠的作用。这款豆浆能够增强肠胃的蠕动力，缓解便秘。

■ 贴心提示

孕妇、尿频者不宜多食薏米豌豆豆浆。

玉米燕麦豆浆，刺激胃肠蠕动

材料

甜玉米20克，燕麦30克，黄豆50克，清水、白糖或蜂蜜适量。

做法

1 将黄豆清洗干净后，在清水中浸泡6～8小时，泡至发软备用；用刀切下鲜玉米粒，清洗干净；燕麦米淘洗干净，各用清水浸泡2小时。

2 将浸泡好的黄豆、燕麦和玉米一起放入豆浆机的杯体中，添加清水至上下水位线之间，启动机器，煮至豆浆机提示玉米燕麦豆浆做好。

3 将打出的玉米燕麦豆浆过滤后，按个人口味趁热添加适量白糖，或等豆浆稍凉后加入蜂蜜即可饮用。

■ 贴心提示

玉米蛋白质中缺乏色氨酸，单一食用玉米易发生糙皮病，所以玉米宜与豆类食品搭配食用。另外，玉米发霉后能产生致癌物，发霉的玉米绝对不能食用。

【养生功效】

玉米中的纤维素含量很高，是大米的10倍，大量的纤维素能刺激胃肠蠕动，缩短食物残渣在肠内的停留时间，加速粪便排泄并把有害物质带出体外，对防治便秘、肠炎、直肠癌具有重要的意义；燕麦能够预防便秘引起的腹胀、消化不良，还能抑制机体纳入大量有毒有害物质。这款豆浆能刺激胃肠蠕动、加速粪便排泄。

火龙果豌豆豆浆，预防小儿便秘

材料

火龙果半个，豌豆20克，黄豆50克，清水、白糖或冰糖适量。

做法

1 将黄豆、豌豆清洗干净后，在清水中浸泡6～8小时，泡至发软备用；火龙果去皮后洗干净，并切成小碎丁。

2 将浸泡好的黄豆、豌豆和火龙果一起放入豆浆机的杯体中，添加清水至上下水位线之间，启动机器，煮至豆浆机提示火龙果豌豆豆浆做好。

3 将打出的火龙果豌豆豆浆过滤后，按个人口味趁热添加适量白糖或冰糖调味，不宜吃糖的患者，可用蜂蜜代替。也可不加糖。

■ 贴心提示

家长在给火龙果去皮时，可先洗净外皮，切去头、尾，然后在火龙果身上浅浅地竖切几刀，用手拨开外皮即可。

【养生功效】

火龙果热量低、含有丰富的可溶性膳食纤维，故具有减肥润肠、预防和治疗便秘的功效。豌豆的膳食纤维对不同年龄的便秘都有效，所以也适合小孩子食用。

这款火龙果豆浆很适合家中有便秘困扰的小孩食用，而且豆浆充满水果味，喝起来也很美味。

· 胃病 ·

大米南瓜豆浆，养护脾胃

材料

南瓜30克，大米20克，黄豆50克，清水适量。

做法

❶ 将黄豆清洗干净后，在清水中浸泡6～8小时，泡至发软备用；南瓜去皮，洗净后切成小碎丁；大米淘洗干净，用清水浸泡2小时。

❷ 将浸泡好的黄豆、大米同南瓜丁一起放入豆浆机的杯体中，添加清水至上下水位线之间，启动机器，煮至豆浆机提示大米南瓜浆做好。

❸ 将打出的大米南瓜豆浆过滤后即可饮用。

■ 贴心提示

豆浆过滤时，因为南瓜的絮状肉会影响出浆，可用筷子搅拌。过滤物可以加面粉、葛粉、鸡蛋制成松软可口的烙饼。

【养生功效】

大米具有补脾、和胃的功效，米汤能够刺激胃液的分泌，有助于消化，并对脂肪的吸收有促进作用。南瓜含有大量维生素、矿物质，能够增强肠胃蠕动力；南瓜中含有的果胶能够保护胃肠道黏膜，使其避免受到粗糙食品的刺激，有促进溃疡面愈合的作用，适宜于胃病患者；黄豆具有健脾宽中的作用，可以用于脾胃虚弱、消化不良等症，黄豆经过豆浆机的粉碎制成豆浆更有利于身体的消化吸收。豆浆中有了大米和南瓜的共同作用，对养护脾胃很有帮助，能在一定程度上缓解胃炎症状。

红薯大米豆浆，养胃去积

材料

红薯30克，大米20克，黄豆50克，清水适量。

■ 贴心提示

红薯在胃中产生酸，所以胃溃疡及胃酸过多的人不宜饮用这款豆浆。

做法

❶ 将黄豆清洗干净后，在清水中浸泡6～8小时，泡至发软备用；红薯去皮、洗净，之后切成小碎丁；大米淘洗干净，用清水浸泡2小时。

❷ 将浸泡好的黄豆、大米和切好的红薯丁一起放入豆浆机的杯体中，添加清水至上下水位线之间，启动机器，煮至豆浆机提示红薯大米豆浆做好。

❸ 将打出的红薯大米豆浆过滤后即可饮用。

【养生功效】

红薯富含的膳食纤维能消食化积，增加食欲；但红薯能促进胃酸分泌，所以平时胃酸过多的人不宜吃。大米也具有健脾养胃的功效。二者和黄豆搭配制成的豆浆，有健脾暖胃的功效，胃不适时喝一杯，会顿时感觉舒服很多。

莲藕枸杞豆浆，温补脾胃

材料

莲藕 40 克，枸杞 10 克，黄豆 50 克，清水、白糖或冰糖各适量。

做法

❶ 将黄豆清洗干净后，在清水中浸泡 6 ~ 8 小时，泡至发软备用；枸杞洗干净后，用温水泡开；莲藕去皮后切成小丁，下入开水中略焯，捞出后沥干。

❷ 将浸泡好的黄豆、枸杞和切好的莲藕一起放入豆浆机的杯体中，添加清水至上下水位线之间，启动机器，煮至豆浆机提示莲藕枸杞豆浆做好。

❸ 将打出的莲藕枸杞豆浆过滤后，按个人口味趁热往豆浆中添加适量白糖或冰糖调味，不宜吃糖的患者，可用蜂蜜代替。

■ 贴心提示

虽然莲藕能够健脾益胃，但是脾胃消化功能低下、胃及十二指肠溃疡患者一定要忌食莲藕，大便溏泄者也尽量不要食用莲藕。

【养生功效】

莲藕会散发出一种独特清香，还含有鞣质，有一定健脾止泻作用，能增进食欲，促进消化，开胃健中，有益于胃纳不佳，食欲不振者恢复健康。不过，生藕性寒，甘凉入胃，对肠胃虚弱的老年人来说，可能还会有一定的刺激作用。而把藕加工至熟后，其性由凉变温，虽然失去了消瘀、清热的性能，却对脾胃有益，有养胃滋阴、益血、止泻的功效。枸杞是老年人经常用的滋补良品。莲藕、枸杞搭配黄豆制成的这款豆浆，具有温补脾胃的功效。

桂花大米豆浆，暖胃生津

材料

桂花 20 克，大米 30 克，黄豆 50 克，清水、白糖或冰糖适量。

【养生功效】

桂花具有解除胀气、肠胃不适的功效。大米具有补脾和胃的功效。桂花、大米和黄豆搭配做成的豆浆，味道醇香，具有暖胃生津的功效。

做法

❶ 将黄豆清洗干净后，在清水中浸泡 6 ~ 8 小时，泡至发软备用；桂花清洗干净后备用；大米淘洗干净，用清水浸泡 2 小时。

❷ 将浸泡好的黄豆、大米和桂花一起放入豆浆机的杯体中，添加清水至上下水位线之间，启动机器，煮至豆浆机提示桂花大米豆浆做好。

❸ 将打出的桂花大米豆浆过滤后，按个人口味趁热添加适量白糖或冰糖调味，不宜吃糖的患者，可用蜂蜜代替。

■ 贴心提示

桂花宜密闭贮存，以防香气逸散或受潮霉变。

·肝炎、脂肪肝·

银耳山楂豆浆，促进胆固醇转化

材料

山楂 15 克，银耳 10 克，黄豆 50 克，清水、白糖或冰糖适量。

做法

❶ 将黄豆清洗干净后，在清水中浸泡 6～8 小时，泡至发软备用；山楂清洗后去核，并切成小碎丁；银耳用清水泡发，洗净，切碎。

❷ 将浸泡好的黄豆和山楂、银耳一起放入豆浆机的杯体中，添加清水至上下水位线之间，启动机器，煮至豆浆机提示银耳山楂豆浆做好。

❸ 将打出的银耳山楂豆浆过滤后，按个人口味趁热添加适量白糖或冰糖调味，不宜吃糖的患者，可用蜂蜜代替。

【养生功效】

山楂有助于胆固醇转化，而且含有熊果酸，能阻止动物脂肪在血管壁的沉积；银耳能提高肝脏解毒能力，保护肝脏功能，它不但能增强机体抗肿瘤的免疫能力，还能增强肿瘤患者对放疗、化疗的耐受力。山楂、银耳和黄豆搭配制成的这款豆浆有助于胆固醇转化，并能促进肝脏蛋白质的合成。

■ 贴心提示

熟的银耳不宜放置时间过长，在细菌的分解作用下，其中所含的硝酸盐会还原成亚硝酸盐，对人体造成严重危害，所以，再美味的银耳食品，过夜后就不能食用了。

荷叶青豆豆浆，预防脂肪在肝脏堆积

材 料

　　荷叶 30 克，青豆 20 克，黄豆 50 克，清水、白糖或冰糖适量。

做 法

　❶ 将黄豆、青豆清洗干净后，在清水中浸泡 6～8 小时，泡至发软备用；荷叶清洗干净后撕成碎块。

　❷ 将浸泡好的黄豆、青豆与荷叶一起放入豆浆机的杯体中，添加清水至上下水位线之间，启动机器，煮至豆浆机提示荷叶青豆豆浆做好。

　❸ 将打出的荷叶青豆豆浆过滤后，按个人口味趁热添加适量白糖或冰糖调味，不宜吃糖的患者，可用蜂蜜代替。不喜甜者也可不加糖。

【养生功效】

　　对于肥胖引起的脂肪肝患者来说，荷叶茶是一剂减肥良药。荷叶茶是保健茶的一种，对高血压、高血脂、高胆固醇者来说，是理想的选择，有利于脂肪肝的好转；青豆富含不饱和脂肪酸以及大豆磷脂，有保持血管弹性、健脑和防止脂肪肝形成的作用；黄豆中丰富的大豆蛋白能降低血清胆固醇浓度。荷叶、青豆搭配黄豆制成的这款豆浆，可以有效预防脂肪在肝脏堆积，降低血清胆固醇浓度。

■ 贴心提示

　　新鲜荷叶保存时，可以先将整张荷叶洗干净后，用保鲜膜包好冷冻起来。

芝麻小米豆浆，促进体内磷脂合成

材料

黑芝麻 20 克，小米 30 克，黄豆 50 克，清水、白糖或冰糖适量。

■ 贴心提示

小米宜与大豆、芝麻或肉类食物混合食用，这是由于小米的氨基酸中缺乏赖氨酸，而大豆的氨基酸中富含赖氨酸，可以补充小米的不足。

做法

1. 将黄豆清洗干净后，在清水中浸泡 6 ~ 8 小时，泡至发软备用；小米淘洗干净，用清水浸泡 2 小时；黑芝麻淘去沙粒。

2. 将浸泡好的黄豆、黑芝麻和小米一起放入豆浆机的杯体中，添加清水至上下水位线之间，启动机器，煮至豆浆机提示芝麻小米豆浆做好。

3. 将打出的芝麻小米豆浆过滤后，按个人口味趁热添加适量白糖或冰糖调味，不宜吃糖的患者，可用蜂蜜代替。不喜甜者也可不加糖。

【养生功效】

黑芝麻属于油性物质，含有大量的脂肪、铁、维生素 E、维生素 B₁ 等元素，含有的脂肪大多是脂肪酸，具有延年益寿的作用。小米是粗粮，也有一定降脂作用，对缓解脂肪肝的诸多症状有一定的帮助。芝麻、小米搭配黄豆制成的豆浆能促进体内磷脂合成，对脂肪肝有食疗作用。

苹果燕麦豆浆，辅助治疗脂肪肝

材料

苹果一个，燕麦 30 克，黄豆 50 克，清水、白糖或冰糖适量。

做法

1. 将黄豆清洗干净后，在清水中浸泡 6 ~ 8 小时，泡至发软备用；苹果清洗后，去皮去核，并切成小碎丁；燕麦米淘洗干净，用清水浸泡 2 小时。

2. 将浸泡好的黄豆、燕麦和苹果丁一起放入豆浆机的杯体中，添加清水至上下水位线之间，启动机器，煮至豆浆机提示苹果燕麦豆浆做好。

3. 将打出的苹果燕麦豆浆过滤后，按个人口味趁热添加适量白糖或冰糖调味，不宜吃糖的患者，可用蜂蜜代替。也可不加糖。

【养生功效】

苹果含有丰富的钾，可排出体内多余的钠盐，如每天吃 3 个以上苹果，即能维持满意的血压，从而有助于预防脂肪肝。燕麦含有丰富的亚油酸和皂苷素，可以降低血清胆固醇和三酰甘油。有研究证实，每日只要吃 50 克燕麦片，就可使每 100 毫升血中的胆固醇含量平均下降 39 毫克。燕麦、苹果搭配黄豆制成的这款豆浆能够降低胆固醇浓度，防止脂肪聚集，辅助治疗脂肪肝。

■ 贴心提示

苹果不需削皮，因为苹果中的维生素和果胶等有效成分大多含在表皮上。

第4章
赶走皮肤困扰

·痘痘·

黑芝麻黑枣豆浆，调理粉刺皮肤

材料

黑芝麻 10 克，黑枣 30 克，黑豆 60 克，清水、白糖或冰糖各适量。

做法

① 将黑豆清洗干净后，在清水中浸泡 6～8 小时，泡至发软备用；黑芝麻淘去沙粒；黑枣去核，洗净，切碎。

② 将浸泡好的黑豆和洗净的黑芝麻、黑枣一起放入豆浆机的杯体中，加水至上下水位线之间，启动机器，煮至豆浆机提示黑芝麻黑枣豆浆做好。

③ 将打出的黑芝麻黑枣豆浆过滤后，按个人口味趁热往豆浆中添加适量白糖或冰糖调味，患有糖尿病、高血压、高血脂等不宜吃糖的患者，可用蜂蜜代替。不喜甜者也可不加糖。

■ 贴心提示

豆浆中若放入太多的黑枣，饮用后会引起胃酸过多和腹胀，需要特别注意。

【养生功效】

长过痘痘的皮肤，有时候颜色明显跟其他地方不一样，而且皮肤也会变得粗糙起来。这时，我们就可以用黑芝麻黑枣豆浆来调理粉刺皮肤。黑芝麻在美容方面的功效非常显著：黑芝麻中的维生素 E 可维护皮肤的柔嫩与光泽，黑芝麻能润肠治疗便秘，有滋润皮肤的作用。如果在节食的过程中，适当进食芝麻糊，对因为减肥营养不足而导致的皮肤粗糙，有不错的功效；黑枣以含维生素 C 和钙质、铁质最多，多用于补血和作为调理药物，人的气血畅通，长过粉刺的脸上，气色也会好起来。从这个方面来讲，多吃黑枣很有好处。黑芝麻、黑枣加上黑豆制成的豆浆，适合消除痘痘后调理皮肤时饮用。

绿豆黑芝麻豆浆，防治脸上粉刺

材料

绿豆 30 克，黑芝麻 20 克，黄豆 50 克，清水、白糖或冰糖适量。

■ 贴心提示

绿豆性凉，脾胃虚弱、体弱瘦小的人不宜食用。男子阳痿、遗精者也不宜食用绿豆黑芝麻豆浆。

做法

1 将黄豆、绿豆清洗干净后，在清水中浸泡 6 ~ 8 小时，泡至发软备用；黑芝麻淘去沙粒。

2 将浸泡好的黄豆、绿豆和黑芝麻一起放入豆浆机的杯体中，添加清水至上下水位线之间，启动机器，煮至豆浆机提示绿豆黑芝麻豆浆做好。

3 将打出的绿豆黑芝麻豆浆过滤后，按个人口味趁热添加适量白糖或冰糖调味，不宜吃糖的患者，可用蜂蜜代替。不喜甜者也可不加糖。

【养生功效】

绿豆属清热解毒类药物，具有消炎杀菌、促进吞噬功能等药理作用。绿豆因其含有大量蛋白质、B 族维生素以及钙、磷、铁等矿物质，故有增白、淡化斑点、清洁肌肤、去除角质、抑制青春痘的功效；黑芝麻中蕴含丰富的维生素 E，它对肌肤中的胶原纤维和弹力纤维有"滋润"作用，从而消除肌肤杂质，有效防止皮肤老化，让肌肤明亮、光泽、健康。绿豆和黑芝麻一起制成的豆浆可防治脸上的粉刺。

薏米绿豆豆浆，适用于油性皮肤

材料

薏米 20 克，绿豆 30 克，黄豆 50 克，清水、白糖或蜂蜜适量。

做法

1 将黄豆、绿豆清洗干净后，在清水中浸泡 6 ~ 8 小时，泡至发软备用；薏米淘洗干净，用清水浸泡 2 小时。

2 将浸泡好的黄豆、绿豆、薏米一起放入豆浆机的杯体中，添加清水至上下水位线之间，启动机器，煮至豆浆机提示薏米绿豆豆浆做好。

3 将打出的薏米绿豆豆浆过滤后，按个人口味趁热添加适量白糖，或等豆浆稍凉后加入蜂蜜即可饮用。

■ 贴心提示

体质虚弱的人以及寒证患者不要多喝此豆浆。由于绿豆具有解毒的功效，所以正在吃中药的人也不要多喝。

【养生功效】

对于油性皮肤而言，薏米能够中和肤质，抑制油性皮肤的分泌，使人看起来清清爽爽。绿豆则有清热去火、消肿止痒等功效。

薏米、绿豆和黄豆搭配制成的这款豆浆能够抑制痘痘生成，尤其适用于油性皮肤。

海带绿豆浆，青春期的防痘饮品

材料

海带 30 克，绿豆 70 克，清水、白糖或冰糖适量。

做法

1️⃣ 将绿豆清洗干净后，在清水中浸泡6～8小时，泡至发软备用；海带洗净，切碎。

2️⃣ 将浸泡好的绿豆和海带一起放入豆浆机的杯体中，添加清水至上下水位线之间，启动机器，煮至豆浆机提示海带绿豆浆做好。

3️⃣ 将打出的海带绿豆浆过滤后，按个人口味趁热添加适量白糖或冰糖调味，不宜吃糖的患者，可用蜂蜜代替。不喜甜者也可不加糖。

■ 贴心提示

吃海带后不要马上喝茶，也不要立刻吃酸涩的水果。

【养生功效】

海带中含有较高的的锌元素，锌是人体必不可少的微量元素，它不仅能增强机体的免疫功能，而且还可参与皮肤的正常代谢，使上皮细胞正常分化，减轻毛囊皮脂腺导管口的角化，有利于皮脂腺分泌物排出，有助于预防痤疮的发生。绿豆具有良好的解毒效果，对汗疹、粉刺等各种皮肤问题效果极佳。这款豆浆，能够通过补锌，排毒的作用，抑制青春痘，适合青春期的人防痘时饮用。

白果绿豆豆浆，防止毛孔堵塞

材料

绿豆 25 克，白果 10 个，黄豆 50 克，清水、白糖或冰糖适量。

做法

1️⃣ 将黄豆、绿豆清洗干净后，在清水中浸泡6～8小时，泡至发软备用；

白果去壳后，先浸泡一段时间然后再炖熟备用。

2️⃣ 将浸泡好的黄豆、绿豆和熟白果一起放入豆浆机的杯体中，添加清水至上下水位线之间，启动机器，煮至豆浆机提示白果绿豆豆浆做好。

3️⃣ 将打出的白果绿豆豆浆过滤后，按个人口味趁热添加适量白糖或冰糖调味，不宜吃糖的患者，可用蜂蜜代替。不喜甜者也可不加糖。

■ 贴心提示

白果有一定毒性，一定要炖熟后食用，这款豆浆不宜长期饮用。

【养生功效】

我国中医古书，一直将白果列为重要药材，白果酸有抑制皮肤真菌的作用。将鲜白果捣烂，调成浆乳状，涂抹患处，可治痘痘等疾；绿豆提取物中的牡蛎碱和异牡蛎碱，具有卓越的洁净、保湿效果，去除皮脂机能显著，能有效去除皮肤内的不净物，更可彻底除去皮肤深层废物，使皮肤焕发洁净、透明的光彩。白果、绿豆、黄豆搭配制成的这款豆浆有通畅血管的功效，可防止毛孔堵塞，从而减少粉刺和青春痘。

胡萝卜枸杞豆浆，祛痘、消痘印

材料

胡萝卜 1/3 根，枸杞 10 克，黄豆 50 克，清水适量。

做法

❶ 将黄豆清洗干净后，在清水中浸泡 6 ~ 8 小时，泡至发软备用；胡萝卜去皮后切成小丁，下入开水中略焯，捞出后沥干；枸杞洗干净后，用温水泡开。

❷ 将浸泡好的黄豆、枸杞同胡萝卜丁一起放入豆浆机的杯体中，添加清水至上下水位线之间，启动机器，煮至豆浆机提示胡萝卜枸杞豆浆做好。

❸ 将打出的胡萝卜枸杞豆浆过滤后即可饮用。

【养生功效】

胡萝卜中含有的维生素 A 可调节上皮细胞的代谢，对毛囊角有一定的调节作用，同时能调节皮肤汗腺功能，减少酸性代谢产物对表皮的侵袭，有利于青春痘患者的康复。而且，胡萝卜中含有的 β - 胡萝卜素有强氧化性，具有美容养颜的作用，对去除痘印也有一定的作用；枸杞可以提高皮肤吸收养分的能力，所以也能起到一定的美容养颜作用。胡萝卜、枸杞搭配黄豆制成的这款豆浆，有利于缓解脸上的青春痘，还能帮助去除痘印。

■ 贴心提示

想要怀孕的女性不宜多饮胡萝卜枸杞豆浆，糖尿病者也要少饮此豆浆。

银耳杏仁豆浆，促进皮肤微循环

材料

银耳 30 克，杏仁 5 ~ 6 粒，黄豆 50 克，清水、白糖或冰糖各适量。

做法

❶ 将黄豆清洗干净后，在清水中浸泡 6 ~ 8 小时，泡至发软备用；银耳用清水泡发，洗净，切碎；干杏仁洗净后也须在清水中泡软，不过若是新鲜的杏仁洗净后，只需略泡一下即可。

❷ 将浸泡好的黄豆、杏仁和银耳一起放入豆浆机的杯体中，添加清水至上下水位线之间，启动机器，煮至豆浆机提示银耳杏仁豆浆做好。

❸ 将打出的银耳杏仁豆浆过滤后，按个人口味趁热添加适量白糖或冰糖调味。不宜吃糖的患者，可用蜂蜜代替，不喜甜者也可不加。

■ 贴心提示

银耳本身无味道，选购时可取少许试尝，如对舌有刺激或辣的感觉，可能是用二氧化硫熏制的银耳。

【养生功效】

银耳俗称白木耳或雪耳，具有润泽滑爽肌肤的功效。银耳可萃取出含有丰富葡萄糖、海藻糖等成分的黏多糖体，结构和玻璃酸非常类似，保湿力极佳，且吸收渗透速度快，是天然的植物性优质保湿成分。杏仁含有丰富的单不饱和脂肪酸，有益于心脏健康，所含的维生素 E 等抗氧化物质，能预防疾病和早衰。这款豆浆，能促进皮肤微循环，使皮肤光滑细腻。

· 雀斑、黄褐斑 ·

木耳红枣豆浆，调和气血、治疗黄褐斑

材料

木耳 30 克，红枣 20 克，黄豆 50 克，清水、白糖或冰糖适量。

做法

① 将黄豆、绿豆清洗干净后，在清水中浸泡 6 ~ 8 小时，泡至发软备用；木耳洗净，用温水泡发；红枣洗干净，去核。

② 将浸泡好的黄豆、木耳和红枣一起放入豆浆机的杯体中，添加清水至上下水位线之间，启动机器，煮至豆浆机提示木耳红枣豆浆做好。

③ 将打出的木耳红枣豆浆过滤后，按个人口味趁热添加适量白糖或冰糖调味，不宜吃糖的患者，可用蜂蜜代替。不喜甜者也可不加糖。

【养生功效】

黑木耳中铁的含量极为丰富，为猪肝的 7 倍多，故常吃木耳能养血驻颜。大枣和中益气，健脾润肤。这款豆浆具有调理气血、祛斑的功效。

■ 贴心提示

木耳不宜与田螺同食，从食物药性来说，寒性的田螺，遇上滑利的木耳，不利于消化，所以二者不宜同食。患有痔疮者不宜同食木耳与野鸡，野鸡有小毒，二者同食易诱发痔疮出血。

黄瓜胡萝卜豆浆，淡化黑色素

材料

黄瓜 20 克，胡萝卜 30 克，黄豆 50 克，清水适量。

■ 贴心提示

脾胃虚弱、腹痛腹泻、肺寒咳嗽者都应少吃，因黄瓜性凉，胃寒患者食之易致腹痛泄泻。

做法

① 将黄豆清洗干净后，在清水中浸泡 6 ~ 8 小时，泡至发软备用；胡萝卜去皮后切成小丁，下入开水中略焯，捞出后沥干；黄瓜洗净，切成丁。

② 将浸泡好的黄豆和黄瓜丁、胡萝卜丁一起放入豆浆机的杯体中，添加清水至上下水位线之间，启动机器，煮至豆浆机提示黄瓜胡萝卜豆浆做好。

③ 将打出的黄瓜胡萝卜豆浆过滤后即可食用。

【养生功效】

鲜黄瓜的黄瓜酶是很强的活性生物酶，能有效促进机体新陈代谢，促进血液循环，达到润肤美容的目的。黄瓜中的维生素 C 还可以使肌肤之中的黑色素进行还原，可起到比较好的美白效果。胡萝卜也能够淡化色斑，使肌肤紧致。黄瓜、胡萝卜和黄豆搭配制成的这款豆浆可以滋养皮肤，淡化黑色素。

玫瑰茉莉豆浆，适合颜色发青的黄褐斑

材料

玫瑰花 10 克，茉莉花 10 克，黄豆 80 克，清水、白糖或冰糖适量。

做法

1 将黄豆清洗干净后，在清水中浸泡 6 ~ 8 小时，泡至发软备用；玫瑰花瓣仔细清洗干净后备用；茉莉花瓣清洗干净后备用。

2 将浸泡好的黄豆和玫瑰花、茉莉花一起放入豆浆机的杯体中，添加清水至上下水位线之间，启动机器，煮至豆浆机提示玫瑰茉莉豆浆做好。

3 将打出的玫瑰茉莉豆浆过滤后，按个人口味趁热添加适量白糖或冰糖调味，不宜吃糖的患者，可用蜂蜜代替。

【养生功效】

青色是肝的颜色，如果黄褐斑颜色发青，说明肝郁是黄褐斑的主要成因。玫瑰花和茉莉花都有疏肝解郁的作用，所以用玫瑰和茉莉搭配黄豆制成的这款豆浆，对于肝郁引起的黄褐斑有一定的效果。

■ 贴心提示

皮肤的状况和内分泌关系密切，而内分泌又直接听令于大脑皮层，也就是当人肝气郁结，心情不舒畅的时候，皮肤问题就会出现。因此，若想去掉脸上的斑点，除了喝玫瑰茉莉豆浆外，还要保持一个放松、愉悦的心态。

山药莲子豆浆，适合颜色发黄的黄褐斑

材料

山药 30 克，莲子 20 克，黄豆 50 克，清水、白糖或冰糖适量。

■ 贴心提示

脾虚引起的黄褐斑除了饮用豆浆调理外，还可以服用中成药"补中益气丸""参苓白术丸""人参健脾丸"，也有祛斑的功效。

做法

1 将黄豆清洗干净后，在清水中浸泡 6 ~ 8 小时，泡至发软备用；山药去皮后切成小丁，下入开水中焯烫，捞出沥干；莲子洗净后略泡。

2 将浸泡好的黄豆、莲子和山药一起放入豆浆机的杯体中，添加清水至上下水位线之间，启动机器，煮至豆浆机提示山药莲子豆浆做好。

3 将打出的山药莲子豆浆过滤后，按个人口味趁热添加适量白糖或冰糖调味，不宜吃糖的患者，可用蜂蜜代替。不喜甜者也可不加糖。

【养生功效】

中医认为脾的颜色是黄色的。如果黄褐斑的颜色发黄，多是脾虚造成的。对付这样的黄褐斑，一定要补脾。山药和莲子都是补脾餐桌上的常备食材，它们加上黄豆制成的豆浆适合脾虚的人长期食用。这种"润物细无声"的补脾方式，需要长久坚持，对于脾虚引起的黄褐斑有不错的食疗功效。

黑豆核桃豆浆，适合颜色发黑的黄褐斑

材料

黑豆25克，核桃仁1个，黄豆50克，清水、白糖或冰糖适量。

做法

①将黄豆、黑豆清洗干净后，在清水中浸泡6～8小时，泡至发软；核桃仁碾碎。

②将浸泡好的黄豆、黑豆和核桃仁一起放入豆浆机的杯体中，并加水至上下水位线之间，启动机器，煮至豆浆机提示黑豆核桃豆浆做好。

③将打出的黑豆核桃豆浆过滤后，按个人口味趁热往豆浆中添加适量白糖或冰糖调味，患有糖尿病、高血压、高血脂等不宜吃糖的患者，可用蜂蜜代替。

【养生功效】

黑色是中医所说肾的颜色，如果一个人的黄褐斑是发黑的，除了斑的颜色发黑，脸上不长斑的地方也不会白净，整个人偏瘦，这可能就是肾虚引起的黄褐斑。治疗这种黄褐斑就要补肾，具体来说就是补肾阴。黑豆和核桃都是常见的补肾食品，食用后能够通过补上虚损的肾阴，减轻色斑。从它们的营养成分上分析，黑豆含有丰富的维生素，其中维生素 E 含量最高，可驻颜，使皮肤白嫩。核桃仁也是润肤防衰的美容佳品。所以，利用黑豆和核桃制成的豆浆，能够减轻颜色发黑的黄褐斑。

■ 贴心提示

因为肾阴虚引起的黄褐斑，除了饮用豆浆的方法，也可以服用"六味地黄丸"来淡化色斑。

· 湿疹 ·

薏米黄瓜绿豆浆，排出体内湿气

材料

薏米 30 克，黄瓜 20 克，绿豆 50 克，清水、白糖或冰糖适量。

做法

①　将绿豆清洗干净后，在清水中浸泡 6～8 小时，泡至发软备用；黄瓜削皮、洗净后切成碎丁；薏米淘洗干净，用清水浸泡 2 小时。

②　将浸泡好的绿豆、薏米和黄瓜一起放入豆浆机的杯体中，添加清水至上下水位线之间，启动机器，煮至豆浆机提示薏米黄瓜绿豆浆做好。

③　将打出的薏米黄瓜绿豆浆过滤后，按个人口味趁热添加适量白糖或冰糖调味，不宜吃糖的患者，可用蜂蜜代替。

【养生功效】

所有的谷物中，薏米的除湿效果最好，在换季时或者湿润的地方，常食薏米能够使人充满活力，并且增强人体的抵抗能力；黄瓜中的黄瓜酶是很强的活性生物酶，能促进机体的血液循环，起到补水润肤的作用。黄瓜具有摄取身体多余热量的作用，还能消除皮肤的发热感，使发热皮肤平稳，同时排出毛孔内积存的废物，去除湿疹，使肌肤更加美丽，特别是对容易出汗及脸上常长小疙瘩的人更适宜；绿豆是天然清热消暑的食品，尤其在夏季，人最容易出现湿阻引起的湿疹，可时常服用，对于改善湿疹也有良好的功效。薏米、黄瓜搭配绿豆制成的这款豆浆能够排出体内湿气，缓解湿疹。

■ 贴心提示

挑选黄瓜时，要选那些看上去细长且比较均匀的，顶花带刺，颜色新鲜的，这样的黄瓜是最新鲜的。

苦瓜绿豆浆，祛湿止痒除湿疹

材料

绿豆 50 克，苦瓜 30 克，清水、白糖或冰糖适量。

做法

1 将绿豆清洗干净后，在清水中浸泡 6 ~ 8 小时，泡至发软备用；苦瓜洗净，去蒂，去子，切成小丁。

2 将浸泡好的绿豆和苦瓜丁一起放入豆浆机的杯体中，添加清水至上下水位线之间，启动机器，煮至豆浆机提示苦瓜绿豆浆做好。

【养生功效】

绿豆有清热解毒、消暑生津、利水消肿的功效。据《本草纲目》记载，绿豆能解药中金、石、砒霜、草木诸毒。因此，可以帮助排出面部受到的工业污染；苦瓜中含有奎宁，能清热解毒，祛湿止痒，有助于预防和治疗湿疹。绿豆和苦瓜一起制成的豆浆有助于缓解湿疹症状，防治湿疹。

3 将打出的苦瓜绿豆浆过滤后，按个人口味趁热添加适量白糖或冰糖调味，不宜吃糖的患者，可用蜂蜜代替。不喜甜者也可不加糖。

■ 贴心提示

苦瓜的味道比较苦，想去除苦味，可以在洗净苦瓜后，用盐轻轻揉搓一会儿。这款豆浆性质较寒凉，脾胃虚寒者及慢性胃肠炎患者应少食或不食。

莴笋黄瓜绿豆浆，缓解湿疹症状

材料

莴笋 30 克，黄瓜 20 克，绿豆 50 克，清水、白糖或冰糖适量。

做法

1 将绿豆清洗干净后，在清水中浸泡 6 ~ 8 小时，泡至发软备用；黄瓜削皮、洗净后切成碎丁；莴笋洗净后切成小段。

2 将浸泡好的绿豆、莴笋和黄瓜一起放入豆浆机的杯体中，添加清水至上下水位线之间，启动机器，煮至豆浆机提示莴笋黄瓜绿豆浆做好。

【养生功效】

莴笋中的钾含量大大高于钠含量，有利于体内的水电解质平衡，促进排尿，对体内因为湿气引起的湿疹有一定的治疗作用。黄瓜可以利尿，有助于清除血液中像尿酸那样的潜在有害物质。莴笋、黄瓜搭配绿豆制成的豆浆有很好的利水消肿的功效。

3 将打出的莴笋黄瓜绿豆浆过滤后，按个人口味趁热添加适量白糖或冰糖调味，不宜吃糖的患者，可用蜂蜜代替。不喜甜者也可不加糖。

■ 贴心提示

莴笋想要保存的时间长一些，可以取出已削皮的莴笋，将毛巾放在水里浸湿，把湿毛巾放在冰箱里，再将莴笋放在上面，即可防止莴笋蔫萎。

第5章

防治骨关节疾病

·关节炎·

核桃黑芝麻豆浆，预防关节炎等疾病

材料

黄豆50克，核桃仁4枚，黑芝麻20克，清水、白糖或冰糖适量。

做法

① 将黄豆清洗干净后，在清水中浸泡6～8小时，泡至发软备用；核桃仁碾碎；黑芝麻淘洗干净，沥干水分，碾碎。

② 将浸泡好的黄豆和核桃仁、黑芝麻一起放入豆浆机的杯体中，添加清水至上下水位线之间，启动机器，煮至豆浆机提示核桃黑芝麻豆浆做好。

③ 将打出的核桃黑芝麻豆浆过滤后，按个人口味趁热添加适量白糖或冰糖调味，不宜吃糖的患者，可用蜂蜜代替。不喜甜者也可不加糖。

■ 贴心提示

芝麻连皮一起吃不容易消化，压碎后不仅有股迷人的香气，更有助于人体吸收。

【养生功效】

肾主骨，即中医认为养肾可以健骨。核桃和黑芝麻都是补肾的佳品，把肾补上了，即使不吃钙片，肾会在正常时从食物中"抓取"钙质。民间在预防关节炎等骨质疾病时，有一个偏方，就是将黑芝麻炒熟后磨成粉，每天饭前吃一勺，干嚼，长期吃。外国营养学家发现，关节炎病人服用核桃有益，这与中医所说核桃"善治腰疼腿疼，一切筋骨疼痛"的认识是一致的。核桃治关节炎机理，中医认为是其补肾强筋作用所致，而从其成分上分析则与其富含维生素 B_6 有关。核桃、黑芝麻与黄豆搭配制作出的豆浆，能够预防关节炎。

薏米西芹山药豆浆，缓解关节肿胀

材料

黄豆 30 克，薏米 20 克，西芹 25 克，山药 25 克，清水、白糖或冰糖适量。

做法

① 将黄豆清洗干净后，在清水中浸泡 6 ~ 8 小时，泡至发软备用；薏米淘洗干净，用清水浸泡 2 小时；西芹洗净，切段；山药去皮后切成小丁，下入开水中焯烫，捞出沥干。

② 将浸泡好的黄豆、薏米和西芹、山药一起放入豆浆机的杯体中，添加清水至上下水位线之间，启动机器，煮至豆浆机提示薏米西芹山药豆浆做好。

③ 将打出的薏米西芹山药豆浆过滤后，按个人口味趁热添加适量白糖或冰糖调味，不宜吃糖的患者，可用蜂蜜代替。不喜甜者也可不加糖。

【养生功效】

对于关节炎的治疗，中医认为"风寒湿邪，痹阻经脉，致使经脉不通，不通则痛"，所以中医的治疗方法重点在于祛风散寒、解痉通络、活血化瘀。薏米有利水消肿、健脾去湿、舒筋除痹、清热排脓等功效，西芹含有利尿有效成分，可消除体内钠潴留，利尿消肿。山药中的黏液多糖物质与无机盐类相结合，可以形成骨质，使软骨具有一定弹性。薏米、西芹、山药均有健脾利湿的功效，三者搭配黄豆制成豆浆，对于缓解关节肿胀很有帮助。

■ 贴心提示

薏米会使身体冷虚，虚寒体质者不适宜长期食用这款豆浆，怀孕妇女及正值经期的妇女不要食用。

苦瓜薏米豆浆，改善类风湿性关节炎

材料

黄豆 50 克，苦瓜 30 克，薏米 20 克，清水、白糖或冰糖适量。

做法

① 将黄豆清洗干净后，在清水中浸泡 6 ~ 8 小时，泡至发软备用；苦瓜洗净，去蒂，去子，切成小丁；薏米淘洗干净，用清水浸泡 2 小时。

② 将浸泡好的黄豆、薏米和苦瓜丁一起放入豆浆机的杯体中，添加清水至上下水位线之间，启动机器，煮至豆浆机提示苦瓜薏米豆浆做好。

③ 将打出的苦瓜薏米豆浆过滤后，按个人口味趁热添加适量白糖或冰糖调味，不宜吃糖的患者，可用蜂蜜代替。不喜甜者也可不加糖。

■ 贴心提示

类风湿性关节炎的主要症状就是关节疼痛，关节之所以会疼痛是由于受寒所引起的，所以除了利用豆浆食疗之外，保暖也是不可忽略的。

【养生功效】

薏米具有健脾利湿的功效，可用于缓解肿胀症状；苦瓜具有清热解毒的功效，可以缓解类风湿病的症状如局部发热、发痛等。另外，它们二者加上黄豆，可以满足人体对维生素、微量元素和纤维素的需求，同时具有改善新陈代谢的功能，可起到清热解毒、消肿止痛作用，从而缓解关节局部的红肿。

木耳粳米黑豆浆，强身壮骨

材 料

木耳 20 克，粳米 30 克，黑豆 50 克，清水、白糖或冰糖适量。

做 法

1 将黑豆清洗干净后，在清水中浸泡 6 ~ 8 小时，泡至发软备用；粳米淘洗干净，用清水浸泡 2 小时；木耳洗净，用温水泡发。

2 将浸泡好的黑豆、粳米、木耳一起放入豆浆机的杯体中，添加清水至上下水位线之间，启动机器，煮至豆浆机提示木耳大米黑豆浆做好。

3 将打出的木耳粳米黑豆浆过滤后，按个人口味趁热添加适量白糖或冰糖调味，不宜吃糖的患者，可用蜂蜜代替。不喜甜者也可不加糖。

【养生功效】

黑木耳是著名的山珍，可食、可药、可补，中国老百姓餐桌上久食不厌，有"素中之荤"的美誉。它具有提高人体免疫力的作用，可以缓解局部的红肿热痛等症状，对于风湿关节痛均有一定的缓解功效；黑豆有解毒作用，中医则认为它能补肾滋阴、除湿利水，与木耳的搭配对防治关节炎症有一定的辅助疗效；粳米性味甘，淡，平和，有健脾养胃、补中益气的功效。若能将三种食物强强联合制成豆浆，营养价值大增，对于风湿关节炎患者来说是进补的佳品，可强身壮骨，预防骨病。

■ 贴心提示

木耳的鉴别：优质木耳表面黑而光润，有一面呈灰色，手摸上去感觉干燥，无颗粒感，嘴尝无异味；假木耳看上去较厚，分量也较重，手摸时有潮湿或颗粒感，嘴尝有甜或咸味。

· 骨质疏松 ·

薏米花生豆浆，缓解关节疼痛、预防骨质疏松

材料

黄豆 50 克，薏米 30 克，花生 20 克，白糖、清水适量。

做法

❶ 将黄豆清洗干净后，在清水中浸泡 6 ~ 8 小时，泡至发软备用；花生去皮，洗净，略泡；薏米淘洗干净，用清水浸泡 2 小时。

❷ 将浸泡好的黄豆、薏米、花生一起放入豆浆机的杯体中，并加水至上下水位线之间，启动机器，煮至豆浆机提示薏米花生豆浆做好。

❸ 将打出的薏米花生豆浆过滤后，按个人口味趁热往豆浆中添加适量白糖或冰糖调味，患有糖尿病、高血压、高血脂等不宜吃糖的患者，可用蜂蜜代替。不喜甜者也可不加糖。

【养生功效】

花生营养丰富，有降血脂及延年益寿的功效，对预防骨质疏松也有很好的作用。薏米有利水消肿、健脾去湿、舒筋除痹、清热排脓等功效，可缓解关节的肿胀和局部发热。薏米、花生搭配黄豆制成的这款豆浆，可缓解关节疼痛，预防骨质疏松。

■ 贴心提示

高脂血症患者不宜食用薏米花生豆浆，因为花生含有大量脂肪，高脂血症患者食用花生后，会使血液中的脂质水平升高，而血脂升高又可引起动脉硬化、高血压、冠心病等疾病。胆囊切除者也不宜食用薏米花生豆浆，因为花生里含的脂肪需要胆汁去消化，胆囊切除后，储存胆汁的功能丧失，没有大量的胆汁来帮助消化，会引起消化不良。

黑芝麻牛奶豆浆，预防骨质疏松

■ 贴心提示

黑芝麻先上火炒熟，再用擀面杖碾压，就可以轻松碾碎了。缺铁性贫血、乳糖酸缺乏症、胆囊炎、胰腺炎患者不宜饮用这款豆浆；脾胃虚寒作泻、痰湿积饮者慎用。

材料

黄豆60克，牛奶150毫升，黑芝麻15克，清水、白糖或冰糖适量。

做法

1 将黄豆洗净，在清水中浸泡6～8小时；黑芝麻淘洗干净，沥干水分，碾碎；牛奶备用。

2 将浸泡好的黄豆和碾碎的黑芝麻一起放入豆浆机中，加清水煮至豆浆机提示豆浆做好。

3 过滤后，加入牛奶搅拌均匀，再按个人口味趁热添加适量白糖或冰糖调味即可。

【养生功效】

黑芝麻钙含量特别高，有利于获得令人满意的骨峰值。牛奶中含有丰富的食物性活性钙，似比其他类型食物中的钙含量都高，是理想的人体钙质来源。牛奶中含有乳糖和维生素D，能促进钙质吸收。将牛奶、芝麻、黄豆一起制成豆浆，能够加强钙的吸收，从而很好地预防骨质疏松。

核桃黑枣豆浆，补钙、预防骨质疏松

材料

黄豆50克，核桃仁2个，黑枣3个，清水、白糖或冰糖适量。

做法

1 将黄豆清洗干净后，在清水中浸泡6～8小时，泡至发软备用；核桃仁碾碎；黑枣洗干净后，用温水泡开。

2 将浸泡好的黄豆、黑枣与核桃仁一起放入豆浆机的杯体中，添加清水至上下水位线之间，启动机器，煮至豆浆机提示核桃 黑枣豆浆做好。

3 将打出的核桃黑枣豆浆过滤后，按个人口味趁热添加适量白糖或冰糖调味，不宜吃糖的患者，可用蜂蜜代替。不喜甜者也可不加糖。

【养生功效】

核桃中的Ω-3脂肪酸有助于保持骨密度，减少因自由基造成的骨质疏松；黑枣中富含钙和铁，它们对防治骨质疏松有重要作用。

■ 贴心提示

好的黑枣皮色应是乌亮有光，黑里泛出红色者，皮色乌黑者为次，色黑带菱者更次。好的黑枣颗大均匀，短壮圆整，顶圆蒂方，皮面皱纹细浅。

海带黑豆豆浆，补益肾气防骨病

材料

海带 20 克，黑豆 30 克，黄豆 50 克，清水、白糖或冰糖适量。

做法

1 将黄豆、黑豆清洗干净后，在清水中浸泡 6 ~ 8 小时，泡至发软备用；海带洗净，切碎。

2 将浸泡好的黄豆、黑豆和海带一起放入豆浆机的杯体中，添加清水至上下水位线之间，启动机器，煮至豆浆机提示海带黑豆豆浆做好。

3 将打出的海带黑豆豆浆过滤后，按个人口味趁热添加适量白糖或冰糖调味，不宜吃糖的患者，可用蜂蜜代替。不喜甜者也可不加糖。

■ 贴心提示

海带性寒质滑，故肾虚寒者不宜食用这款豆浆。海带虽然营养丰富，味美可口，但海带含有一定量的砷，若摄入量过多容易引起慢性中毒，所以在食用前要用清水漂洗干净，使砷溶解于水。通常浸泡一昼夜换一次水，可使其中含砷量符合食品卫生标准。

【养生功效】

骨质疏松和肾虚有很大关系，骨质疏松患者除了适当补钙，还要考虑补肾。骨质疏松并不单纯是缺钙，而是人体钙代谢出现问题，是一种全身性的代谢问题。海带中除含有大量的碘外，含钙量也很高，能促进骨骼、牙齿的生长，预防骨质疏松，是儿童、孕妇和老年人的营养保健食品。黄豆是"豆中之王"，营养丰富，既能补钙又能补肾。黑豆具有很好的滋阴补肾的作用。海带、黑豆、黄豆三者搭配制作出的豆浆富含钙质，补肾益气，经常饮用能够预防骨质疏松。

木耳紫米豆浆，预防骨质疏松

材料

木耳 30 克，紫米 20 克，黄豆 50 克，清水、白糖或冰糖适量。

做法

1 将黄豆清洗干净后，在清水中浸泡 6 ~ 8 小时，泡至发软备用；木耳洗净，用温水泡发；紫米淘洗干净，用清水浸泡 2 小时。

2 将浸泡好的黄豆、木耳和紫米一起放入豆浆机的杯体中，添加清水至上下水位线之间，启动机器，煮至豆浆机提示木耳紫米豆浆做好。

3 将打出的木耳紫米豆浆过滤后，按个人口味趁热添加适量白糖或冰糖调味，不宜吃糖的患者，可用蜂蜜代替。不喜甜者也可不加糖。

【养生功效】

黑木耳，色泽黑褐，质地柔软，味道鲜美，营养丰富，可素可荤，它含有较多的钙和蛋白质，能够预防骨质疏松。黄豆含黄酮苷、钙、铁、磷等，可促进骨骼生长和补充骨中所需的营养。用木耳和紫米搭配黄豆制成的这款豆浆能够有效预防骨质疏松。

· 缺钙 ·

麦枣豆浆，补钙强身

材料

黄豆50克，燕麦片50克，干枣、清水、白糖或冰糖适量。

做法

1. 将黄豆清洗干净后，在清水中浸泡6～8小时，泡至发软备用；干枣洗干净，去核；燕麦片备用。
2. 将浸泡好的黄豆和燕麦片、干枣一起放入豆浆机的杯体中，添加清水至上下水位线之间，启动机器，煮至豆浆机提示麦枣豆浆做好。
3. 将打出的麦枣豆浆过滤后，按个人口味趁热添加适量白糖或冰糖调味，不宜吃糖的患者，可用蜂蜜代替。不喜甜者也可不加糖。

【养生功效】

燕麦片含钙量特别高，每100克燕麦片含钙186毫克，是玉米、大米的10倍以上。每100克牛奶含钙104毫克，燕麦片含钙量比牛奶还要高许多。钙是构成人体骨骼的主要成分，能增强骨质，预防骨质疏松和软骨病，并维持毛细血管的正常。营养专家推荐，成年人每日需摄取800毫克的钙，而食用燕麦片可补充体内需要的钙。红枣也富含钙，对防治骨质疏松有重要作用，其效果通常是药物所不可比的。干枣中的钙含量比鲜枣要高。燕麦片、干枣搭配黄豆制成的豆浆营养均衡，能补钙强身，适宜中老年人食用。

■ 贴心提示

"燕麦片"和"麦片"不是一种东西。纯燕麦片是燕麦粒轧制而成，呈扁平状，直径约相当于黄豆粒，形状完整。经过速食处理的速食燕麦片有些散碎感，但仍能看出其原有形状。麦片则是多种谷物混合而成，如小麦、大米、玉米、大麦等，其中燕麦片只占一小部分，甚至根本不含有燕麦片。

西芹黑豆豆浆，强健骨骼

材 料

西芹20克，黑豆30克，黄豆50克，清水适量。

做 法

① 将黄豆、黑豆清洗干净后，在清水中浸泡6～8小时，泡至发软备用；西芹择洗干净后，切成碎丁。

② 将浸泡好的黄豆、黑豆同西芹丁一起放入豆浆机的杯体中，添加清水至上下水位线之间，启动机器，煮至豆浆机提示西芹黑豆豆浆做好。

③ 将打出的西芹黑豆豆浆过滤后即可饮用。

【养生功效】

每100克芹菜中含钙160毫克，黑豆和黄豆的钙质也很丰富，每100克大豆中含有367毫克的钙，是补钙的重要来源。三者搭配制成的这款豆浆，能够让人体充分吸收钙质，具有强健骨骼的作用。

■ 贴心提示

西芹具有杀精作用，它能够抑制男性激素的生成，减少精子数量，所以年轻的男性朋友应少饮西芹黑豆豆浆。西芹叶的营养价值比西芹茎高，其抗坏血酸含量远大于西芹茎，且抗癌功效更为显著，所以在食用时不要丢弃西芹叶。

紫菜虾皮豆浆，促进钙吸收

材料

黄豆 50 克，大米 20 克，虾皮 10 克，紫菜 10 克，清水、葱末、盐适量。

做法

1 将黄豆清洗干净后，在清水中浸泡 6～8 小时，泡至发软备用；大米淘洗干净，用清水浸泡 2 小时；紫菜撕成小片；虾皮洗净。

2 将浸泡好的黄豆和大米、紫菜、虾皮、葱末一起放入豆浆机的杯体中，添加清水至上下水位线之间，启动机器，煮至豆浆机提示紫菜虾皮豆浆做好。

3 将打出的紫菜虾皮豆浆过滤后，按个人口味趁热添加适量盐调味即可。

■ 贴心提示

皮肤病患者不宜饮用这款豆浆，因为紫菜和虾皮属于发物，不利于病情的恢复。

【养生功效】

骨质疏松症与钙有直接关系。骨质是否疏松，主要是看骨骼中钙的含量有多少，骨骼缺钙就会出现骨质疏松症。当体内的钙丢失量多于摄入量时，骨骼就会脱钙，从而产生骨质疏松症。肠钙是体内钙代谢的主要环节之一，即钙在肠道中吸收，在骨骼中沉积，向血流中转移，从尿中排出。如果肠道对钙的吸收减少，就会影响钙向骨骼的沉积。虾皮含钙量很高，紫菜含镁量较高，两者合用，能促进钙的吸收，为身体提供充足的钙质，防治缺钙引起的骨质疏松。

紫菜黑豆豆浆，促进骨骼生长

材料

紫菜 20 克，大米 30 克，黑豆 20 克，黄豆 30 克，盐、清水适量。

■ 贴心提示

紫菜是海产食品，容易返潮变质，应装入黑色食品袋置于低温干燥处存放，或放入冰箱中，以保持其味道和营养。若凉水浸泡后的紫菜呈蓝紫色，说明在干燥、包装前已被有毒物所污染，这种紫菜对人体有害，不能食用。

做法

1 将黄豆、黑豆清洗干净后，在清水中浸泡 6～8 小时，泡至发软备用；紫菜洗干净；大米淘洗干净，用清水浸泡 2 小时。

2 将浸泡好的黄豆、黑豆、大米同紫菜一起放入豆浆机的杯体中，添加清水至上下水位线之间，启动机器，煮至豆浆机提示紫菜黑豆豆浆做好。

3 将打出的紫菜黑豆豆浆过滤后，加入盐调味即可饮用。

【养生功效】

如果人体摄入的镁偏少，会导致抽筋等肌肉问题。紫菜钙镁含量丰富，每 100 克中含镁 105 毫克、含钙量约有 343 毫克，适当食用更能促进钙的吸收。大米有健脾养胃、补血益气的功效，可以滋补身体。黄豆富含钙质。紫菜、黑豆、大米和黄豆搭配制成的这款豆浆有很好的补钙作用，能够促进骨骼的生长。

芝麻黑枣黑豆浆，富含钙质

材料

黑芝麻10克，黑枣30克，黑豆60克，清水、白糖或冰糖各适量。

做法

1. 将黑豆清洗干净后，在清水中浸泡6～8小时，泡至发软备用；黑芝麻淘去沙粒；黑枣去核，洗净，切碎。

2. 将浸泡好的黑豆和洗净的黑芝麻、黑枣一起放入豆浆机的杯体中，加水至上下水位线之间，启动机器，煮至豆浆机提示芝麻黑枣黑豆浆做好。

3. 将打出的芝麻黑枣黑豆浆过滤后，按个人口味趁热往豆浆中添加适量白糖或冰糖调味，患有糖尿病、高血压、高血脂等不宜吃糖的患者，可用蜂蜜代替。不喜甜者也可不加糖。

【养生功效】

除了牛奶等奶制品和虾皮等海产品，黑芝麻等植物的种子也是很好的补钙精华食品。100克牛奶中的钙含量为100多毫克，而同等重量的黑芝麻含钙量是牛奶的7～8倍。黑枣和黑豆中也富含钙质，它们搭配黑豆做成的豆浆富含钙质，是补钙的营养保健佳品。

■ 贴心提示

黑芝麻、南瓜子、葵花子等植物种子，都是很好的补钙食品，而食用的最佳时机是早餐，因为早晨机体处于"饥渴"状态，对食物的吸收率在一天中是最好的。

西芹紫米豆浆，补钙、补血益气

材料

黄豆50克，紫米20克，西芹30克，清水、白糖或冰糖适量。

做法

1. 将黄豆清洗干净后，在清水中浸泡6～8小时，泡至发软备用；紫米淘洗干净，用清水浸泡2小时；西芹洗净，切段。

2. 将浸泡好的黄豆、紫米和西芹一起放入豆浆机的杯体中，添加清水至上下水位线之间，启动机器，煮至豆浆机提示西芹紫米豆浆做好。

3. 将打出的西芹紫米豆浆过滤后，按个人口味趁热添加适量白糖或冰糖调味，不宜吃糖的患者，可用蜂蜜代替。不喜甜者也可不加糖。

【养生功效】

芹菜、紫米和黄豆的含钙量都很高，它们是重要的补钙来源。因此三者搭配出来的这款豆浆含钙量很高，能够很好地为人体补钙。

■ 贴心提示

紫米好坏的鉴别：上等的紫米米粒细长，颗粒饱满均匀，外观色泽呈紫白色或紫白色夹小紫色块，用水洗涤水色呈黑色，用手抓取易在手指中留有紫黑色，用指甲刮除米粒上的色块后米粒仍然呈紫白色。

第**6**章

轻松改善亚健康状况

· 头痛 ·

香芋枸杞红豆浆，口感好的"止痛药"

材料

芋头 20 克，枸杞子 5 克，红豆 50 克，清水、白糖或冰糖适量。

做法

① 将红豆清洗干净后，在清水中浸泡 6 ~ 8 小时，泡至发软备用；芋头去皮，切成小块，放入蒸锅蒸熟待用；枸杞洗净，用清水泡发。

② 将浸泡好的红豆、枸杞和蒸熟的芋头一起放入豆浆机的杯体中，添加清水至上下水位线之间，启动机器，煮至豆浆机提示香芋枸杞红豆浆做好。

③ 将打出的香芋枸杞红豆浆过滤后，按个人口味趁热添加适量白糖或冰糖调味，不宜吃糖的患者，可用蜂蜜代替。不喜甜者也可不加糖。

■ 贴心提示

最好选用个头较大的芋头，因为大芋头的质感更好，打出的豆浆更细腻黏稠，口感更好。饮用这款豆浆不可同时吃香蕉。

【养生功效】

中医认为，夏季在五行中属火，对应的脏腑是心，因此，夏季养生重在养心。夏日气温高，暑热伤阴，心血暗耗，往往表现为头晕、心悸、失眠、烦躁等不适症状。红豆性平，有清热解毒、活血排脓，通气除烦的功效，对于缓解夏季头痛很有帮助；若头痛时伴随烦躁、失眠、易怒、舌质红，可以搭配枸杞等清热与熄风滋阴的药材。芋头的维生素和矿物质含量较高，具有清热化痰、消肿止痛的作用，适合夏季食用。芋头、枸杞与红豆混合打出的豆浆，口感醇厚，有很好的止痛功效。

西芹香蕉豆浆, 心情愉悦头不痛

材料

西芹 20 克, 香蕉一根, 黄豆 50 克, 清水、白糖或冰糖适量。

做法

1. 将黄豆清洗干净后, 在清水中浸泡 6 ~ 8 小时, 泡至发软备用; 西芹择洗干净后, 切成碎丁; 香蕉去皮后, 切成碎丁。

2. 将浸泡好的黄豆和西芹、香蕉一起放入豆浆机的杯体中, 添加清水至上下水位线之间, 启动机器, 煮至豆浆机提示西芹香蕉豆浆做好。

3. 将打出的西芹香蕉豆浆过滤后, 按个人口味趁热添加适量白糖或冰糖调味, 不宜吃糖的患者, 可用蜂蜜代替。不喜甜者也可不加糖。

■ 贴心提示

多吃香蕉还会因胃酸分泌大大减少而引起胃肠功能紊乱和情绪波动过大。因此, 香蕉虽然味道可口, 也不可多吃, 尤其是急慢性肾炎患者和肾功能不全者, 更要注意。

【养生功效】

从芹菜籽中分离出的一种碱性成分, 对动物有镇静作用, 有利于安定情绪, 消除烦躁。香蕉中含有一种物质, 能帮助人脑产生 5- 羟色胺, 5- 羟色胺可以驱散人的悲观、烦躁的情绪, 增加平静、愉悦感。所以, 经常饮用这款豆浆可以使人心情愉悦, 预防和缓解头痛。

茉莉花燕麦豆浆, 改善焦虑、缓解头痛

材料

茉莉花 10 克, 燕麦 30 克, 黄豆 50 克, 清水、白糖或冰糖适量。

做法

1. 将黄豆清洗干净后, 在清水中浸泡 6 ~ 8 小时, 泡至发软备用; 茉莉花洗干净备用; 燕麦淘洗干净, 用清水浸泡 2 小时。

2. 将浸泡好的黄豆、燕麦和茉莉花一起放入豆浆机的杯体中, 添加清水至上下水位线之间, 启动机器, 煮至豆浆机提示茉莉花燕麦豆浆做好。

3. 将打出的茉莉花燕麦豆浆过滤后, 按个人口味趁热添加适量白糖或冰糖调味, 不宜吃糖的患者, 可用蜂蜜代替。不喜甜者也可不加糖。

■ 贴心提示

体有热毒者不宜过多食用茉莉花燕麦豆浆, 孕妇不宜饮用。

【养生功效】

中医认为, 茉莉花性寒、味香淡、香气有理气安神之功效, 可改善昏睡及焦虑现象, 对缓解头痛也有一定疗效。茉莉花所含的挥发油性物质, 具有行气止痛, 解郁散结的作用, 可缓解胸腹胀痛、头痛等病状, 为止痛之食疗佳品; 燕麦可以改善血液循环, 缓解生活和工作带来的压力。茉莉花、燕麦搭配黄豆制成的这款豆浆可缓解头疼, 稳定情绪。

生菜小米豆浆，镇痛止痛、清热提神

材料

生菜30克,小米20克,黄豆50克,清水适量。

做法

① 将黄豆清洗干净后,在清水中浸泡6~8小时,泡至发软备用;生菜洗净后切碎;小米淘洗干净,用清水浸泡2小时。

② 将浸泡好的黄豆、小米和切好的生菜一起放入豆浆机的杯体中,添加清水至上下水位线之间,启动机器,煮至豆浆机提示生菜小米豆浆做好。

③ 将打出的生菜小米豆浆过滤后即可饮用。

【养生功效】

生菜中的茎叶中含有莴苣素,故味微苦,具有镇痛催眠的作用,还可以辅助治疗神经衰弱;生菜中含甘露醇等有效成分,有利尿和促进血液循环的作用;中医认为,小米味甘咸,有清热解渴、健胃除湿、和胃安眠等功效。小米中所含的类雌激素物质,有滋阴养血的功效,能帮助恢复体力,还能防止反胃和呕吐。生菜、小米和黄豆搭配制成的这款豆浆具有清热提神、止痛镇痛的功效。

■ 贴心提示

购买生菜时,要先看菜叶的颜色是否青绿,然后看茎部。茎部呈干净白色的比较新鲜。越新鲜的生菜叶子越脆,叶面有诱人的光泽。在叶面有断口或褶皱的地方,不新鲜的生菜会因为空气氧化的作用而变得好像生了锈斑一样,而新鲜的生菜则不会有。

· 失眠 ·

核桃花生豆浆，安神助眠

材料

核桃仁 2 枚，花生仁 20 克，黄豆 50 克，大米 50 克，清水、白糖或冰糖适量。

做法

① 将黄豆清洗干净后，在清水中浸泡 6 ~ 8 小时，泡至发软备用；大米淘洗干净，用清水浸泡 2 小时；核桃仁、花生仁碾碎。

② 将浸泡好的黄豆和大米、核桃仁、花生仁一起放入豆浆机的杯体中，添加清水至上下水位线之间，启动机器，煮至豆浆机提示核桃花生豆浆做好。

③ 将打出的核桃花生豆浆过滤后，按个人口味趁热添加适量白糖或冰糖调味，不宜吃糖的患者，可用蜂蜜代替。不喜甜者也可不加糖。

【养生功效】

核桃含有丰富的不饱和脂肪酸，这种物质不仅能预防动脉粥样硬化，预防脑血管病，而且是构成大脑细胞的重要物质之一。因此，中医认为核桃具有补脑益智的功效。临床研究证明，核桃有改善睡眠质量的功效，常用来治疗神经衰弱、失眠、健忘、多梦等症状。这是因为核桃中磷的含量较多，每 100 克含磷 294 毫克，超过各种鲜果和干果。磷是人体不可缺少的元素，是组成磷脂的必需物质，而磷脂能使大脑产生一种促进记忆的物质——乙酰胆碱。如果脑磷脂缺乏，易引起脑神经细胞膜松弛，使思维迟钝。核桃搭配黄豆、大米、花生制成的豆浆，能养血健脾、安神助眠。

■ 贴心提示

核桃含油脂多，吃多了会令人上火、恶心，正在上火、腹泻的人不宜吃。正在用药的人不要饮用这款豆浆，因为核桃仁含鞣酸，可与铁剂及钙剂结合降低药效。

百合葡萄小米豆浆，提高睡眠质量

材料

小米 40 克，鲜百合 10 克，葡萄干 10 克，黄豆 40 克，清水、白糖或冰糖适量。

做法

1 将黄豆清洗干净后，在清水中浸泡 6 ~ 8 小时，泡至发软备用；小米淘洗干净用清水浸泡 2 小时；鲜百合洗净，分瓣。

2 将浸泡好的黄豆、小米和葡萄干、鲜百合一起放入豆浆机的杯体中，添加清水至上下水位线之间，启动机器，煮至豆浆机提示百合葡萄小米豆浆做好。

3 将打出的百合葡萄小米豆浆过滤后，按个人口味趁热添加适量白糖或冰糖调味。不喜甜者也可不加糖。

【养生功效】

葡萄干性平，味甘、微酸，具有补肝肾，益气血的功效。民间常用它来治疗肝肾亏虚和气血虚弱引起的失眠，疗效甚佳。经常食用，对神经衰弱和过度疲劳均有补益；百合入心经，能清心除烦，宁心安神，提高睡眠质量。百合与葡萄干加上小米和黄豆制成的这款豆浆，能够宁心安神，有效改善肝肾亏虚和气血虚弱引起的失眠。

■ 贴心提示

葡萄干的糖分含量较高，所以糖尿病患者应当少食或者不食百合葡萄小米豆浆，另外在制作的时候葡萄干也可换成提子干，同样也有助于失眠患者食用。

核桃桂圆豆浆，改善睡眠质量

材料

黄豆80克，核桃仁2枚，桂圆、清水、白糖或冰糖适量。

做法

① 将黄豆清洗干净后，在清水中浸泡6～8小时，泡至发软备用；核桃仁碾碎；桂圆去皮、去核。

② 将浸泡好的黄豆与核桃、桂圆一起放入豆浆机的杯体中，添加清水至上下水位线之间，启动机器，煮至豆浆机提示核桃桂圆豆浆做好。

③ 将打出的核桃桂圆豆浆过滤后，按个人口味趁热添加适量白糖或冰糖调味，不宜吃糖的患者，可用蜂蜜代替。不喜甜者也可不加糖。

【养生功效】

肾虚可造成严重的失眠，经常食用核桃仁对肾虚引起的失眠有医治作用。经常失眠会令人心生焦虑，同时会暗耗心血，桂圆能补心脾，益心血，对失眠有一定的食疗功效。桂圆内含葡萄糖、蔗糖、蛋白质、脂肪、鞣质和维生素A、维生素B，这些物质能营养神经和脑组织，从而调整大脑皮层功能，改善甚至消除失眠与健忘。因此，这款豆浆能有效改善睡眠质量，对改善贫血及病后虚弱都有一定的辅助功效。

■ 贴心提示

桂圆质量的鉴别方法：手剥桂圆，肉核易分离、肉质软润不粘手则质量较好；若肉核不易分离，肉质干硬，则质量差。若桂圆壳面或蒂端有白点，说明肉质已发霉，不可食用。

南瓜百合豆浆，抗抑郁、安神助眠

材料

黄豆50克，南瓜50克，鲜百合20克，水、盐、胡椒粉适量。

做法

① 将黄豆清洗干净后，在清水中浸泡6～8小时，泡至发软备用；南瓜去皮后切成小块；鲜百合洗净后分瓣。

② 将浸泡好的黄豆和南瓜、鲜百合一起放入豆浆机的杯体中，添加清水至上下水位线之间，启动机器，煮至豆浆机提示南瓜百合豆浆做好。

③ 将打出的南瓜百合豆浆过滤后，按个人口味趁热添加适量盐和胡椒粉调味即可。

【养生功效】

抑郁也会影响到睡眠质量，出现失眠、多梦等睡眠障碍。南瓜是一种抗抑郁的食物，它之所以能给人带来好心情，是因为南瓜含有丰富的维生素 B_6 和铁，这两种营养素都能帮助身体所储存的血糖转化为葡萄糖，而葡萄糖正是脑部唯一的燃料。抑郁失眠的时候，可以通过食用南瓜得到改善；百合性微寒，具有清心除烦，抚慰心神的作用，用于热病后余热未消、神思恍惚、失眠多梦、心情抑郁、喜悲伤欲哭等病症，也有不错的疗效。南瓜和百合加上黄豆制成的豆浆，能够起到抗抑郁、安神助眠的效果。

■ 贴心提示

轻度失眠人群可食用此豆浆进行调理，重症者应及时就医。

绿豆小米高粱豆浆，调治脾胃失和引起的失眠

材料

高粱米 20 克，小米 20 克，绿豆 20 克，黄豆 40 克，清水、白糖或冰糖适量。

做法

❶ 将黄豆、绿豆清洗干净后，在清水中浸泡 6～8 小时，泡至发软备用；高粱米、小米淘洗干净，用清水浸泡 2 小时。

❷ 将浸泡好的黄豆、绿豆、高粱米、小米一起放入豆浆机的杯体中，添加清水至上下水位线之间，启动机器，煮至豆浆机提示绿豆小米高粱豆浆做好。

❸ 将打出的绿豆小米高粱豆浆过滤后，按个人口味趁热添加适量白糖或冰糖调味，不宜吃糖的患者，可用蜂蜜代替。不喜甜者也可不加糖。

【养生功效】

脾胃不和，脾的运化功能失调，水湿滞留体内，湿盛而化痰，痰热上扰心神，人便会失眠，同时伴有胸闷、腹胀、口苦、痰多等问题。所以，治疗时应从调理脾胃入手。高粱和小米都有健脾益胃的功效，可以通过对脾胃的养护帮助睡眠。小米富含易消化的淀粉，进食后能使人产生温饱感，可促进人体胰岛素的分泌，提高脑内色氨酸的数量，帮助人尽快入睡。所以，这款豆浆对脾胃不和引起的失眠有辅助治疗作用。

■ 贴心提示

大便燥结者应少食或不食此款豆浆。

百合枸杞豆浆，镇静催眠

材料

枸杞子 30 克，鲜百合 20 克，黄豆 50 克，清水、白糖或冰糖适量。

做法

❶ 将黄豆清洗干净后，在清水中浸泡 6～8 小时，泡至发软备用；枸杞洗净，用清水泡软；鲜百合洗净后分瓣。

❷ 将浸泡好的黄豆、枸杞和鲜百合一起放入豆浆机的杯体中，添加清水至上下水位线之间，启动机器，煮至豆浆机提示百合枸杞豆浆做好。

❸ 将打出的百合枸杞豆浆过滤后，按个人口味趁热添加适量白糖或冰糖调味，不宜吃糖的患者，可用蜂蜜代替。不喜甜者也可不加糖。

【养生功效】

神经衰弱是引起失眠的重要原因。神经衰弱属于心理疾病的一种，是一类精神容易兴奋和脑力容易疲乏、常有情绪烦恼和心理生理症状的神经症性障碍。枸杞能够滋补肝肾，百合具有宁心安神的功效，可用于调理心肾不交造成的神经衰弱。所以这款豆浆具有镇静催眠的作用，对于睡时易醒、多梦也有很好的调养效果。

■ 贴心提示

新鲜百合在改善失眠的功效上更强。

·身体困乏·

杏仁花生豆浆，补充体能、缓解疲劳

材料

黄豆50克，杏仁20克，花生仁30克，清水、白糖或冰糖适量。

做法

❶ 将黄豆清洗干净后，在清水中浸泡6～8小时，泡至发软备用；杏仁碾碎备用；花生仁洗净备用。

❷ 将浸泡好的黄豆和杏仁、花生仁一起放入豆浆机的杯体中，添加清水至上下水位 线之间，启动机器，煮至豆浆机提示杏仁花生豆浆做好。

❸ 将打出的杏仁花生豆浆过滤后，按个人口味趁热添加适量白糖或冰糖调味，不宜吃糖的患者，可用蜂蜜代替。不喜甜者也可不加糖。

【养生功效】

杏仁富含蛋白质、脂肪、糖类、B族维生素等营养成分，食用杏仁能及时补充营养，增强体能。花生具有很高的营养价值，有促进脑细胞发育，增强记忆的功能。这款豆浆能迅速补充体能，缓解疲劳。

■ 贴心提示

杏仁含有毒物质氢氰酸，过量服用可致中毒，所以这款豆浆不宜长期饮用。

腰果花生豆浆，消除身体疲劳

材料

花生仁30克，腰果20克，黄豆50克，清水、白糖或冰糖适量。

做法

❶ 将黄豆清洗干净后，在清水中浸泡6～8小时，泡至发软备用；花生仁洗净；腰果碾碎。

❷ 将浸泡好的黄豆和花生仁、腰果一起放入豆浆机的杯体中，添加清水至上下水位线之间，启动机器，煮至豆浆机提示腰果花生豆浆做好。

❸ 将打出的腰果花生豆浆过滤后，按个人口味趁热添加适量白糖或冰糖调味，不宜吃糖的患者，可用蜂蜜代替。不喜甜者也可不加糖。

【养生功效】

花生具有很高的营养价值，含有丰富的脂肪、蛋白质、多种维生素以及人体必需的氨基酸和矿物质。腰果的维生素 B_1 含量仅次于芝麻和花生，有补充体力、消除疲劳的效果。这款豆浆能够有效消除身体疲乏，缓解脑疲劳。

■ 贴心提示

过敏体质的人吃了腰果，常常引起过敏反应，严重的吃一两粒腰果，就会引起过敏性休克，如不及时抢救，往往发生不良的后果。为了防止产生上述现象，没有吃过腰果的人，不要多吃。跌打损伤者不宜饮用这款豆浆，因为花生中有一种凝血因子，可导致血瘀不散，加重瘀肿。

榛仁葡萄干豆浆，补充体力

材料

榛子仁10枚，葡萄干20克，黄豆50克，清水、白糖或冰糖适量。

做法

① 将黄豆清洗干净后，在清水中浸泡6～8小时，泡至发软备用；榛子仁碾碎；葡萄干洗净。

② 将浸泡好的黄豆、绿豆和红枣一起放入豆浆机的杯体中，添加清水至上下水位线之间，启动机器，煮至豆浆机提示榛仁葡萄干豆浆做好。

③ 将打出的榛仁葡萄干豆浆过滤后，按个人口味趁热添加适量白糖或冰糖调味，不宜吃糖的患者，可用蜂蜜代替。

【养生功效】

有时候我们发现即便营养摄入很均衡，可还是很容易疲惫，这可能是缺乏镁引起的。人体超过300种生物化学反应都需要镁。人每日所需镁应在300～350毫克，榛子富含镁这种微量元素，当你疲倦时，不妨吃点儿榛子补充点儿镁元素；葡萄干为高级营养品，是老年人、妇女及体弱贫血者的滋补佳品，可补气血、暖肾，对贫血、血小板减少有较好疗效，对神经衰弱和过度疲劳有较好的滋补作用；黄豆属于谷类食品，这类食品在补充能量上更加持续和平稳，可缓解人的疲惫感。榛仁、葡萄和黄豆组成的这款豆浆能够给人补充体力，缓解疲惫。

■ 贴心提示

在豆浆中加入干果可以丰富豆浆的口味，补充营养物质，但有些干果本身含有丰富的油脂，所以要注意适量。

三加一健康豆浆，补营养，增体力

材料

青豆30克，黑豆30克，绿豆30克，清水、白糖或冰糖适量。

做法

① 将青豆、黑豆、绿豆清洗干净后，在清水中浸泡6～8小时，泡至发软备用。

② 将浸泡好的青豆、黑豆、绿豆一起放入豆浆机的杯体中，添加清水至上下水位线之间，启动机器，煮至豆浆机提示豆浆做好。

③ 将打出的豆浆过滤后，按个人口味趁热添加适量白糖或冰糖调味，不宜吃糖的患者，可用蜂蜜代替。

【养生功效】

豆类的营养价值非常高，我国传统饮食讲究"五谷宜为养，失豆则不良"，意思是说五谷是有营养的，但没有豆子就会失去平衡。现代营养学也证明，每天坚持食用豆类食品，只要两周的时间，人体就可以减少脂肪含量，增加免疫力。青豆、黑豆、绿豆搭配制成的豆浆能够给人补充营养，增强体力。

■ 贴心提示

体瘦者和尿多者不宜多吃。

第八篇

豆香美食

——豆浆与豆渣的美味转身

第1章
豆浆料理

豆浆米糊，健脾益气

材料

豆浆 160 毫升，大米 100 克，白糖适量。

做法

① 大米淘洗干净，用水泡软，以手搓没有硬心为度。然后磨成米糊。

② 豆浆在煮沸 3 ~ 5 分钟后，撇去浮沫，改成小火，并加入米糊熬制。

③ 用筷子不停地向一个方向搅动（顺时针或逆时针），米糊在煮沸后仍继续不停搅拌直到豆浆米糊变得黏稠、熟透。

④ 关火，加入适量白糖，搅拌均匀即可食用。

【养生功效】

中医认为黄豆具有健脾宽中、润燥消水等作用，对于因为脾气虚弱引起的消化不良，腹泻、腹胀等症都有不错的调理作用。大米含有的营养虽然不高，但它是补充营养素的基础食物。中医认为大米性味甘平，有补中益气、健脾养胃的作用。黄豆和大米都有健脾的功效，由二者做成的豆浆米糊自然也具有健脾益气的作用，此外它还有降脂降压的功效，适用于高血压病、高脂血症、营养不良、更年期综合征等病症。

■ 贴心提示

豆浆米糊既可以当作早餐，也可以当作平时的零食。需要注意的是，糖尿病患者食用时，不要放糖。

咸豆浆，降低胰岛素效应

材料

黄豆 80 克，油条 1 根，虾皮 30 克，榨菜 80 克，红酱油 25 克，盐 25 克，白糖 25 克，醋 25 克，葱末 10 克。

做法

① 先将油条切丁，榨菜切末。

② 将红酱油、盐、白糖、味精入锅煮沸后倒出，再加入醋，制成酱醋混合调料。

③ 将黄豆拣去杂质，淘洗干净，浸入温水中 6 ~ 8 小时，泡软后用水冲净。

④ 将泡好的黄豆放入豆浆机杯体中，加水至上下水位线间，启动豆浆机煮成豆浆。

⑤ 将油条丁、榨菜末、虾皮、葱末等放入豆浆稍微熬煮，加酱醋泥混合调料，盛入碗中即成咸豆浆。

■ 贴心提示

为使豆浆凝成絮状，加醋是关键，用香醋、白醋或陈醋都可以，全凭自己口味。搭配豆浆的小料也可根据个人口味调整。

【养生功效】

在豆浆倒入碗中的一瞬间，顺滑的豆浆立刻变成了絮状，这就是南方一带喜欢吃的咸豆浆，配上榨菜、虾皮、油条等，口味咸鲜丰富，与甜豆浆相比，别有一番风味。咸豆浆与甜豆浆中蛋白质、脂肪等成分的含量相当，但甜豆浆含糖量比较高，不适合糖尿病人饮用。对于一般人而言，我们都有这样的经验，在不吃其他食物的情形下，只喝 1 杯甜豆浆，在 1 ~ 2 小时就能明显感到饥饿，这主要是豆浆中的高糖刺激血糖升高，启动了体内胰岛素快速分泌，继而使血糖快速下降，因而使人饥肠辘辘。对于怕胖、又抵不住饥饿的人，或血糖不稳定的糖尿病患者，不如改喝咸豆浆，这样可以降低"胰岛素效应"，不易感到饥饿。

豆浆汤圆，美味滋补双重功效

【养生功效】

豆浆汤圆跟普通的汤圆看起来只是做了小小的改变，但是有了豆浆的香醇和汤圆的糯滑，这个新型组合却可以让你品尝到不一样的汤圆，喝到不一样的豆浆。而且豆浆汤圆还有温和的滋补作用，能够补虚、补血、健脾。

材料

原味豆浆 800 毫升，速冻汤圆 6 个，熟花生仁 10 克，葡萄干 10 克。

做法

① 将熟花生仁去掉红衣，切成碎粒待用；葡萄干洗净，沥干水分，切成碎粒待用。

② 将豆浆倒入锅中，大火煮至微沸时，放入速冻汤圆，煮开后转小火继续煮至汤圆全部浮起。

③ 将汤圆捞入碗中，再加入少许煮汤圆的豆浆，最后撒上花生粒和葡萄干粒即可。

贴心提示

在煮速冻汤圆时，等豆浆差不多快沸腾的时候就放汤圆，不然汤圆容易造成表皮熟了，里面还是生的。

香甜豆浆粥，补中益气

材料

黄豆 80 克，大米 50 克，冰糖、清水适量。

做法

1️⃣ 将黄豆放入温水中泡 6 ~ 8 小时，洗净备用；将大米淘洗干净，预先浸泡半小时。

2️⃣ 将泡好的黄豆放入全自动家用豆浆机杯体中，添加清水至上下水位线之间，启动机器，煮至豆浆机提示豆浆做好。

3️⃣ 将浸泡好的大米与盛出的原味豆浆一起放入锅中慢火熬煮到适口，另可添加适量冰糖。

【养生功效】

大米即粳米，能提高人体免疫功能，促进血液循环，从而减少高血压发生概率；豆浆营养丰富，多喝豆浆可预防老年痴呆症，增强抗病能力。原味豆浆的味道略显清淡，喜欢甜味的可以适量加入冰糖。冰糖可补中益气，和胃润肺，止咳化痰。在粥中依口味添加一些，可以使粥更加美味。总的来说，这道香甜豆浆粥具有补中益气的功效，尤其适合老年人、体质虚弱脾胃不佳的人食用。

豆浆鸡蛋羹，给家人补充营养

材料

原味豆浆 150 毫升，鸡蛋 2 个，白糖、水淀粉适量。

做法

1️⃣ 将鸡蛋打入碗中，加入水淀粉、白糖和水，调成糊状。

2️⃣ 将锅放到火上，倒入豆浆，大火煮沸 5 分钟后，加入调好的鸡蛋糊，一边加，一边向同一个方向不停搅动，直到鸡蛋糊呈羹状即可。

【养生功效】

鸡蛋羹几乎是家里必做的一道菜，体虚牙口不好的老人、病后恢复中的家人、刚断奶的幼儿，都可以吃这个来补充营养。中医认为鸡蛋性味甘平，是扶助正气的常用食品。鸡蛋羹本身味道清淡，加入豆浆后更加美味。这道豆浆鸡蛋羹能调节内分泌，改善更年期症状，延缓衰老，还能给小儿补充营养。制作的时候，还可以根据个人口味添加各种调味料或者和一些配料蒸入其中。

红糖姜汁豆浆羹，帮助孕妇产后恢复身体

材料

原味豆浆 200 毫升，鸡蛋 1 个、姜 3 片、盐、蜂蜜、红糖适量。

【养生功效】

中医认为，红糖具有益气养血，健脾暖胃，祛风散寒，活血化瘀，排恶露之效。这个红糖姜汁豆浆羹不仅可以用来解馋，还能滋补身体。这道红糖姜汁豆浆羹非常适合帮助产妇恢复身体。孕妇产后失血多，体力和能量消耗大，食用此红糖姜汁豆浆羹能补充能量、增加血容量，有利于产后体力的恢复，且对产后子宫的收缩、恢复、恶露的排出以及乳汁分泌等，也有明显的促进作用。

做法

1️⃣ 鸡蛋敲开，只取蛋清放入碗中，将蛋清、盐、蜂蜜一起打匀，直到出现浮沫。

2️⃣ 豆浆慢慢倒入打匀的蛋液中，用保鲜膜封住碗口。

3️⃣ 蒸锅加水后用大火煮沸，将用保鲜膜封好的碗放入锅中，改中火蒸 20 分钟，这时豆浆就变成凝固状态的豆浆羹。

4️⃣ 姜片切碎后加一点儿水，挤一下姜末就得到姜汁。把姜汁和红糖搅匀，用中火加热到红糖融化，再转小火煮到姜汁略浓稠即可。最后揭开保鲜膜，把红糖姜汁淋到豆浆羹上就可以了。

豆浆咸粥，降低血脂

材料

原味豆浆 1000 毫升，燕麦 100 克，瘦肉 80 克，香菇 15 克，胡萝卜 30 克，白果 20 克，西芹末适量，香菇精少许，盐少许。

做法

1. 瘦肉切丁洗净，放入沸水中氽烫，备用。
2. 香菇泡软切丁，胡萝卜切丁，备用。
3. 取一锅，放入瘦肉丁及燕麦，煮滚后转小火拌煮 40 分钟，然后放入准备好的香菇丁、萝卜丁和白果。
4. 在锅中倒入原味豆浆，续煮约 15 分钟，再加入盐和香菇精拌匀，煮至入味，食用前撒上西芹末即可。

■ 贴心提示

老人在早晨喝用粗粮熬成的咸粥时，可搭配喝点儿红茶、蜂蜜水等，帮助消化。

【养生功效】

豆浆富含不饱和脂肪酸与脂肪酸，它们能够降低血液中的胆固醇以及三酰甘油的含量，对防止高血脂、高血压和动脉硬化等有不错疗效。燕麦所含有的可溶性纤维和皂苷素等，也能起到降低血糖的作用。二者的降血脂作用，还有利于减肥。芹菜中所含丰富的纤维素有预防脑血管病的功效。总之，这款由豆浆、燕麦为主要组成部分的咸粥非常适宜有心脑血管疾病的人食用。

豆浆滑鸡粥，强壮身体

材料

黄豆 50 克，鸡胸脯肉 50 克，大米 35 克，姜丝、盐、味精、胡椒粉、淀粉、清水适量。

做法

1. 将黄豆清洗干净后，在清水中浸泡 6 ~ 12 小时，泡至发软；大米淘洗干净，用清水浸泡 2 小时；鸡胸脯肉切片，加盐、味精、胡椒粉、干淀粉略腌。
2. 将泡好的黄豆放入豆浆机的杯体中，并加水至上下水位线之间，启动机器，煮至豆浆机提示豆浆做好，滤出。
3. 往锅中加入适量水，放入大米，大火烧开，转小火熬煮成稠粥，加入姜丝，倒入豆浆，放入鸡胸脯肉煮熟即可。

【养生功效】

鸡胸脯肉蛋白质含量较高，且易被人体吸收利用，有增强体力，强壮身体的作用，含有对人体生长发育有重要作用的磷脂类，它是中国人膳食结构中脂肪和磷脂的重要来源之一。同时鸡胸脯肉有益五脏、温中益气、补虚的作用，豆浆健脾胃，有明显的温补效果，将它们和大米一起煮成粥，口感爽滑，风味独特，能够强壮身体。

■ 贴心提示

鸡肉在肉类食品中是比较容易变质的，所以购买之后要马上放进冰箱里，可以在稍微迟一些的时候或第二天食用。剩下的鸡肉不要生着保存，应该煮熟之后保存。

红枣枸杞豆浆米粥，适合身体虚弱的人士食用

材料

原味豆浆 100 毫升，大米 50 克，红枣 15 克，枸杞 15 克，冰糖适量。

做法

① 大米淘洗干净；红枣洗干净，去核；枸杞洗干净。

② 将洗净的大米和红枣放入锅中，倒入豆浆，先用大火烧沸，再用小火慢煮 20 分钟。

③ 放入枸杞，再熬 10 分钟左右，按个人口味添加适量冰糖即可。

■ **贴心提示**

因为红枣本身的糖分含量较高，又加入了冰糖，所以这道红枣枸杞豆浆米粥不适合糖尿病患者食用。

【养生功效】

红枣是补气养血的佳品，同时又物美价廉，很容易买到，因此在食疗药膳中大家常会加入红枣补养身体、滋润气血。枸杞也是中药的常用滋补药物，性平和，味甘甜，有滋补肝肾，强壮筋骨，养血明目的功效，尤其适宜于老年人服用。这款红枣枸杞豆浆米粥香甜软糯，适合身体虚弱的人食用，尤其适合产妇和哺乳期的女性食用。

南瓜豆浆粥，适合糖尿病患者

材料

原味豆浆 120 毫升，大米、南瓜、水各适量。

■ **贴心提示**

南瓜属于发物，所以服用中药期间不宜食用此粥。

做法

① 南瓜去子、去皮、切片，备用；大米清洗干净。

② 将大米和南瓜一起送入锅中，并向锅中加入适量的清水，先用大火烧沸后，再转至小火熬煮 20 分钟左右。

③ 将豆浆按照比例倒入锅中，继续用小火熬煮 10 分钟即可出锅食用。

【养生功效】

南瓜富含维生素和矿物质，有降低血糖和降低血压的作用。南瓜中的果胶能调节胃内食物的吸收速率，使糖类吸收减慢，可溶性纤维素能推迟胃内食物的排空，控制饭后血糖上升。果胶还能和体内多余的胆固醇结合在一起，使胆固醇吸收减少，血胆固醇浓度下降。因而南瓜有"降糖降脂佳品"之誉，糖尿病患者常吃南瓜不仅可以果腹，而且还可以降糖降脂，可谓一举多得。搭配豆浆做成的这道南瓜豆浆粥营养丰富，而且味道甘美，老少皆宜，尤其适合糖尿病患者食用。

豆浆芙蓉蛋，充分补充蛋白质

材料

原味豆浆 200 毫升，鸡蛋 2 个，盐、香油、味精适量。

做法

① 将鸡蛋打入碗中，搅散，按比例加入适量豆浆调匀，添加适量盐。

② 把蛋碗盖严实，放入蒸锅中，用大火将水烧沸，再改用小火蒸 10 分钟左右。

③ 在蒸好的豆浆芙蓉蛋中添加适量香油、味精即可。

【养生功效】

豆浆的主要原料是黄豆，我们知道黄豆营养价值很高，仅蛋白质一项就比瘦肉多 1 倍，比鸡蛋多 2 倍，比牛乳多 1 倍，故被称为"植物肉""绿色的牛乳"等。鸡蛋中也富含蛋白质，每 100 克鸡蛋含有的蛋白质约为 14.7 克。蒸后的鸡蛋羹能使蛋白质充分松解，使鸡蛋的营养价值更容易被人体消化与吸收，尤其适合儿童与老年人食用。松软清香的豆浆鸡蛋羹，不但吃起来美味可口，在补充蛋白质的功能上更是不容小觑。

红黄绿豆浆汤，促进儿童生长发育

材料

原味豆浆 100 毫升，虾仁 50 克，菠菜 50 克，胡萝卜 50 克，玉米粒、料酒、盐适量。

做法

① 胡萝卜洗净，切成片；虾仁洗净；菠菜择洗干净，切段，焯烫后沥干。

② 将锅置于火上，倒入豆浆，放入虾仁、玉米粒、胡萝卜片，煮开，加入盐、料酒、菠菜搅匀即可。

【养生功效】

胡萝卜中含有大量的胡萝卜素，虽然很多蔬菜中都有胡萝卜素，但是都没有它的含量多。而且，胡萝卜中的胡萝卜素在高温下也能保持不变，因此容易被人体吸收利用。胡萝卜素对儿童的成长很有帮助，还能保护孩子的视力。菠菜中也含有大量的胡萝卜素，除此之外它也是铁、维生素 B_6、叶酸和钾质的极佳来源，能增加儿童预防传染病的能力，促进生长发育。因此，这道豆浆汤不但味道鲜美，而且营养丰富，能够促进儿童生长发育。

山药豆奶煲，具有减肥功效

材料

原味豆浆 800 毫升，山药 300 克，鸡腿两只，蒜末 10 克，枸杞少许，腌料，盐少许，糖少许，米酒 1 小匙，生粉少许，盐适量，鸡精适量，白胡椒粉少许。

做法

① 山药去皮切块，枸杞冲洗干净，备用。

② 鸡腿洗净，去骨切块，加入所有腌料拌匀，腌约 20 分钟备用。

③ 热锅，加入适量沙拉油，爆香蒜末，再加入备好的鸡腿块，炒至颜色变白。

④ 续加切好的山药、枸杞及原味豆浆，煮至滚沸后加入所有调味料，拌匀煮到入味即可。

【养生功效】

山药是一种非常理想的减肥健美食品，它最大的特点是能够供给人体大量的黏液蛋白。这是一种多糖蛋白质，对人体有特殊的保健作用，能预防心血管系统的脂肪沉积，保持血管的弹性，防止动脉粥样硬化过早发生，减少皮下脂肪沉积，避免出现肥胖。对于女性们而言，山药含有足够的纤维，食用后就会产生饱胀感，从而控制进食欲望，是一种天然的纤体美食。其次，山药本身就是一种高营养、低热量的食品，可以放心地多加食用而不会有发胖的后顾之忧。所以，即使本菜肴里包括鸡腿，也不易引起肥胖，再加入枸杞，使这道山药豆奶煲不但能减肥，而且有很好的滋补作用。

薏米红豆豆浆粥，祛湿效果强

材料

黄豆 70 克，薏米 50 克，红豆 50 克，红枣、冰糖、清水适量。

做法

① 将黄豆、红豆清洗干净后，在清水

■ 贴心提示

体质偏寒的人，也可以在粥里面加一点儿温补的食物。

中浸泡 6 ~ 8 小时，泡至发软备用；薏米淘洗干净，用清水浸泡 2 小时；红枣洗净。

② 将浸泡好的黄豆放入豆浆机的杯体中，添加清水至上下水位线之间，启动机器，煮至豆浆机提示豆浆做好，滤出。

③ 锅内放入清水、薏米、红豆、红枣，加冰糖，煮开，再用小火煮 50 分钟，往煮好的薏米红豆汤内倒入豆浆，烧煮即可。

【养生功效】

薏米和红豆都有祛湿的功效，尤其适合夏季及体内湿气较重的人食用。红色入心，所以红豆和红枣还有补心的作用。现代人的精神压力较大，容易出现心气虚，又因为饮食不节，运动量少，容易出现脾虚湿盛。也就是说现代人既要祛湿，又要补心，还要健脾胃，这款薏米红豆豆浆粥就融合了这些作用。而且，熬成粥之后，它们的有效成分能够更充分地被人体吸收，同时也不给脾胃造成任何负担。

豆浆什锦饭，补血强体

材料

原味豆浆 150 毫升，糯米 80 克，葡萄干 30 克，花生仁、桂圆肉、莲子、红枣、核桃仁各 20 克，火腿一根，盐适量。

做法

① 将糯米清洗干净后，在清水中浸泡 2 小

时；葡萄干洗净；核桃仁碾成碎块；莲子洗净，在清水中泡软；花生洗净，备用；红枣洗净，去核。

② 将所有的材料一起倒入电饭锅中，向锅中倒入豆浆和适量的清水，盖上锅盖开始蒸。一直蒸至电饭锅提示米饭煮好，再保温 10 分钟即可食用。

【养生功效】

糯米自古就是重要的滋补食物。与粳米相比，其性偏于温。李时珍在《本草纲目》里把糯米的功效归纳为四种：一是温脾胃，二是止腹泻，三是缩小便，四是收自汗。《本草经疏论》还分析说：糯米是补脾胃、益肺气的谷物。脾胃受到补养，就能发挥温化谷物、吸收水液的功能，大便也就不会稀清，温能养气，正气旺盛，身体也就会温暖。所以脾肺虚寒的人最宜食用糯米。搭配葡萄干、花生仁、桂圆、莲子、红枣、核桃做成的这道豆浆什锦饭营养丰富，能够通过强健脾胃提高机体健康水平。

豆浆茶泡饭，解酒、消食、养胃

材料

黄豆80克，昆布茶2大匙，盐渍鲑鱼1小块，海苔丝少许，芝麻1大匙，白饭1碗。

做法

① 用豆浆机打出纯豆浆，倒出2杯的量；将昆布茶加入温豆浆内拌匀。

② 盐渍鲑鱼稍微煎过。

③ 把盐渍鲑鱼弄碎放在白饭上，倒入打出的豆浆，撒上芝麻和海苔丝即可。

【养生功效】

普通的茶泡饭，就是用热茶水来泡冷饭，再佐以盐、梅干和海苔等配料。一般用的茶多为绿茶，将其切成条状，和饭一起泡，这样，茶的清香才能够渗入饭中。茶泡饭的制作非常方便，只要熟饭、茶、盐、开水四者具备就能做成一碗最基本的茶泡饭。茶泡饭不仅做起来简单，而且还具有很好的解酒、消食、养胃的功效。咸味昆布茶搭配豆浆做成的茶泡饭，蛋白质丰富、热量却很低，不易引起肥胖。

花生百合豆酱，润肺通气

材料

红豆140克，干百合25克，花生25克，玫瑰酱、白糖各适量。

做法

① 将红豆、干百合洗干净，加水浸泡6~8小时，捞出洗净；花生洗净。

② 将花生和一半红豆倒入锅中，煮至熟烂，取出捣成泥。

③ 将百合与剩下的红豆放入豆浆机的杯体中，添加清水至上下水位线之间，启动机器，煮至豆浆机提示豆浆做好。

④ 将打出过滤后的豆浆倒入花生豆泥中，再加入玫瑰酱、适量白糖，搅匀即可。

【养生功效】

花生是女性抗衰老的首选食品，这主要归功于它们富含维生素E，同时还有防止黑色素沉着于皮肤的作用，避免色斑、蝴蝶斑的形成。百合为清补之品，有养心阴，清心火的功效，对病后虚弱的人非常有益。百合与花生搭配，互为补益，风味别具一格，二者合用有补虚润肺、生津止咳之功。此豆浆风味香浓，口感柔美，可补充植物性蛋白质、B族维生素和钾元素，适合作为开胃汤，有助于润肺通气。

豆浆什蔬汤，有助于降血糖

材料

原味豆浆600毫升，小油菜150克，菜花150克，鲜香菇30克，胡萝卜40克，盐、鸡精、葱末、清水适量。

做法

① 小油菜择好清洗干净，切成两段；菜花掰成小朵，浸泡于盐水中片刻，捞出沥干；香菇择洗干净，在沸水中焯一下，捞出，并切成小块；胡萝卜清洗干净，切成片状。

② 将炒锅放到火上，倒入油，烧至七成热，加入葱末炒香，再放入胡萝卜片翻炒均匀，淋入豆浆和适量水。大火烧开后，加入小油菜和菜花，略煮一下便倒入香菇，最后加盐和鸡精调味即可出锅。

【养生功效】

菜花的水分含量在90%以上，热量低，含极少量脂肪和大量的膳食纤维，还含有丰富的维生素和矿物质，是糖尿病患者的理想健康蔬菜之一。菜花中含钠很少，却含有很多对糖尿病有改善作用的矿物质元素。这些矿物质元素有助于维持体内酸碱平衡，有助于改善血糖调节能力；小油菜含膳食纤维及槲皮素，不但能稳定血糖，还有抗氧化力；香菇也兼有降血糖的功效；这道豆浆什蔬汤能够帮助机体调节血糖，降低糖尿病患者对胰岛素的需求量。

虾酱炒豆浆窝头，预防结肠癌

材料

玉米面250克，面粉25克，黄豆、绿豆、红豆、青豆、花生各20克，韭菜、胡萝卜、虾酱、虾皮、盐、味精、干辣椒、糖、小苏打、清水各适量。

做法

① 将黄豆、绿豆、红豆、青豆、花生放入豆浆机中，加入凉水打成五谷豆浆备用；

② 500克玉米面加50克白面，放入少许小苏打，加胡萝卜末、香菜末，用豆浆稀释合成面团，再制成窝头，蒸锅上汽后放入蒸15～20分钟，出锅切块备用；

③ 虾酱中加入豆渣、鸡蛋拌匀，与干辣椒一起炒熟，鸡蛋炒熟备用；

④ 锅中加油，下干辣椒、虾皮爆香，倒入窝头块小火煎香，放入炒好的鸡蛋和虾酱，加韭菜大火翻炒均匀，调入盐、味精出锅即可。

【养生功效】

现在很多超市都有全麦馒头、窝头等杂粮豆类的主食，这些主食的营养价值更高，膳食纤维丰富，也有利于稳定餐后血糖。有的人也喜欢自己在家制作杂粮主食，窝头就是制作频率较高的一种。平时在和面时，人们都习惯用水，在此用黄豆、绿豆等一起打成的豆浆和面，这样做出来的窝头，膳食纤维更为丰富，能促进肠蠕动，缩短食物通过消化道的时间，可减少结肠癌的发生。虾酱的味道鲜美独特，用它炒成的窝头，看上去更有食欲。

豆浆卷饼，营养早餐

材料

黄豆70克，小米面100克，白面25克，鸡蛋1个，生菜30克，香肠30克，盐、沙拉酱、番茄酱、色拉油、清水适量。

做法

① 将黄豆清洗干净后，在清水中浸泡6～12小时，泡至发软；鸡蛋打散；生菜洗净；香肠略煎。

② 将泡好的黄豆放入豆浆机的杯体中，并加水至上下水位线之间，启动机器，煮至豆浆机提示豆浆做好，滤出。

③ 将小米面、白面加入鸡蛋液、豆浆、盐，调成糊。

④ 将锅置于火上，注油烧热，倒入调好的糊，煎成饼状，取出。

⑤ 将煎好的饼依次卷入生菜、香肠，刷上沙拉酱、番茄酱，卷成卷即可。

■ 贴心提示

生菜用手撕成片，吃起来会比刀切的脆，将生菜洗净，加入适量沙拉酱直接食用，常食可有利于女性保持苗条的身材。尿频、胃寒者少吃。

【养生功效】

平时上班族由于没有太多时间吃早餐，很多人都是匆匆在大街上买上一个卷饼吃。如果周末有了充足的时间，大家也可以自己在家利用豆浆、鸡蛋等制作营养卷饼。生菜的含水量很高，吃起来清脆爽口，而且最突出的特点就是超级低脂，适合减肥。小米和鸡蛋、豆浆做成的卷饼，色泽金黄，很能勾起人的食欲，配上脆生生的生菜，能让你吃一顿营养丰富的早餐。

豆浆糯米糕，暖胃，补充体力

材料

豆浆 200 毫升，糯米粉、大米粉、白糖、糖桂花各适量。

做法

① 将糯米粉、大米粉、白糖在盆中混合后拌匀。

② 盆中加入豆浆，边倒边搅拌，直到米粉干湿适中。

③ 将豆浆糯米粉用手搓成均匀的细粉粒。

④ 蒸锅加水放火上，蒸屉内铺上湿纱布，均匀地撒上一层细粉粒，上笼蒸至熟，再撒上细粉料，这样不断地撒，不断地蒸，直至粉料撒完。

⑤ 将蒸熟后的豆浆糯米糕，取出趁热切成块，表面撒上糖桂花即可。

■ 贴心提示

糯米不易消化，老人、小孩不宜多吃；另外，糯米有收敛作用，如吃糯米导致便秘，可以喝点儿萝卜汤化解。

【养生功效】

豆浆的好坏直接关系着豆浆糯米糕的口味，所以豆浆要多磨两遍，直到出现浓醇香滑的口味。豆浆富含豆类蛋白、异黄酮、卵磷脂，对女性朋友尤其好，而糯米饭含有的 B 族维生素，能够起到暖胃的作用，还能给人补充能量，让人有饱腹感。中医认为，糯米具有益气健脾、生津止汗的作用。因此，吃点儿糯米非常有好处。豆浆糯米糕具有益气补血、健脾润颜的作用，适用于贫血、营养不良、慢性肝炎、便秘等病症。

豆浆拉面，养胃、利于吸收

材料

原味豆浆400毫升，高汤200毫升，拉面300克，豆芽30克，海带10克，玉米粒40克，叉烧肉片4片，卤蛋1/2颗，葱花10克，盐适量，鸡精少许。

做法

① 先将原味豆浆和高汤混合在一起煮滚，之后加入盐和鸡精拌匀，备用。

② 取另外一锅，加热后倒入约半锅的水，煮滚，将海带、豆芽入水焯一下捞出备用。

③ 将拉面放入沸水中，煮约 2 分钟，取出备用。

④ 将拉面捞进大碗中，再加入海带、豆芽，之后放入玉米粒、叉烧肉片、卤蛋，最后倒入豆浆高汤，并撒上葱花即可。

■ 贴心提示

做拉面剩下的豆浆也可以当饮料饮用。另外，如果想节省时间，可以直接购买原味豆浆来做汤底。

【养生功效】

人们常说"胃不好多吃面"，这一说法有一定道理。通常来说面食要比大米做成的食物更好消化一些，原因在于它们虽然都是淀粉类食物，但是含有的淀粉构造不一样，所以人在消化时出现的结果也不一样。拉面有利于消化吸收，适宜胃不舒服的人食用。另外，豆浆也很容易被人体消化吸收，玉米所含有的营养物质有调中开胃的功效，豆芽的清热功效有利于肝气疏通、健脾和胃。总之，用豆浆做成的拉面具有养胃的作用。

豆浆黄油甜玉米，营养价值更高

材料

原味豆浆800毫升，甜玉米2根，黄油15克，清水适量。

做法

① 甜玉米剥去玉米皮，择掉玉米须，清洗干净，分成小段。

② 将玉米棒放入锅中，倒入豆浆，加入清水，直至水面没过玉米棒，再放入黄油，大火煮开后，继续煮15分钟左右，至玉米棒煮熟。

【养生功效】

通过对食物进行合理的搭配，可以提高其营养价值，这一做法已经得到了营养界的认可。玉米和豆浆的配合就说明了这一点，这种搭配可以提高人体对蛋白质的利用率。众所周知，蛋白质是由多种不同的氨基酸构成的，玉米和黄豆的氨基酸种类不同，二者搭配，正好可以起到互补作用，让蛋白质中的氨基酸种类更加丰富，从而提高食物的营养价值。另外，豆浆煮过的玉米，会令本来就香甜的玉米更添几分浓郁。

豆浆西蓝花熘虾仁，提高抗病能力

材料

西蓝花200克，虾仁40克，葱花、姜末各5克，原味豆浆60毫升，干淀粉、料酒、盐适量。

做法

① 将西蓝花清洗干净后，掰成小朵，放到沸水中烫一下，捞出沥干备用；在干淀粉中加入豆浆调成芡汁备用；虾仁洗净。

② 将炒锅放到火上，加入食用油烧热后，放入虾仁煸炒变色时捞出沥油。

③ 锅留底油继续加热，放入葱花和姜末，有香味溢出时，再加入西蓝花翻炒几下，放入

虾仁，倒入料酒。最后浇上用豆浆调成的芡汁勾芡，加盐调味即可。

【养生功效】

西蓝花具有防癌抗癌的功效。菜花含维生素C较多，在防治胃癌、乳腺癌方面效果尤佳。研究表明，患胃癌时人体血清硒的水平明显下降，胃液中的维生素C浓度也显著低于正常人，而菜花不但能给人补充一定量的硒和维生素C，同时也能供给丰富的胡萝卜素，起到阻止癌前病变细胞形成的作用。虾仁味道鲜美，能够补虚益气。这道菜，能够增加机体的免疫力，还有防癌功效。

豆浆蛋清炒芥蓝，清热排毒

材料

原味豆浆500毫升，蛋清3只，虾仁5个，水淀粉50毫升，芥蓝30克，盐、油适量。

做法

① 将芥蓝清洗干净，切成碎粒待用；虾仁切成碎粒待用。

② 将豆浆倒入蛋清中，边倒边用筷子搅打，然后再加入淀粉和盐，搅拌均匀，做出豆浆蛋汁。

③ 将炒锅至于火上，倒入油，握住锅柄转动锅身，使油均匀地铺在锅底，待油六成热时倒入搅拌好的豆浆蛋汁快速翻炒。

④ 不停地翻炒锅中的豆浆蛋汁，待慢慢凝固成松散的粒状时，把芥蓝丁、虾仁丁倒入锅中翻炒几下，出锅即可。

【养生功效】

鸡蛋清甘寒，具有润肺利咽、清热解毒的作用，适用于治疗咽痛、目赤等病。蛋清外用的时候比较多，外敷可以促进组织生长、伤口愈合，还能让皮肤润滑细嫩。芥蓝味甘性辛，同蛋清一样，都有解毒的作用，因其维生素C含量很高，所以对降低胆固醇及抗癌抗氧化作用不容小觑。豆浆含有高纤维素，能帮助体内排出肠胃毒素，它同蛋清混合在一起炒着吃口感很不错。在加入了芥蓝和虾仁后，味道更好，这道菜具有清热排毒的功效。

豆浆手擀面，营养丰富抗衰老

材料

面粉 150 克，原味豆浆 80 毫升，番茄鸡蛋卤 150 克，黄瓜小半根，盐适量。

■ 贴心提示

煮手擀面的水不要倒掉，因为其中富含维生素B，吃面条的同时喝些煮面的汤，可以更好地吸收面粉中的营养。

做法

1. 将面粉倒入容器中，加盐，逐次少量浇入豆浆，揉成面团；黄瓜洗干净，切成丝。

2. 将面团擀成薄片，反复折叠，切成细丝，抖开，撒少许面粉抓匀，放入沸水中煮熟。

3. 煮熟后的面条捞入碗中，浇上番茄鸡蛋卤，最后放上黄瓜丝，搅拌均匀后即可食用。

【养生功效】

用豆浆煮出来的面条吃起来更筋道，营养丰富、滋味独特，在加入了番茄鸡蛋后，更加具有养生功效。番茄炒鸡蛋可能是很多人学做的第一道菜，不但操作简单，做成后的味道一般也不会差到哪里。炒后的番茄更能提高其中番茄红素抗氧化剂的浓度，帮助保护心脑血管。而鸡蛋中含有丰富的 DHA 和卵磷脂等，对神经系统和身体发育有非常大的作用，能健脑益智，避免老年人智力衰退。番茄鸡蛋卤是营养互补，放进豆浆手擀面中，在丰富营养的同时，还具有健脑抗衰老的作用。

豆浆炖羊肉，健脾、补肺、助消化

材料

黄豆 70 克，羊肉 250 克，山药 100 克，色拉油、盐、姜片、清水适量。

做法

1. 将黄豆清洗干净后，在清水中浸泡 6 ~ 12 小时，泡至发软；山药去皮，洗净，切片；羊肉洗净，切成小块。

2. 将泡好的黄豆放入豆浆机的杯体中，并加水至上下水位线之间，启动机器，煮至豆浆机提示豆浆做好，滤出。

3. 将滤出的豆浆倒入锅中，再加入山药、羊肉、姜片，大火煮开，转小火炖至熟烂，撒入盐调味即可。

■ 贴心提示

胃火炙热、大便燥结者不宜食用。发热、牙痛、口舌生疮、咳吐黄痰等上火症状者不宜食用；肝病、高血压、急性肠炎或其他感染性疾病及发热期间外感病邪不宜食用。暑热天或发热病人慎食。

【养生功效】

羊肉是我国人民食用的主要肉类之一，其肉质细嫩，脂肪及胆固醇的含量都比猪肉和牛肉低，并且具有丰富的营养价值。因此，它历来被人们当作冬季进补佳品。寒冬常食羊肉可益气补虚、祛寒暖身，增强血液循环，增加御寒能力；搭配山药制成的豆浆炖羊肉，不仅可以增加人体热量为抗寒做准备，而且还可以保护胃壁，帮助消化，很适合在冬季食用。

双蛋豆浆炒苦瓜，养肝护肝

材料

原味豆浆250毫升，皮蛋1个，咸鸡蛋1个，苦瓜1根，水淀粉30毫升，姜丝、盐、鸡精、油适量。

做法

1 将皮蛋和咸鸡蛋剥去蛋壳，切成大小相同、颗粒均匀的粒。

2 将苦瓜对半切开，去子，洗净，切成片，放入滚水中氽烫1分钟后捞出，沥干水分。

3 用大火将锅中的油烧至六成热，放入姜丝爆香，加入皮蛋粒和咸蛋粒，炒出蛋香味后放入苦瓜片，翻炒1分钟，加入豆浆和水淀粉，待汤汁收干，加盐和鸡精调味即可。

【养生功效】

人们常说"良药苦口"，苦瓜也是这么一种吃起来苦，但对人体的健康却有着重要作用的食物。平时人们喜欢将它与其他食物一起煮、炒，但是苦味却不入肉中，所以苦瓜有"君子菜"的美名。苦瓜对肝脏有着重要的保护作用，同时还能降低肝癌的发生率。因为苦瓜富含膳食纤维和维生素C，这些含量接近于番茄的3倍。维生素C是众所周知的抗氧化剂，能提高机体应激能力。苦瓜中的有效成分，能够抑制正常细胞的癌变，并促进突变细胞的复原，有一定的抗癌作用。这道菜中的鸡蛋富含蛋白质，对于肝脏组织损伤也有修复作用，而蛋黄中的卵磷脂则可促进肝细胞的再生，增强身体的代谢功能和免疫功能。

双蛋炒苦瓜是一道养肝护肝的"良药"，通常炒这道菜的时候，会用到水或者高汤，这里用豆浆代替，一方面能够减轻苦瓜的苦味，另一方也能增加菜肴的营养。

■ 贴心提示

焯苦瓜的时候，可以在水中放一点儿油，这样焯好的苦瓜片颜色显得更加翠绿。另外需要注意的是，苦瓜一般人群均可以食用，但是因为苦瓜性凉，脾胃虚寒者不宜食用。苦瓜中含有奎宁，会刺激子宫收缩，引起流产，所以孕妇慎食。

碧绿豆浆鱼丸，开胃助食欲

材料

原味豆浆1000毫升，草鱼300克，鲜香菇2朵，菠菜300克，蛋清2只，姜末、盐、干淀粉适量。

做法

1 将草鱼去掉鱼皮和鱼刺，切成小丁，放入搅拌机中，搅打成鱼肉蓉；鲜香菇洗净去蒂，切成碎末。

2 将打好的鱼肉蓉和香菇末混合，加上姜末、蛋清、盐和干淀粉，沿顺时针方向搅打大约15分钟，直至鱼肉蓉蓬松变大。

3 手中拍少许干淀粉，将搅打好的鱼肉蓉取一些攥在左手中，用虎口和汤勺配合挤成丸子，放在盘中。

4 菠菜择洗干净，切成小段，放入搅拌机中，加入豆浆，启动搅拌机搅打成浆状。

5 把菠菜浆倒入锅中，大火烧开，将挤好的鱼丸放入锅中，煮至鱼丸浮起，加适量盐调味即可。

【养生功效】

中医认为，草鱼味甘、性温、无毒，入肝、胃经，具有暖胃和中的功效；尤其是对于身体瘦弱、食欲不振的人而言，草鱼的肉嫩而不腻，能够开胃、滋补。草鱼与豆浆同食，能够补中调胃、利水消肿。中医认为菠菜味甘性凉，能润燥养肝，益肠胃，通便秘，现代医学也认为菠菜可促进胃和胰腺分泌，增食欲，助消化。草鱼、菠菜和豆浆组成的鱼丸，具有开胃滋补的作用。

豆浆蒸米饭，夏季的主食

材料

黄豆 70 克，大米 150 克，清水适量。

■ 贴心提示

做米饭最好用"蒸"，蒸饭比"捞"饭多保存 5% 的蛋白质，18% 的维生素 B₁，焖饭也有利于保存营养。

做法

① 将黄豆清洗干净后，在清水中浸泡 6～8 小时，泡至发软备用；大米淘洗干净。

② 将浸泡好的黄豆放入豆浆机的杯体中，添加清水至上下水位线之间，启动机器，煮至豆浆机提示豆浆做好，滤出。

③ 在电饭锅中放入大米，倒入适量豆浆，盖上盖儿，焖煮至米饭成熟即可。

【养生功效】

豆浆蒸米饭就是用豆浆代替了水的一种做法，这种米饭非常适宜在夏季食用。因为夏天天气炎热，人们因为经常出汗体内会损失 B 族维生素和钾镁元素，豆浆中可以给人补足这些元素，还能补充蛋白质。豆浆蒸出的米饭味道清香，质地松软可口，能充分发挥黄豆和大米的营养互补作用，是营养和健康互补的新型吃法。

豆浆山药鸡腿煲，养颜美容又健康

材料

原味豆浆 1000 毫升，山药 300 克，鸡腿 2 只，枸杞 10 克，干淀粉 10 克，酱油、白糖、料酒、姜丝、油适量。

【养生功效】

山药可以说是女人美容不可多得的滋补食品。在《红楼梦》里，就出现过山药制作的"枣泥馅的山药糕"。中医认为，山药味甘性平，入脾、肺、肾经，不管是药疗还是食疗，山药都是常用品。因为山药具有补益脾胃的作用，所以它特别适合脾胃虚弱的女人进补前食用。古书上记载常服山药，可令人耳聪目明，延年不饥。所以对女性来说，山药是很好的保健品，更是美容的圣品。对于女人而言，豆浆中含有的特殊植物雌激素"黄豆苷原"，能够调节女性的内分泌，具有改善心态和身体素质，延缓衰老，美容养颜的功效。

将豆浆与山药、鸡腿肉一起煲成汤，味道鲜美，经常食用不但能让皮肤变得白皙润泽，还有益气补脾等食疗作用。

做法

① 将山药去除外皮，洗净，切成滚刀块；枸杞洗净，用清水略泡。

② 将鸡腿剔除骨头，切成块状，加入酱油、白糖、料酒、和干淀粉，抓拌均匀，腌制 20 分钟。

③ 大火烧热锅中的油至六成热，放入姜丝爆香，倒入腌好的鸡腿肉翻炒两分钟，盛出待用。

④ 把豆浆倒入汤锅，加入山药块和枸杞，将炒过的鸡腿肉也倒入锅中，大火煮开后转小火炖煮 1 小时即可。

■ 贴心提示

山药是偏补的药，体质偏热、容易上火的人要慎食。山药中的薯蓣皂苷可以合成激素，因此，女性乳腺癌患者不宜食用。

豆浆煮鱼片，开胃滋补

材料

原味豆浆 100 毫升，草鱼 200 克，油菜 4 棵，盐、生粉、红油适量。

做法

1. 草鱼取肉，切成大片，加盐、生粉、鸡精上浆；油菜择洗干净。
2. 将锅置于火上，倒入豆浆，大火烧开，撇去浮沫，下入鱼片、油菜煮熟。
3. 撒入盐调味，滴入红油即可。

【养生功效】

中医认为草鱼有暖胃和中、平肝祛风等功能，将它视为温中补虚的养生食品。因为草鱼温和的补益作用，有的家长也会单独将鱼肉煮烂后用于婴幼儿食谱，能够调养脾胃。用豆浆煮的草鱼，肉质嫩而不腻，汤汁浓厚，具有开胃滋补的作用。

豆浆鲤鱼汤，补虚通乳

材料

原味豆浆 500 毫升，鲤鱼 1 条，葱段 15 克，姜片 20 克，盐、料酒适量。

做法

1. 鲤鱼刮去鳞片、除去腮和内脏，去掉腹内的黑膜、清洗干净。
2. 将炒锅放到火上，倒入油，烧至六成热，放入鲤鱼，两面煎至微黄，下入葱段和姜片，淋入料酒，盖上锅盖焖一会儿，倒入豆浆，再盖上锅盖，烧沸后转小火煮 30 分钟，放盐调味即可。

【养生功效】

产妇在生完孩子之后，一般都会选择喝鲤鱼汤或者鲫鱼汤，补充乳汁。鲤鱼和鲫鱼都有通水、和乳的作用，尤其是鲤鱼还有补脾功效，所以胃肠不好的产妇适宜选择鲤鱼。鲤鱼汤不但味香汤鲜，而且具有较强的滋补作用，特别适合产妇食用。尤其是在加入了豆浆之后，鲤鱼汤中的蛋白质更为丰富，有利于产妇通乳。豆浆鲤鱼汤当然也不限于产妇食用，病后体质虚弱者也可以通过它的食疗作用，增强自己的抗病能力。

西式豆浆蔬菜汤，缓解准妈妈的妊娠纹

材料

黄豆 70 克，西蓝花 150 克，芝士 50 克，小番茄 30 克，番茄沙司 2 勺，盐、胡椒粉适量。

做法

1. 将黄豆清洗干净后，在清水中浸泡 6～12 小时，泡至发软；西蓝花洗净，掰成小朵下入开水锅中焯烫，捞出沥干；小番茄洗净，对半切开。
2. 将泡好的黄豆放入豆浆机的杯体中，并加水至上下水位线之间，启动机器，煮至豆浆机提示豆浆做好，滤出。
3. 将豆浆倒入锅中，再加入洗好的西蓝花、芝士、小番茄、番茄沙司，撒入盐、胡椒粉略泡 3 分钟即可。

【养生功效】

番茄具有保养皮肤的功效，可以有效预防妊娠纹，可以说是或对抗妊娠纹最强的武器。这是因为番茄中含有丰富的茄红素，而茄红素的抗氧化能力是维生素 C 的 20 倍，具有抗氧化防妊娠纹的超强战斗力，能够有效帮助准妈妈缓解妊娠纹；西蓝花中含有丰富的维生素 A、维生素 C 和胡萝卜素，能增强皮肤的抗损伤能力，这将有助于保持皮肤弹性，可以使准妈妈远离妊娠纹的困扰。西蓝花和番茄搭配豆浆和芝士，吃起来味道香浓，充满了异国风味，还能帮助准妈妈解决妊娠纹的烦恼。

豆浆玉米南瓜饼，益气补血、降脂降糖

材料

豆浆250毫升，玉米面150克，南瓜200克，精盐、葱花、精制植物油各适量。

做法

① 南瓜去皮去瓤后，洗净切成细丝，放入盆内。

② 在盆内加玉米面、精盐、葱花和豆浆拌匀，呈糊状。

③ 平底锅烧热后，放入适量植物油，倒入玉米南瓜糊，摊成饼，烙至两面金黄色、蓬松状即成。

【养生功效】

南瓜具有降血脂的作用，人们通过动物实验发现从南瓜中分离提取出的南瓜多糖，具有类似磷脂的作用，能够清除胆固醇，防止动脉硬化；豆浆和玉米中都富含卵磷脂，卵磷脂是益脑物质，能够帮助大脑开通血管，被称为大脑血管的"清道夫"。玉米中含有的烟酸，也能降低血清胆固醇的浓度、三酰甘油等。南瓜、豆浆和玉米都有降低血脂的功效，所以豆浆玉米南瓜饼具有益气补血，降脂降糖的作用，适用于贫血、营养不良性水肿、糖尿病、脂肪肝、高脂血症、肥胖症等病症。

■ 贴心提示

南瓜也可以先切成大块蒸熟后，与豆浆、玉米面混合和面，再拍成饼进行炸制。

草莓味豆浆冰激凌，具有防癌作用

材料

黄豆70克，草莓10个，草莓冰激凌1个。

做法

① 将黄豆清洗干净后，在清水中浸泡6~12小时，泡至发软；草莓洗净，切成小块。

② 将泡好的黄豆和一多半草莓一起放入豆浆机的杯体中，并加水至上下水位线之间，启动机器，煮至豆浆机提示豆浆做好。

③ 将打出的豆浆过滤后，凉凉，放入剩余的草莓和草莓冰激凌，搅匀即可。

■ 贴心提示

冰激凌不宜多吃，小儿吃得太多易引起腹痛，中老年人吃得太多则易引发心绞痛，对一般人易引起胃肠炎、喉痉挛、声哑失音。

【养生功效】

草莓对胃肠道和贫血均有一定的滋补调理作用。草莓中含有天冬氨酸和鞣酸，可以自然平和的清除体内的重金属离子，吸附和阻止致癌化学物质的吸收，具有防癌作用。草莓冰激凌和草莓有同样的功效，而且草莓冰激凌香味浓郁，甜酸适口，营养丰富，具有健脾益胃、补血和防癌作用。

豆浆火锅，温馨宜人，倍添呵护

材料

原味豆浆适量，高汤适量，各种菌类、菇类、豆泡、鱼丸、虾仁、西蓝花、胡萝卜、洋葱、盐各适量。

做法

① 取少许洋葱入锅爆香，然后加入高汤，再倒入适量豆浆，以中火煮沸后放入所有调料。

② 以火锅的方式烫食海鲜、肉类、蔬菜即可。

【养生功效】

在天气干燥的季节，人们吃火锅时很怕上火。豆浆火锅吃起来就没有这种烦恼了，中医认为豆浆能滋阴去燥，补气养生。豆浆火锅既不油腻，又能滋润肌肤。所以，不妨在冬日尝试一下用豆浆做成的火锅，尤其是加入了各种菌类的火锅，既能增加营养，在美餐一顿之后又能保持身材，一举两得。

豆浆菜花汤，常喝能防癌

材料

黄豆 70 克，菜花 100 克，火腿 50 克，西红柿 25 克，盐、清水适量。

做法

① 将黄豆清洗干净后，在清水中浸泡 6 ~ 12 小时，泡至发软；菜花洗净，掰成小朵，焯烫；火腿切成丝，西红柿洗净，切成小块。

② 将泡好的黄豆放入豆浆机的杯体中，并加水至上下水位线之间，启动机器，煮至豆浆机提示豆浆做好，滤出。

③ 将豆浆倒入锅中，再加入火腿、菜花、西红柿，撒入盐，煮 2 分钟即可。

【养生功效】

菜花是大家平时很喜欢的一种蔬菜，从中医角度而言，菜花性平，味甘，可强肾壮骨、健脾养胃，适用于久病虚损、腰膝酸软和脾胃虚弱者。现代研究表明，菜花是含类黄酮最多的食物之一，而类黄酮具有抗癌作用，长期食用菜花可以减少罹患乳腺癌、直肠癌及胃癌等癌症的概率。对于小儿而言，菜花是断奶早期很好的食品，因为它味道非常柔和。研究还发现，菜花中含有卵磷脂，对大脑健康有益，有助于婴儿神经系统的健康发育。炒菜花的时候，容易吸收过多的油脂，直接放入豆浆中，配上美味的西红柿，这款汤可以说是日常大家防癌的常备汤。

豆浆杜果肉蛋汤，缓解更年期症状

材料

原味豆浆 100 毫升，鲜汤 600 毫升，鸡蛋 1 个，杜果 1 个，虾仁 75 克，鸡胸脯肉 75 克，盐 2 克，鸡精、胡椒粉、葱末、水淀粉适量。

做法

① 洗净杜果后去皮去核，并切成小丁；鸡蛋打入碗内，打散；虾仁和鸡胸脯肉分别洗净后，剁成蓉。

② 将炒锅放到火上，倒入油，烧至七成热，加入葱末炒香，倒入豆浆，大火煮沸，加入调好的虾仁蓉、鸡肉蓉和杜果丁，倒入鲜汤烧沸，淋入蛋液搅成蛋花，加入胡椒粉、盐和鸡精调味，再用水淀粉勾芡即可。

【养生功效】

有"热带果王"之称的杜果，对于更年期的女人而言能起到预防乳腺癌的作用。研究人员对杜果中的多酚提取物进行了抗癌作用的研究，发现多酚这种植物中的天然物质，对大多数常见乳腺癌非常有效。女人进入更年期后，因为卵巢功能减退或消失，导致内分泌激素失去平衡，容易引起各种乳腺疾病。这时候就可以经常适量吃点儿杜果，预防乳腺癌。这款汤中加入的鸡胸肉的蛋白质含量较高，且易被人体吸收利用，能为更年期女性增强体力，强壮身体。虾仁营养丰富，肉质松软，易消化，对更年期身体虚弱以及病后需要调养的人是极好的食物。这道豆浆杜果肉蛋汤清热滋阴，对更年期女人能起到不错的补益作用。

洋葱香菇汤，降血压效果明显

材料

黄豆 70 克，洋葱 50 克，香菇 50 克，火腿 1 小片，奶油 10 克，盐、白糖、胡椒粉、清水各适量。

做法

① 将黄豆清洗干净后，在清水中浸泡 6 ~ 12 小时，泡至发软；洋葱洗净，切成小块；香菇洗净，切成小块；火腿切成末。

② 将泡好的黄豆放入豆浆机的杯体中，并加水至上下水位线之间，启动机器，煮至豆浆机提示豆浆做好，滤出。

③ 将豆浆倒入锅中，再加入洋葱、香菇、火腿、奶油煮开，撒入盐、白糖、胡椒粉，调匀即可。

【养生功效】

虽然很多人不喜欢洋葱的味道，但若是从营养学的角度而言，它的确无愧于"菜中皇后"的称号。目前发现的所有食物中，只有洋葱内含有一种称为前列腺素 A 的物质，能够起到软化血脂、降低胆固醇的作用。香菇中含有一种核酸类物质，也能起到降低胆固醇、降血压的作用，是高血压患者理想的天然食品。洋葱、香菇搭配豆浆做成的这道洋葱香菇汤降血压的作用明显，有高血压困扰的人平时可以适当食用这道汤。

■ 贴心提示

切洋葱时，盛一碗水放在边上，可以有效防止洋葱对眼睛的刺激。

豆浆南瓜浓汤，强健脾胃

材料

原味豆浆 200 毫升，南瓜 200 克，虾仁 50 克，青豆仁 30 克，干百合 40 克，洋葱末 20 克，蒜末 5 克，高汤 400 毫升，盐、胡椒适量。

■ 贴心提示

南瓜有可能加重支气管哮喘病，有此类疾病的人忌吃此道菜；患有脚气病、黄疸症、痢疾、豆疹等疾病的病人也不适宜食用。

做法

① 将南瓜去除子和皮，切成小片备用；虾仁洗净；青豆仁、虾仁一起放入沸水中氽烫，再将虾仁切成小丁备用。

② 将炒锅放到火上，倒油烧热后放入蒜末、洋葱末爆香，放入南瓜片翻炒几下，倒入高汤，放上百合。煮至南瓜熟软时，再倒入豆浆，煮沸后放虾仁、青豆仁，再次煮沸，加盐和胡椒粉拌匀即可。

【养生功效】

南瓜性味平和，入脾、胃两经，《本草纲目》认为南瓜具有强健脾胃的作用。南瓜尤其适合糖尿病患者食用，它能补脾利水，是一种很好的食疗蔬菜。南瓜中有丰富的铬和镍这两种微量元素，均可激活胰岛素的活性而降低血糖的作用。此外，南瓜是一种高纤维食品，它可以延缓小肠对糖的吸收，使血糖不至在食后急剧上升，以减轻胰岛素的负担，使其逐步恢复正常分泌功能。这道豆浆南瓜浓汤，在加入了豆浆和虾仁、青豆、百合等多种食材后，味道鲜美，能促进胃肠蠕动，强健脾胃，改善消化不良等症。

芝麻豆浆羹，燃脂减肥

材料

黄豆70克，芝麻酱70克，鸡蛋2个，姜汁、姜丝、香菜、盐、黑芝麻、清水适量。

做法

1 将黄豆清洗干净后，在清水中浸泡6～12小时，泡至发软；鸡蛋打散；芝麻酱加入盐和温水，搅匀。

2 将泡好的黄豆放入豆浆机的杯体中，并加水至上下水位线之间，启动机器，煮至豆浆机提示豆浆做好，滤出。

3 将芝麻酱汁、鸡蛋液、姜汁、豆浆一起搅匀，放入蒸笼慢火蒸熟，取出，撒入黑芝麻、姜丝、香菜即可。

【养生功效】

芝麻粉中含有膳食纤维，可改善便秘，有助于身体排毒。豆浆通过榨取大豆得到，含有大量植物蛋白、大豆异黄酮等非常丰富的营养成分。这些营养成分可以抑制身体吸收脂质和糖类，发挥燃烧体脂的作用。这道麻豆浆羹吃起来味道香浓，而且有助减肥。

豆浆鸡块酒煲，温中益气、补虚填精

材料

原味豆浆300毫升，鸡块800克，白砂糖、盐、味精、香油、香菜、花雕酒、植物油、淀粉、猪油、料酒、大葱、姜各适量。

做法

1 将鸡洗净后斩去头和脚，投入沸水锅中浸烫片刻后捞出，用冷水冲洗干净，沥干水分。

2 鸡肚内灌入花雕酒后倒出，再灌入再倒出，共3次，随后将鸡斩成块，放在容器中，加入豆浆、白糖、味精、猪油和香油拌匀。

3 煲置火上，放油烧热，将葱姜末爆出

香味，加入鸡块、料酒、鸡汤和精盐，加盖焖烧至鸡块酥烂，用湿淀粉勾薄芡，撒入香菜末，淋入香油，加盖烧沸即可。

【养生功效】

鸡肉肉质细嫩，滋味鲜美，并富有营养，有滋补养身的作用。鸡肉中蛋白质的含量比例很高，而且消化率高，很容易被人体吸收利用，有增强体力、强壮身体的作用。鸡肉含有对人体生长发育有重要作用的磷脂类，它是我们膳食结构中脂肪和磷脂的重要来源之一。鸡肉对营养不良、畏寒怕冷、乏力疲劳、月经不调、贫血、虚弱等有很好的食疗作用。这道豆浆鸡块酒煲具有温中益气、补虚填精、健脾胃的功效。

土豆西蓝花豆浆汤，强身健体、防癌抗癌

材料

黄豆70克，土豆1个，西蓝花50克，鸡肉50克，盐、胡椒粉、清水适量。

做法

1 将黄豆清洗干净后，在清水中浸泡6～12小时，泡至发软；西蓝花洗净，掰成小朵，下入加盐的开水锅中焯烫，捞出沥干；土豆去皮，切成小丁；鸡肉切成小丁。

2 将泡好的黄豆放入豆浆机的杯体中，并加水至上下水位线之间，启动机器，煮至豆浆

机提示豆浆做好，滤出。

3 将滤出的豆浆倒入锅中，放入西蓝花，再放入土豆、鸡肉，加入盐和胡椒粉，煮熟即可。

【养生功效】

西蓝花堪称蔬菜类中的"超级食品"，含有很高的萝卜硫素，这种化合物能消灭肿瘤干细胞；土豆中含有龙葵碱，虽然龙葵碱有毒，但一般来说土豆中的含量只要控制在20毫克/100克范围内，食用起来就是安全的。而且龙葵碱还有抑制肿瘤的作用，也可防治直肠癌和胃癌。西蓝花搭配鸡肉、土豆熬成的土豆西蓝花豆浆，能够强身健体、防癌抗癌。

豆浆莴笋汤，促消化

材料

原味豆浆 750 克，莴笋 300 克，盐、味精、猪油、大葱、姜各适量。

做法

① 将莴笋去皮，切成长 7 厘米、筷子头粗的条，洗净。

② 姜切片、葱切节待用。

③ 锅置火上，下猪油烧热至六成热。

④ 下姜、葱稍炸出香味，下莴笋条、盐炒至断生。

⑤ 拣去姜、葱不要，冲入豆浆 750 克，烧开加味精即可。

■ **贴心提示**

有眼疾特别是夜盲症的人应少食豆浆莴笋汤，莴笋性寒，产后妇女应慎食。

【养生功效】

莴笋的味道清新且略带苦味，可刺激消化酶分泌，增进食欲。其乳状浆液，可增强胃液、消化腺的分泌和胆汁的分泌，从而增强各消化器官的功能，对消化功能减弱和便秘的病人尤其有利。豆浆莴笋汤制作方法比较独特，汤的色泽洁白，味道鲜美，营养丰富。因为莴笋中含有大量的植物纤维素，所以这款豆浆在促消化的时候，还能帮助大便排泄。

黑木耳豆浆粥，缓解高血压、高血脂

材料

黑豆 50 克，黑米 50 克，木耳 10 克，清水适量。

■ **贴心提示**

泡发木耳时用温水能缩短泡发的时间，而用清水泡时涨发率比较高。另外，黑木耳虽然有溶血的作用，但是物极必反，如果一次过量食用会起到凝血的作用，所以血脂高和有血栓倾向者，一定要控制住黑木耳的量。

做法

① 将黑豆清洗干净后，在清水中浸泡 6 ~ 12 小时，泡至发软；木耳洗净，用清水浸泡 2 小时。

② 将泡好的黑豆放入豆浆机的杯体中，并加水至上下水位线之间，启动机器，煮至豆浆机提示豆浆做好并过滤。

③ 将黑米、木耳加入黑豆豆浆熬成粥即可。

【养生功效】

黑木耳对于降低血脂有很高的疗效。凡是血脂高、手发麻、头昏血行不利的人，都可以经常食用黑木耳。吃的时候，也比较简单，每天吃 5 ~ 10 克就行，可以在炒菜的时候加上泡软洗净后的木耳，或者将木耳煮汤、研粉服用。现代医学认为黑木耳含有丰富的纤维素、低热量，不容易引起血糖升高，在搭配黑米、黑豆豆浆熬成粥后，对缓解高血脂和高血压病情大有帮助。

南瓜百合豆浆汤，助消化、安神助眠

材料

黄豆 70 克，南瓜 80 克，鲜百合 20 克，盐、胡椒粉、清水适量。

做法

① 将黄豆、红豆清洗干净后，在清水中浸泡 6 ~ 8 小时，泡至发软备用；南瓜切成小块；鲜百合洗净，分瓣。

② 将浸泡好的黄豆放入豆浆机的杯体中，添加清水至上下水位线之间，启动机器，煮至豆浆机提示豆浆做好，滤出。

③ 往锅内倒入豆浆，放入南瓜、百合煮熟，加入盐和胡椒粉，搅拌均匀即可。

■ 贴心提示

很多人在做南瓜菜时都喜欢去皮，其实南瓜皮是很好的一味中药，烧熟的南瓜皮不硬，完全可以下肚。

【养生功效】

南瓜百合豆浆汤，最适宜在初秋时节饮用。因为进入秋季后，气候的主要特点就是燥，表现为口干鼻干、咽干口渴、皮肤干燥、干咳等。而这燥又分为温燥和凉燥，在初秋时节主要是温燥，可以适当多食用新鲜蔬果，也可服用些滋阴补气的中药。南瓜健脾，适合在暑湿尚未完全离开的初秋食用，帮助化湿。百合能够养心润肺，对缓解秋燥多有良效果。二者在加入了豆浆后，不但营养丰富，还能缓解季节转变带给人的不适感。

豆浆香菇汤，抗佝偻

材料

原味豆浆 800 毫升，香菇 100 克，盐、鸡精、葱花、香油适量。

做法

① 将香菇洗净后，切成小丁。

② 将豆浆倒入锅中烧沸，然后放入香菇，改中火煮 10 分钟左右。

③ 按个人口味添加适量盐、鸡精、葱花、香油即可。

■ 贴心提示

发好的香菇如果吃不完，要放入冰箱中保存。个头特别大香菇多是激素催出来的，不宜食用。

【养生功效】

香菇属于高蛋白、低脂肪的食用菌，荤素都能食用，是延年益寿的佳品。香菇的菌体中含有一种一般蔬菜缺乏的物质——麦甾醇，它能够促使体内通过生物代谢转化为维生素 D，促进体内钙的吸收。所以，香菇有抗佝偻病的作用，是孕妇、儿童的理想食品。香菇的这一作用是豆浆所没有的，二者相搭配做成的豆浆香菇汤，因其味道鲜美，还具有增进食欲、促进发育、增加记忆力的作用。

豆浆排骨汤，滋补肝肾、强壮筋骨

材料

原味豆浆 800 毫升，排骨适量，枸杞、红枣、盐、鸡精、姜、胡椒粉盐适量。

做法

① 排骨略焯后去血水。

② 将水烧沸，将焯过的排骨放入沸水锅中，再放入姜、红枣、枸杞，改小火熬 1 个小时左右。

③ 把豆浆倒入锅中，再用小火煲 20 分钟，按个人口味添加适量盐、鸡精、胡椒粉即可。

■ 贴心提示

排骨的选料上，要选肥瘦相间的排骨，不能选全部是瘦肉的，否则肉中没有油分，做出来的排骨会比较柴。

【养生功效】

排骨有很高的营养价值，具有滋阴壮阳、益精补血的功效。排骨除含蛋白、脂肪、维生素外，还含有大量磷酸钙、骨胶原、骨粘连蛋白等，可为幼儿和老人提供钙质。老年人年纪大了，多多少少会出现气血不足的显现，而红枣可谓是补气养血的佳品；枸杞子是老年肾虚之人常备的滋补药物，有滋补肝肾、强壮筋骨的功效。排骨、红枣、枸杞搭配豆浆做成的这道豆浆排骨汤适合老年人食用。

豆苗鸡片豆浆汤，增体力，提高抵抗力

材料

原味豆浆 800 毫升，鸡胸脯肉 300 克，豆苗 100 克，蛋清 1 只，盐、料酒、胡椒粉、干淀粉适量。

做法

① 将豆苗择洗干净。鸡胸脯肉切成片，放入碗内，加料酒、盐、胡椒粉、蛋清、干淀粉，抓拌均匀，腌制 15 分钟入味。

② 把豆浆倒入汤锅，煮开后，放入鸡肉片，用筷子拨散，待鸡肉片变色后，放入豆苗，再次煮沸后，加盐调味即可。

【养生功效】

鸡胸肉含蛋白质较高而含脂肪较低，其中的蛋白质是一种完全蛋白质，氨基酸的种类、数量和比例都接近人体的需要，很容易被人体吸收；豆苗可以分解亚硝酸胺，具有一定的防癌、抗痛作用，可防治便秘，有清肠作用。豆浆中加入了鸡肉和豆苗，不仅从口感上更加绵滑甜美，同时增添了大豆的营养功效。这款豆苗鸡片豆浆汤能够增强人的体力，并且对提高人的抵抗力也很有帮助。

■ 贴心提示

豆苗也可用其他青菜，如鸡毛菜或者油菜心代替。

豆浆玉米布丁，护肤延缓衰老

材 料

豆浆 400 毫升，蛋黄 2 只，鸡蛋 2 个，细砂糖 50 克，罐装玉米粒 100 克。

做 法

① 将鸡蛋和蛋黄在大碗中打散；玉米粒从罐中取出待用。

② 将豆浆加热至 40 度，加入打散的蛋液和细砂糖，用打蛋器沿同一方向搅拌均匀，用筛网过滤，再加入玉米粒，搅拌均匀成布丁液。

③ 将布丁液倒入容器中，用保鲜膜封好口，移入蒸锅，大火隔水蒸 15 分钟即可。

【养生功效】

大多数女性都喜欢吃布丁，尤其是年轻女孩儿更是对布丁"一见钟情"。如果有时间，自己做豆浆玉米布丁不但味道甜美可口，还因为没有其他添加剂吃起来更放心。这款布丁还有利于女人护肤延缓衰老，玉米中的维生素 B_3 在蛋白质、脂肪的代谢过程中起着重要作用，能帮助人体维持神经系统、消化系统和皮肤的正常功能。而且老玉米胚芽油中含有丰富的维生素 E，是一种天然的抗氧化剂，对人体细胞分裂、延缓衰老有一定的作用。嫩滑爽口的豆浆玉米布丁，可以当作女人的零食和餐后甜点，既享受了美味，又在不知不觉中养护了皮肤。

豆浆味噌汤，调肠胃，抑制脂肪

材 料

原味豆浆 800 毫升，瘦猪肉馅 100 克，韭菜 30 克，韩国辣白菜 150 克，鲜香菇 2 朵，味噌 30 克，香葱花 10 克，白芝麻 5 克，清水适量。

做 法

① 将韭菜择洗干净，切成小段；鲜香菇去蒂，洗净后切成细丝；辣白菜切成小块。

② 将猪肉馅倒入锅中，加入适量水，大火烧开，与此同时要不停搅拌，使肉馅散开。

③ 待肉馅变色，加入韭菜段和辣白菜块，倒入豆浆，待沸腾后加入味噌。

④ 搅拌至味噌溶解即可关火，撒上白芝麻和香葱花，制作完成。

【养生功效】

味噌汤可谓是日本代表性的传统食品，作为一种调味品，味噌之于日本人，相当于酱油在我们生活中的作用。味噌汤的主料"味噌"同我国的酱油一样都是用大豆制成，富含食物纤维，有良好的调肠胃功能，能缩短有害细菌停留在体内的时间，帮助排出体内废物。豆浆的原料也是大豆，所以用豆浆制成的味噌汤，能够抑制体内脂肪的积聚，具有防止便秘高血压、糖尿病等功效。加入了瘦肉、韭菜、辣白菜和香菇后，味道更佳鲜美，配上白米饭吃，味道更好。

贴心提示

辣白菜和味噌本身都有味道，所以这道菜中不用再加入其他调味品。猪肉馅也可以用牛肉片代替。

豆浆三鲜汤，滋补作用强

材料

原味豆浆 800 毫升，平菇 30 克，虾仁 20 克，鱼丸 20 克，白菜叶、盐、鸡精、香油、葱花各适量。

做法

① 将平菇洗净后撕成小片；白菜叶洗净。

② 把豆浆倒入锅中烧沸，放入平菇、鱼丸、虾仁，改用中火煮 10 分钟左右。

③ 将白菜叶下锅，继续煮 5 分钟左右，按个人口味添加适量盐、鸡精、葱花、香油调味即可。

【养生功效】

平菇含有的多种维生素及矿物质可以改善人体新陈代谢、增强体质、调节自主神经功能等作用，故可作为体弱病人的营养品，对肝炎、慢性胃炎、胃和十二指肠溃疡、软骨病、高血压等都有疗效，对降低血胆固醇和防治尿道结石也有一定效果。虾仁营养丰富，所含蛋白质是鱼、蛋、奶的几倍到几十倍，还含有丰富的钾、碘、镁、磷等矿物质，其肉质松软，易消化，对身体虚弱以及病后需要调养的人是极好的食物。鱼丸具有滋补健胃、利水消肿、通乳、清热解毒、止嗽下气的功效。再加上营养丰富的豆浆，这道豆浆三鲜汤具有很好的滋补作用，适合病后初愈及身体虚弱者食用。

红豆豆浆果冻，冰爽夏日

材料

红豆豆浆 500 毫升，蜜红豆 30 克，鱼胶粉 20 克，清水适量。

做法

① 向盛了鱼胶粉的容器中加入 100 毫升温水，搅拌至鱼胶粉完全化开，倒入红豆豆浆中，搅拌均匀。

② 取一个模子，将蜜红豆铺在模子底部，再将混合了鱼胶粉的红豆豆浆倒入模子中。

③ 将模子移入冰箱冷藏室，冷冻至凝固，取出模子，倒出凝固的红豆豆浆果冻即可。

■ 贴心提示

参照红豆豆浆果冻的做法，还可以将材料替换为绿豆、芝麻、花生等制作出不同口味的豆浆果冻。

【养生功效】

这款红豆豆浆果冻很适合夏日食用。小孩子都比较喜欢吃果冻，不过市场上销售的果冻很多都有添加剂成分，出于食品安全的考虑不如亲手给孩子做一份果冻。红豆富含淀粉，煮熟之后非常柔软，重要的是红豆有不同寻常的甜味，风味独特，能博得小孩儿的喜欢。中医认为，红豆具有"生津液、利小便、消胀、除肿、止吐"的功能，夏天天气闷热的时候，有的人会出现水肿现象，这时候就不妨用红豆煮点儿汤喝，对水肿有不错的食疗功效。小孩子也可以用健康的红豆豆浆，配上红豆和鱼胶粉，做成豆浆果冻，不但味道好且营养丰富。

第**2**章

美味豆奶

黑米桑叶豆奶，补益肝肾乌发壮骨

材料

黑米 30 克，桑叶 10 克，黄豆 45 克，牛奶、白糖各适量。

做法

1 黑米、黄豆淘洗干净，分别用温水浸泡 7 小时；桑叶洗净，切细。

2 将黑米、桑叶、黄豆放入豆浆机内，按规定加入清水，搅打成浆，煮沸。

3 往机体内倒入适量牛奶，拌匀后装杯，趁热加少许白糖，搅匀即可饮用。

■ **贴心提示**

黑米适宜产后血虚、贫血等病人食用。消化功能弱者忌食黑米。

【养生功效】

黑米具有滋阴养肾、明目活血的功效，对于年老肾虚引起的腰腿酸痛有一定的治疗作用。此外，黑米含有的花青素类色素，对抗衰老也很有帮助。牛奶中含有的磷，对促进幼儿大脑发育有着重要的作用。维生素 B_2 有助于提高视力；钙可增强骨骼、牙齿强度，促进青少年智力发展；乳糖可促进人体对钙和铁的吸收，增强肠胃蠕动，促进排泄。

玉米山药红豆豆奶，益肾补脾，降压防癌

材料

玉米粒 30 克，山药 30 克，红豆 45 克，牛奶 40 毫升，白糖适量。

做法

1. 玉米粒洗净；山药去皮，洗净，切小块；红豆泡发 8 小时，捞出洗净备用。

2. 将红豆、玉米粒、山药放入豆浆机中，加入适量水，搅打成豆浆，煮沸后过滤。

3. 调入白糖和牛奶即可饮用。

【养生功效】

玉米中含有大量赖氨酸、谷胱甘肽、酚类、胡萝卜素，能抑制抗癌药物对人体产生的副作用，还能抑制肿瘤细胞的生长。鲜玉米中的膳食纤维具有刺激胃肠蠕动的特性，不但能够防治便秘和痔疮，还能预防直肠癌。山药有强健机体，滋肾益精的作用。凡肾亏遗精、小便频数、妇女白带多等症，皆可经常食用。

■ 贴心提示

玉米适合于胆石症患者食用。皮肤病患者忌食玉米。

甘薯南瓜豆奶，防癌抗癌，宽中健脾

■ 贴心提示

南瓜适合中老年人和肥胖者食用。脚气、黄疸患者忌食南瓜。

材料

甘薯 15 克，南瓜 20 克，黄豆 40 克，牛奶、白糖各适量。

做法

1. 甘薯、南瓜去皮，洗净，切丁；黄豆浸泡 6 小时，洗净。

2. 将黄豆、甘薯、南瓜倒入豆浆机内，添水搅打成浆，煮沸后进行过滤。

3. 加入适量牛奶和白糖，搅拌均匀后即可饮用。

【养生功效】

甘薯具有补气强精、滋补肝肾、抗衰老、止消渴、暖身体、抗肿瘤的功效，可改善机体免疫功能，提高抗病能力，经常食用，具有预防癌症、祛病延年的功效。南瓜含有丰富的 β－胡萝卜素和维生素 A，前者对上皮组织的生长分化、维持正常视觉具有重要生理功能，后者则具有明目护肤的作用。南瓜中富含南瓜多糖，还能提高机体的免疫力，防癌抗癌。

草莓枸杞豆奶，润肺生津，健脾和胃

材料

草莓 30 克，枸杞 10 克，黄豆 40 克，牛奶 50 毫升。

做法

1️⃣ 草莓去蒂，洗净切块；枸杞略泡，洗净；干黄豆泡软，洗净备用。

2️⃣ 草莓、枸杞、黄豆放入豆浆机中，添水搅打成豆浆，烧沸。

3️⃣ 待豆浆放至温热时，加入牛奶调和即可。

■ 贴心提示

草莓适宜于扁桃体癌患者食用。尿路结石病人不宜吃得过多草莓。

【养生功效】

草莓性凉味甘酸，能润燥生津、利尿健脾、清热解酒、补血化脂，对肠胃病和心血管病有一定防治作用。富含的维生素C、葡萄糖、果糖、柠檬酸、苹果酸、胡萝卜素、核黄素，对动脉硬化、冠心病、心绞痛、脑溢血、高血压、高血脂等疾病有积极的预防作用。所含的碳水化合物能够帮助消化、巩固齿龈、清新口气、强壮骨骼的作用。枸杞对造血功能有促进作用，还能抗衰老、抗突变、抗肿瘤、抗脂肪肝及降血糖等。

杏仁红枣豆奶，解郁散风，降气润燥

材料

杏仁 20 克，红枣 15 克，黄豆 45 克，牛奶、白糖各适量。

■ 贴心提示

杏仁适用于脾胃虚弱者食用。痰多者和大便秘结者忌食杏仁。

做法

1️⃣ 杏仁用温水略泡，洗净；红枣泡发，去核；干黄豆泡软，洗净。

2️⃣ 将上述材料放入豆浆机中，加适量水磨成豆浆，煮沸过滤。

3️⃣ 调入适量牛奶和白糖，拌匀即可。

【养生功效】

杏仁中含有的苦杏仁苷在体内能被肠道微生物酶或苦杏仁本身所含的苦杏仁酶水解，产生微量的氢氰酸与苯甲醛，对呼吸中枢有抑制作用，因而有助于镇咳、平喘。杏仁味苦下气，且富含脂肪油，能起到润滑肠道、通便的作用。大枣中的环磷酸腺苷这种物质，对人体细胞能量代谢有着重要作用，能够增强体力、扩张血管、增加心肌收缩力、改善心肌营养。

枸杞百合豆奶，营养滋补，养心安神

材料

枸杞10克，鲜百合15克，黄豆45克，牛奶、白糖各适量。

做法

①鲜百合洗净，撕小块；枸杞加水略泡，洗净；干黄豆预先用水浸泡，捞出洗净。

②将鲜百合、枸杞、黄豆放入豆浆机中，加水搅打成豆浆，并煮熟。

③过滤后加适量白糖和牛奶调匀即可。

【养生功效】

百合中含有多种营养物质，如矿物质、维生素等，这些物质能促进机体营养代谢，使机体抗疲劳、耐缺氧能力增强。百合中的蛋白质、氨基酸和多糖可提高人体的免疫力，能抑制过敏反应，使外周血液白细胞数明显增加。百合中含有百合苷，有镇静和催眠的作用。枸杞子含有甜菜碱、多糖、胡萝卜素、维生素等营养成分，对造血功能有促进作用，还能抗衰老作用。

■ 贴心提示

百合适用中老年人更年期患者食用。虚寒出血、脾虚便溏者忌食用百合。

梨子银耳豆奶，润肺止咳，降低血压

材料

梨子 1 个，银耳 15 克，黄豆 45 克，牛奶 50 毫升，白糖 10 克。

做法

① 梨子洗净，去皮、去核后切成小碎丁；银耳用温水泡开，去除杂质后洗净；黄豆泡软，洗净备用。

② 将上述材料都放入豆浆机中，加少许水搅打成豆浆，煮沸过滤。

③ 趁热加入白糖，待温时放入牛奶调匀即可。

■ 贴心提示

梨子适合肝炎，肾功能佳者食用。糖尿病人应少食梨子。

【养生功效】

《本草纲目》载："梨，生者清六腑之热，熟者滋五脏之阴。"梨汤水可以用以治疗肺炎、呼吸道疾病、肺心病、高血压等症，疗效显著。梨所含鞣酸等成分，能够祛痰止咳。银耳具有滋润而不腻滞的药用特点，在临床上可用于治疗虚劳咳嗽、痰中带血、虚热口渴等症状

栗子燕麦甜豆奶，益气健脾，延缓衰老

材料

栗子 30 克，燕麦 20 克，黄豆 30 克，牛奶、冰糖各适量。

做法

① 栗子去壳，去内膜，洗净切好；燕麦泡好洗净，沥干；黄豆浸泡 6 小时，洗净。

② 将牛奶稍加热，加入冰糖拌匀。

③ 栗子、燕麦、黄豆放入豆浆机内，加入调好的牛奶，搅打成豆奶，即可。

■ 贴心提示

栗子适宜骨质疏松患者食用。患有风湿病的人不宜食用栗子。

【养生功效】

传统医学认为，栗子性温，味甘；入脾、胃、肾经，具有养胃健脾、补肾强筋、活血止血的功效，主治反胃不食、泄泻痢疾、吐血、衄血、便血、筋伤、骨折、瘀肿、疼痛、瘰疬肿毒等病症。燕麦纤维中的大量不可溶性纤维还可帮助排便，维持身体正常代谢。燕麦还具有抗氧化、增强肌肤活性、延缓肌肤衰老的功效。

小米百合葡萄干豆奶，滋阴养面，调理体质

■ 贴心提示

老人、病人、产妇宜食用小米。气滞者忌食用小米。

材料

小米、百合各 20 克，葡萄干 25 克，黄豆 40 克，牛奶 45 毫升。

做法

① 黄豆浸泡 10 小时，洗净待用；百合择洗干净，分瓣；葡萄干洗净，控干水分。

② 将上述原料一起倒入豆浆机内，加牛奶至合适位置，搅打成浆，煮至豆浆机提示豆奶做好。

③ 过滤后装杯即可饮用。

【养生功效】

小米中的钾有利于体内多余钠的排出，能够消除浮肿。小米含钙、镁丰富，可改善血管弹性和通透性，增加尿钠排出，达到降低血压的目的。小米富含蛋白质、B 族维生素和膳食纤维，可增进脑记忆功能，防治视力下降。小米滋阴养血的功效突出，可以使产妇虚寒的体质得到调养，帮助她们恢复体力。

樱桃银耳红豆豆奶，健脾开胃，调中养颜

■ 贴心提示

水肿、哺乳期妇女适合食用红豆。尿频者不宜食用红豆。

材料

樱桃 45 克，银耳 15 克，红豆 40 克，牛奶 50 毫升。

做法

1 樱桃洗净，去核；银耳泡发洗净，撕成小朵；红豆泡软，洗净备用。

2 将上述材料放入豆浆机中，添水搅打成豆浆，烧沸后滤出豆浆。

3 调入适量牛奶即可。

【养生功效】

银耳含有大量的膳食纤维，有助于促进胃肠加速蠕动，预防各种疾病。银耳的果胶能够减少脂肪吸收，有减肥的作用，同时可增加血液的黏稠度，具有防止出血的作用。银耳含有较多的磷，有助于恢复和提高大脑功能，并预防软骨病的发生。银耳维生素 D 含量较多，有保护血管、降血压、降血脂等作用。樱桃性温味甘酸，具健脾开胃、滋养肝肾、调中养颜的功效。

橘子桂圆豆奶，健脾，顺气，止咳

材料

橘子半个，桂圆 20 克，黄豆 45 克，牛奶、白糖各适量。

做法

1 橘子去皮，切成小块；桂圆去壳去核，备用；干黄豆泡软，洗净备用。

2 将橘子、桂圆、黄豆一起放入豆浆机中，添适量水搅打成豆浆，煮沸后过滤。

3 将牛奶、白糖加入，调匀即可。

■ 贴心提示

桂圆适宜于体弱者、女性食用。上火发炎症状的时候不宜食用桂圆。

【养生功效】

橘子性温味甘酸，具有开胃理气、润肺止咳的功效；主治胸膈结气、呕逆少食、胃阴不足、口中干渴、肺热咳嗽及饮酒过度。橘子富含维生素 C 和柠檬酸，具有很强的抗氧化、美容养颜、消除疲劳、降低血脂、抵抗动脉硬化、预防心脑血管疾病有很好的作用。桂圆味甘性平，能补脾益胃，补心长智，养血安神。

枸杞蚕豆豆奶, 滋补肝肾

材 料

枸杞 10 克, 蚕豆、黄豆各 30 克, 牛奶、白糖各适量。

做 法

1 将蚕豆略泡, 去皮洗净; 黄豆泡发至软, 洗净; 枸杞洗净。

2 将以上材料均放入豆浆机中, 加水搅打成豆浆, 煮沸后过滤。

3 加白糖搅拌至融化, 再加牛奶调匀即可。

【养生功效】

蚕豆中含有调节大脑和神经组织的重要成分, 如钙、锌、锰、磷脂等, 并含有丰富的胆石碱, 这些营养元素均可起到健脑、增强记忆力的作用。枸杞性甘、平, 归肝肾经, 具有滋补肝肾、养肝明目的功效。枸杞子亦为扶正固本、生精补髓、滋阴补肾、益气安神、强身健体、延缓衰老之良药, 对慢性肝炎、中心性视网膜炎、视神经萎缩等疗效显著。枸杞对体外癌细胞有明显的抑制作用, 可用于防止癌细胞的扩散和增强人体的免疫功能。

■ 贴心提示

枸杞是用眼过度者、老人的食用佳品。高血压患者不宜食用枸杞。

山楂青豆豆奶，开胃消食、增强免疫力

材料

山楂 15 克，青豆 50 克，牛奶、白糖各适量。

做法

1. 山楂洗净，切小粒；青豆洗净，备用。
2. 将山楂、青豆放入豆浆机中，加适量牛奶，搅打成豆奶。
3. 煮沸后过滤，加少许白糖拌匀即可。

【养生功效】

山楂所含的解脂酶可以促进胃液分泌，从而加速人体对脂肪类食物的消化。中医认为，山楂具有消积化滞、收敛止痢、活血化瘀等功效。可以用来治疗饮食积滞、胸膈痞满、疝气以及血瘀闭经等症。青豆中含有皂角苷、蛋白酶抑制剂、异黄酮、钼、硒等抗癌成分，对前列腺癌、皮肤癌、肠癌、食道癌都有一定的抑制作用。

■ 贴心提示

老年性心脏病患者适宜食用山楂。孕妇最好不宜食用山楂或山楂制品。

糙米花生豆奶，补血养胃、美容减肥

材料

糙米 25 克，花生 30 克，黄豆 40 克，牛奶 40 毫升，白糖适量。

做法

① 糙米淘洗干净，泡好；花生剥壳留仁，略加冲洗，沥干；黄豆浸泡 8 小时，捞出洗净。

② 将上述材料放入豆浆机内，添水搅打成浆。

③ 煮沸后进行过滤，放入牛奶并拌匀，再加少许白糖调味即。

【养生功效】

糙米胚芽中富含的维生素 E 能促进血液循环，有效维护全身机能。糙米还能净化血液，维持细胞正常，增强体质。花生的油脂当中含有大量的亚油酸，这种物质可使人体内胆固醇分解为胆汁酸排出体外，避免胆固醇在体内沉积。此款果汁能够消毒、消肿，实现减肥的目的。

■ 贴心提示

花生适用于产后乳汁不足者食用。消化不良者应忌食。

山楂枸杞红豆豆奶，养心安神

材料

山楂 20 克，枸杞 10 克，红豆 45 克，牛奶、白糖各适量。

做法

① 山楂洗净，去核切小粒；枸杞用温水洗净，备用；红豆预先用水泡软，洗净待用。

② 将山楂、枸杞、红豆放入豆浆机中，添水搅打成豆浆。

③ 过滤豆浆，加牛奶，煮沸，依据个人口味添加适量白糖即可。

【养生功效】

山楂富含胡萝卜素、钙、齐墩果酸、山楂素等三萜类烯酸和黄酮类等有益成分，能舒张血管，加强和调节心肌，增大心室和心运动振幅及冠状动脉血流量，降低血清胆固醇和降低血压。经常饮用牛奶，能够润肺、平燥、养心、安神，减少心血管病的发生，有效提高健康水平。

■ 贴心提示

山楂适宜老年性心脏病食用，有强心作用。山楂不适宜孕妇食用，会刺激子宫收缩。

百合杏仁绿豆豆奶，清心润肺，美容排毒

材料

百合 15 克，杏仁 20 克，绿豆 55 克，牛奶、白糖各适量。

做法

1 百合泡发，洗净后撕成小朵；杏仁洗净，控干水分；绿豆用温水浸泡 6 小时，洗净。

2 将百合、杏仁、绿豆混合放入豆浆机杯体中，加清水至上下水位线之间，打成豆浆，煮好后过滤。

3 将煮好的豆浆倒入杯子中，再倒入适量牛奶和白糖，搅拌均匀即可。

【养生功效】

百合有止咳化痰、抗哮喘、强壮、耐缺氧、抗癌、美容等功效，也是"非典"等重大传染病流行时期的主要防治中药之一，能有效提高人体免疫力，提高抗病能力，维持机体健康。杏仁对呼吸中枢有抑制作用，有助于镇咳、平喘。绿豆具有利尿、解毒的功效，在食物中毒、药物中毒、农药中毒、煤气中毒后应急食用，能排出体内毒素，有辅助治疗的作用。同样适合经常在有毒环境下工作或接触有毒物质的人食用。

■ 贴心提示

支气管不好者食百合有助病情改善。百合性偏凉，风寒咳嗽者不宜食用。

清凉薄荷绿豆豆奶，疏散风热

材料

薄荷 20 克，绿豆 50 克，牛奶、白糖各适量。

做法

1 绿豆用温水浸泡 6 小时，洗净；薄荷洗净，用开水泡好，加入白糖拌匀。

2 将绿豆、薄荷水倒入豆浆机内，加适量牛奶至上下水位线之间，搅打成浆。

3 煮沸后装杯即可。

贴心提示

绿豆暑热烦渴、疮毒患者适宜食用。绿豆忌与鲤鱼、榧子、狗肉同食。

【养生功效】

薄荷是治疗感冒的最佳精油，能抑制发热和黏膜发炎，并促进排汗。对于清咽润喉、消除口臭有很好的功效。此外，可减轻头痛、偏头痛和牙痛。

中暑为夏天常见的急性热证，绿豆性属寒凉，可以用来止渴消暑，有效缓解中暑病人出现的头昏、头痛、恶心、口渴、大汗、全身疲乏、心慌、胸闷、面色潮红，以至虚脱等症状。

第3章
豆渣料理

豆渣玉米粥，降低胆固醇

材 料

豆渣 100 克，玉米面、白糖适量。

做 法

① 将豆渣、玉米面加少许水调成稀糊状。

② 锅中放入水，将豆渣粥煮开，撒入适量白糖调味即可。

■ 贴心提示

将玉米面煮开锅后再加入豆渣，味道也很香。

【养生功效】

玉米含有丰富的钙、磷、硒、卵磷脂、维生素 E 等，具有减低血清胆固醇的作用。研究发现，长期以玉米为主食的地区几乎没有患高血压、冠心病者。食用豆渣也能降低血液中的胆固醇含量，减少糖尿病人对胰岛素的消耗。玉米搭配上豆渣制成粥，味道甘甜，营养丰富。对于中老年人尤其是被高血压、高血脂、糖尿病困扰的人群，有较好的食疗作用。

豆渣芝麻糊，给减肥人士补足营养

材料

豆渣 50 克，黑芝麻粉 2 大匙，白糖适量。

做法

1 锅中放入豆渣和黑芝麻粉，搅拌均匀后加入少许水并加热。

2 煮至沸腾后，放入适量白糖，煮到自己希望的稀稠度即可。

3 如果芝麻粉和豆渣是生的，则需要多煮几分钟，豆渣一定要熟透才可食用。

■ 贴心提示

这款粥不想加糖的话，待芝麻糊晾至 40 度以下，调入适量蜂蜜，也别有一番味道。还可以根据需要加入多种材料，比如核桃、花生、葡萄干等，既丰富口感，又可增加营养。

【养生功效】

豆渣芝麻糊很适合节食减肥人士食用。首先，豆渣本身具有高膳食纤维、高粗蛋白、低脂肪、低热量的特点，在减肥期间可用它来扫除饥饿感，抑制脂肪的生成。而且豆渣还能为身体提供必需的营养成分，使健康瘦身的效果更加明显。不过，通常依靠节食减肥的人，相对而言营养摄取还是有些不足，皮肤也会因此变得干燥、粗糙。芝麻中含有防止人体发胖的物质，如卵磷脂、胆碱、肌糖，即使吃多了也不会发胖。所以，豆渣和芝麻相配，非常适合那些正在节食减肥的人。

椰香豆渣粥，排毒养颜气色好

材料

豆渣 100 克，燕麦片 40 克，椰汁 30 毫升，清水、白糖适量。

做法

1 用奶锅装 800 毫升清水烧热。

2 锅内水煮沸时，加入豆渣，麦片及白糖。

3 小火焖煮 5 分钟后，加入椰浆，搅拌均匀即可。

【养生功效】

豆渣中含有丰富的营养成分，尤其是纤维素和蛋白质的含量丰富，其中的大豆纤维是最理想的膳食纤维。它能够帮助女人排毒养颜，是爱美女性的美容佳品；燕麦片中也有高含量的膳食纤维，它能促进胃肠的蠕动，改善便秘问题，从而起到滑肠通便排毒养颜的功效；椰汁可以说是最佳的天然运动饮料，天然的椰汁有助于改善身体的新陈代谢，并且延缓衰老，具有抗病毒和提高免疫力的作用。豆渣、燕麦片配上椰汁制成的椰香豆浆粥，香甜可口，口感润滑，而且营养丰富，尤其适合那些排毒、减肥者食用，能够提升人的气色。

■ 贴心提示

这款粥也可以放入冰箱冷冻一下，做成甜点的味道同样很棒。

芙蓉米豆渣, 开胃生津

材 料

芙蓉米豆渣300克，酸菜、肉末各50克，清汤100克。盐3克，红椒、鸡精、胡椒粉各适量。

做 法

❶ 将酸菜洗净切碎；红椒洗净切丁；新鲜芙蓉米豆渣沥干水。

❷ 热锅倒入油，倒入豆渣，加入盐、鸡精、胡椒粉和清汤，中火慢慢煮熟，盛盘待用。

❸ 再起油锅，放入红椒、肉末爆香，加入酸菜翻炒均匀后，倒在豆渣上即成。

【养生功效】

酸菜最大限度地保留了原有蔬菜的营养成分，富含维生素C、氨基酸、有机酸、膳食纤维等营养物质，由于酸菜采用的是既干净又卫生的储存方法，所以含有大量的可食用营养成分，浸制的过程能产生天然的植物酵素，有保持胃肠道正常生理功能之功效。红椒含有的辣椒素有助降低血糖。它们搭配上豆渣，既营养又健康。

乡村小豆渣, 提神健脑

材 料

豆渣300克，雪里蕻100克，鸡蛋黄2个。盐、葱花、蒜末、黄酒、生抽、鸡精、胡椒粉各适量。

做 法

❶ 将雪里蕻洗净切碎；鸡蛋黄碾碎待用；新鲜豆渣沥干水。

❷ 起油锅，下豆渣小火炒至松软后盛出，锅内加入少许油，加入蒜末、葱末、雪里蕻炒出香味，再倒入豆渣，加盐、黄酒、生抽、鸡精、胡椒粉调味，翻炒均匀后出锅。

❸ 盛盘，撒上碾碎的鸡蛋黄即成。

【养生功效】

雪里蕻含有丰富的维生素A、B族维生素、维生素C和维生素D，还含有大量的抗坏血酸，是活性很强的还原物质，参与机体重要的氧化还原过程，能增加大脑中氧含量，激发大脑对氧的利用，有提神醒脑，解除疲劳的作用。

豆渣芋头油菜煲，健脾益胃

材料

豆渣 100 克，芋头 300 克，油菜 80 克，盐、酱油、鸡精、清水适量。

做法

① 将芋头去皮，切成小块，盛盘，放入蒸锅蒸熟，待凉后压成泥状。

② 将油菜择洗干净，沥干水分，切成碎末。

③ 将芋头泥放入锅中，加入适量清水调成糊状，再加入豆渣搅拌均匀，大火烧开后继续煮 5 分钟左右。

④ 待汤汁黏稠后放入油菜末，加入盐、酱油、鸡精调味即可。

【养生功效】

芋头虽然"其貌不扬"，但是在经过煮熟或煨熟后，它能给人以香、柔、滑、酥、糯的嗅觉与味觉享受，所以很受大众喜爱。芋头含有丰富的淀粉，淀粉的颗粒要大于马铃薯，进入人体后容易消化吸收，人在食用芋头后很快就会出现饱腹感，这样就能减少米、面的进食量，避免增肥。另外，芋头属于碱性食物，能够中和人体内的酸性物质，减少胃酸与胃痛，具有健益脾胃的作用。糯软甜香的芋头里，加入了清爽的油菜以及豆渣，能令这款煲汤营养升级。不管是炎炎夏日，还是寒冷的冬日，如果能喝上一碗热乎乎的豆渣芋头油菜煲，总能让人浑身舒畅。

五仁豆渣粥，滋养肝肾、润燥滑肠

材料

豆渣 80 克，玉米面 80 克，核桃仁、松子仁、杏仁、瓜子仁、开心果仁适量。

做法

① 将核桃仁、杏仁、开心果仁切碎，同松子仁、瓜子仁一起放入平底锅内，小火炒香，取出备用。

② 将豆渣、玉米面加入适量清水调成糊。

③ 往锅中添入适量水，烧开，倒入豆渣糊煮开，撒入五仁即可。

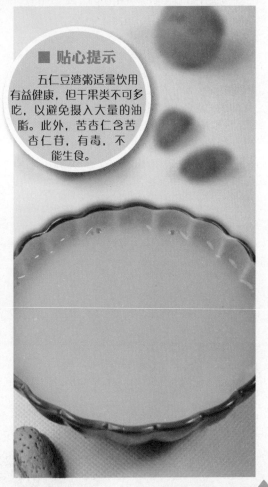

■ 贴心提示

五仁豆渣粥适量饮用有益健康，但干果类不可多吃，以避免摄入大量的油脂。此外，苦杏仁含苦杏仁苷，有毒，不能生食。

【养生功效】

五仁都具有滋养肝肾的作用，因为富含油脂，它们还可以润燥滑肠。核桃被誉为"万岁子""长寿果"，在国外也有"大力士食品"的美称。中医认为核桃仁能补肾助阳、补肺敛肺、润肠通便。现代医学也认为核桃仁和开心果仁都含有大量的维生素 E，具有补肝肾、延缓衰老的作用；松子仁富含脂肪油，在润肠通便的时候不伤正气，老年人因体虚便秘，小儿因为津亏便秘食用后都有一定的作用；杏仁有苦杏仁和甜杏仁之分，在这里用的是甜杏仁，它偏于滋润，能够补肺润燥；葵花子的维生素 E 含量极为丰富，能调节脑细胞代谢。

五仁搭配豆渣、玉米面熬成粥，具有补益大脑、延缓衰老的作用，食用后也有助于睡眠质量的提高。

海米芹菜豆渣羹，巧妙补钙

材料

豆渣 200 克，芹菜叶 50 克，海米 15 克，黑木耳 15 克，胡萝卜 50 克，盐、鸡精、胡椒粉、白糖、香油、水淀粉适量。

做法

1 芹菜叶洗净切末；海米浸泡 10 分钟；黑木耳提前水发，切末；胡萝卜去皮切丁。

2 锅内加水，放入胡萝卜丁、黑木耳、海米、豆渣煮 5 分钟，再加入芹菜叶煮开，水淀粉勾芡，再放入盐、鸡精、胡椒粉、白糖、香油调味即可。

【养生功效】

海米又叫虾米、虾皮，"虾皮补钙"的说法已流传久远了，虾皮不仅蛋白质含量高，而且含钙量也很高；它便宜，实惠，味道鲜美。因此，有不少人把虾皮当作主要的补钙佳品；芹菜中的钙含量也很丰富，而且人体对芹菜中的钙的吸收率大大高于牛奶，它们中所含的钙有 50% 以上可为人体所吸收利用。黑木耳和豆渣也是高钙食品，它们和海米、芹菜一起做成的豆渣羹是很好的补钙餐。

豆渣馒头，促进消化

材料

豆渣 150 克，面粉 300 克，玉米面 50 克，白糖 10 克，酵母 3 克，清水适量。

做法

1 将豆渣、面粉、玉米面、白糖和酵母在容器中混合在一起，加入温水和成面团，发酵到面团内部组织出现蜂窝状为止。

2 面团像做普通馒头一样，揉搓成圆柱形，然后切成小块，揉成圆形或方形的馒头坯。

3 蒸锅中加入适量清水，水沸腾后，将整理好的馒头坯放在湿屉布上，中火蒸 20 分钟即可。

【养生功效】

馒头本身就能补益脾胃，调理脏腑。如果在面粉中加入豆渣和玉米面，一方面豆渣中所富含的膳食纤维，能促进消化，增加食欲。另一方面，玉米面保留了玉米的营养成分及食疗功能，并且改善了粗粮口感不好和不易消化的缺点。所以，豆渣馒头对消化系统很有好处，有利于那些致力于"减肥"的人士保持体形。面粉中加入了一点儿白糖主要是为了提味，这样带有香甜口味的馒头更能刺激人的食欲。

■ 贴心提示

豆渣如果存放于冰箱，取出时应先用微波炉加热至温热。

五豆豆渣窝头，保护中老年人健康

材料

黄豆豆渣 100 克，绿豆豆渣 100 克，红豆豆渣 100 克，黑豆豆渣 100 克，豌豆豆渣 100 克，玉米面 50 克，白面 50 克。

【养生功效】

五豆豆渣一起做成的窝头，能够聚集植物蛋白的精华，而且经过食物的互补作用，它们的营养价值也大大提高。根据中医五色入五脏的说法，红豆补心脏，黄豆补脾脏，绿豆补肝脏，白豆补肺脏，黑豆补肾脏，五豆豆渣也就补了五脏。另外，豆类食品是唯一能与动物性食物相媲美的高蛋白、低脂肪食物，它们中以不饱和脂肪酸居多，所以豆类是防止冠心病、高血压、动脉粥样硬化等疾病的理想食品。这款加了玉米和面粉的五豆豆渣窝头，营养更加丰富，对于降血脂、降血压、抗衰老等都有不错功效，所以很适合中老年人经常食用。

做法

① 在黄豆豆渣、绿豆豆渣、红豆豆渣、黑豆豆渣、豌豆豆渣中加入玉米面、白面和适量清水，和成面团。

② 将面团分成若干剂子，捏成窝头。

③ 往锅中添加适量清水，将窝头放入蒸笼，蒸熟即可。

■ 贴心提示

因为豆渣窝头中含有较多纤维素，所以需要有充足的水分才能保证胃肠道的正常消化。在吃完窝头后，一定要多喝两杯水，一般在吃过后一小时饮用最好。

豆渣丸子，促进排便、预防便秘

材料

豆渣 150 克，鸡蛋 2 个，面粉 50 克，胡萝卜 60 克，胡椒粉、盐适量。

做法

① 把鸡蛋打入碗中，打成蛋液；胡萝卜清洗干净，切成碎粒。

② 将豆渣、面粉、蛋液和胡萝卜放入大碗中混合，并撒入适量盐和胡椒粉，搅拌均匀成糊状，最后团成丸子。

③ 将锅置于火上，倒入油，烧至六成热，放入丸子，煎三四分钟后，待丸子熟透即可。

【养生功效】

豆渣是生产豆奶过程中的副产品。豆渣中丰富的食物纤维，有预防肠癌及减肥的功效，因而豆渣被视为一种新的保健食品源。豆渣所富含的膳食纤维能促进胃肠蠕动和消化液分泌，有利于食物消化。将豆渣做成丸子是豆渣的一种新型吃法，有促进排便，预防便秘和大肠癌的养生功效。

■ 贴心提示

这道豆渣丸子是油煎食品，不易消化，所以功能减退的老年人应少吃或不吃。

豆渣鸡蛋饼，补充营养、促进消化

材料

豆渣 150 克，面粉 100 克，鸡蛋 4 个，葱末 15 克，盐适量。

做法

1. 将鸡蛋磕入碗中，打成蛋液，并加入豆渣、面粉、葱末和盐，搅拌均匀呈糊状。
2. 将平底锅置于火上，倒入油，烧至六成热，用大一点儿的勺子舀上一勺豆渣糊倒入平底锅中，摊成圆饼状，中小火煎到两面都呈金黄色且熟透即可出锅。

【养生功效】

豆渣饼搭配上豆浆是营养丰富的早餐。在做完豆浆后，豆渣不要扔掉，用它做成豆渣蛋饼，能够给人体补充丰富的蛋白质和膳食纤维。这样的豆渣饼尤其适合那些厌食或者消化不良的儿童食用，能为它们补充营养、促进消化。

■ 贴心提示

豆渣蛋饼如果配上番茄酱，吃起来也很美味。

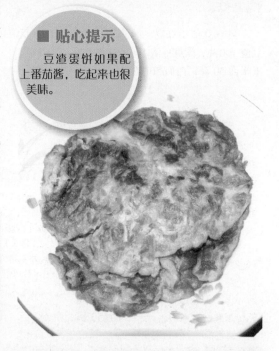

鸡蛋豆渣松饼，给小孩子通通便

材料

豆渣 150 克，原味豆浆 150 毫升，松饼粉 180 克，泡打粉 3 克，鸡蛋 2 个，适量黄油、蜂蜜。

做法

1. 将松饼机插上电源，预热两分钟。
2. 趁松饼机预热的时候，取一容器，将蛋打散，再加入豆渣、原味豆浆拌匀，并加入松饼粉。
3. 松饼机预热好了之后，先切一小块黄油放入，溶化后用刷子均匀地刷遍松饼机的上下两层。
4. 盛一勺面糊倒进松饼机，面糊的量正好能铺满下层，晃动松饼机让面糊分布均匀。然后盖上盖子，等待松饼烤熟。
5. 将松饼拼盘，食用时淋上适量蜂蜜增味即可。

【养生功效】

豆渣含有大量的纤维素，对润肠通便有很好的效果。松饼粉和豆渣合烤成的松饼，外表金黄，带有豆香味，吃起来松软。不管是作为早餐还是下午茶，它都是不错的点心。而且，因为松饼有类似于蛋糕的味道，颇得小朋友的喜欢。如果家中有容易便秘又不喜欢吃蔬菜的孩子，不妨给他们做些豆渣松饼，既营养卫生，又能缓解孩子的便秘症状。有的人在做完豆浆后，顺手就将豆渣扔掉了，实际这样也等于把黄豆营养的一半浪费了，因为豆渣中含有大量的钙质和纤维素，用豆渣制成松饼，可变废为宝。

■ 贴心提示

豆渣松饼也可以用电饼铛做。松饼粉如果买不到，也可以用 200 克低筋粉加 1 大匙泡打粉、1 大匙蛋、2 个鲜奶、1/2 杯融化后的奶油及适量的糖组成。

豆渣玉米芹菜饼，刺激胃肠蠕动

材 料

豆渣80克，玉米面70克，芹菜40克，鸡蛋2个，盐、胡椒粉适量。

做 法

① 西芹择洗干净，切成碎丁；鸡蛋磕入碗中，打散。

② 将切碎的西芹与豆渣、蛋液、玉米面混合，并加入适量的盐和胡椒粉调味，搅拌均匀。

③ 将平底锅置于火上，放油烧热，用大勺子舀上一勺豆渣玉米糊倒入，用锅铲压平，小火慢煎到两面呈金黄色并熟透即可食用。

■ 贴心提示

本身就容易大便溏泄的人不宜食用，以免造成腹泻。

【养生功效】

豆渣中含有的脂肪量较低，但却含有丰富的蛋白质和纤维素，经常食用能够促进胃肠蠕动，防止肥胖。此外，玉米和芹菜中的纤维素含量也很高。豆渣玉米芹菜病因为富含大量的纤维素，能刺激到胃肠蠕动，缩短食物残渣停留在肠内的时间，加速粪便排泄过程，对于防止便秘、肠炎、直肠癌都具有重要的食疗功效。

豆渣汉堡包，中西结合的健康主食

材 料

豆渣150克，猪肉70克，汉堡面包2个，鸡蛋1个，洋葱、胡萝卜、生菜、面粉、西红柿、酱油、沙拉酱、胡椒粉、色拉油、盐适量。

做 法

① 将鸡蛋磕入碗中，打散；洋葱、胡萝卜分别洗净切碎；猪肉剁成泥；生菜择洗干净；西红柿洗净，切成片；汉堡面包从中间切开。

② 将猪肉泥、洋葱、胡萝卜丁、鸡蛋液、面粉、酱油、胡椒粉、豆渣、盐混合搅匀，制成汉堡泥。

③ 向煎锅中注入油，烧热，用勺子依次舀出适量汉堡泥，在锅中摊平，慢火煎至两面金黄，取出。

④ 汉堡面包中依次加入生菜、西红柿、煎好的豆渣饼，挤入沙拉酱即可。

■ 贴心提示

自己制作的汉堡包，注意要加大蔬菜的比重，减少肉食的比例，这样能够增加人体对维生素的补充。

【养生功效】

汉堡包的营养还是比较丰富的，面包能够补充碳水化合物，猪肉可以补充蛋白质和能量，生菜、洋葱、胡萝卜、西红柿等又能够补充维生素和其他特有的营养成分，沙拉酱能够补充糖分。在快餐店里购买汉堡包比较方便，所以很受忙碌者的喜爱。不过，还是自己亲手制作的汉堡更加卫生健康。加入了豆渣的汉堡，热量很低，却含有高蛋白、高纤维，有助于人体的消化吸收。这样来自于西方的汉堡因为豆渣的加入，也带有了东方风味，成为健康的主食。

白菜炒豆渣，去脂减肥

材料

豆渣 300 克，白菜、韭菜各 100 克，葱花、姜丝、盐、味精、植物油各适量。

做法

① 将白菜切成片，韭菜切成段备用。

② 将植物油倒入锅内，烧至七成热，加入葱、姜煸香，放入豆腐渣、白菜。

③ 等翻炒至熟后，加入韭菜再翻炒一小会儿。

④ 最后加入适量的盐、味精调味即可出锅。

■ 贴心提示

早春上市的韭菜味道最好，这道菜在春天食用效果更佳。

【养生功效】

白菜中富含膳食纤维，能起到润肠通便的作用。对于那些容易上火的人，多吃大白菜还有清火作用。《本草纲目拾遗》中还认为大白菜能"消脂减肥"；韭菜能够行气理血，温阳补虚，现代医学研究证明，韭菜中含有丰富的维生素 A、B 族维生素和钙磷铁等矿物质，具有降低血脂的作用；它们二者与豆渣合炒，具有补益脾肾，去脂减肥的作用，是糖尿病患者、肥胖病患者的食疗方。

雪菜炒豆渣，增加食欲

材料

豆渣 100 克，雪菜 50 克，干辣椒、花椒、盐适量。

做法

① 用纱布把豆渣挤干。

② 干辣椒一个剪碎。

③ 热锅凉油，放入几粒花椒，等油烧热，花椒炸出香味，把变黑的花椒捞出。

④ 放入剪碎的干辣椒和雪菜炒香，再放入挤干的豆渣，加适量盐，小火翻炒，至豆渣变成金黄色即可。

【养生功效】

雪菜又称为"雪里蕻"，其性温，味辛，具有宣肺祛痰和温中利气的功效，宜于急慢性气管炎寒痰内盛、咳嗽多白黏痰和胸膈满闷者食用。新鲜的雪菜有种特殊的香味，味道也比较辛辣，经过腌制后，不但减少了辛辣味，而且色泽更加青翠，味道也更加鲜美。冬季的时候，适量吃点儿雪菜炒豆渣，既能调节口味、增强食欲，又能温肺补胃、预防风寒。此外，雪菜对人体生长发育及维持机体正常的生理机能也有一定的功效。

■ 贴心提示

雪菜本身就经过腌制，有咸味，所以在炒豆渣时放盐要适量。

香菇西蓝花炒豆渣，保护血管弹性

材料

豆渣 200 克，干香菇 4 朵，西蓝花秆 50 克，红辣椒 1 个，葱末、料酒、盐适量。

做法

① 豆渣用纱布包好，并挤去其中的水分，放入盘中备用；香菇用温水泡发后，清洗干净并去蒂，切成碎丁；西蓝花秆洗净后切成小丁；红辣椒去子去蒂，洗净后切成小丁；

② 将锅置于火上，倒入油，大火烧至七成热，放入葱末和红辣椒粒爆香，放入西蓝花秆丁、香菇粒翻炒，并倒入适量的料酒。翻炒 1 分钟后放入豆渣，翻炒几下后即可加入盐，继续翻炒 2 分钟，至豆渣炒熟即可食用。

■ 贴心提示

浸泡干香菇的水温，最好在 20 ~ 35℃，这样的温度既能令香菇更容易吸水变软，又能保持香菇特有的风味。另外，浸泡的干香菇水因为含有香菇嘌呤，所以最好不要扔掉，炒其他菜时可以入菜。

【养生功效】

古代医学典籍上记载香菇有"益气不饥、治风破血和益胃助食"的功效。现代医学也证实香菇具有很高的药用价值，比如经常食用可预防血管硬化，降低血压，从香菇中还能分离出降血清胆固醇的成分；西蓝花也是深受人喜爱的绿色蔬菜，除了它清新的味道之外，主要是因为西蓝花中丰富的维生素C。不过很多人在做菜的时候讲西蓝花秆扔掉了，实际上它的营养价值一点儿也不必西蓝花少。维生素 C 是强抗氧化剂，能够保护人体血管、心脏等组织免受自由基的损害。香菇配西蓝花炒豆渣能够抑制胆固醇和脂肪在血管壁上的堆积，帮助我们保护血管的弹性，避免心脑血管疾病的发生。

什蔬炒豆渣，降血糖

材料

豆渣 150 克，青椒 50 克，干香菇 4 朵，红椒、胡萝卜、芹菜各 40 克，料酒、葱末、盐适量。

■ 贴心提示

选购芹菜应挑选梗短而粗壮，菜叶翠绿而稀少者。研究表明，常吃芹菜，能减少男性精子的数量，对避孕有所帮助。

做法

① 将豆渣用纱布包好，挤去水分，放入盘中备用；香菇用温水泡发，清洗干净后切成碎粒；青椒和红椒洗净，切成小丁；胡萝卜和芹菜分别清洗干净后，切成丁。

② 将锅置于火上，倒油烧至七成热，放入葱末爆香，加入青椒、红椒、香菇、胡萝卜和芹菜，最后再淋入料酒，翻炒几分钟。

③ 放入豆渣，略微炒一下，加入盐调味，继续翻炒两分钟后就可出锅。

【养生功效】

青椒和红椒含有的辣椒素能显著降低血糖水平；芹菜为高纤维素食物，高纤维素饮食能改善糖尿病患者细胞的糖代谢，增加胰岛素受体对胰岛素的敏感性，能使血糖下降，从而可减少患者对胰岛素的用量；胡萝卜中所含丰富的果酸有利于糖脂代谢，有明显降低血糖的作用。它们搭配上香菇和豆渣，能够一起发挥降血糖的功效，还能给人补充营养。

豆渣鸭翅，清热去火

材料

豆渣、鸭翅、料酒、味精、酱油、盐、葱、姜、油、猪油各适量。

做法

① 将鸭翅洗净后用酱油、料酒腌半小时左右，豆渣挤干水分备用，姜、葱洗净后分别切成姜末和葱花。

② 将炒锅置于火上，倒入适量油，烧至八成热，把腌好的鸭翅放入油中，炸至金黄色然后盛入大碗中，加入葱、姜，放入蒸锅蒸烂。

③ 把豆渣倒入炒锅中炒干后盛出，然后在锅中放入适量猪油，猪油化开后倒入炒干的豆渣，把豆渣炒至发白。

④ 将蒸鸭翅碗中的汤汁全部倒入豆渣锅中，按个人口味添加适量盐、味精烧沸，将豆渣调匀后起锅，围在鸭翅的四周即可。

【养生功效】

翅膀处一般是禽肉最好吃的地方，因为那里经常运动，肌肉较多，而且肉质紧绷。研究发现，鸭肉有很好的食疗作用，鸭肉中的脂肪不同于黄油或猪油，其化学成分近似橄榄油，有降低胆固醇的作用，对防治妊娠高血压综合征有益。鸭肉性平和而不热，脂肪高而不腻，有清热凉血、祛病健身之功效，尤其适合爱上火的人滋阴养胃、利水消肿、大便干燥和水肿患者食用。豆渣也有清热解毒的作用，配上鸭翅后，很适合那些平时动不动就上火的人食用。

咖喱豆渣，保护心脑血管

材料

豆渣150克，咖喱粉2克，胡椒粉、姜末、醋、西红柿酱、糖、油各适量。

做法

① 将豆渣炒干后盛出。

② 在炒锅中倒入适量油，烧至八成热时放入姜末爆香，然后倒入炒干的豆渣炒3分钟左右，倒入清水，至水面淹过豆渣，用小火熬煮。

③ 待锅中的水快干时，放入咖喱粉、胡椒粉、醋、西红柿酱、糖，继续翻炒拌匀即可。

【养生功效】

咖喱是很多人喜欢的调味品，科学家们发现患有心脑血管病的人，如果每周吃上三次咖喱或从中提取的保健品，对身体恢复健康很有帮助。原因在于咖喱中的姜黄素是一种酚类抗氧化剂，它能够帮助控制血脂和促进热量的产生，对心血管类疾病有一定的预防作用；豆渣本身也有助于心脑血管疾病的恢复，它含有的食物纤维能够阻止胆固醇的吸收，从而有效地降低血浆和肝脏的胆固醇水平，对预防血黏度增高、高血压、动脉粥样硬化、冠心病等病的发生都非常有利。咖喱豆渣饭，有利于保护心脑血管，适合中老年人食用。

■ 贴心提示

胃炎、溃疡病患者应少食咖喱，患病服药期间不宜食用咖喱豆渣。

第4章
豆腐、豆花料理

甜豆花，清凉夏日

材 料

原味豆浆 500 毫升，内酯 10 克，姜丝 10 克，黄片糖 30 克，熟花生仁 15 克，清水适量。

做 法

① 将豆浆倒进锅里大火煮开，转小火继续煮 10 分钟。

② 将内酯用少量水调开，倒入热豆浆中，搅匀，静置至豆浆凝固。

③ 将熟花生仁切成碎粒；黄片糖掰成小块与姜丝一起放入锅中，加入适量水，大火煮开后转小火煮成黏稠的糖汁。

④ 等豆浆凝固成豆花后，用扁平的大勺子将凝固的豆花盛入小碗中，淋入糖汁，撒上花生粒即可。

【养生功效】

豆花其实就是豆腐花，豆花相较豆腐而言更加嫩软，在北方通常为咸辣味，在岭南通常加入糖水或黑糖食用。这里介绍的是甜豆花的制作，其实将调料换一下它也可以制作出风味不同的豆花。滑嫩的甜豆花，很适合在夏日食用，作为早餐或者午后的小点，它都能让我们拥有一个清凉的心情。另外，自己做的豆花干净、卫生，对于高血脂、高血压、冠心病和脾胃不和的疾病也有一定的食疗作用。

■ 贴心提示

黄片糖的滋味香浓，含有多种矿物质和维生素，在一般的大型农贸市场可以买到。

金针菇养生豆腐，清热化痰

材料

嫩豆腐200克，鲜笋50克，金针菇30克，料酒、柠檬、花生油、盐适量。

做法

① 将金针菇去根洗净，豆腐切成小长方块；鲜笋切片，下入开水锅中煮熟，捞出沥干；柠檬切成小块。

② 向平底锅注油，烧热，下入豆腐块慢火煎至呈金黄色，取出，撒入适量盐。

③ 锅中留油烧热，下入金针菇慢火略炒，加入盐、料酒炒熟。

④ 盘中铺入笋片，放入豆腐、金针菇，用柠檬块装饰即可。

■ 贴心提示

买完的鲜笋，在剥壳切片后可以先尝尝有无涩味。如果有，就需要先把涩味清除一下。其实涩味是因为草酸才有的，很容易清除，味道比较轻的，在热水中氽一下即可。涩味比较重的毛竹春笋，可以切成薄片后用清水浸泡，每天换一次水，三天后就没有涩味了。

【养生功效】

笋可以说是中国的传统食品了，不管是南方人还是北方人都很喜欢吃。其实早在宋代，就有描述笋的诗句——"顿顿食笋，莫食肉"。这也充分说明了笋的美味。中医认为，竹笋味甘、微寒，具有清热消痰、利膈爽胃、消渴益气的功效，是菜中上品；金针菇这种菌类食物，可以补养气血，也能清热祛湿、解除忧愁烦恼。而且，人们发现金针菇中的中性植物纤维和酸性纤维，能够降低血液中的胆固醇含量，抑制血脂升高；豆腐也是补益清热的养生食品，搭配上清脆可口的鲜笋、鲜嫩的金针菇，做成的金针菇养生豆腐，能够清热润燥、生津止咳，清洁肠胃。

豆花草鱼，暖胃的营养佳品

材料

草鱼1条，豆花100克，熟黄豆10克，青辣椒、香葱、生姜、大蒜、食用油、香油、料酒、胡椒粉、豆瓣酱、香醋、盐、白糖、味精适量。

做法

① 草鱼宰杀后取净鱼肉，片成厚片；将鱼头劈开；葱洗净切葱花；青椒去蒂、子切段；姜洗净切片。

② 锅内放油烧热，下葱、姜爆香，烹入料酒，放入鱼头、鱼骨，加水用大火熬成鱼汤。

③ 锅内注少许油烧热，下入青椒段、豆瓣酱、蒜瓣炒香，放入鱼汤、料酒、糖、香醋、胡椒粉、味精、盐煮沸。

④ 加入豆腐脑煮入味，捞出倒入盆内，再将鱼片放入汤汁中煮熟，捞出盖在豆腐脑上，中间撒上黄豆和葱。

⑤ 锅内注入少许食用油，烧热，浇在鱼片上，淋上香油即可。

【养生功效】

草鱼，又称鲩鱼，因吃水草而得名。草鱼的肉刺少，又富含营养，所以在家庭餐桌上很受欢迎。除了食用价值外，草鱼还有相当大的药用价值，可以作为滋补的食品。中医认为，草鱼性温味甘、无毒，入肝、胃经，具有补脾暖胃、平肝明目的功效。而且，草鱼的肉嫩而不腻，那些身体瘦弱、食欲不振的人吃了可以开胃。搭配上豆花制成的豆花草鱼，吃起来麻辣鲜香，既能暖胃也能促进食欲。

黄金烩豆花，补充多种营养素

材料

豆花 150 克，香菇 50 克，火腿 50 克，西红柿 25 克，咸蛋黄两个，白糖、鸡精、葱花、姜末、豌豆、蒜末、淀粉、色拉油、盐适量。

做法

① 将咸蛋黄切碎，香菇、西红柿、火腿洗净切末；豌豆洗净后焯烫，捞出沥干。

② 将炒锅置于火上，注油烧热，下入咸蛋黄炒散，放入香菇、西红柿、火腿、豌豆，烧开。

③ 向锅内加入葱花、姜末、豆花、盐、白糖，烧 3 分钟，盛出即可。

【养生功效】

黄金烩豆花中的"黄金"是指蛋黄。很多人认为蛋黄是导致冠心病、高脂血症的祸根，以至于很多老年人"望蛋生畏"。其实，蛋黄中除了含有胆固醇外，还富含卵磷脂，卵磷脂能够减少胆固醇和脂肪颗粒，对高胆固醇有治疗作用。所以，只要是合理进食蛋黄，对人的身体是有利无弊的。蛋黄中还富含脂肪、矿物质和多种维生素，搭配上豆花、香菇、火腿、西红柿等，吃起来软滑鲜嫩，能够补充多种营养素。

豆花面，改善贫血症状

材料

鲜面条 100 克，豆花 50 克，淀粉、葱花、酱油、芝麻酱、胡椒粉、红油辣椒、味精、油酥黄豆、盐酥花生仁、卷心菜、盐各适量。

做法

① 将盐酥花生仁切碎，大头菜洗净撕成小片，下入开水锅中焯烫，捞出沥干。

② 将面条下入加盐的开水锅中煮熟，捞出过凉水，盛入碗中。

③ 依次放入豆花、味精、芝麻酱、胡椒粉、酱油、葱花、卷心菜、红油辣椒、盐酥花生仁、油酥黄豆即可。

【养生功效】

面条富含蛋白质、脂肪、碳水化合物等营养成分，它易于消化吸收，能够在一定程度上改善贫血状况，并且增强免疫力。豆花面中，加入了白嫩的豆花，以及酥香的配料，麻辣味浓。所以，它能提高人的食欲，达到平衡营养等功效。

■ 贴心提示

买来的切面有时候会有很重的碱味，我们可以在面条快煮熟时，加入几滴醋，这样就可以消除掉面条的碱味，而且面条的颜色也会变得更白净。

豆花素三鲜，益智安神

材料

豆花400克，番茄150克，鲜香菇50克，木耳、香菜、胡椒粉、干淀粉、香油、色拉油、盐适量。

做法

① 鲜香菇去蒂洗净切片；番茄去皮切片；木耳泡后撕成小片；香菜洗净切末。

② 将炒锅置于火上，注入油，烧热下入香菇片爆香，加入木耳、水烧开，放入番茄，转小火。

③ 撒入盐、胡椒粉、香油、淀粉，等豆花煮开后，撒入香菜末即可。

【养生功效】

豆花含有丰富的蛋白质，这种蛋白质属于完全蛋白，不但含有人体必需的八种氨基酸，而且比例也很接近人体的需要，营养价值比较高。常吃具有降低血脂，保护血管细胞，预防心血管疾病的作用。中医也认为豆花有补虚损，润肠燥的作用，对于身体虚弱的老人和心脑血管疾病患者有食疗作用；番茄可以说是抗血栓的关键物质，科学家发现番茄子周围的黄色胶状物质能够防止血液中血小板的凝结，从而起到消除危险血栓的作用；香菇属于食用菌，而食用菌补养功能中的一个突出特点，就是对大脑有良好的补益作用。综合豆花、番茄和香菇的养生功效，豆花素三鲜具有益智安神的作用，适合心脑血管疾病的人食用。

大虾烧豆腐，健脾利湿

材料

嫩豆腐400克，大虾3个，葱末、姜末、味精、韭菜末、湿淀粉、鲜汤、香油、盐适量。

做法

① 将豆腐切成小方块，焯烫，捞出沥干；虾去须、脚、虾线，将虾头摘掉。

② 将炒锅置于火上，注油烧热，下葱末、姜末炒香，加入虾身，添入鲜汤。

③ 向锅内加入豆腐，撒盐、味精，勾芡，淋入香油，撒入韭菜末即可出锅。

【养生功效】

豆腐中含有丰富的蛋白质，虾中含有丰富的微量元素。两者同时食用，钙质丰富，相当有营养。虾肉能够开胃补肾，豆腐作为食药兼备的食物，也具有益气、补虚的作用。大虾烧豆腐，不仅吃起来口感鲜嫩爽滑，而且还具有健脾利湿、清热解毒、下气消痰的作用。

■ 贴心提示

吃得时候，一定要去掉虾头。因为虾头最前面有一个沙包，里面全是脏东西，而且虾的进食和消化排泄系统也都在头部，所以不宜吃虾头。

萝卜缨炒豆腐，保护眼睛

材料

豆腐200克，萝卜缨300克，葱末、葱花、姜末、味精、酱油、色拉油、盐适量。

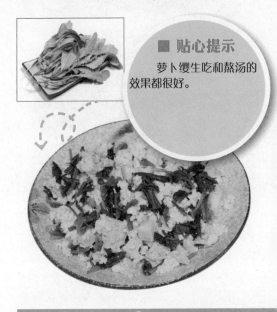

■ 贴心提示

萝卜缨生吃和熬汤的效果都很好。

做法

① 将豆腐制成泥；萝卜缨洗净，下入开水锅中焯烫，捞出沥干切末。

② 将炒锅置于火上，注油烧热，下入葱花、姜末爆香，放入萝卜缨末煸炒。

③ 向锅中加入豆腐泥、盐、味精、酱油炒匀，撒入葱末，即可出锅盛盘。

【养生功效】

萝卜缨就是萝卜的叶子，它的营养价值很高，富含的纤维能够预防便秘，含有丰富的维生素和矿物质，有润肤养颜的作用。萝卜缨吃起来味道有些辛辣，还有淡淡的苦味，能帮助消化、理气。不过萝卜缨和豆腐在一起炒着吃，最突出的作用是能保护眼睛。因为豆腐和萝卜缨中都富含钼，钼是眼睛虹膜的重要组成部分，虹膜可以调节瞳孔大小，保证看东西时的清晰。所以，萝卜缨搭配豆腐有一定的预防近视眼、老花眼、白内障的作用。

银杏烩豆腐，帮助老年人抗衰老

材料

南豆腐1块，银杏果10枚，豆浆600毫升，枸杞5克、盐、鸡精适量。

■ 贴心提示

白果中含有一种微量成分氢氰酸，有很大的毒性，所以食用前一定要去掉壳后，放入开水中浸泡3～5分钟，烫掉外面的淡褐色的软膜，并去掉绿心。另外，成年人每天食用白果不能超过10粒，青少年及儿童每天不要超过5粒。

做法

① 将银杏剥去外壳，去掉薄衣，放入滚水中煮熟。豆腐切成稍大于银杏的菱形块，也放入滚水中焯煮1分钟。枸杞用清水泡发。

② 将豆浆倒入锅中，放入银杏、豆腐，煮开后转小火继续煮5分钟，加盐和鸡精调味，盛入碗中，撒上枸杞即可。

【养生功效】

银杏果又称为白果，味道清香，到了金秋十月，尤其是寒露前后，果肉最为饱满，营养也最丰富，是很多人都喜爱的营养佳品。白果营养丰富，含有多种营养元素，如淀粉、蛋白质、脂肪、维生素C、核黄素、β-胡萝卜素及各种微量元素等成分，有润肺、止咳、平喘、抑菌、杀菌、延缓衰老等功效，非常适合老年人食用；而豆浆中含有的抗氧化成分，像维生素E、异黄酮等酚类物质，以及一些肽类，具有清除自由基的能力。所以，这道银杏烩豆腐口感柔嫩细滑，适宜老年人的保健食用。

酸辣豆腐汤，开胃消食

材料

豆腐 350 克，酸菜少许，剁椒 10 克。葱 15 克，高汤 350 克，盐 3 克，味精 2 克，胡椒粉 2 克。

做法

① 豆腐切成长条状，焯水后漂洗净；酸菜、葱均洗净，切碎。

② 锅中加油烧热，下入酸菜炒香，再倒入高汤烧开，放入豆腐条、剁椒煮至豆腐熟。

③ 加入盐、味精、胡椒粉调味，撒上葱花起锅即可。

■ 贴心提示

葱有降血脂、降血压、降血糖的作用。火毒炽盛者不宜多食此菜。

过桥豆腐，清热解毒

材料

豆腐 100 克，鲜肉 50 克，鸡蛋 4 个。盐、红椒、葱花、香油各适。

做法

① 豆腐洗净切片；红椒洗净切碎；鲜肉洗净切碎加料酒、红椒末腌渍 2 分钟。

② 将豆腐片在盘中列成一排，鲜肉末铺在豆腐上。豆腐两边各打 2 个鸡蛋，入蒸锅蒸 15 分钟。

③ 锅内倒入少许油，加盐和水，大火烧开后直接淋在盘上。最后淋上香油、撒上葱花即可。

【养生功效】

豆腐味甘、性寒，可宽中益气、清热散血，尤其适宜痰热咳喘、伤风外感、咽喉肿痛者食用。鸡蛋黄味甘、性平，入心、肾经，具有滋阴养血、润燥熄风之功；鸡蛋白味甘、性凉，具有润肺利咽、清热解毒之功。这道菜，美味、健康，不宜上火。

■ 贴心提示

香油有保肝护心、延缓衰老的功效。肾功能不全者最好少吃此菜。

百花蛋香靓豆腐，增强免疫力

材料

日本豆腐 2 条，虾胶 150 克，咸蛋黄 10 克，鸡蛋液、菜心各适量。白糖 1 克，盐 3 克，鸡精 2 克，生粉 15 克。

做法

① 鸡蛋液蒸成水蛋；日本豆腐切成圆筒，将中间挖空；咸蛋黄切粒。

② 将白糖、盐和鸡精加入虾胶里，搅匀后酿在挖空的豆腐中间，将咸蛋黄放在虾胶上，蒸熟后将豆腐取出放在水蛋上；菜心焯熟，围在豆腐周围；锅入水烧开，入余下调味料，用生粉勾芡后淋入盘中即可。

【养生功效】

日本豆腐，又称鸡蛋豆腐，以鸡蛋为主要原料，含有丰富的维生素 A、硒、锌等元素，具有明显的防癌抗癌作用，也可以防止胆固醇过高和脂肪在血管壁的沉积，从而具有预防动脉粥样硬化。

■ 贴心提示

菜心对怀孕妇女有益。慢性胰腺炎患者不宜多食此菜。

西红柿豆腐汤，增强免疫力

材料

豆腐300克，西红柿100克。盐、生姜、香油、鸡精、葱花各适量。

做法

1. 豆腐洗净切成小块；西红柿洗净切丁；生姜洗净切末。

2. 内放油烧热，放入生姜末爆香，加盐和适量清水，大火烧开，放入豆腐、西红柿小火

煲10分钟，加鸡精搅匀。

3. 最后撒上葱花、香油即可关火。

■ 贴心提示

西红柿能美容护肤，防治皮肤病。脾虚滑泻者不宜食用此菜。

【养生功效】

西红柿含有丰富的维生素等成分，其中的维生素 B_2 能够消炎，而维生素 C 能够抗氧化，可用于治疗口角炎。西红柿中含量高的番茄红素，可抑制某些能致癌的氧自由基生成，防止癌症的发生；还有助于增强体内免疫系统 T 细胞的功能。与具有健脾、利肠胃的豆腐同食，更有利于营养的吸收。

皮蛋豆腐，开胃消食

■ 贴心提示

皮蛋能消炎清热，可治疗牙周病等。肾衰竭患者不宜多食此菜。

材料

皮蛋1个，内酯豆腐1盒。葱15克，盐4克，味精2克，鸡汤15克，香油5克。

做法

1. 内酯豆腐装入盘中，切成花生形状块，葱洗净切花；皮蛋去壳备用。

2. 皮蛋与各种调味料放入碗中搅匀。

3. 将搅匀的调味料淋在切好的豆腐上，入蒸锅蒸熟即可。

【养生功效】

内酯豆腐，口感细嫩，营养丰富，可以和脾胃，健脾、肺，清热解毒，下气消痰。用于脾胃虚弱之腹胀、吐血以及水土不服所引起的呕吐；润燥生津，用于消渴、乳汁不足等症。皮蛋，风味独特，能促进食欲，有泻肺热、醒酒、去大肠火、治泻痢等功效。

特色千叶豆腐，补脑强心

材料

山水豆腐 2 盒，银杏 50 克，叉烧粒 10 克，红椒角 5 克，菜心粒 10 克，冬菇粒 10 克。糖 5 克，生抽 5 克，盐 3 克，蒜蓉 5 克。

做法

① 黄将豆腐洗净切薄片，摆成圆形，入锅用淡盐水蒸热；白果洗净。

② 锅中油烧热，爆香蒜蓉，加入银杏、叉烧粒、红椒角、菜心粒、冬菇粒，调入糖、盐、生抽炒匀即可。

【养生功效】

银杏味甘苦涩，具有敛肺气、定喘咳的功效，对于肺病咳嗽、老人虚弱体质的哮喘及各种哮喘痰多者，均有辅助食疗作用。根据现代医学研究，银杏还具有通畅血管、改善大脑功能、延缓老年人大脑衰老、增强记忆能力、治疗老年痴呆症和脑供血不足等功效。搭配豆腐做成美味菜肴，有很好的强心补脑的功效。

■ 贴心提示

银杏能辅助治疗小儿遗尿。脾虚滑泻者不宜食用此菜。

冷拌豆腐，健脾胃

材料

嫩豆腐 1 盒，柴鱼片 50 克。盐 3 克，葱花、酱油、陈醋各适量。

做法

① 豆腐洗净沥干；柴鱼洗净刨成片，放入干锅烘炒备用。

② 起油锅，加入盐、酱油、陈醋和适量水，煮熟成酱汁，盛装待凉。

③ 将豆腐摆入盘中，均匀地淋上酱汁，撒上葱花、柴鱼片即成。

【养生功效】

柴鱼有健脾胃、益阴血，在中医上被认为有补髓养精、明目增乳之功效。豆腐是软食，容易消化。多吃豆腐，可以减少便秘。柴鱼与豆腐搭配，可以补中调胃、利水消肿。

■ 贴心提示

柴鱼有强身补虚的功效。痢疾患者不宜多食此菜

百花酿豆腐，增强体质

材料

豆腐 300 克，猪肉、西蓝花各 150 克，青、红辣椒各 10 克。生姜、料酒、水淀粉、盐各适量。

■ 贴心提示

适量进食西蓝花可增强肝脏的解毒能力。尿路结石患者不宜多食此菜。

做法

① 豆腐洗净中间挖空摆碟；生姜洗净切末；猪肉洗净剁成末，用姜末、料酒、盐、水淀粉腌一下；青、红辣椒洗净切末；西蓝花洗净，掰小朵。

② 肉末放入豆腐里，加入西蓝花，放入锅中蒸 10 分钟，撒上辣椒末即可。

【养生功效】

豆腐是老人、孕、产妇的理想食品，也是儿童生长发育的重要食物。常吃西蓝花有润喉、开音、润肺、止咳的功效，还可以减少乳腺癌、直肠癌及胃癌等癌症的发病率。这道菜有利于增强人体的免疫力和抵抗力。

小葱拌豆腐，防癌抗癌

材料

嫩豆腐 1 盒，葱 20 克。盐 3 克，香油 4 克，姜汁少许。

做法

① 将盒装豆腐去掉薄膜，用小刀划成方块，倒扣入盘；葱切末备用。

② 取碗，加盐，用少许水划开，加入香油、姜汁，调成味汁。

③ 将味汁淋在豆腐上，撒上葱即成。

■ 贴心提示

姜汁有助于祛除体内风寒。胃酸增多者不宜多食此菜。

【养生功效】

俗话说"常吃葱，人轻松"，可见吃葱有利于健康。中医认为：葱性温，味辛，具有发汗解表、通阳散寒、驱虫杀毒之功效，可防治阳虚引起的伤风感冒等症。同时，葱内所含苹果酸和磷酸糖等，能兴奋神经系统，因而可以提高食欲。现代医学证明，豆腐富含大豆卵磷脂，有益于神经、血管、大脑的生长发育，与小葱搭配食用，可以更好地发挥补养、健脑优势。

酱椒蒸豆腐，防癌抗癌

■ 贴心提示

适量进食橄榄油可预防心脑血管疾病。肾衰竭患者不宜多食此菜。

材料

豆腐 300 克，梅菜 30 克。辣椒酱、蒜、盐、橄榄油、味精、葱各适量。

做法

① 豆腐洗净，切成片状装碟；梅菜、蒜、葱洗净切末。

② 用碗将梅菜、辣椒酱、蒜、盐、味精拌匀；将这些酱汁放在豆腐上面蒸 10 分钟。

③ 淋上橄榄油，撒上葱末即可。

【养生功效】

传统医学认为，豆腐"益气宽中，生津润燥，清热解毒，和脾胃，抗癌"。饮酒时可以吃点儿豆腐，豆腐中的半胱氨酸，能加速酒精在身体中的代谢，减少酒精对肝脏的毒害，起到保护肝脏的工作。色泽金黄、香气扑鼻，清甜爽口，不寒、不燥、不湿、不热，适合与豆腐搭配。

湘菜豆腐，排毒瘦身

材料

豆腐 500 克。香菜、芝麻、辣椒、葱、咸菜、盐、酱油、香油各适量。

做法

① 豆腐洗净切块摆碟；香菜、辣椒、葱均洗净切末；咸菜切末。

② 豆腐先放进锅里蒸 8 分钟；锅放油烧热，将辣椒、葱、咸菜爆香，均匀地洒在豆腐上。

③ 撒上香菜、芝麻和香油即可。

■ 贴心提示

因芝麻含油脂甚多，故能润肠通便。肾功能不全者最好少吃此菜。

【养生功效】

豆腐由大豆制成，能够降低 LDL(坏) 胆固醇水平，从而减少心血管疾病发生的危险性。饮食中如果有 25 克大豆蛋白，就能够提供 50 ~ 60 毫克大豆异黄酮，这种黄酮类物质能够显著降低 LDL 水平，因此，有利于维护心脏健康。加入香菜、芝麻、辣椒、葱和咸菜，既能体香，营养也更加丰富。

山水豆腐，开胃、消食

■ 材 料

豆腐 200 克，青椒、红椒各适量。盐 2 克，青剁椒 20 克，胡椒粉、味精、姜汁各适量。

■ 做 法

1 豆腐洗净切成丁，红椒、青椒洗净切丝。

2 将豆腐装盘，加盐、胡椒粉、味精、姜汁调味，放入青剁椒一起入蒸锅蒸熟后取出，撒上青椒丝、红椒丝即可。

■ 贴心提示

小剂量胡椒粉能增进食欲，对消化不良有治疗作用。此菜对更年期妇女有益。

【养生功效】

《食物本草》记载，辣椒"消宿食，解结气，开胃门，辟邪恶，杀腥气诸毒。"由于辣椒碱能刺激唾液及胃液分泌，因此，在食欲不振时，适当吃一些辣椒，能刺激唾液和胃液分泌，增进食欲，促进胃肠的蠕动，帮助消化。辣椒性温、辛热，它含有的辣椒素能刺激人体，使心跳加快，加速血液循环，使皮肤血管扩张，血液流向体表，从而使人产生热感。辣椒所含的辣椒素，能够促进脂肪的新陈代谢，防止体内脂肪积存，有利于降脂减肥防病。这道菜，在豆腐中加入了青、红椒和剁椒，开胃消食，还不会增肥，适合减肥人士食用。

富贵豆腐，降低血脂

材料

老豆腐500克。盐3克，小葱、干辣椒、蒸鱼豉油、酱油、辣椒油、鸡精、香油各适量。

做法

① 将豆腐洗净；小葱洗净，切成段；干辣椒洗净，切成段。

② 起油锅，小火煸炒干辣椒、小葱出香，加入盐、蒸鱼豉油、酱油、辣椒油、鸡精和适量水，烧开制成酱汁。

③ 将酱汁倒在豆腐上，淋上香油，吃时拌匀即可。

■ 贴心提示

干辣椒能健脾开胃，适量食用可增食欲，祛胃寒。酸中毒病人不宜食用此菜。

【养生功效】

脾胃湿热容易导致食欲不振、消化不良等，需经常食用豆腐等可以除湿、健脾、利肠胃的食物来保护或改善脾胃的运化及吸收功能，补充充足的营养，防止骨质疏松及营养素缺乏症。这道菜，在豆腐中加入了干辣椒、辣椒油等具有辛温、发汗功效的食物，有助于开胃消食，并且有一定的解热镇痛的功效。

特色葱油豆腐，预防感冒

■ 贴心提示

葱含有微量元素硒，并可降低胃液内的亚硝酸盐含量。有严重肝病者不宜食用此菜。

材料

嫩豆腐1块，大葱20克，盐3克，干辣椒20克，色拉油50克，酱油、香油、姜、糖各适量。

做法

① 姜、大葱洗净，切片；干辣椒切圈；嫩豆腐用开水汆烫一下，捞起沥干水分，放凉待用。

② 起锅放入色拉油，放入大葱、姜片、干辣椒，加入酱油、糖，用小火慢熬出味后出锅，倒在豆腐上。

③ 最后淋上香油即成。

【养生功效】

豆腐营养十分丰富，享有"植物肉"的美称。适合老人、孕妇，也是儿童生长发育的重要食物，对阴虚体弱的人或脑力工作者也非常适合。《本草纲目》里说，大葱味辛，性微温，具有发表通阳、解毒调味的作用，是春季养肝排毒的不错选择。这道菜，有很好的预防感冒的功效。

块豆腐，排毒瘦身

材料

豆腐 400 克。盐 3 克，葱、香菜、白芝麻、姜、蒜、辣椒油、生抽、熟油各适量。

做法

1 豆腐洗净摆盘；葱、姜、蒜切末；香菜切碎。

2 在豆腐上撒上少许盐、白芝麻、葱花。

3 取碗，加入少许盐、白芝麻、姜蒜末、葱花、辣椒油、生抽、熟油调成酱汁，佐食。

【养生功效】

皮肤的健康与否，时时刻刻反映着机体的健康，只有打通机体内排毒管道、使毒素排得畅，恢复机体的正常功能平衡，才能达到养颜美体的新状态。常吃豆腐及豆制品不但可以有效排毒，还有助于治疗气血不足等症，使面色红润，精力充沛。常吃辣椒、葱、姜、蒜等辛温类食物，能够提高身体抵抗力，消除疲劳，还能使皮肤光洁美丽，达到美容养颜的效果。

■ 贴心提示

脾胃虚寒的人适度吃点儿香菜也可起到温胃散寒的作用。热毒壅盛而疹出不畅者忌食香菜。

养生豆浆
常用食材功效速查

· 豆类 ·

黄豆

性味归经

性平，味甘，归脾、大肠经。

食用禁忌

1 黄豆不宜与猪血同食，同食会令人气滞，导致消化不良。

2 生黄豆含有不利于健康的抗胰蛋白酶和凝血酶，所以黄豆不宜生食，夹生黄豆也不宜吃。

3 患有严重肝病、肾病、痛风、动脉硬化、低碘者应禁食黄豆。

4 黄豆在消化吸收过程中会产生过多的气体造成胀肚，故消化功能不良、有慢性消化道疾病，如消化性溃疡的患者应尽量少食。

贮存方法

将豆子放进沸水中，迅速地搅拌几分钟，这样可以将虫卵或蛹杀死，捞出来后再将豆子浸泡在冷水中，注意浸泡的时间不要太长，以免豆子涨破皮，只要将刚才被杀死的附着在豆子上的虫卵过滤净即可，顺便剔除霉变或破损的豆子。然后，将干净的豆子控干、晒透，装入密封容器内。

【养生功效】

黄豆的蛋白质含量高达40%，相当于瘦猪肉的2倍、鸡蛋的3倍、牛奶的12倍，所以有"植物肉"的美称。黄豆的脂肪含量也很高，而且主要为不饱和脂肪酸（亚油酸、油酸、亚麻酸等），不饱和脂肪酸有降低胆固醇的作用。黄豆的含铁量多，并且易为人体吸收，所以对儿童生长发育及缺铁性贫血极为有益。

黑豆

性味归经

性平，味甘、酸，归脾、肾经。

食用禁忌

1 黑豆不宜与人参、蓖麻子、厚朴同食。

2 黑豆有解药毒的作用，同时也会降低中药功效，所以正在服中药的人忌食黑豆；肠热便秘的人应少食。

贮存方法

黑豆也可采取与黄豆同样的贮存方式，先在热水中烫几分钟，捞出后用凉水浸泡下并清洗黑豆。晾干后即可装入密封容器内放入冰箱保存。

【养生功效】

黑豆可以有效降低三酰甘油的浓度，减少心血管疾病对人体造成的威胁。而且，无论是身体健康的人，还是动脉粥状硬化的病人，黑豆都显现出降血脂的效果。另外，黑豆抗氧化能力比黄豆强，有助于延缓人体的衰老。

青豆

性味归经

性平，味甘，归胃、肝、大肠经。

食用禁忌

❶ 要当心过分翠绿的青豆，可能是人工染绿的，不宜食用。

❷ 痛风、肾结石患者不宜食用青豆。

贮存方法

把青豆用开水烫一下，然后用冷水冲凉，晾干后再放进冰箱的冷冻室，放半年都不会坏。

【养生功效】

青豆补肝养胃，滋补强壮，有助于长筋骨，悦颜面，有乌发明目、延年益寿等功效。青豆不含胆固醇，可预防心血管疾病，并减少癌症的发生。每天吃两盘青豆，可降低血液中的胆固醇。

红豆

性味归经

性平，味甘、酸，归心、小肠经。

食用禁忌

❶ 红豆利尿，故尿频的人应注意少吃或不吃。

❷ 被蛇咬伤者忌食红豆。

贮存方法

红豆可参考其他豆类的贮存方法，也可将红豆摊开晒，以 1.5 ~ 2.5 千克为单位装入塑料袋中，再放入一些剪碎的干辣椒，密封起来，放在干燥、通风处。

【养生功效】

红豆又叫小豆、赤豆、红豆、朱赤豆、朱小豆。中医认为，红豆性味甘、酸、平，有清热利水、散血消肿、清热解毒、补血的功效。《本草纲目》说，红豆性下行，能通小肠利小便去肿胀，另外它有调经通乳作用，对女性月经不调、哺乳期女性乳汁通行不畅疗效确切。

豌豆

性味归经

性平，味甘，归脾、胃经。

食用禁忌

❶ 豌豆粒多食会引发腹胀，推荐量每次不超过 50 克。

❷ 脾胃虚弱者不宜多食，以免引起消化不良。

贮存方法

豌豆剥出，装塑料袋，把口扎紧，放冰箱冷冻室里，食用时用开水煮熟。

【养生功效】

豌豆富含人体所需的各种营养物质，尤其是含有优质蛋白质与赖氨酸，与其他粮食一起吃，能大大提高其营养吸收率，可以提高机体的抗病能力和康复能力。豌豆与一般蔬菜有所不同，所含的赤霉素和植物凝素等物质，具有抗菌消炎，增强新陈代谢的功能。豌豆中富含胡萝卜素，食用后可防止人体致癌物质的合成，从而减少癌细胞的形成。

绿豆

性味归经

性凉，味甘，归心、胃经。

食用禁忌

① 身体虚寒者不宜过食或久食绿豆；

② 脾胃虚寒、大便滑泄者忌食。

贮存方法

常温保存在干燥、通风处。夏季时将绿豆用食品袋封好，放入冰箱冷藏或冷冻保存。将绿豆放入开水浸泡十几分钟，捞出晾干放入缸中可保存更长时间。

【养生功效】

绿豆有清热解毒的功效，在遇到有机磷农药中毒、铅中毒、酒精中毒（醉酒）等情况的时候，可以在去医院抢救前灌下一碗绿豆汤进行紧急处理。那些经常在有毒环境下工作或接触有毒物质的人也应经常食用绿豆来解毒保健。尤其是夏天在高温环境工作的人，绿豆汤是最理想的饮品，它能够清暑益气、止渴利尿，不仅能给人体补充水分，还能及时补充无机盐，对维持水液电解质平衡有着重要意义。

芸豆

性味归经

性温，味甘，归脾、肾经。

食用禁忌

消化功能不良，慢性消化道疾病患者应少食。

贮存方法

装入密封袋、放入冰箱冷藏即可。

【养生功效】

芸豆可加速肌肤新陈代谢，缓解皮肤、头发的干燥。芸豆含有皂苷、尿毒酶和多种球蛋白，能有效提高免疫力，激活淋巴 T 细胞，而尿毒酶更是对肝性脑病患者有较好疗效；芸豆还是一种高钾低钠食品，很适于心脏病、动脉硬化、高血脂和忌盐患者食用。

· 谷薯类 ·

小麦仁

性味归经

性凉，味甘，归心、脾、肾经。

食用禁忌

① 糖尿病患者不宜过量食用小麦，否则可使血糖升高，加重病情。

② 小麦中含有少量的天然二氮类物质，肝病患者食用后容易造成神志不清、嗜睡、木讷或昏迷等症状，所以肝病患者不宜多吃小麦。

贮存方法

在常温、通风、干燥的环境下贮存。

【养生功效】

小麦不仅是供人营养的食物，也是供人治病的药物。《本草再新》把小麦的功能归纳为四种：养心，益肾，活血，健脾。《医林纂要》又概括了小麦的四大用途：除烦，止血，利尿，润燥。对于更年期妇女，食用未精制的面粉还能缓解更年期综合征。

现代医学发现，进食全麦可降低血液循环中雌激素的含量，从而起到防治乳腺癌的功效。同时，小麦粉（面粉）还具有很好的嫩肤、除皱、祛斑等功效。

薏米

性味归经

性凉，味甘、淡，归脾、胃、肺经。

食用禁忌

薏米性微寒，所以并不适合单独煮粥或者单吃。薏米不容易消化，所以尽量不要多吃，尤其是老人儿童以及胃寒的人，吃薏米的时候一定要适量，不要多吃。

贮存方法

夏季为了防止薏米生虫，可将酒瓶竖直插进薏米的中央，敞开盖，让酒瓶口略高于米面，然后将薏米密封起来即可。为了能让酒瓶在米中站稳，而且还要密封，建议尽量把薏米放在带盖的密封容器中，而不是袋子里。

【养生功效】

中医上说，薏米能强筋骨、健脾胃、消水肿、祛风湿、清肺热等。尤其是薏米利湿的效果很好，运化水湿是脾的主要功能之一，体内湿气太重就会影响到脾的负担。所以薏米的这种祛湿作用，能够为脾脏减轻负担。

粳米

性味归经

性平，味甘、淡，归脾、胃经。

食用禁忌

糖尿病患者不宜多喝大米粥，因为大米粥消化吸收得快，血糖也会随之升高。

贮存方法

大米应在常温、干燥、避光的条件下贮存。

【养生功效】

粳米也就是大米，中医认为，大米具有健脾养胃、补血益气的良好功效。米饭，尤其是糙米饭，能够预防脚气病和皮肤粗糙症。米粥和米汤则能生津止渴，补脾益胃，又能刺激到胃液的分泌，有助于消化。尤其适宜老人、小孩、产妇、病人及身体虚弱者食用。

小米

性味归经

性凉，味甘、咸，归脾、胃、肾经。
陈小米，性寒、味苦。

食用禁忌

气滞者不宜食用小米，素体虚寒、小便清长者宜少食。

贮存方法

小米适宜在常温、干燥的环境中用密闭容器储存。

【养生功效】

中医认为，小米具有健脾和胃的功效，能治脾胃不和，并且既能开胃又能养胃。小米滋阴，是碱性谷类，胃酸过多的人可常吃，内热、肾病及脾胃虚者更宜多食。小米粥不但味香、甜糯、营养好，还易于消化吸收，能促进食欲，滋养肾气，补虚清热，并有补气健脾、消积止泻的作用，可治脾虚久泻、消化不良和积食腹痛等症。

糯米

性味归经

性温，味甘，归脾、胃、肺经。

食用禁忌

① 糖尿病患者最好不要食用糯米，否则会进一步加重病情。

② 糯米比较黏腻，难以消化，若做糕点，幼儿、老年人及病后体弱者最好不要食用。

③ 健康人也不要一次食用过多的糯米，否则会加重肠胃的负担。

贮存方法

糯米一般在常温下，储存在干燥、避光的环境下。

【养生功效】

糯米香糯黏滑，常被用来制作风味小吃。它的养生功效主要有两点，一是可以补中益气，糯米含丰富的维生素，能温脾暖胃，补中益气；二是糯米收涩作用，对自汗、尿频有较好的食疗效果。

黑米

性味归经

性平，味甘，归脾、胃经。

食用禁忌

病后消化能力较弱者不宜急于吃黑米。

贮存方法

黑米宜贮存在干燥通风处。

【养生功效】

黑米中含膳食纤维较多，淀粉消化速度比较慢，血糖指数仅有 55，而白米饭的血糖指数为 87。因此，吃黑米不会像吃白米那样造成血糖的剧烈波动。此外，黑米中的钾、镁等矿物质还有利于控制血压、减少患心脑血管疾病的风险。所以，糖尿病人可以把食用黑米作为膳食调养的一部分。

燕麦

性味归经

性温，味甘，归脾、胃经。

【养生功效】

中医认为，燕麦味甘性凉，有补益脾胃、润肠通便的功效。现代医学认为，燕麦有通便的作用。这不仅因为它含有植物纤维，而且在调理消化道功能方面，维生素 B_1，维生素 B_{12} 更是功效卓著。很多老年人大便干燥，容易导致心脑血管意外，燕麦则能解便秘之忧。

食用禁忌

① 因为燕麦有催产作用，孕妇食用后易导致流产，故孕妇不宜食用燕麦。

② 由于燕麦有滑肠作用，便溏腹泻者食用后会加重症状，因此不宜食用。

③ 燕麦有减肥瘦身作用，故身体瘦弱者不宜食用燕麦。

④ 燕麦忌一次吃得太多，否则会造成胃痉挛或胃部胀气。

贮存方法

燕麦适宜在常温、通风、干燥的环境中存放。

荞麦

性味归经

性凉，味甘，归脾、胃、膀胱经。

食用禁忌

荞麦属于粗粮，所以不宜长时间单独食用，否则会造成消化不良，最好能与其他谷物搭配食用；荞麦性寒，脾胃虚寒者应尽量少吃或不吃；肿瘤患者要忌食荞麦，否则会加重病情。

贮存方法

荞麦应在常温、干燥、通风的环境中储存；荞麦面应与干燥剂同放在密闭容器内低温保存。

【养生功效】

荞麦有下气利肠、清热解毒的功效，并能够降血压、降血脂、降血糖，因而高血脂、高血压患者多吃荞麦大有益处；荞麦中含有极其丰富的食物纤维，多食荞麦食品具有良好的预防便秘的作用，并可预防大肠癌。

玉米

性味归经

性平，味甘，归脾、胃经。

食用禁忌

❶ 玉米发霉后，能产生致癌物，所以发霉的玉米绝对不能食用。

❷ 以玉米为主食易患糙皮病；凡干燥综合征、糖尿病及阴虚火旺等患者不宜食玉米。

贮存方法

把玉米放在容器或口袋内，然后采集适量的树叶，拌进玉米粒中，这种方法可以预防玉米长虫子。

【养生功效】

玉米是极好的防癌抗癌食品。首先，它所含的谷胱甘肽能将外来的致癌物质排出体外，有利于人体的防癌抗癌；其所含的膳食纤维能促进肠道蠕动，缩短食物通过肠道的时间。促使大便及时排出，以此减少人体肠道对有毒物质的吸收，从而防止或减少结肠癌的发生；其所含赖氨酸能控制脑肿瘤生长，抑制癌细胞的分裂，因此，玉米对于防治癌症有不错的保健作用。

高粱

性味归经

性温，味甘、涩，归脾、胃经。

食用禁忌

尿病患者忌多食，初痢者忌食用高粱米饭，便秘者忌食。

贮存方法

为了防止高粱米生虫，可将花椒放进透气性好的纱布或薄布内包成若干小包，然后将小包均匀地放在米袋的各个角落，再系紧袋口即可。

【养生功效】

中医认为，高粱米性味甘、涩、温，无毒，能和胃、健脾、止泻，有固涩肠胃、抑制呕吐、益脾温中、催治难产等功能，可用来治疗食积、消化不良、湿热、小便不利、妇女倒经、胎产不下等病症。

红薯

性味归经

性平，味甘，归脾、胃、大肠经。

【养生功效】

红薯中含有大量的膳食纤维，在肠道内无法被消化吸收，能刺激肠道，有通便排毒的功效。而且，红薯本身的热量只有相同数量的大米热量的1/3，从这两个角度而言，红薯是一种理想的减肥食物。当然，红薯的功效不局限于此，它还能有效抑制乳腺癌和结肠癌的发生。

食用禁忌

①带有黑斑的红薯和发芽的红薯都可使人中毒，不可食用。

②红薯含有气化酶，一次吃得过多会发生胃灼热、吐酸水、肚胀排气等现象。食用凉的红薯也可致上腹部不适。胃肠疾病及糖尿病等患者忌食红薯。

贮存方法

在农村地窖是最好的选择，在低氧适宜温度下红薯不易冻坏且也不会发芽，经过储藏其淀粉也会转化成糖，吃起来比刚收获的甜。条件不允许的话尽量选择干燥低温的环境进行储藏。

芋头

性味归经

性平，味甘，归胃、肠经。

食用禁忌

①芋头必须熟食，生芋汁可能引起皮肤过敏等症状，若出现过敏症状，可用生姜擦拭。

②腹中胀满及糖尿病患者应当少食或忌食。

贮存方法

芋头宜放置于干燥、阴凉、通风的地方。在购买之后尽可能食用完，芋头不耐低温，故鲜芋头一定不能放入冰箱，在气温低于7℃时，应存放于室内较暖和处，防止因冻伤造成腐烂。

【养生功效】

芋头的营养价值很高，块茎中的淀粉含量达70%，既可当粮食，又可作蔬菜，是老幼皆宜的滋补品，芋头中含有多种微量元素，能增强人体的免疫力，可作为防治癌瘤的常用药膳主食。在癌症手术或术后放疗、化疗及其康复的过程中，有较好的辅助作用。

山药

性味归经

性平，味甘，归脾、肺、肾经。

食用禁忌

山药有收涩作用，故便秘和腹胀症状者忌食。

贮存方法

如果需要长时间保存，应该把山药放入木锯屑中包埋，短时间保存则只需用纸包好放入冷暗处即可。

【养生功效】

《本草纲目》对山药的记载是："益肾气，健脾胃，止泻痢，化痰涎，润皮毛。"因为山药的作用温和，不寒不热，所以对于补养脾胃非常有好处，适合胃功能不强，脾虚食少、消化不良、腹泻的人食用。患有糖尿病、高血脂的老年人也可以适当多吃些山药。

· 坚果、干果类 ·

核桃

性味归经

性温，味甘，归肾、肺经。

食用禁忌

核桃性温，凡阴虚火旺、鼻出血、咯血等患者忌食；又因它能滑肠通便，故便溏腹泻者也应忌食。因核桃含有较多的脂肪，所以一次不宜吃得太多，否则会影响消化，应以每次20克为宜。

贮存方法

核桃保存时以保持干燥为主。

【养生功效】

核桃仁性味甘平、温润，具有补肾养血、润肺定喘、润肠通便的作用。同时，核桃仁还是一味乌发养颜、润肤防衰的美容佳品。"发为血之余"，"肾主发"，核桃仁具有强肾养血的作用，所以久服核桃可以令头发乌黑亮泽，对头发早白、发枯不荣具有良好的疗效。古代医学家对于核桃仁的美容功效早有认识，他们认为常服核桃仁令人能食，骨肉细腻光滑，须发泽泽，血脉通润。由此可见，核桃除了乌须发之外，还可以荣养肌肤，使之变得光滑细腻。

甜杏仁

性味归经

性平，味甘，归肺、大肠经。

【养生功效】

甜杏仁和日常吃的干果大杏仁偏于滋润，有一定的补肺作用；它能够降低人体内胆固醇的含量，降低心脏病和很多慢性疾病的发病危险。杏仁还有美容功效，能促进皮肤微循环，使皮肤红润光泽，对骨骼生长有利。

食用禁忌

杏仁与猪肉相克，两者同食会引起腹痛。杏仁与栗子相克，两者同食会引起胃痛。杏仁与狗肉相克，两者同食会产生对身体有害的物质。

贮存方法

杏仁宜存放在干燥、凉爽的环境中，也可放入冰箱里冷藏，这样可以显著延长保质期。但冷藏时一定要注意密封，以避免杏仁因受潮或结冰而引起霉变。

腰果

性味归经

性平，味甘，归脾、肾经。

食用禁忌

腰果油脂含量丰富，肝功能严重不良者不宜食用，痰多者不宜多食。腰果热量较高，多吃易致发胖。

贮存方法

腰果应存放于密封罐中，放入冰箱后冷藏保存，或者摆在阴凉、通风处，避免阳光直射。

【养生功效】

腰果中的某些维生素和微量元素成分有很好的软化血管的作用，对保护血管、防治心血管疾病大有益处。它含有丰富的油脂，因而还可以促进老年人每天顺利排便。腰果中含有大量的蛋白酶抑制剂，能控制癌症病情。腰果还具有催乳的功效，有益于产后乳汁分泌不足的妇女。

榛子

性味归经

性平，味甘，归脾、胃经。

【养生功效】

榛子富含油脂，有利于脂溶性维生素在人体内的吸收，对体弱、病后体虚、易饥饿的人都有很好的补养作用；榛子有天然香气，有开胃之功；榛子里包含抗癌化学成分——紫杉酚，所以，榛子还有防癌的功效。

食用禁忌

①存放时间较长的榛子不宜食用，发黑的榛子也要忌食。

②榛子含有丰富的油脂，因此，胆功能严重不良者应慎食。

③脾胃虚弱、消化不良或患有风湿病的人也不宜食用榛子。

贮存方法

榛子存放在自封袋内（不透气的那种），置于阴凉干燥处，可以存放3～5个月。

栗子

性味归经

性温，味甘，归脾、胃、肾经。

【养生功效】

栗子的药用价值颇高。南梁陶弘景说其能"益气，厚肠胃"。除了补益脾胃，板栗还有补肾的作用。唐代医药学家孙思邈就说板栗是"肾之果也，肾病宜食之"。不过，补肾时生食的效果最好。肾气不足时，食用生板栗是可行的方法。

食用禁忌

板栗生吃难消化，热食又易滞气，所以，一次不宜多食。因板栗含糖分高，糖尿病患者当少食或不食；消化不良或患有风湿病的人不宜食用。

贮存方法

少量栗子存储时，可以将栗子浸入冷水桶里，水要漫过栗子35～70厘米，7～10天后把浸过的板栗用竹篮高挂在通风处，让其自然风干，直至食用时取下。

松子

性味归经

性温，味甘，归肝、肺、大肠经

食用禁忌

①存放时间较长的松子会产生"油哈喇"味，不宜食用。

②有严重腹泻、脾虚、肾虚、湿痰的人要少吃松子。

贮存方法

松子装进密封罐中，然后就可以放进冰箱冷藏或冷冻。

【养生功效】

松子中的油脂含量丰富，有润肠通便的作用，并且还能润肤美容，能延缓衰老；现代医学发现，松子中含有丰富的磷和锰，能够补益大脑和神经，是健脑佳品。经常食用松子能强身健体、提高机体抗病能力，还能对老年痴呆症起到预防作用。

开心果

性味归经

性温，味甘，归肝、肺、大肠经。

食用禁忌

❶ 放置时间太久的开心果不宜食用。

❷ 开心果中的热量较高，并含有较多的脂肪，肥胖和高血脂的人应该少吃。

贮存方法

开袋食用后，开心果应该将外包装密封好，放到阴凉干燥、通风处保存。

【养生功效】

开心果中含有维生素E，有抗衰老的作用，还能增强体质。古代波斯国的国王将开心果称为"仙果"。因其丰富的钾含量，高血压患者食用后还有一定的降压作用。经常食用开心果能够强身健体，提高身体的抗病能力。

花生

性味归经

性平，味甘，归脾、肺经。

食用禁忌

胆管病、胆囊切除者不宜食用。

贮存方法

可以将带皮花生和干燥剂一同放入密封罐中，放在阴凉处保存。

【养生功效】

花生有止血作用，尤其是红衣的止血作用很强，对多种出血性疾病都有良好的止血功效；花生中含有的白藜芦醇是肿瘤类疾病的化学预防剂，也是降低血小板聚集，预防和治疗动脉粥样硬化、心脑血管疾病的化学预防剂。

黑芝麻

性味归经

性平，味甘，归肝、肾、肺经。

食用禁忌

黑芝麻虽然有乌发功效，但过犹不及，不宜大量摄取，最适合的食量是：春夏二季，每天半小匙；秋冬二季，每天一大匙，超过这分量会引致脱发。

贮存方法

芝麻贮存不好易生虫，暂时吃不完的芝麻，可以装在密封罐或塑料瓶里密封起来，常温下可放置很长时间不生虫。

【养生功效】

芝麻中的黑芝麻富含维生素E，它有助于头皮内的血液循环，促进头发的生命力，并对头发起到滋润的作用，防止头发干燥和发脆。另外，芝麻中富含的优质蛋白质、不饱和脂肪酸、钙等营养物质都能养护头发，防止脱发和白发，使头发保持乌黑亮丽。

榛子

性味归经

性平，味涩，归心、脾、肾经。

【养生功效】

莲子为睡莲科植物莲的种子，中医认为，它味甘、涩、性平，归脾、肾、心经，多年来被视为滋补性食品。《神农本草经》把它列为"上品"，还称之为"水芝丹"，莲子肉则具有补脾胃的作用。一个人的脾胃好了，吃进去的食物能够化为气血滋养身体，人自然也就会身强力壮。

食用禁忌

① 变黄发霉的莲子不要食用。

② 腹部胀满与大便燥结者忌食莲子；气瘀腹胀、溺赤便秘，外感初起者忌用。

贮存方法

莲子最忌受潮受热，受潮容易虫蛀，受热则莲心的苦味会渗入莲肉，因此，莲子应存于干爽处。莲子一旦受潮生虫，应立即日晒或火焙，晒后需摊晾两天，待热气散尽凉透后再收藏。不过，晒焙过的莲子的其色泽和肉质都会受影响，煮后风味大减，同时药效也受一定影响。

· 菌藻类 ·

银耳

性味归经

性平，味甘，归胃、肾、肺经。

食用禁忌

外感风寒、出血症、糖尿病患者不宜食用。

贮存方法

银耳宜密封后保存，不宜存放于石灰缸中，否则煮时不易发开。

【养生功效】

银耳又叫白木耳，具有强精、补肾、润肠、益胃、补气、美容、嫩肤、延年益寿的功效。加上它的滋阴作用，长期服用可以润肤，并有除脸部黄褐斑、雀斑的功效。如果和百合、莲子一起食用更能达到润肺效果，减少呼吸道疾病的发生。

黑木耳

性味归经

性平，味甘，归胃、大肠经。

食用禁忌

新鲜的黑木耳中含有一种可引起皮炎的物质，故新鲜黑木耳不宜食用。因黑木耳含有嘌呤类物质，故痛风病患者不宜食用。

贮存方法

黑木耳要放在通风、透气、干燥、凉爽的地方，避免阳光长时间的照晒。

【养生功效】

中医认为黑木耳具有滋养脾胃、益气强身、舒筋活络、补血止血之功效。现代研究表明，黑木耳含有能清洁血液并且具有解毒作用的物质，能够帮助消除体内毒素，所以有健身、美容、乌发等作用。

海带

性味归经

性寒，味咸，归肺经。

食用禁忌

吃海带后不应立即喝茶，也不宜马上吃葡萄、山楂等酸味水果，以免影响对矿物质的吸收。海带性寒，凡脾胃虚寒者忌食；患有甲亢的病人不要吃海带。

贮存方法

如果海带不能食用完，应把拆封后的海带冷藏在冰箱或冰柜中保存。

【养生功效】

海带所含营养成分较丰富，所以对许多疾病有一定的预防和治疗作用。比如，海带中含有60%的岩藻多糖，它是极好的食物纤维，能够延缓胃排空和食物通过小肠的时间，所以对治疗糖尿病有好处；海带中的碘极为丰富，可以刺激垂体，使女性体内雌激素水平降低，消除乳腺增生的隐患；海带中的昆布氨酸，还可以降低血压。

紫菜

性味归经

性寒，味甘、咸，归肺经。

食用禁忌

脾胃虚寒、腹泻者和腹痛便溏者忌食。

贮存方法

紫菜是海产食品，容易返潮变质，应将其装入黑色食品袋置于低温干燥处，或放入冰箱中，可保持其味道和营养。

【养生功效】

多吃紫菜对人体有着极为重要的保健功效。紫菜所含的多糖具有明显增强细胞免疫和体液免疫的功能，并可以促进淋巴细胞转化，提高机体的免疫力。紫菜含有大量可降低胆固醇的牛磺酸，有利于保护肝脏。另外，它还含有丰富的胆碱，而胆碱又是神经细胞传递信息的重要化学物质，对增强人的记忆、防止记忆衰退有良好的作用。

· 蔬菜类 ·

芦笋

性味归经

性凉，味甘，归肺经。

食用禁忌

❶ 芦笋不宜生吃，易引起腹胀、腹泻等。
❷ 痛风和糖尿病患者不宜多食芦笋。

贮存方法

如果不能马上食用，以报纸卷包，置于冰箱冷藏室，可维持两三天。

【养生功效】

芦笋有清热利小便的作用，夏季食用有清凉降火之效，能消渴止暑。芦笋中富含叶酸，大约五根芦笋就含有100多微克叶酸，所以多吃芦笋能为人体补充叶酸。芦笋还有促使细胞生长正常化的功能，具有防止癌细胞扩散的功效，对癌症有特殊的疗效。

莴笋

性味归经

味甘、性凉、苦，归肠、胃经。

【养生功效】

莴笋的味道清新且略带苦味，可刺激消化酶分泌，增进食欲，非常适合消化功能减弱、消化液酸性降低和便秘的病人食用；莴笋中钾的含量大大高于钠含量，对高血压、水肿、心脏病患者有一定的食疗作用；莴笋所含有机化合物中富含人体可吸收的铁元素，对缺铁性贫血病人十分有利。

食用禁忌

凡脾胃虚寒，腹泻便溏之人忌食莴笋。女子月经来潮期间以及寒性痛经之人，忌食凉拌莴笋。另外，莴笋中的某种物质对视神经有刺激作用，古书记载莴笋多食使人目糊，故视力弱者不宜多食，有眼疾特别是夜盲症的人也应少食。

贮存方法

可选择茎粗、无空心的莴笋，小心摘去叶片，用清水洗去泥土，在室内放置4~6小时，装入塑料食品袋中，扎紧袋口，冬季可放在阳台上，根据气温变化可用草帘或麻袋覆盖或揭盖以调节温度，同时需注意避免太阳光直射。当然，最好的保鲜办法是将它置于冰箱中，此法可贮存半个月左右。

芹菜

性味归经

性凉，味甘辛，归肝、胃、肺经。

食用禁忌

血虚病人忌食，脾胃虚寒、大便溏者不宜多食。

贮存方法

将芹菜择洗干净，用保鲜膜包好放在冰箱冷藏，可存放1~2周，不过最好在新鲜时食用。

【养生功效】

芹菜含有酸性的降压成分，可使血管扩张，能对抗烟碱、茶碱引起的升压反应，并可降压；另外，芹菜对于原发性、妊娠性及更年期高血压均有食疗作用；芹菜中有一种碱性成分，对人体有安定作用，可消除烦躁；芹菜含有利尿有效成分，能够利尿消肿。

生菜

性味归经

性凉，味甘，归胃、大肠经。

食用禁忌

生菜性质寒凉，尿频、胃寒的人应少吃。

贮存方法

储存时，将生菜的菜心摘除，然后将湿润的纸巾塞入菜心处让生菜吸收水分，等到纸巾较干时将其取出，再将生菜放入保鲜袋中冷藏。

【养生功效】

生菜能保护肝脏，促进胆汁形成，防止胆汁瘀积，预防胆石症和胆囊炎。此外，生菜还可以清除血液中的垃圾，具有血液消毒和利尿作用，还能清除肠内毒素，防止便秘。

土豆

性味归经

性平，味甘，归胃、大肠经。

【养生功效】

现代医学认为，土豆富含粗纤维，可促进胃肠蠕动，加速胆固醇在肠道内的代谢，具有通便和降低胆固醇的作用，可以治疗习惯性便秘和预防血胆固醇增高；土豆的淀粉在人体内被缓慢吸收，不会导致血糖过高，可用作糖尿病的食疗。

食用禁忌

食用土豆要特别注意，不要食用发了芽的土豆，它会使人出现呕吐、恶心、腹痛、头晕等中毒症状，严重者甚至会死亡。如果发现土豆有芽眼，则应将它除掉，否则也会危害健康。

贮存方法

土豆贮存时有两种方法：1. 把土豆放进草袋、麻袋或者垫了纸的筐里，上面撒一层干燥的沙土，放在阴凉干燥处存放。2. 把土豆和苹果一起放进旧纸箱中保存，因为苹果散发出的乙烯气体对土豆具有保鲜作用。

黄瓜

性味归经

性凉，味甘，归脾、胃、大肠经。

食用禁忌

黄瓜性味甘寒，老人和小孩、久病体虚者以及脾胃虚弱、腹痛腹泻、肺寒咳嗽者都应少吃；身体健康者也不宜过多食用生黄瓜。

贮存方法

黄瓜很易失水变软萎蔫，要求相对湿度保持在95%左右，可用塑料薄膜包装，放入冰箱中冷藏。

【养生功效】

新鲜黄瓜中含有的丙醇二酸，能有效地抑制糖类物质转化为脂肪，因此，常吃黄瓜可以帮助减肥。黄瓜中所含的葡萄糖、果糖等不参与通常的糖类代谢，所以糖尿病患者食之，血糖非但不会升高，甚至会降低。

莲藕

性味归经

生藕味涩，性凉；煮熟味甘，微温。归心、脾、胃经。

食用禁忌

莲藕性偏凉，所以产妇不宜过早食用，一般在产后1～2周后再吃藕可以逐瘀。凡便溏腹泻及妇女寒性痛经者均忌食生藕；胃溃疡、十二指肠溃疡者少食。

贮存方法

莲藕用保鲜膜包好或用食品袋封好，放在冰箱的蔬菜格子里保存，可保持其新鲜度。

【养生功效】

莲藕生用性寒，味甘多液，有清热凉血作用，可用来治疗热性病症，对热病口渴者极为有益。莲藕有一种独特清香，能增进食欲，有利于食欲不振者恢复健康。莲藕富含铁、钙等微量元素，故对缺铁性贫血的病人很有好处。

南瓜

性味归经

味甘，性温，归脾、胃经。

食用禁忌

南瓜不宜食用过量，这样容易导致腹胀。南瓜最好不要与羊肉、油菜同食。黄疸病、脚气病及气滞湿阻等患者忌食南瓜。

贮存方法

南瓜在黄绿色蔬菜中属于非常容易保存的一种，完整的南瓜放入冰箱里一般可以存放2～3个月。

【养生功效】

南瓜内含有果胶，果胶有很好的吸附性，能黏结和消除体内毒素，如，金属中的铅、汞和放射性元素，可起到解毒作用。另外，果胶还可以保护胃肠道黏膜，免受粗糙食品刺激，促进溃疡面愈合，适宜胃病患者。

胡萝卜

性味归经

味甘、性平，归肺、脾经。

【养生功效】

胡萝卜中所含的胡萝卜素能帮助清除机体内致人衰老的自由基；由胡萝卜素转化的维生素A可以治疗夜盲症和眼干燥症；胡萝卜素转化生成的维生素B族对皮肤有美容的效果。

食用禁忌

不要生吃胡萝卜，生吃胡萝卜不易消化吸收，90%胡萝卜素因不被人体吸收而直接排泄掉。糖尿病者少食胡萝卜。

贮存方法

保存胡萝卜以将其放入报纸中包好，放入阴暗处为宜。放入冰箱冷藏时，要先擦去表皮水分，用保鲜膜包好或放入塑料袋中存放。如果塑料袋中蒸发出水蒸气就要尽快食用。

冬瓜

性味归经

性微寒，味甘淡，归肺、大肠、小肠、膀胱经。

食用禁忌

冬瓜性寒凉，脾胃虚弱、肾脏虚寒、久病滑泻、阳虚肢冷者忌食。

贮存方法

表皮未破损的完整冬瓜，可放在阴凉通风处，瓜下垫上稻草或木板，便可贮存4～5个月。而已切开的冬瓜，取干净白纸或料理薄膜紧贴在切面上，再放在避光干燥通风处，可保存3～5天，不会霉烂。

【养生功效】

冬瓜性寒味甘，清热生津，消暑除烦，有清热的功效。冬瓜含维生素C较多，且钾盐含量高，钠盐含量较低，高血压、肾脏病、水肿病等患者食之，可达到消肿而不伤正气的作用。另外，冬瓜所含的丙醇二酸，能有效地抑制糖类转化为脂肪，有减肥功效。

油菜

性味归经

性凉，味甘；归肝、脾、肺经。

食用禁忌

痧痘、孕早期妇女、目疾患者、小儿麻疹后期、疥疮、狐臭等慢性病患者要少食。

贮存方法

油菜不易保存，放在冰箱中可保存24小时。

【养生功效】

油菜为低脂肪蔬菜，且含有膳食纤维，故可用来降血脂，还可用来治疗便秘；油菜中所含的植物激素，能够增加酶的形成，对进入人体内的致癌物质有吸附排斥作用，故有防癌功能；油菜含有大量胡萝卜素和维生素C，有助于增强机体免疫能力。

番茄

性味归经

性微寒，味甘、酸，归肝、胃、肺经。

食用禁忌

① 番茄忌与石榴同食。
② 急性肠炎、菌痢及溃疡活动期病人不宜食用，未熟的青色番茄不宜食用。

贮存方法

将果皮完整、七八成熟的番茄放入0℃的冰箱中冷藏，可保存一段时间。

【养生功效】

番茄也就是西红柿，它有清热生津、养阴凉血的功效，对发热烦渴、口干舌燥、牙龈出血、胃热口苦、虚火上升有治疗效果；番茄所含的苹果酸、柠檬酸等有机酸，能促使胃液分泌，增加胃酸浓度，调整胃肠功能，有助胃肠疾病的康复。

白萝卜

性味归经

性凉（熟者偏于甘平），味辛甘，归肺、胃经。

食用禁忌

① 白萝卜忌与人参、西洋参同食。
② 萝卜性偏寒凉而利肠，脾虚泄泻者慎食或少食；胃溃疡、十二指肠溃疡、慢性胃炎、单纯甲状腺肿大、先兆流产、子宫脱垂等患者忌吃。

贮存方法

可直接放在通风处保存。或者洗过后先将蒂头菜叶切除，用纸包起放入塑料袋，放入冰箱贮存。

【养生功效】

萝卜含丰富的维生素C和微量元素锌，有助于增强机体的免疫功能，提高抗病能力；萝卜中的芥子油能促进胃肠蠕动，增加食欲，帮助消化；萝卜含有木质素，能提高巨噬细胞的活力，吞噬癌细胞，具有防癌作用。

生姜

性味归经

性温，味辛、甘，归肺、胃经。

食用禁忌

痔疮患者忌食用生姜。泌尿系统感染患者忌食用生姜。眼部炎症者忌食用生姜；功能性子宫出血者忌多食用生姜。痈疮等皮肤病患者忌多食用生姜。

贮存方法

置阴凉潮湿处，或埋入湿沙内，防冻。

【养生功效】

生姜的辣味成分主要有姜酮、姜醇、姜酚三种，它们具有一定的挥发性，能增强和加速血液循环，刺激胃液分泌，帮助消化，有健胃的功能。生姜还具有发汗解表、温中止呕的功效，着凉、感冒时熬些姜汤喝，能起到很好的治疗作用。

· 水果类 ·

苹果

性味归经

性平，味甘、酸，归胃、肾经。

食用禁忌

苹果一次不宜吃得太多，特别是肠胃不佳者，否则会伤胃或导致便秘等。苹果没熟也不要吃，因为生苹果含酸较多，对身体无益。

贮存方法

苹果放在阴凉处可以保鲜 7 ~ 10 天，如果装入塑料袋放进冰箱里，能够保存更长时间。

【养生功效】

苹果的含钙量比一般水果丰富，有助于代谢掉体内多余盐分；苹果酸可代谢热量，防止肥胖；苹果中的果胶还能促进胃肠道中的铅、汞等有害物质的排放，调节机体血糖水平。每天吃1个苹果，对健康很有益处。因此，就有了"一日一苹果，医生远离我"的说法。

梨

性味归经

性凉，味甘、微酸，归胃、肺经。

【养生功效】

《本草纲目》中记载，梨"甘、寒、无毒"，可以治咳嗽，清心润肺，清热生津。适合咽干口渴、面赤唇红或燥咳痰稠者食用。梨的含水量高，吃后满口清凉，既有营养，又解热证，是夏秋热病之清凉果品。

食用禁忌

梨性寒凉，一次不要吃得过多。凡脾胃虚寒及便溏、腹泻者忌食；糖尿病患者当少食或不食。脾胃寒者、发热的人不宜吃生梨，可把梨切块后水煮食用。

贮存方法

青皮的梨在室温下放置几天就会成熟，最好把 3 ~ 4 个梨放在一个纸袋里封口储存，等梨的颜色出现变化，用手掌轻压变形的时候，就可以冷藏。

桃子

性味归经

性温，味甘、酸，归胃、大肠经。

【养生功效】

中医认为，桃味有甜有酸，属温性食物，具有补气养血、养阴生津、止咳杀虫等功效，可用于大病之后气血亏虚、面黄肌瘦、心悸气短者。桃中含铁量较高，在水果中几乎占居首位，是缺铁性贫血病人的理想辅助食物。

食用禁忌

食用龟肉、鳖肉及服中药白术时不宜食用；服用退热净、阿司匹林、布洛芬时不宜食用；服用糖皮质激素时不应食用；桃子性热，凡内热生疮、毛囊炎及疮疖等患者忌食；因含糖分较多，故血糖过高者忌食；溃疡病、慢性胃炎患者以及孕妇忌食。

贮存方法

未成熟的桃子应在室温下放置 3 ~ 4 天，等完全成熟后再放入冰箱保存。

山楂

性味归经

性微温，味甘、酸，归脾。胃、肝经。

食用禁忌

❶ 山楂不适合孕妇食用，因为它会刺激子宫收缩，有可能诱发流产；

❷ 山楂具有降血脂的作用，因此血脂过低的人也不宜多吃，否则会影响健康。

贮存方法

山楂可以放到冰箱里冷藏或者冷冻，也可用细沙子埋起来，保鲜效果非常好。

【养生功效】

山楂最为人所知的作用就是开胃消食，特别对消肉食积滞作用更好。除此之外，山楂能显著降低血清胆固醇以及三酰甘油，有效防治动脉硬化；山楂还能通过增强心肌收缩力、扩张动脉血管、增加血流量、降低心肌耗氧量等，起到强心和预防心绞痛的作用。

香蕉

性味归经

性凉，味甘、微酸，归胃、肺经。

食用禁忌

香蕉性寒，凡脾胃虚寒、腹泻、肾炎、支气管哮喘、关节炎、妇女痛经等患者忌食。因香蕉含糖量较高，故糖尿病患者忌食（如果要食用，应当相应的减少主食分量）。

贮存方法

香蕉在室温下还会继续成熟，所以最好能将它冷藏起来，即便果皮的颜色变深了，但是果肉的品质还是好的。

【养生功效】

香蕉中含有多种维生素，常食对皮肤滋养有好处，还能有效地防治血管硬化，预防高血压等病。另外，香蕉中含有帮助人脑产生 5- 羟色胺的物质。而那些患有忧郁症的人大脑里正好缺少这种物质，所以适量吃香蕉还能帮人驱散悲观、烦躁的情绪。

草莓

性味归经

性凉，味甘、酸，归脾、胃、肺经。

食用禁忌

糖尿病患者可适当饮用，不过一次不可喝太多含有草莓的豆浆。另外，因草莓中含有的草酸钙较多，所以尿路结石病人不宜饮用太多草莓豆浆。

贮存方法

将新鲜的草莓放入一个浅容器内铺成薄薄一层，然后放进冰箱冷藏保存，这样一般可以保存几天。

【养生功效】

草莓含有丰富的果胶和不溶性纤维，可以帮助消化，通畅大便，所以对于胃肠道和贫血均有一定的滋补调理作用。草莓中含的胡萝卜素是合成维生素A的重要物质，具有明目养肝的作用；而丰富的维生素C含量，能令皮肤细腻有弹性。

菠萝

性味归经

味甘、性平，归胃、肾经。

食用禁忌

胃溃疡、血凝机制不健全者忌食；发热及患有湿疹疥疮的人不宜多吃。

贮存方法

新鲜菠萝可以用报纸包好常温保存或冰箱冷藏保存，一般可以保存2～3天。

【养生功效】

菠萝性微寒，味甘。菠萝含有菠萝蛋白酶，能帮助食物中的蛋白质分解，有利于人体吸收，所以吃完肉类食物后，可以吃些菠萝帮助消化。另外，菠萝蛋白酶可以抑制发炎，所以当感觉到咽部肿痛时，可以吃些菠萝来缓解。

荸荠

性味归经

性寒，味甘，归胃、肺、大肠经。

【养生功效】

荸荠皮色紫黑，肉质洁白，味甜多汁，清脆可口，自古有"地下雪梨"之美誉，北方人称其为"江南人参"。荸荠既可作水果，又可作蔬菜，是人们喜爱的时令之品。荸荠富含黏液质，有清热止渴、润肺化痰的作用，因此能治疗肺热咳嗽、咳吐黄黏浓痰等症。

食用禁忌

❶ 腹胀者不宜食用荸荠，因为荸荠含有较多的淀粉，食用后会令人腹胀气满。

❷ 荸荠含有大量的糖分，多食会使血糖升高，因此糖尿病患者忌食荸荠。

❸ 荸荠性寒，脾胃虚寒者食用后犹如雪上加霜，会加重病情。

❹ 在食用生荸荠时应尽量去皮并用开水浸泡，以免感染姜片虫。

贮存方法

未削皮、带泥土的荸荠放入保鲜袋中，置入冰箱冷藏，可存放1周左右。

柠檬

性味归经

性微寒，味酸，归胃、肝、肺经。

食用禁忌

柠檬虽有健脾消食的作用，但胃溃疡和胃酸过多者不宜食用；龋齿和糖尿病患者应忌食柠檬。

贮存方法

完整的柠檬在常温下可以保存一个月左右。食后剩余的柠檬可用保鲜纸包好放进冰箱，这是最简单又最容易的方法。如果想储存更久些，可把切片后的柠檬放入密封容器，加入蜂蜜浸渍，放入冰箱即可。

【养生功效】

柠檬能促进胃中蛋白分解酶的分泌，增加胃肠蠕动；柠檬汁中含有大量柠檬酸盐，能够抑制钙盐结晶，防治肾结石；食用柠檬可预防高血压和心肌梗死；柠檬酸有收缩、增固毛细血管，降低通透性，提高凝血功能及血小板数量的作用，可用于止血；鲜柠檬维生素含量极为丰富，能防止和消除皮肤色素沉着，具有美白作用。

无花果

性味归经

性平，味甘，归心、脾、胃经。

食用禁忌

患有心脑血管疾病、脂肪肝、正常血钾性周期性麻痹等病的患者不宜食用，大便溏薄者不宜生食。

贮存方法

无花果可以剥皮后放入冰箱速冻，等需要吃的时候再拿出来解冻。

【养生功效】

无花果的果实中含有大量的果胶和维生素，果实吸水膨胀后，能吸附多种化学物质，所以当人体食用无花果后，能使肠道各种有害物质被吸附，然后随着排泄物排出体外。起到净化肠道、促进有益菌类增殖、抑制血糖上升、维持正常胆固醇含量的作用。

桂圆

性味归经

性温，味甘，归心、脾经。

食用禁忌

脾胃有痰火、消化不良、恶心呕吐者忌服。孕妇，尤其是妊娠早期，则不宜服用桂圆，以防胎动及早产等。此外，因桂圆的葡萄糖含量较高，故糖尿病患者不宜多服。

贮存方法

如果有条件低温储存，可先将桂圆进行预冷处理，然后与防腐剂一起用塑料袋包装好，再放入冰箱或置其他低温环境。

【养生功效】

桂圆吃起来甜甜的，味道甘美，是药食同源之品。中医认为，桂圆能够补益心脾、养血宁神，同时还有健脾止泻、利尿消肿等功效。对于病后体虚、血虚萎黄、气血不足、神经衰弱、心悸怔忡、健忘失眠等病症，桂圆都能发挥出不错的功效。

猕猴桃

性味归经

性寒，味甘、酸，归脾、胃经。

食用禁忌

① 猕猴桃性寒，不宜多食，脾胃虚寒者，腹泻者不宜饮用猕猴桃豆浆。

② 有先兆性流产、月经过多和尿频者也要忌食。

贮存方法

对于尚未软熟的猕猴桃可用塑料袋密封，常温下放置 5 天左右，一般能自然熟化；那些暂时不食用的猕猴桃最好用塑料袋包好后，放入冰箱内冷藏。

【养生功效】

猕猴桃中的维生素 C 含量在水果中名列前茅，一个猕猴桃能提供一个人一日维生素 C 需求量的 2 倍多，故被誉为"维 C 之王"。英国学者研究证实，新鲜的猕猴桃果实能明显提升人体淋巴细胞中脱氧核糖核酸的修复力，降低血中低密度脂蛋白胆固醇，从而减少心血管疾患和癌肿的发生概率；猕猴桃中的纤维素、蛋白质分解酵素，还能防治便秘，使肠道内不至于长时间滞留有害物质。

木瓜

性味归经

性温，味酸，归心、肺、肝经。

食用禁忌

孕妇忌食，过敏体质者慎食。

贮存方法

切开后的木瓜如果没有吃完，可以在切开的地方用保鲜膜包好，放入冰箱内冷藏，一般可以保存 2～3 天。完整的木瓜也要装在食品袋中，同样放在冰箱里保存。

【养生功效】

木瓜是一种营养丰富、味道鲜美的果中珍品。现代医学证明，木瓜富含 17 种以上氨基酸及多种维生素，它所含的木瓜酶对乳腺发育非常有益，是女性滋补美胸的天然果品。木瓜所具有的抗菌消炎、舒筋活络、软化血管、抗衰养颜、祛风止痛等功能，能为女性胸部的健康提供多重保护，从而防范各种胸部及乳腺疾病的发生。

西瓜

性味归经

性寒，味甘，归胃、心、膀胱经。

食用禁忌

① 西瓜忌与羊肉同食。

② 糖尿病患者应少食西瓜，若要食用，建议在两餐中食用。

贮存方法

因为西瓜皮也会和空气氧化，使西瓜变质，可将整个西瓜用保鲜膜包裹好，放在冰箱里。

【养生功效】

西瓜中含有大量的水分，在急性热病发热、口渴汗多、烦躁时，吃上一块又甜又沙、水分十足的西瓜，症状会马上改善；西瓜所含的糖和盐能利尿并消除肾脏炎症，这种利尿作用能减少胆色素的含量，对治疗黄疸有一定作用。另外，西瓜还含有能降低血压的物质。

柚子

性味归经

性凉，味甘酸，归胃、肺经。

食用禁忌

柚子性寒，脾虚泄泻的人吃了柚子会腹泻，故身体虚寒的人不宜多吃；服避孕药的女性应忌食，柚子会阻碍女性对避孕药的吸收；高血压患者服药时不要吃柚子，否则可产生血压骤降等严重的毒副反应。

贮存方法

刚采下来的柚子，滋味不是最佳，最好在室内放置几天，一般是两周以后，待果实水分逐渐蒸发，此时甜度提高，吃起来味儿更美。

【养生功效】

柚子中含有高血压患者必需的天然微量元素钾，几乎不含钠。因此是患有心脑血管病及肾脏病患者最佳的食疗水果；柚子还有增强体质的功效，它能帮助身体更容易吸收钙及铁质，所含的天然叶酸，对于怀孕中的妇女们，有预防贫血症状发生和促进胎儿发育的功效。

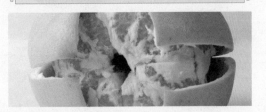

杧果

性味归经

性凉，味甘酸；入肺、脾、胃经。

食用禁忌

一般人群皆可食用，但皮肤病、肿瘤、糖尿病患者应忌食。

贮存方法

可将杧果用报纸包好，然后放在凉爽通风的地方贮存即可。需要注意的是，杧果并不适合放在冰箱里冷藏，否则会加速其变质。

【养生功效】

杧果果实含杧果酮酸、异杧果醇酸等三醋酸和多酚类化合物，具有抗癌的药理作用；杧果汁还能增加胃肠蠕动，使粪便在结肠内停留时间缩短。因此食用杧果对防治结肠癌很有裨益。杧果中所含的杧果苷有祛疾止咳的功效，对咳嗽痰多气喘等症有辅助治疗作用。

葡萄

性味归经

性平，味甘微酸，归肺、脾、肾经。

食用禁忌

糖尿病患者，便秘者不宜多吃葡萄；脾胃虚寒者也不宜多吃葡萄，多食容易令人泄泻。

贮存方法

可把葡萄直接放进密封袋内，扎紧袋口然后放进冰箱内冷藏。

【养生功效】

葡萄中的糖主要是葡萄糖，能很快地被人体吸收。当人体出现低血糖时，若及时饮用葡萄汁，可很快使症状缓解。葡萄中所含的类黄酮是一种强力抗氧化剂，可抗衰老，并可清除体内自由基。把葡萄制成葡萄干之后，糖和铁的含量会相对较高，是妇女、儿童和体弱贫血者的滋补佳品。

哈密瓜

性味归经

性寒、味甘，归心、胃经。

【养生功效】

哈密瓜有清凉消暑、除烦热、生津止渴的作用，是夏季解暑的佳品；哈密瓜对人体造血机能有显著的促进作用，是贫血者的食疗佳品。

食用禁忌

患有脚气病、黄疸、腹胀、便溏、寒性咳喘以及产后病后的人不宜多食哈密瓜；糖尿病人也要慎食哈密瓜。

贮存方法

成熟度过高的哈密瓜，不宜保存，最好迅速吃掉。成熟度适中的哈密瓜可以用保鲜袋装好，直接放进冰箱内保存。

橙子

性味归经

性微凉，味甘酸，归胃、肺经。

食用禁忌

橙子忌与槟榔同食；糖尿病患者忌食。

贮存方法

用苏打水把橙子洗一遍，自然晾干后，把它们放到塑料袋里，最后，把袋子封口即可，放在阴凉通风处。

【养生功效】

橙子含有大量维生素C和胡萝卜素，可以抑制致癌物质的形成，还能软化和保护血管，促进血液循环，降低胆固醇和血脂；每天喝3杯橙汁可以增加体内高密度脂蛋白（HDL）的含量，从而降低患心脏病的可能。另外，经常食用橙子对预防胆囊疾病也很有效。

·中药材·

百合

性味归经

性凉，味甘、微酸，归胃、肺经。

食用禁忌

百合性寒黏腻，脾胃虚寒、湿浊内阻者不宜多食。

贮存方法

先将百合用开水煮一下，然后晾干，再进冰箱冷冻。

【养生功效】

百合鲜品富含黏液质，具有润燥清热的作用，中医常用来治疗肺燥或者肺热咳嗽等症，效果明显。百合还能宁心安神，清心除烦，可以用于热病之后余热未消、神思恍惚、失眠多梦、心情抑郁等病。

枸杞子

性味归经

性温，味甘，归肝、肾经。

食用禁忌

枸杞一次不要买的太多，如果长时间放置，它的颜色就会发黑，药效就会丧失很多。

贮存方法

将枸杞子置于冰箱或其他的冷藏设备中，温度需设置在 0 ~ 4℃。

【养生功效】

自古以来，枸杞子就是滋补强身的佳品，有延衰抗老的功效，所以又名"却老子"。枸杞子是肝肾同补的良药，它味甘，性平，归肝肾二经，有滋补肝肾、强壮筋骨、养血明目、润肺止咳等功效，尤其是对于男人而言，枸杞子更是不可多得的滋补良药。

白果

性味归经

性平，味甘、苦、涩，归肺、肾经。

食用禁忌

儿童慎用，咳嗽痰不利者忌用。

贮存方法

剥掉外壳，将果仁放在冰箱的冷冻室里保鲜。

【养生功效】

白果具有敛肺平喘、止带缩尿的作用，故白果常用来辅助治疗哮喘、痰饮咳嗽、喘咳气逆、痰多之症，无论偏寒体质还是偏热体质均宜食用。另外，白果还可用来辅助治疗白浊带下。现代药理研究表明，白果有一定的祛痰作用，对多种致病细菌都有不同程度的抑制作用，有明显对抗血栓形成的作用，能够明显抵抗机体脂质过氧化反应、延缓衰老等。

黄芪

性味归经

性微温，味甘，归脾、肺经。

食用禁忌

❶ 身体十分干瘦结实的人宜食用黄芪。从身体状况来说，感冒、经期都不要吃黄芪。

❷ 从季节来说，普通人春天不宜吃黄芪。

贮存方法

中药的贮存忌潮湿，也不能阳光直射，一般中药都会阴干，将它们放在密封袋里存放。

【养生功效】

黄芪可谓是健脾补气药的代表了，于内，它能补充脾肺之气，于外则可止汗，特别适合因为肌表不固导致的体虚盗汗症，

蒲公英

性味归经

性寒，味苦，归肝、胃、肾经。

食用禁忌

阳虚外寒、脾胃虚弱的人不要食用蒲公英，否则会引发一些不必要的症状。

贮存方法

新鲜的蒲公英可以先清洗干净，然后在阳光下晒干，之后塑封起来就可以保存很长一段时间了。

【养生功效】

蒲公英是味苦性寒的药物，功能为清热解毒，消肿散结，利尿通淋。蒲公英有清泻胃火的作用，有人认为：一味蒲公英，功胜白虎汤。胃经有火，用蒲公英比黄连的作用还好。

玫瑰花

性味归经

性微温，味甘、微苦，归肝、脾、胃经。

食用禁忌

玫瑰花有收敛作用，便秘者不宜饮用。

贮存方法

玫瑰花是比较好存储的，放在通风阴凉的地方，避光密封的袋子或瓶子里就可以。

【养生功效】

玫瑰花是很好的药食同源的植物，女性平时常用它来泡茶，外用清洁皮肤。它适用于面色黯淡、皮肤粗糙、贫血、体质虚弱者。长期服用玫瑰，能有效地清除自由基，消除色素沉着，令人焕发出青春活力，美容效果甚佳。

菊花

性味归经

性微寒，味甘、微苦，归肝、肺经。

食用禁忌

由于菊花性凉，体虚、脾虚、胃寒病者，容易腹泻者不要喝或是少喝。

贮存方法

菊花要放在真空袋中，开袋后最好用乐扣之类容器的罐装，放在冰箱中存放。另外，花上一般都带点儿虫，最好隔一段时间就拿出来晒晒太阳。

【养生功效】

菊花是我国传统的常用中药材之一，有散风清热、清肝明目和解毒消炎等作用，对口干、火旺、目涩或由风、寒、湿引起的肢体疼痛、麻木等疾病均有一定疗效。菊有野菊和家菊之分，其中家菊清肝明目，野菊祛毒散火，甘苦微寒，清热解毒，对眼睛劳损、头痛、高血压等均有一定效用。

人参

性味归经

性温，味甘、微苦，归脾、肺、心经。

食用禁忌

人参虽是一种滋补强壮药，但不可人人服人参，唯有虚损时才宜进补。

贮存方法

先将人参用水冲洗干净，放到食品箱中用60°的酒喷洒上，闷一会儿再用真空袋抽真空，放在低温处保管就行。

【养生功效】

提起人参，很多人都知道它是大补之品，它被称作神草，能大补元气，益肺健脾，生津止渴，宁神益智，对人体很有益，甚至有起死回生的功效。

红枣

性味归经

红枣味甘性温、归脾、胃经。

【养生功效】

红枣中富含钙和铁，它们对防治骨质疏松、缺铁性贫血有着重要作用。中老年人更年期经常会出现骨质疏松，正在生长发育高峰的青少年以及女性容易发生贫血，红枣有十分理想的食疗作用，其效果通常是药物所不能达到的。

食用禁忌

体内湿重的人不适合服食红枣，因为红枣味甜，多吃容易生痰生湿，水湿积于体内，水肿的情况就更严重。体质燥热者，也不适合在月经期间喝红枣水，这可能会造成经血过多。

贮存方法

红枣放入滚开的沸水中焯一遍，然后迅速捞出，沥干水后放在阳光下晒干，可杀灭红枣表面细菌，存放在干燥隔潮的密封容器内便能避免红枣生虫和变质。

玉米须

性味归经

性平，味甘、淡，归肾、肝、胆经。

食用禁忌

玉米须性平，诸病无忌，适合一般人食用。

贮存方法

玉米有季节性，可以在玉米须成熟的季节多贮存一些以备后用。具体方法是：将玉米须从玉米棒上取下，放在干燥通风处晒干封存。

【养生功效】

玉米须价格能被大众接受，且养生功效十分显著。玉米须具有利尿消肿、清肝利胆的作用，是消肿的良药。临床上，常将玉米须用于辅助治疗水肿、小便不利、小便短赤等症。玉米须还有抗癌、抑菌、增强免疫功能、降血压等作用。

薄荷

性味归经

性凉，味辛，归肺、肝经。

【养生功效】

薄荷主治伤寒发汗、恶心腹胀满、宿食、不消、下气。对肥胖症、糖尿病等都有好处，还能清新口气、去除油腻。干薄荷、湿薄荷都能用。

食用禁忌

阴虚发热、肝阳亢盛、表虚多汗者忌服薄荷。

贮存方法

薄荷叶摘下后稍微弄干净，直接晒干就行。也可以用开水烫一下然后晒干，或者是直接放进冰箱冷藏逐步变干。也有的人在保存薄荷时，下锅炒干，就和炒茶叶一样。

茉莉花

性味归经

性温，味辛、甘，归肝、脾、胃经。

食用禁忌

体有热毒者禁止饮用，孕妇禁用。

贮存方法

茉莉花需放在阴凉的地方，避免受到阳光直射，否则会加速氧化，导致变色变味。如果将茉莉花放入密封罐内，最好放置干燥剂，可以吸收水气，开封后必须尽快饮用。

【养生功效】

茉莉花的香气可安定情绪，除口臭，调节内分泌，润泽肤色，对于月经失调有相当疗效。香气可以增强机体应付复杂环境的能力，消除精神疲劳，心情紧张等。

· 其他 ·

蜂蜜

性味归经

性平，味甘，归脾、肺、大肠经。

食用禁忌

凡便溏、腹泻、腹胀、呕吐及糖尿病等患者忌食蜂蜜。孕妇不要吃生蜜（即未经炼的蜂蜜），普通蜂蜜也不宜多吃。

贮存方法

蜂蜜是弱酸性液体，应采用非金属容器装盛，如用木桶或玻璃瓶存放。容器要彻底洗净擦干，之后放在干燥、清洁、通风和无异味的室内保存，室温保持 5 ~ 10℃。

【养生功效】

蜂蜜是一种天然食品，味道甜美，所含的草糖不需经消化就可以被人体吸收，对妇、幼特别是老人更具有良好的保健作用，因而被称为"老人的牛奶"。此外，蜂蜜具有补虚润燥、润肺通肠、解毒止痛之功效。对咳嗽、支气管炎疗效显著，可预防和治疗便秘。

白糖

性味归经

性平，味甘，归脾、肺经。

食用禁忌

吃糖后应及时漱口或刷牙，以防龋齿的产生。凡糖尿病、肥胖症及痰湿偏盛等患者以及服用阿司匹林、对乙酰氨基酚、异烟肼、布洛芬时均忌食白糖；孕妇和儿童不宜大量食用白糖；老人、高血压、冠心病、高脂血症、胆囊炎、胰腺炎、龋齿、发热患者也不可多食。

贮存方法

食糖盛放的容器最好是瓷罐或玻璃罐。将食糖放进去后要把盖子盖严，置于阴凉通风处存放，切忌被太阳直射或靠近热的东西。

【养生功效】

糖是供给人体热量的重要来源，吃糖3~5分钟后，血糖就会增高，身体感到温暖，有利于活血强筋和促进血液循环。中医认为，白糖性平，味甘，具有润肺生津、补中益气之功效，并可解酒。适当食用白糖有助于提高机体对钙的吸收。

冰糖

性味归经

性平，味甘，归肺、脾经。

食用禁忌

一般人群均可食用，糖尿病患者忌食。

贮存方法

冰糖可以放在密封罐里，在阴凉处保存，如果买的多，可以分成小块后，放入冰箱保存。

【养生功效】

冰糖成分以蔗糖为主，可分解为葡萄糖及果糖等。冰糖具有补中益气、养阴润肺、止咳化痰的功效。此外，在所有的糖中，冰糖的滋补作用最强，其补益作用可提高人体免疫力，从根本上增强人体对抗咽喉炎的能力。

绿茶

性味归经

性微寒，味甘、苦，归心、肺、胃经。

食用禁忌

发热、肾功能不良、习惯性便秘、消化道溃疡、神经衰弱及失眠的人忌饮，孕妇、哺乳期妇女和儿童忌饮。空腹喝太多茶会伤胃。茶叶含咖啡因会影响睡眠，造成失眠。

贮存方法

保存绿茶必须做到干燥、洁净、避光、低温、少阳。最好在0~5℃的环境中保存。

【养生功效】

绿茶性凉，味甘、苦，具有清热解毒、生津止渴、消食解腻、利尿排毒、清心明目、提神醒脑之功效。绿茶中含有大多数维生素和微量元素，具有保护血管，防治动脉硬化和高血压等作用。茶中所含氟有防龋能力，并可助牙质脱敏，故用茶水漱口有保护牙齿的作用。

虾皮

性味归经

性微温，味甘，归肝、肾经。

食用禁忌

宿疾者、正值上火之时者、患过敏性鼻炎、支气管炎、反复发作性过敏性皮炎的老年人、患有皮肤疥癣者忌食。

贮存方法

淡质虾米可摊在太阳下，待其干后，装入瓶内，保存起来；咸质虾米，切忌在阳光下晾晒，只能将其摊在阴凉处风干，再装进瓶中；无论是保存淡质虾米，还是咸质虾米，都可将瓶中放入适量大蒜，以避免虫蛀。

【养生功效】

虾皮营养丰富，素有"钙的仓库"之称，是物美价廉的补钙佳品。虾中含有丰富的镁，可减少血液中胆固醇含量，防止动脉硬化，同时还能扩张冠状动脉，有利于预防高血压及心肌梗死；虾的通乳作用较强，并且富含磷、钙，对小儿、孕妇尤有补益功效。

牛奶

性味归经

性平，微寒，味甘，归心、肺、胃经。

食用禁忌

婴儿的消化酶、胃肠功能尚未完善，所以婴儿喝纯牛奶需要经过适当稀释。胃肠功能较弱的人不要一次饮用大量牛奶，以免出现腹部不适。肾病患者不宜一次饮用大量牛奶，以免加重肾脏负担。

贮存方法

牛奶应该冷藏处理，温度以7℃或更低些为宜，不要将未喝完的牛奶放回到原来的容器中去。

【养生功效】

牛奶中的某些物质对中老年男子有保护作用，喝牛奶的男人身材通常较为匀称，体力充沛，高血压和脑血管病的发病率也较低。牛奶中的钙最容易被吸收，孕妇多喝牛奶对自己及宝宝的健康都有益处，绝经期前后的中年妇女喝牛奶可缓解骨质流失。

养生豆浆
对症保健速查表

对症功效	豆浆名称	豆浆配料
高血压	西芹豆浆	西芹 20 克，黄豆 80 克，清水适量
	薏米青豆黑豆浆	黑豆 60 克，青豆 20 克，薏米 20 克，清水、白糖或冰糖适量
	西芹黑豆浆	西芹 30 克，黑豆 70 克，清水适量
	芸豆蚕豆浆	芸豆 50 克，蚕豆 50 克，白糖或冰糖、清水适量
	小米荷叶黑豆浆	荷叶 20 克，小米 30 克，黑豆 50 克，清水、白糖或冰糖适量
	桑叶黑米豆浆	桑叶 20 克，黑米 30 克，黄豆 50 克，清水、白糖或冰糖适量
高血糖	荞麦薏米红豆浆	红豆 50 克，荞麦、薏米各 20 克，清水适量
	银耳南瓜豆浆	银耳 20 克，南瓜 30 克，黄豆 50 克，清水适量
	紫菜山药豆浆	山药 30 克，紫菜 20 克，黄豆 50 克，清水适量
	燕麦玉米须黑豆浆	黑豆 50 克，燕麦 30 克，玉米须 20 克，清水适量
	枸杞荞麦豆浆	荞麦 30 克，枸杞 20 克，黄豆 50 克，清水适量
血脂异常	紫薯南瓜豆浆	紫薯 20 克，南瓜 3 克，黄豆 50 克，清水适量
	红薯芝麻豆浆	红薯 50 克，芝麻 20 克，黄豆 30 克，清水适量
	山楂荞麦豆浆	荞麦 30 克，山楂 20 克，黄豆 50 克，清水适量
	葡萄红豆浆	葡萄 6 ~ 10 粒，红豆 80 克，清水适量
	葵花子黑豆浆	葵花子仁 20 克，黑豆 80 克，清水适量
	大米百合红豆浆	干百合 20 克，红豆 50 克，大米 30 克，清水适量
	薏米柠檬红豆浆	红豆、薏米各 40 克，陈皮和柠檬各 10 克，清水适量
	红薯山药燕麦豆浆	红薯 15 克，山药 15 克，燕麦片 20 克，黄豆 50 克，清水适量
糖尿病	糙米豆浆	糙米 50 克，黄豆 50 克，清水、食盐或白糖适量
	高粱小米豆浆	高粱米 25 克，小米 25 克，黄豆 50 克，清水适量
	燕麦小米豆浆	燕麦 30 克，小米 20 克，黄豆 50 克，清水适量
	紫菜南瓜豆浆	南瓜 30 克，紫菜 20 克，黄豆 50 克，清水适量
	黑米南瓜豆浆	黑米 20 克，南瓜 30 克，红枣 2 个，黄豆 50 克，清水适量
防癌抗癌	玉米豆浆	黄豆 60 克，甜玉米 40 克，银耳、枸杞、清水、白糖或冰糖适量
	薏米豆浆	薏米 20 克，黄豆 80 克，清水、食盐或白糖适量
	南瓜豆浆	南瓜 50 克，黄豆 50 克，清水适量
	芦笋豆浆	芦笋 30 克，黄豆 70 克，清水适量
	蚕豆豆浆	蚕豆 50 克，黄豆 50 克，白糖或冰糖、清水适量

对症功效	豆浆名称	豆浆配料
肝炎 脂肪肝	玉米葡萄豆浆	甜玉米 20 克, 葡萄 6 ~ 10 粒, 黄豆 50 克, 清水、白糖或冰糖适量
	芝麻小米豆浆	黑芝麻 20 克, 小米 30 克, 黄豆 50 克, 清水、白糖或冰糖适量
	荷叶青豆豆浆	荷叶 30 克, 青豆 20 克, 黄豆 50 克, 清水、白糖或冰糖适量
	银耳山楂豆浆	山楂 15 克, 银耳 10 克, 黄豆 50 克, 清水、白糖或冰糖适量
	苹果燕麦豆浆	苹果一个, 燕麦 30 克, 黄豆 50 克, 清水、白糖或冰糖适量
胃病	大米南瓜豆浆	南瓜 30 克, 大米 20 克, 黄豆 50 克, 清水适量
	红薯大米豆浆	红薯 30 克, 大米 20 克, 黄豆 50 克, 清水适量
	莲藕枸杞豆浆	莲藕 40 克, 枸杞 10 克, 黄豆 50 克, 清水、白糖或冰糖各适量
	桂花大米豆浆	桂花 20 克, 大米 30 克, 黄豆 50 克, 清水、白糖或冰糖适量
咳嗽	大米小米豆浆	大米 30 克, 陈小米 20 克, 黄豆 50 克, 清水、白糖或冰糖适量
	银耳雪梨豆浆	银耳 20 克, 雪梨半个, 黄豆 50 克, 清水、白糖或冰糖适量
	荷桂茶豆浆	荷叶、桂花、绿茶、茉莉花各 10 克, 黄豆 50 克, 清水、白糖或冰糖适量
	杏仁大米豆浆	杏仁 10 粒, 大米 30 克, 黄豆 50 克, 清水、白糖或冰糖适量
哮喘	红枣二豆浆	红枣 5 颗, 红豆 30 克, 黄豆 50 克, 清水、白糖或冰糖适量
	菊花枸杞豆浆	干菊花 20 克, 枸杞子 10 克, 黄豆 70 克, 清水、白糖或冰糖适量
	百合雪梨红豆浆	百合 15 克, 雪梨 1 个, 红豆 80 克, 清水、白糖或冰糖适量
鼻炎	红枣大麦豆浆	红枣 30 克, 大麦 20 克, 黄豆 50 克, 清水、白糖或冰糖适量
	洋甘菊豆浆	洋甘菊 20 克, 黄豆 80 克, 清水、白糖或冰糖适量
	白萝卜糯米豆浆	白萝卜 50 克, 黄豆 50 克, 糯米 30 克, 清水适量
	红枣山药糯米豆浆	红枣 10 克, 山药 20 克, 糯米 20 克, 黄豆 50 克, 清水、白糖或冰糖适量
	桂圆薏米豆浆	桂圆 20 克, 薏米 30 克, 黄豆 50 克, 清水、白糖或冰糖适量
厌食	芦笋山药青豆豆浆	芦笋 30 克, 山药 20 克, 青豆 20 克, 黄豆 30 克, 清水、白糖或冰糖适量
	山楂绿豆浆	山楂 30 克, 绿豆 70 克, 清水、白糖或冰糖适量
	莴笋山药豆浆	黄豆 50 克, 莴笋 30 克, 山药 20 克, 清水、白糖或冰糖适量
	白萝卜青豆豆浆	白萝卜 30 克, 青豆 20 克, 黄豆 50 克, 清水适量
	木瓜青豆豆浆	木瓜一个, 青豆 20 克, 黄豆 50 克, 清水、白糖或冰糖适量

对症功效	豆浆名称	豆浆配料
便秘	薏米豌豆豆浆	薏米 20 克，豌豆 30 克，黄豆 50 克，清水、白糖或蜂蜜适量
	玉米小米豆浆	玉米渣 25 克，小米 25 克，黄豆 50 克，清水、白糖或冰糖适量
	黑芝麻花生豆浆	黑芝麻 20 克，花生 30 克，黄豆 50 克，清水、蜂蜜适量
	薏米燕麦豆浆	薏米 20 克，燕麦 30 克，黄豆 50 克，清水、白糖或蜂蜜适量
	苹果香蕉豆浆	苹果一个，香蕉一根，黄豆 50 克，清水、白糖或冰糖适量
	玉米燕麦豆浆	甜玉米 20 克，燕麦 30 克，黄豆 50 克，清水、白糖或蜂蜜适量
	火龙果豌豆豆浆	火龙果半个，豌豆 20 克，黄豆 50 克，清水、白糖或冰糖适量
湿疹	苦瓜绿豆豆浆	绿豆 50 克，苦瓜 30 克，清水、白糖或冰糖适量
	薏米黄瓜绿豆豆浆	薏米 30 克，黄瓜 20 克，绿豆 50 克，清水、白糖或冰糖适量
	莴笋黄瓜绿豆豆浆	莴笋 30 克，黄瓜 20 克，绿豆 50 克，清水、白糖或冰糖适量
关节炎	核桃黑芝麻豆浆	黄豆 50 克，核桃仁 4 枚，黑芝麻 20 克，清水、白糖或冰糖适量
	薏米西芹山药豆浆	黄豆 30 克，薏米 20 克，西芹 25 克，山药 25 克，清水、白糖或冰糖适量
	薏米花生豆浆	黄豆 50 克，薏米 30 克，花生 20 克，白糖、清水适量
	木耳粳米黑豆浆	木耳 20 克，大米 30 克，黑豆 50 克，清水、白糖或冰糖适量
骨质疏松	黑芝麻牛奶豆浆	黄豆 60 克，牛奶 150 毫升，黑芝麻 15 克，清水、白糖或冰糖适量
	海带黑豆豆浆	海带 20 克，黑豆 30 克，黄豆 50 克，清水、白糖或冰糖适量
	木耳紫米豆浆	木耳 30 克，紫米 20 克，黄豆 50 克，清水、白糖或冰糖适量
	核桃黑枣豆浆	黄豆 50 克，核桃仁 2 个，黑枣 3 个，清水、白糖或冰糖适量
缺钙	麦枣豆浆	黄豆 50 克，燕麦片 50 克，干枣、清水、白糖或冰糖适量
	芝麻花生黑豆浆	黑芝麻 20 克，花生 20 克，黑豆 70 克，清水、白糖或冰糖适量
	西芹黑豆豆浆	西芹 20 克，黑豆 30 克，黄豆 50 克，清水适量
	紫菜虾皮豆浆	黄豆 50 克，大米 20 克，虾皮 10 克，紫菜 10 克，清水、葱末、盐适量
	紫菜黑豆豆浆	紫菜 20 克，大米 30 克，黑豆 20 克，黄豆 30 克，盐、清水适量
	芝麻黑枣黑豆浆	黑芝麻 10 克，黑枣 30 克，黑豆 60 克，清水、白糖或冰糖各适量
	西芹紫米豆浆	黄豆 50 克，紫米 20 克，西芹 30 克，清水、白糖或冰糖适量

对症功效	豆浆名称	豆浆配料
头痛	香芋枸杞红豆浆	芋头 20 克，枸杞子 5 克，红豆 50 克，清水、白糖或冰糖适量
	西芹香蕉豆浆	西芹 20 克，香蕉一根，黄豆 50 克，清水、白糖或冰糖适量
	茉莉花燕麦豆浆	茉莉花 10 克，燕麦 30 克，黄豆 50 克，清水、白糖或冰糖适量
	生菜小米豆浆	生菜 30 克、小米 20 克，黄豆 50 克，清水适量
失眠	百合葡萄小米豆浆	小米 40 克，鲜百合 10 克，葡萄干 10 克，黄豆 40 克，清水、白糖或冰糖适量
	红豆小米豆浆	红豆 25 克，小米 35 克，黄豆 40 克，清水、白糖或冰糖适量
	核桃花生豆浆	核桃仁 2 枚，花生仁 20 克，黄豆 50 克，大米 50 克，清水、白糖或冰糖适量
	核桃桂圆豆浆	黄豆 80 克，核桃仁 2 枚，桂圆、清水、白糖或冰糖适量
	南瓜百合豆浆	黄豆 50 克，南瓜 50 克，鲜百合 20 克，水、盐、胡椒粉适量
	绿豆小米高粱豆浆	高粱米 20 克，小米 20 克，绿豆 20 克，黄豆 40 克，清水、冰糖适量
	百合枸杞豆浆	枸杞子 30 克，鲜百合 20 克，黄豆 50 克，清水、白糖或冰糖适量
健脑	核桃豆浆	核桃仁 1 ~ 2 个，黄豆 80 克，白糖或冰糖、清水适量
	红枣香橙豆浆	红枣 10 克，橙子 1 个，黄豆 70 克，清水、白糖或冰糖适量
	蜂蜜薄荷绿豆豆浆	薄荷 5 克，绿豆 20 克，黄豆 50 克，蜂蜜 10 克，清水适量
	糙米核桃花生豆浆	糙米 40 克，核桃 10 克，花生 20 克，黄豆 30 克，清水、白糖或冰糖适量
贫血	香桃豆浆	鲜桃一个，黄豆 50 克，清水、白糖或冰糖适量
	桂圆花生红豆浆	桂圆 20 克，花生仁 20 克，红豆 80 克，清水、白糖或冰糖适量
	红枣紫米豆浆	红枣 10 克，紫米 30 克，黄豆 60 克，清水、白糖或蜂蜜适量
	黄芪糯米豆浆	黄芪 25 克，糯米 50 克，黄豆 50 克，清水、白糖或冰糖适量
	花生红枣豆浆	黄豆 60 克，红枣 15 克，花生 15 克，清水、白糖或冰糖适量
	黑芝麻枸杞豆浆	枸杞子 25 克，黑芝麻 25 克，黄豆 50 克，清水、白糖或冰糖适量
	山药莲子枸杞豆浆	山药 30 克，莲子 10 克，枸杞 10 克，黄豆 50 克，清水、白糖或冰糖适量
	红枣枸杞紫米豆浆	红枣 20 克，枸杞 10 克，紫米 20 克，黄豆 50 克，清水、白糖或蜂蜜适量
	桂圆红豆浆	桂圆 30 克，红豆 50 克，清水、白糖或冰糖适量
	人参红豆糯米豆浆	人参 10 克，红豆 20 克，糯米 15 克，黄豆 80 克，清水、白糖或冰糖适量

对症功效	豆浆名称	豆浆配料
祛痘	黑芝麻黑枣豆浆	黑芝麻 10 克，黑枣 30 克，黑豆 60 克，清水、白糖或冰糖各适量
	绿豆黑芝麻豆浆	绿豆 30 克，黑芝麻 20 克，黄豆 50 克，清水、白糖或冰糖适量
	薏米绿豆豆浆	薏米 20 克，绿豆 30 克，黄豆 50 克，清水、白糖或蜂蜜适量
	海带绿豆豆浆	海带 30 克，绿豆 70 克，清水、白糖或冰糖适量
	白果绿豆豆浆	绿豆 25 克，白果 15 个，黄豆 50 克，清水、白糖或冰糖适量
	胡萝卜枸杞豆浆	胡萝卜 1/3 根，枸杞 10 克，黄豆 50 克，清水适量
	银耳杏仁豆浆	银耳 30 克，杏仁 5、6 粒，黄豆 50 克，清水、白糖或冰糖各适量
祛斑	木耳红枣豆浆	木耳 30 克，红枣 20 克，黄豆 50 克，清水、白糖或冰糖适量
	黄瓜胡萝卜豆浆	黄瓜 20 克，胡萝卜 30 克，黄豆 50 克，清水适量
	玫瑰茉莉豆浆	玫瑰花 10 克，茉莉花 10 克，黄豆 80 克，清水、白糖或冰糖适量
	山药莲子豆浆	山药 30 克，莲子 20 克，黄豆 50 克，清水、白糖或冰糖适量
	黑豆核桃豆浆	黑豆 25 克，核桃仁 1 个，黄豆 50 克，清水、白糖或冰糖适量
身体困乏	杏仁花生豆浆	黄豆 50 克，杏仁 20 克，花生仁 30 克，清水、白糖或冰糖适量
	腰果花生豆浆	花生仁 30 克，腰果 20 克，黄豆 50 克，清水、白糖或冰糖适量
	榛仁葡萄干豆浆	榛子仁 10 枚，葡萄干 20 克，黄豆 50 克，清水、白糖或冰糖适量
	三加一健康豆浆	青豆 30 克、黑豆 30 克、绿豆 30 克，清水、白糖或冰糖适量
健脾和胃	米香豆浆	大米 50 克，黄豆 30 克、清水、白糖或冰糖适量
	板栗豆浆	板栗 10 个，黄豆 80 克，清水、白糖或冰糖适量
	西米山药豆浆	西米 25 克，山药 25 克，黄豆 50 克，清水、白糖或冰糖适量
	糯米黄米豆浆	糯米 30 克，黄米 20 克，黄豆 50 克，清水、白糖或冰糖适量
	黄米红枣豆浆	黄米 25 克，红枣 25 克，黄豆 50 克，清水、白糖或冰糖适量
	山药青豆豆浆	山药 40 克，黄豆 40 克，青豆 20 克，糯米 10 克，清水、白糖或冰糖适量
	红枣高粱豆浆	高粱 25 克，红枣 25 克，黄豆 40 克，清水、白糖或冰糖适量
	薄荷大米二豆浆	黄豆 50 克，绿豆 35 克，大米 10 克，薄荷叶、清水、白糖或冰糖适量
	杏仁芡实薏米豆浆	黄豆 50 克，杏仁 30 克，薏米 20 克，芡实 10 克，清水、白糖或冰糖适量
	薏米山药豆浆	薏米 30 克，山药 30 克，黄豆 40 克，清水适量

对症功效	豆浆名称	豆浆配料
护心去火	百合绿红豆浆	绿豆20克，红豆40克，鲜百合20克，清水、白糖或冰糖适量
	红枣枸杞豆浆	红枣30克，枸杞20克，黄豆50克，清水、白糖或冰糖适量
	小米红枣豆浆	小米30克，红枣20克，黄豆50克，清水、白糖或冰糖适量
	橘柚豆浆	黄豆40克，橘子肉50克，柚子肉30克，清水、白糖或冰糖适量
	百合菊花绿豆浆	绿豆50克，鲜百合30克，菊花20克，清水、白糖或冰糖适量
	小米蒲公英绿豆浆	小米20克，绿豆50克，蒲公英20克，清水、白糖或冰糖适量
	金银花绿豆浆	金银花50克，绿豆50克，清水、白糖或冰糖适量
	百合荸荠大米豆浆	黄豆50克，大米20克，荸荠45克，鲜百合15克，清水、冰糖适量
补肝强肝	枸杞青豆浆	黄豆50克，青豆50克，枸杞5～7粒，清水、白糖或冰糖各适量。
	黑米枸杞豆浆	黑米25克，黄豆50克，枸杞5～7粒，清水、白糖或冰糖适量
	葡萄玉米豆浆	玉米渣30克，鲜葡萄20克，黄豆50克，清水、白糖或冰糖适量
	五豆红枣豆浆	黄豆、黑豆、豌豆、青豆、花生各20克，红枣适量，清水、冰糖适量
	生菜青豆浆	生菜30克、青豆70克、清水适量
	红枣枸杞绿豆豆浆	绿豆30克，红枣5枚，枸杞5克，黄豆50克，清水、白糖或冰糖适量
	茉莉绿茶豆浆	茉莉花10克，绿茶10克，黄豆70克，清水、白糖或冰糖适量
固肾益精	芝麻黑豆浆	芝麻30克，黑豆70克，清水、白糖或冰糖各适量
	黑枣花生豆浆	黑枣4枚，花生25克，黄豆70克，清水、白糖或冰糖各适量
	黑米芝麻豆浆	黑芝麻10克，黑米50克，黑豆60克，清水、白糖或冰糖各适量
	桂圆山药核桃黑豆浆	黑豆50克，山药50克，核桃仁20克，桂圆、清水适量
	黑米核桃黑豆豆浆	黄豆50克，黑豆20克，黑米10克，核桃10克，蜂蜜10克，清水适量
	木耳黑米豆浆	黑米50克，黄豆50克，木耳20克，清水、食盐或白糖适量
	枸杞黑豆豆浆	黑豆50克，黄豆50克，枸杞5～7粒，清水、白糖或冰糖各适量。
	紫米核桃黑豆浆	紫米、黑豆、小米、黑芝麻、核桃各20克，红枣4颗，清水、白糖或冰糖适量

对症功效	豆浆名称	豆浆配料
润肺补气	杏仁豆浆	杏仁 5、6 粒，黄豆 80 克，清水、白糖或冰糖各适量
	木瓜西米豆浆	黄豆 70 克，西米 30 克，木瓜 1 块，清水、白糖或冰糖适量
	莲子百合绿豆豆浆	百合 15 克，莲子 15 克，绿豆 30 克，黄豆 50 克，清水、白糖或冰糖适量
	荸荠百合雪梨豆浆	百合 20 克，荸荠 20 克，黄豆 50 克，雪梨 1 个，清水、白糖或冰糖适量
	黄芪大米豆浆	黄芪、大米各 25 克，黄豆 50 克，清水、白糖或冰糖适量
	糯米莲藕百合豆浆	糯米 20 克，百合 10 克，莲藕 30 克，黄豆 40 克，清水、白糖或冰糖适量
	大米雪梨黑豆豆浆	黑豆 50 克，大米 30 克，雪梨 1 个，清水、冰糖或蜂蜜适量
	白果冰糖豆浆	白果 15 个，黄豆 70 克，冰糖 20 克，清水适量
养颜润肤	玫瑰花红豆浆	玫瑰花 5 ～ 8 朵，红豆 90 克，清水、白糖或冰糖适量
	茉莉玫瑰花豆浆	茉莉花 3 朵，玫瑰花 3 朵，黄豆 90 克，清水、白糖或冰糖适量
	香橙豆浆	橙子 1 个，黄豆 50 克，清水、白糖或冰糖适量
	牡丹豆浆	牡丹花球 5 ～ 8 朵，黄豆 80 克，清水、白糖或冰糖适量
	红枣莲子豆浆	红枣 15 克，莲子 15 克、黄豆 50 克、清水、白糖或冰糖适量
	蜂蜜红豆豆浆	黄豆 30 克，红豆 60 克、蜂蜜 10 克、清水适量
	薏米玫瑰豆浆	薏米 20 克，玫瑰花 15 朵，黄豆 50 克，清水、白糖或冰糖适量
	百合莲藕绿豆浆	鲜百合 5 克，莲藕 30 克，绿豆 70 克，清水、食盐或白糖适量
	西芹薏米豆浆	黄豆 50 克，薏米 20 克，西芹 30 克，清水、白糖或冰糖适量
	大米红枣豆浆	大米 25 克，红枣 25 克，黄豆 50 克，清水、白糖或冰糖适量
	桂花茯苓豆浆	桂花 10 克，茯苓粉 20 克，黄豆 70 克，清水、白糖或冰糖适量
	糯米黑豆浆	糯米 30 克，黑豆 70 克，清水、食盐或白糖适量
美体减脂	红薯豆浆	红薯 50 克，黄豆 50 克，清水适量
	荷叶豆浆	荷叶 30 克，黄豆 70 克，清水、白糖或冰糖适量
	薏米红枣豆浆	薏米 30 克，红枣 20 克，黄豆 50 克，清水、白糖或冰糖适量
	莴笋黄瓜豆浆	莴笋 30 克，黄瓜 20 克，黄豆 50 克，清水适量
	西芹绿豆浆	西芹 20 克，绿豆 80 克，清水适量
	西芹荞麦豆浆	西芹 20 克，荞麦 30 克，黄豆 50 克，清水、白糖或冰糖适量
	糙米红枣豆浆	糙米 30 克，红枣 20 克，黄豆 50 克，清水、白糖或冰糖适量
	桑叶绿豆豆浆	桑叶 20 克，绿豆 30 克，黄豆 50 克，清水适量

对症功效	豆浆名称	豆浆配料
护发乌发	核桃蜂蜜豆浆	核桃仁 2 ~ 3 个，黄豆 80 克，蜂蜜 10 克、清水适量
	核桃黑豆浆	黑豆 80 克，核桃仁 1 ~ 2 颗，清水、白糖或冰糖适量
	芝麻核桃豆浆	黄豆 70 克，黑芝麻 20 克，核桃仁 1 ~ 2 颗，清水、白糖或冰糖适量
	芝麻黑米黑豆豆浆	黄豆 50 克，黑芝麻 10 克，黑米 20 克，黑豆 20 克，清水、白糖或冰糖适量
	芝麻蜂蜜豆浆	黑芝麻 30 克，黄豆 60 克，蜂蜜 10 克，清水适量
	芝麻花生黑豆浆	黑豆 50 克，花生 30 克，黑芝麻 20 克，清水、白糖或冰糖适量
	核桃黑米豆浆	黄豆 50 克，黑米 30 克，核桃仁 1 ~ 2 颗，清水、白糖或冰糖适量
	糯米芝麻黑豆浆	糯米 30 克，黑芝麻 20 克，黑豆 50 克，清水、白糖或冰糖适量
延缓衰老	茯苓米香豆浆	黄豆 60 克，粳米 25 克，茯苓粉 15 克，清水、白糖或冰糖适量
	杏仁芝麻糯米豆浆	糯米 20 克，熟芝麻 10 克，杏仁 10 克，黄豆 50 克，清水、白糖或蜂蜜适量
	三黑豆浆	黑豆 50 克，黑米 30 克，黑芝麻 20 克，清水、白糖或冰糖适量
	黑豆胡萝卜豆浆	胡萝卜 1/3 根，黑豆 30 克，黄豆 30 克，清水、白糖或冰糖各适量
	紫薯红豆浆	紫薯 50 克，红豆 50 克，清水适量
	核桃小麦红枣豆浆	小麦仁 30 克，核桃仁 2 个，红枣 5 个，黄豆 40 克，清水、白糖或冰糖各适量
	松仁开心果豆浆	松仁 25 克，开心果 25 克，黄豆 50 克，清水、白糖或冰糖各适量
排毒清肠	豌豆浆	豌豆 100 克、白糖适量，清水适量。
	荞麦豆浆	荞麦 50 克，黄豆 50 克，清水、白糖或冰糖适量
	糙米燕麦豆浆	燕麦片 30 克，糙米 20 克，黄豆 50 克，清水、白糖或冰糖适量
	莴笋绿豆豆浆	莴笋 30 克，绿豆 50 克，黄豆 20 克，清水适量
	芦笋绿豆豆浆	芦笋 30 克，绿豆 50 克，黄豆 20 克，清水适量
	糯米莲藕豆浆	糯米 30 克，莲藕 20 克，黄豆 50 克，清水适量
	海带豆浆	海带 30 克，黄豆 70 克，清水、白糖或冰糖适量
	红薯绿豆豆浆	绿豆 30 克，红薯 30 克，黄豆 40 克，清水、白糖或冰糖适量
	生菜绿豆豆浆	生菜 30 克、绿豆 20 克，黄豆 50 克，清水适量

对症功效	豆浆名称	豆浆配料
清热降暑	黄瓜豆浆	黄瓜 20 克、黄豆 70 克，清水适量
	清凉冰豆浆	黄豆 100 克，清水、冰块、冰糖适量
	绿桑百合豆浆	黄豆 60 克，绿豆 20 克，桑叶 2 克，干百合 20 克，清水、白糖或冰糖适量
	绿茶米豆浆	黄豆 50 克，大米 40 克，绿茶 10 克，清水、白糖或冰糖适量
	黄瓜玫瑰豆浆	黄豆 50 克，燕麦 30 克，黄瓜 20 克，玫瑰 3 克，清水、白糖或冰糖适量
	荷叶绿茶豆浆	荷叶 30 克，绿茶 20 克，黄豆 50 克，清水、白糖或冰糖适量
	西瓜红豆豆浆	西瓜 50 克，红豆 50 克，黄豆 30 克，清水、白糖或冰糖适量
	哈密瓜绿豆豆浆	哈密瓜 40 克，绿豆 30 克，黄豆 30 克，清水、白糖或冰糖适量
	薏米荞麦豆浆	荞麦 30 克，薏米 20 克，黄豆 50 克，清水、白糖或蜂蜜适量
	菊花雪梨豆浆	菊花 20 克，雪梨一个，黄豆 50 克，清水、白糖或冰糖适量